Ernst Götsch

LUFTFAHRZEUG-TECHNIK

Ernst Götsch

LUFTFAHRZEUG-TECHNIK

Einführung • Grundlagen
Luftfahrzeugkunde

Einbandgestaltung: Luis Dos Santos
Titelbild: Foto – Archiv Beeck / SkyGallery; Zeichnung – Archiv Autor

ISBN 978-3-613-02912-5

Sie finden uns im Internet unter:

www.motorbuch-verlag.de

1. Auflage 2009

Innengestaltung: DTP-Büro Viktor Stern, 72160 Horb
und Günther Nord, 69434 Heddesbach
Repro: digi bild reinhardt, 73037 Göppingen
Druck: Typos, 32 56 Pilzen
Printed in Czech Republic

Inhaltsverzeichnis

1. Geschichte der Luftfahrt

Das Bestreben der Menschen, sich wie die Vögel in die Luft zu erheben, lässt sich weit ins Mittelalter hinein verfolgen. Aus dem Unvermögen heraus, schrieb man diese Fähigkeit Göttern und Sagengestalten zu, die über überirdische Kräfte verfügten.

Die deutsche Sage berichtet über Wieland den Schmied:
Wieland war schon in jungen Jahren durch außerordentliche handwerkliche Geschicklichkeit aufgefallen. Sein Vater ließ ihn deshalb bei einem Schmied das Schmiedehandwerk erlernen. Da Wieland aber schon nach einem Jahr von seinem Meister nichts mehr lernen konnte, brachte ihn sein Vater zu den kunstfertigen Zwergen im Berge Glockensachsen. Nach Beendigung seiner Lehre reiste er nach Nordjütland, wo der König Neiding herrschte. Dieser nahm ihn in seine Dienste, und er musste Kriegsgerät schmieden. Nach einem Streit befürchtete der König, seinen Waffenschmied zu verlieren, und er ließ ihm deshalb die Sehnen an Beinen und Füßen durchschneiden. Er wollte ihn so für immer an den Hof binden. Aber Wieland wusste einen Ausweg. Aus Vogelfedern fertigte er ein Flughemd und flog damit zum Entsetzen des Königs zurück nach Seeland.
Die griechische Sage weiß von Dädalus und Ikarus zu erzählen:

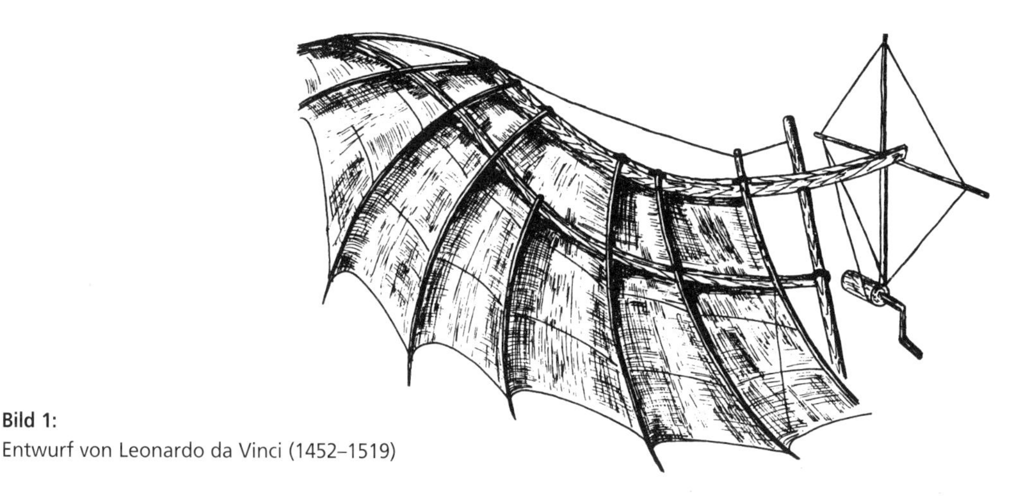

Bild 1:
Entwurf von Leonardo da Vinci (1452–1519)

Dädalus und Ikarus, Vater und Sohn, wurden von König Minos auf der Insel Kreta gefangengehalten. Um unbemerkt fliehen zu können, fertigten sie sich aus Vogelfedern und Wachs Flügel und erhoben sich damit in die Luft. Im jugendlichen Übermut kam Ikarus der Sonne zu nahe, und das Wachs schmolz in den heißen Sonnenstrahlen. Die Federn lösten sich und der flugunfähige Sohn stürzte ins Meer. Dädalus aber gelangte auf dem Luftwege sicher nach Sizilien.

Es kann mit Sicherheit angenommen werden, dass es in dieser Zeit keinem Menschen gelungen ist, wirklich zu fliegen. Wohl aber wird die Sehnsucht von jeher Triebfeder gewesen sein, sich mit diesem Problem zu beschäftigen. Erst im Mittelalter, als der Menschenflug von der naturwissenschaftlichen Seite her erforscht und mit einer gewissen Systematik experimentiert wurde, sind beachtliche Anfangserfolge erzielt worden.

Hier ist der englische Mönch und Physiker Roger Bacon zu nennen, der im 13. Jahrhundert wegen seiner als Zauberei abgetanen Versuche in den Kerker gesteckt worden ist.

Leonardo da Vinci (1452 - 1519) führte Entwürfe aus, die z. T. grundlegend heute noch Gültigkeit haben, wie Drehflügler, Fallschirm und Flügelformen (**Bild 1**).

Im 18.-19. Jahrhundert versuchten sich Meerwein (1785) und sein Schüler Jakob Degen (1806) in der Kunst des Fliegens (**Bild 2**). Der als Schneider von Ulm bekannt gewordene Albrecht Berblinger stürzte bei einem Versuch, die Donau zu überqueren, in den Fluss und wurde unter großem Gespött aus Ulm vertrieben. Es würde zu weit führen, hier alle Unternehmungen aufzuzählen. Die meisten Versuche scheiterten daran, dass es bis heute nicht möglich ist, sich mittels Muskelkraft und Schwingen erheben zu können.

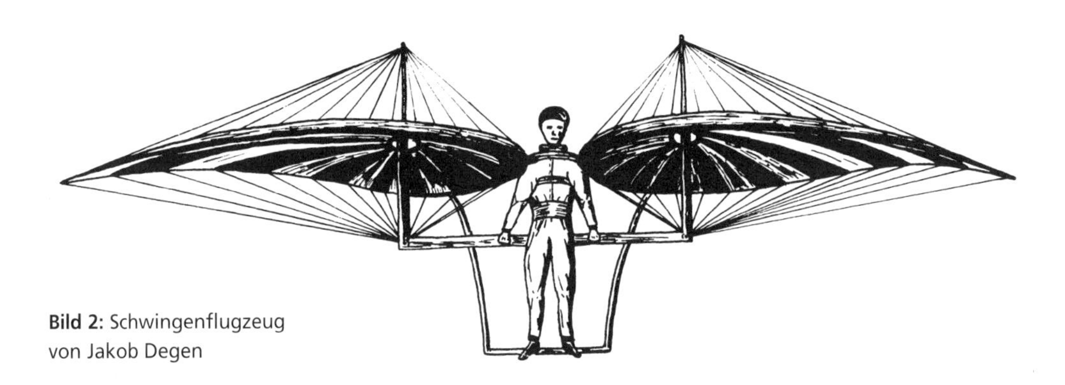

Bild 2: Schwingenflugzeug von Jakob Degen

Nach langjähriger intensiver Vorarbeit, insbesondere Beobachtung des Vogelfluges, trat im Jahre 1891 Otto Lilienthal mit einem Flugapparat an die Öffentlichkeit. Dieses Gerät war als Hängegleiter ausgelegt, d. h. der Flieger hing mit Armen und Schultern darin, und er musste versuchen, durch geschickte Körper-Gewichtsverlagerungen die Fluglage zu beeinflussen. Lilienthal ging vom Vogelflug als Grundlage der , »Fliegekunst« aus. Er untersuchte die mechanischen Vorgänge beim Vogelflug und erkannte die Wirksamkeit der gewölbten Flügelfläche. Seine Flugapparate bestanden aus Weidenruten und Stoffbespannung; sie hatten eine Tragfläche von etwa 14 m^2 bei einem Gewicht von etwa 20 kg. Bei Festlegung der Profile wandte er erstmals das Polardiagramm an. Nach rund 2000 Gleitflügen bis zu 350 m Länge stürzte Lilienthal 1896 in den Rhinower Bergen bei Berlin aus 15 m Höhe tödlich ab. Er gilt als der erste Mensch, der wirklich geflogen ist.

Der Anfang war gemacht. Von nun an ging die Entwicklung schneller und geradliniger voran. Gleichzeitig im Jahre 1903 flogen der Deutsche Karl Jatho und die Amerikaner Wilbur und Orville Wright mit selbstgebauten Drachenflugzeugen. Als Antrieb fanden 12 bzw. 14 PS starke Benzinmotoren Verwendung. Es war eine Zeit kurzlebiger Rekorde, anfänglich in Sekunden und Metern gemessen.

In Europa waren es insbesondere die Franzosen, die, durch die amerikanischen Erfolge angeregt, beachtliche Leistungen erzielten. Geschichte geworden ist die erste Kanalüberquerung Bleriots zwischen Calais und Dover am 25. Juli 1909. In Deutschland werden Namen wie Grade, Euler, Hirth und Etrich unvergessen bleiben. In diesen Jahren beginnt auch die Entwicklung eines ganz anderen Flugapparates, der, jahrzehntelang im Schatten des Flugzeuges, sich nur schwerlich entwickeln konnte. Gemeint ist der Hubschrauber, der als erstes Gerät die Forderungen des Senkrechtstarts voll erfüllte. 1907 gelang den Gebrüdern Breguet, Frankreich, ein erster Hubschrauberflug von 1,5 m Höhe.
Mit dem Ausbruch des 1. Weltkrieges beginnt ein neuer Zeitabschnitt der Flugzeugentwicklung. Wenngleich das Flugzeug 1914 eine untergeordnete Rolle spielte und von konservativen Militärs nicht für voll genommen wurde, vermochte es erstmals in der Geschichte die Kampfform des Krieges einschneidend zu verändern. Das wohl erfolgreichste und leistungsfähigste Flugzeug dieser Zeit war der deutsche Jagdeinsitzer Fokker D VII mit 185 PS BMW-Reihenmotor (**Bild 3**). Die Gegenseite flog vergleichbare Typen wie Sopwith F 1 Camel, SE 5a und Spad S13.

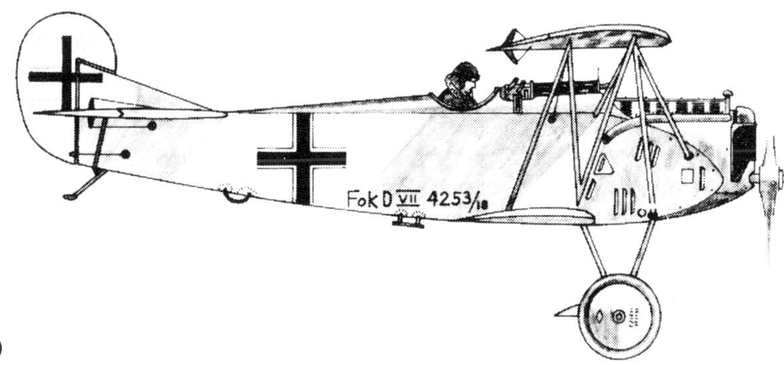

Bild 3: Fokker D VII (1918)

Da der Versailler Vertrag nach dem verlorenen Krieg anfänglich jede Betätigung im Motorflug unterband, wendete man sich in Deutschland notgedrungen dem motorlosen Flug zu. In den zwanziger Jahren entstand so der Segelflug mit eigens dafür geschaffenen Flugzeugen. Von der Rhön und der Steilküste Ostpreußens, Rossitten, aus eroberte der Segelflug die Welt (**Bild 4**).

Mit in diese Zeit hinein gehört die Entwicklung der Luftschiffe. Anwendung fand der statische Auftrieb, wie schon bei den Brüdern Montgolfier, die 1783 in Frankreich mittels heißer Luft einen Ballon von ca. 10 m Durchmesser steigen ließen. Aus dem Bestreben, den später gasgefüllten Ballon lenkbar zu machen, entstand das Luftschiff; sinngemäß erst als unstarre und halbstarre Konstruktionen. Der Deutsche Graf Zeppelin gab dem Starrluftschiff seinen Namen. Eine hoffnungsvoll beginnende Epoche ging 1937 zu Ende, als das Luftschiff LZ 129 , »Hindenburg« beim Ankern in Amerika in Flammen aufging.
Trotz harter Auswirkungen des Flugverbotes in Deutschland, konnte auch hier die Entwicklung nicht aufgehalten werden. Pionierleistungen des Flugzeugbaus konnten den Anschluss an das Ausland wiederherstellen. Die Firma Junkers baute schon 1919 das erste Ganzmetall-Verkehrsflugzeug der Welt, die F 13.

Dieses Flugzeug war richtungsweisend. Ebenso erfolgreich und bekannt wurden später die Douglas DC 3 und die Junkers Ju 52. Die Welt horchte auf, als 1927 Charles Lindbergh allein in einem einmotorigen Flugzeug den Atlantik in West-Ostrichtung in 33 Stunden überquerte. Ein Jahr

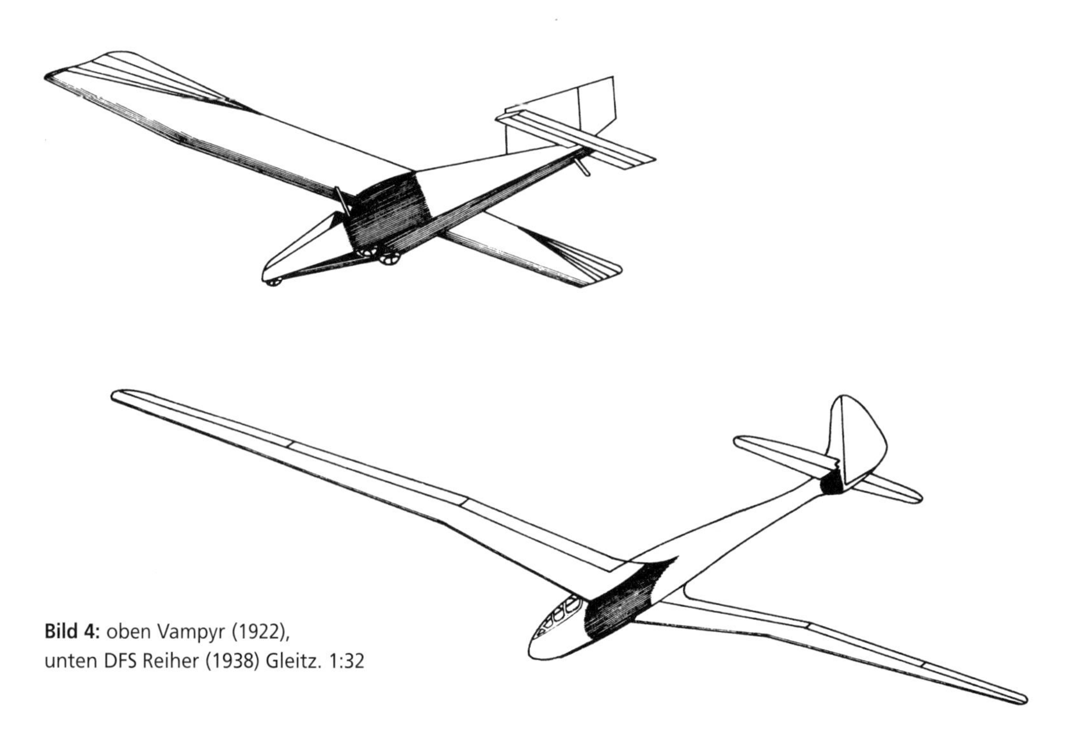

Bild 4: oben Vampyr (1922),
unten DFS Reiher (1938) Gleitz. 1:32

später überflog die Besatzung Köhl, v. Hünfeld und Fitzmaurice den Atlantik in entgegengesetzter Richtung. 1936 baute Prof. Focke einen Hubschrauber, FW 61, der alle bisherigen Leistungen überbot (**Bild 5**).

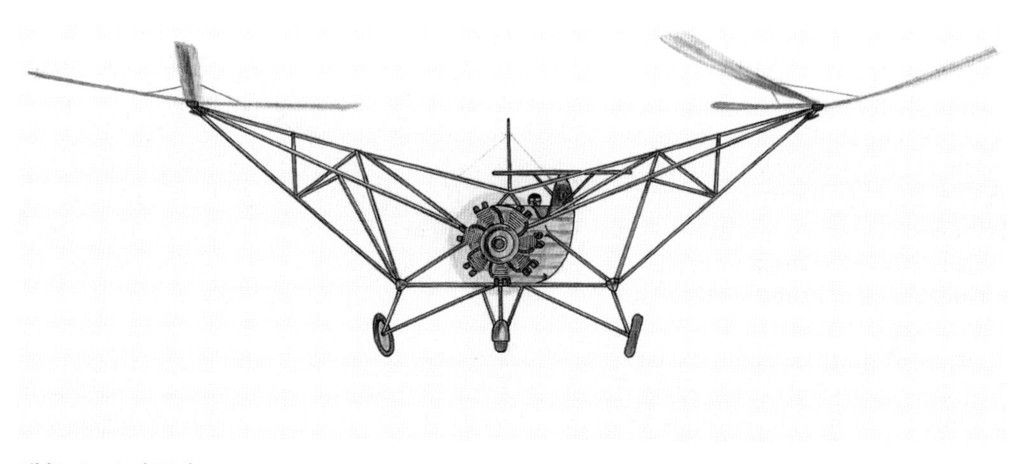

Bild 5: FW 61 (1936)

Der Krieg 1939 begann mit z.T. noch veralteten Doppeldeckern. In den folgenden sechs Jahren entstanden in der ganzen Welt unter dem Druck des Krieges und der Not gehorchend, revolutionäre Konstruktionen und Projekte, die richtungsweisend waren. Da die Kolbenmotoren eine derzeitige Leistungsgrenze erreicht hatten, wurden andere Antriebsarten aufgegriffen und weiterentwickelt. Raketen, Staustrahltriebwerke und Gasturbinen wurden zur Serienreife gebracht.

Schon 1939 flogen als erstes Raketenflugzeug die He 176 und als erstes Turbinenflugzeug die He 178. Die Me 262 war das erste in Serie gebaute Strahlflugzeug, und das Raketenflugzeug Me 163 erreichte 1941 als erstes Flugzeug der Welt eine Geschwindigkeit von über 1000 km/h (**Bild 6**).

Erst 1947 gelang dem Amerikaner Charles Yeager nach offiziellen Angaben als erstem Menschen, mit dem Raketenflugzeug BELL XI schneller als der Schall zu fliegen. Bis heute gültige Rekorde wurden 1961 und 1963 mit dem Forschungsraketenflugzeug X 15 aufgestellt. Das Flugzeug erreichte eine Geschwindigkeit von mehr als sechsfacher Schallgeschwindigkeit und eine Flughöhe von 96 km.

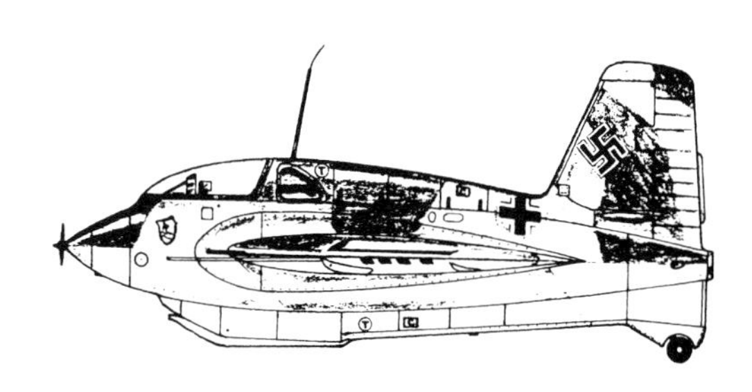

Bild 6: Me 163 B1 (1943)

Der Raketenantrieb in der zunächst unbemannten Raumfahrt führte zum spektakulären Erfolg der Sowjetunion, die mit dem »Sputnik« den ersten künstlichen Satelliten 1957 in eine Erdumlaufbahn beförderte. Ehrgeizige Anstrengungen der USA und eine konsequente Anwendung hochgradiger Elektronikforschung führten 1969 zum größten und aufwendigsten Unternehmen in der Geschichte: Neil Armstrong betrat zum ersten Mal einen fremden Planeten, den Mond.

In Deutschland war nach 1945 zunächst jegliche fliegerische Betätigung und der Bau von Luftfahrzeugen verboten. Erst 1955, nach Rückgabe der Lufthoheit, entstand nach und nach wieder eine Luftfahrtindustrie. Namen ehemals großer Firmen tauchten wieder auf: Dornier, Focke-Wulf, Heinkel, Henschel, Messerschmitt, um nur einige zu nennen.

Zunächst begann man damit, für die 1956 aufgestellte Bundeswehr ausländische Luftfahrzeuge wie F 84, F 86, C 47, H 34 und PEMBROKE zu warten und zu betreuen. Lediglich die Firma Dornier konnte gleich eine eigene Neukonstruktion, die DO 27 anbieten. Über den Lizenzbau von F 104, G 91, CH 53 und UH-ID führte der beschwerliche Weg nach der langjährigen Zwangspause zu nationalen und übernationalen Neukonstruktionen. Der Hubschrauber BO 105 und die Flugzeuge AIRBUS A 300, TORNADO und ALPHA JET sind in der Fertigung und geben Zeugnis von der Leistungsfähigkeit der deutschen Firmen. Nicht unerwähnt bleiben soll, dass der deutsche Segelflugzeugbau eine Weltspitzenstellung erreicht hat. Etwa 80 % aller Hochleistungssegelflugzeuge auf der Welt sind deutschen Ursprungs.

Trotz der fast ausschließlich militärischen Verwendung während des zweiten Weltkrieges, wo Flugzeuge durch Bombenangriffe Zerstörungen bis dahin nie gekannten Ausmaßes ermöglichten und die ersten Atombomben ins Ziel trugen, lassen sich dennoch die einzigartigen Erfolge als Transport-, Verkehrs- und Hilfsmittel für vielfältigste Aufgaben in den Jahren vor und nach dem Krieg nicht übersehen. Luftfahrzeuge sind heute nicht mehr wegzudenken und werden in Zukunft ihren Teil dazu beitragen, die vielfältigsten Verkehrsprobleme in aller Welt zu lösen.

2. Flugtechnische Grundlagen

2.1 Die Atmosphäre

Die Erde ist von einer relativ dünnen Gashülle umgeben. Sie wird Atmosphäre genannt und ist ein Gemisch aus Stickstoff, Sauerstoff, Edelgasen, Wasserdampf und Verunreinigungen.
In Bodennähe setzt sich saubere trockene Luft aus 78 % Stickstoff, 21 % Sauerstoff und 1 % Edelgasen (Hehum, Argon, Neon, Krypton, Xenon) zusammen. Die gesamte Lufthülle gliedert sich auf Grund unterschiedlicher Eigenschaften in mehrere Schichten (**Bild 7**).

Thermische Schichtung
Die **Troposphäre** ist die unterste, auf der Erdoberfläche aufliegende Luftschicht; in ihr vollziehen sich die vielfältigen Vorgänge des Wettergeschehens. Sie erreicht an den Polen etwa 8,5 km und am Äquator etwa 16,8 km Höhe. Die Temperatur nimmt mit 0,65° C pro 100 m ab. Da die wärmeren Regionen auf der Erde größer sind als die kälteren, kommt es zu unterschiedlichen Höhen vertikaler Luftbewegungen und ungleichen Temperaturverteilungen. Die Luft an den Polen ist wesentlich kälter als am Äquator. Diese Kaltluft kühlt somit schneller weiter ab bis zur Tropopause als die warme tropische Luft. In Mitteleuropa reicht die Troposphäre bis in eine Höhe von 11 km.

Durch verschiedene Temperaturen unterschiedlicher Luftschichten und Temperaturumkehrungen (Inversionen) entstehen die für die Luftfahrt so überaus wichtigen Strahlströme (Jet Streams) mit Geschwindigkeiten bis zu 500 km/h in Höhen zwischen 8 km und 15 km. Die Grenzfläche der Troposphäre ist die **Tropopause**. Obwohl die Troposphäre nur 1 % der gesamten Atmosphäre darstellt, enthält sie 75 % der gesamten Masse.

Die **Stratosphäre** folgt der Tropopause und erstreckt sich bis zu einer Höhe von etwa 50 km. Die Temperatur bleibt zunächst konstant (-56,5° C), erhöht sich aber bis zur **Stratopause**, der Obergrenze der Stratosphäre und erreicht Werte ähnlich wie an der Erdoberfläche. In dieser Schicht ist der Ozongehalt besonders hoch (Ozon ist eine besondere Sauerstoffart. Bei seiner Entstehung wird ein Teil der schädlichen ultravioletten Strahlung verbraucht und dringt nicht bis zur Erde vor).

Wegen des sehr geringen Wassergehaltes treten in der Stratosphäre kaum Wettererscheinungen auf. Die **Mesosphäre** liegt auf der Stratopause und erreicht eine Höhe von 80 km. Im Gegensatz zur Stratosphäre ist die Mesosphäre turbulent und unstabil. Die Temperatur fällt rapide mit Zunahme der Höhe und erreicht einen Mindestwert von **-92,5° C** an der Obergrenze. Nachts sichtbare Wolken aus Meteorstaub und Eiskristallen entstehen in dieser Höhenlage vereinzelt; sie wird als **Mesopause** bezeichnet.
Die **Ionosphäre** beeinflußt in starkem Maße die Ausbreitung von Radiowellen. Gesendete Signale werden von diesen ionisierten Schichten reflektiert und gelangen zur Erdoberfläche zurück.

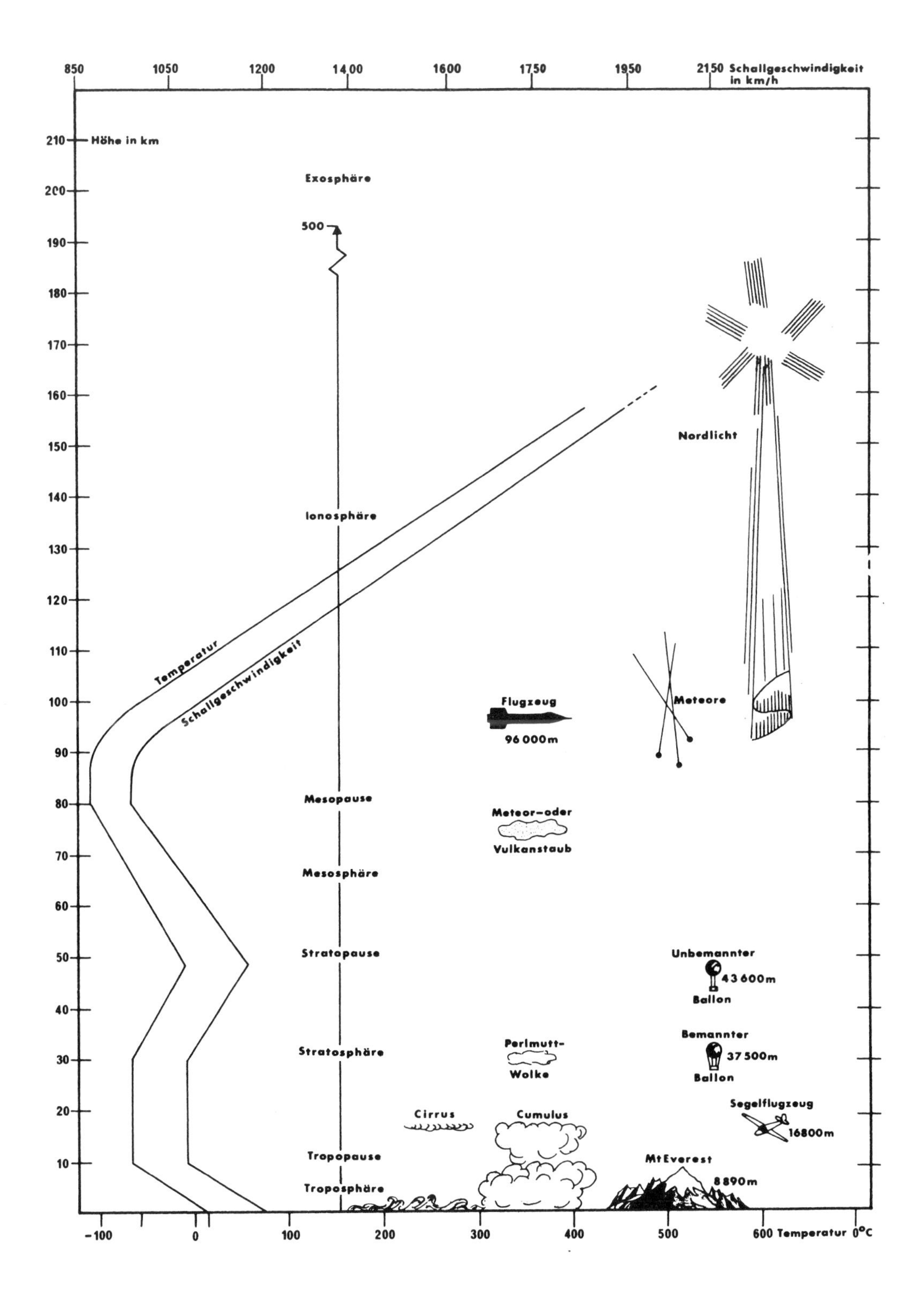

Bild 7: Die Atmosphäre

Chemische Schichtung
Hierbei werden nur zwei Schichten dargestellt. In der Homosphäre, der unteren Schicht, bleibt die chemische Zusammensetzung der Luft bis zu einer Höhe von 100 km annähernd konstant. In der darüber liegenden Heterosphäre ändert sich die Zusammensetzung von Stickstoff, Sauerstoff und Edelgasen.

Elektrische Schichtung
Nur die Ionosphäre wird hier wegen der elektrischen Besonderheiten erwähnt. Die Ionisierung in atmosphärischen Schichten entsteht unter ständiger ultravioletter Bestrahlung durch die Sonne. Hierbei werden Moleküle und Atome in elektrisch geladenen Zustand versetzt.

Die in einer Höhe von ungefähr 500 km beginnende **Exosphäre** ist die äußerste Schicht der Atmosphäre. Extrem hohe Temperaturen rufen große Bewegungsgeschwindigkeiten von Molekülen und Atomen hervor, so dass einzelne Partikel die Schwerkraft überwinden und in den beginnenden Weltraum geschleudert werden. Durch die Anziehungskraft der Erde wird also verhindert, dass sich die gesamte Atmosphäre in den Weltraum verteilt.

Infolge der großen Kompressibilität der Luft haben die untersten Luftschichten den größten Druck und die größte Dichte.
Druck, Dichte, Temperatur und Feuchtigkeit sind die vier physikalischen Haupteigenschaften »unserer« Luft.
Der Luftdruck entspricht also dem Gewicht einer Luftsäule über ihrer Auflagefläche. Er kann mit einer Gewichtskraft (z.B. in N) oder der Höhe einer äquivalenten Flüssigkeitssäule verglichen werden (Wasser oder Quecksilber).

2.1.1 Luftdichte und Gewicht der Luft

Die wichtigsten physikalischen Eigenschaften der Luft werden benutzt, um Meß- und Vergleichswerte für die Luftfahrt zu bekommen.

Infolge der großen Kompressibilität haben die untersten Luftschichten den größten Druck und die größte Dichte.

Druck, Dichte, Temperatur und Feuchtigkeit sind die physikalischen Haupteigenschaften der Luft.

Zum allgemeinen Verständnis hier noch einmal die Erklärung wichtiger Begriffe:

Die Masse
Jeder Körper besteht aus einer bestimmten Masse, die man auch als Stoffmenge bezeichnen kann. Die Einheit der Masse von Körpern, m, ist das Kilogramm (kg) entsprechend einem Platin-Iridium Zylinder mit einem Durchmesser von 39 mm und einer Länge von 39 mm. Gleich einer Masse von 1 dm^3 Wasser bei 4° C.

Die Dichte
Die Dichte ρ ist das Verhältnis von Masse, m, zum Volumen V.

Es gilt: $\rho = \frac{m}{V}$ Mögliche Angaben sind: $\frac{g}{cm^3}$ $\frac{kg}{dm^3}$ $\frac{kg}{m^3}$

Luft bei 15°C in Meereshöhe hat eine Dichte von 1,225 kg/m^3.

Die Kraft
Die Masse wird zu einer dynamischen Größe, wenn es zu einer Lagen- oder Bewegungsänderung kommt. Die Kraft ist also das Produkt aus Masse mal Beschleunigung.

$F = m \cdot a$

Die Einheit für die Kraft ist Newton (N).

1 N ist die Kraft, die eine Masse von 1 kg in 1 s aus der Ruhelage auf die Geschwindigkeit 1 m/s beschleunigt.

$$1\ N = 1\ \frac{kg\ m}{s^2}$$

Das Gewicht
Die Kraft, mit der ein Körper von der Erde angezogen wird und somit auf seine Unterlage drückt, nennt man Gewichtskraft.
Gewichtskraft = Masse mal Fallbeschleunigung

$G = m \cdot g$

Die Fallbeschleunigung beträgt 9,81 m/s^2.

Auf eine Masse von 1 kg wirkt also eine Gewichtskraft von $9{,}81\ \frac{kg\ m}{s^2} = 9{,}81\ N$.

Um eine unbekannte Masse mit einer bekannten Masse vergleichen zu können, muß deren Gewicht ermittelt werden.
Zwei Massen mit demselben Gewicht sind gleich.

Der Druck
Unter Druck versteht man eine Kraft, die auf eine bestimmte Flächengröße einwirkt.

$$P = \frac{F}{A} \qquad \frac{1\ N}{1\ m^2} = 1\ \frac{N}{m^2} = 1\ \text{Pascal} = 1\ \text{Pa}$$

Der Luftdruck
Der Luftdruck entspricht dem Gewicht einer Luftsäule bezogen auf ihre Grundfläche.

Hätte diese Luftsäule ein Volumen von 1 m^3, so würde ihr Gewicht 12,017 N betragen.

Zur Messung des Luftdruckes werden Barometer verwendet. Beim Quecksilberbarometer nach Torricelli wird eine Quechsilbersäule vom atmosphärischen Luftdruck so hoch in ein luftleeres Glasrohr gedrückt, bis der Druck der Quecksilbersäule dem äußeren Luftdruck entspricht. Da hierbei eine unbekannte Masse (Luft) mit einer bekannten Masse (Qu) verglichen wird, hat das Quecksilberbarometer das Funktionsprinzip einer Waage.

Hieraus hat sich ergeben, daß die Höhe der Quecksilbersäule als Maß für den Luftdruck betrachtet werden kann.

In Bodennähe beträgt diese Höhe im Mittel 760 mm oder 29,92 inch. Da Quecksilber bei 15° C eine Dichte ρ von = 13,5905 g/cm³ hat, ist der Normalluftdruck $P = \rho \cdot g \cdot h =$

$$13590{,}5 \frac{kg}{m^3} \cdot 9{,}81 \frac{m}{s^2} \cdot 0{,}76\ m = 101325 \frac{N}{m^2} = 101325\ Pa = 1013{,}25\ HPa$$

2.1.2 Standardatmosphäre

Um die unter den vielfältigsten Bedingungen ermittelten Flugeigenschaften miteinander vergleichen zu können, ist eine internationale Normalatmosphäre (INA) geschaffen worden, der Durchschnittswerte langjähriger Messungen zu Grunde liegen. Die Werte betragen in Höhe des Meeresspiegels (Amsterdamer Pegel):

Druck p = 1013,25 h Pa Temperatur t = 15° C Dichte $\rho = 1{,}225\ kg/m^3$
Temperaturgradient 0,65° C/100 m Luftfeuchtigkeit $\varphi = 0$ %

2.1.3 Kabinenhöhe und Gipfelhöhe

Bei Flugzeugen mit Druckkabine steht diese unter einem Druck, der einer Flughöhe von 2400 m (8000 ft) entspricht. Dieser Druck kann auch für längere Zeit dem menschlichen Organismus zugemutet werden, und die Kabinenstruktur wird in großen Flughöhen nicht übermäßig belastet.

Der Begriff Gipfelhöhe wird durch drei Bezeichnungen näher erläutert:
1) Dienstgipfelhöhe: Höhe, bei der ein Luftfahrzeug noch mit 0,5 m/s steigt
2) Statische Gipfelhöhe: Absolute Höhe; sie kann nur bedingt gehalten werden
3) Dynamische Gipfelhöhe: Höhe, die mit eigener Energie parabelförmig kurzzeitig erreicht wird. Bei Jagdflugzeugen kann diese Höhe bis zu 5 km oberhalb der Dienstgipfelhöhe liegen.

2.1.4 Der Mensch in der Atmosphäre

Bei einem Luftdruck von 760 mm Hg in Meereshöhe wird dem Blut ausreichend Sauerstoff zugeführt; die Sättigung beträgt über 95 %.

Der atmosphärische Luftdruck fällt mit zunehmender Höhe. Da der Sauerstoffteildruck bei konstanter Luftzusammensetzung stetig abnimmt, ist die Sauerstoffversorgung des menschlichen Organismus nicht mehr ausreichend.

Sauerstoffgeräte und Sauerstoffanlagen sind erforderlich, um den Sauerstoffteildruck mindestens auf dem niedrigsten Wert zu halten. Dicht über der Erdoberfläche enthält 1 m³ »Normalluft« ca. 280 g Sauerstoff, in 10 km Höhe ca. 95 g und in 20 km nur noch 20 g dieses lebensnotwendigen Luftbestandteils.
Sauerstoffmangel durch sinkenden Teildruck führt zu bestimmten Ausfallanzeichen und mit zunehmender Höhe bis zur Bewusstlosigkeit. Ausfallanzeichen sind starke Verminderung der Konzentrationsfähigkeit und nachlassende Urteilsfähigkeit. In der Militärfliegerei wird deshalb oberhalb 3000 m (10.000 ft) nur mit zusätzlichem Sauerstoff geflogen.

Darüber hinaus wird das Leben in der Stratosphäre bereits unerträglich durch den sinkenden Gesamtdruck, veranschaulicht durch den Siedepunkt des Wassers:

0 m	–	100° C	–	1013 mbar
1000 m	–	97° C	–	898 mbar
8000 m	–	74° C	–	356 mbar
20.000 m	–	37° C	–	54 mbar

2.1.5 Dampfdruck, relative Luftfeuchtigkeit und Taupunkt

Die Eigenschaft des Wassers, bereits weit unter dem Siedepunkt zu verdunsten, wird **Dampfdruck** genannt. Hat die Luft eine bestimmte Menge Dampf aufgenommen, kondensiert genausoviel an Wasserdampf wie Wasser verdunstet. Die Luft ist gesättigt, sie hat ihren maximalen Wassergehalt erreicht.

Je höher die Temperatur, umso mehr Wasser kann von der Luft aufgenommen werden. Pro Grad Celsius kann 1 m^3 Luft etwa 1 g Wasser in Form von Dampf aufnehmen bei Temperaturen um 20° C. Der Vergleichswert von tatsächlicher (absoluter) zu maximaler Luftfeuchtigkeit wird **relative Luftfeuchtigkeit** genannt und in Prozent angegeben.

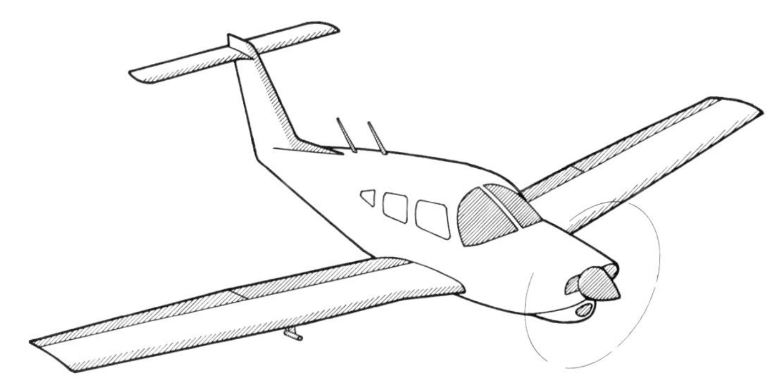

Bild 9: Vereisungsgefährdete Bereiche eines Flugzeuges

Wenn z. B. Luft von 25° C eine relative Feuchtigkeit von 100 % hat, so hat sie pro m^3 etwa 23 g Wasser aufgenommen. Bei 80 % hätte sie nur etwa 18 g aufzunehmen. Würde sich nun diese Luft auf 15° C abkühlen, so könnte sie nur noch ca. 13 g Wasser in Form von Dampf aufnehmen; 5 g pro m^3 müssten auskondensieren, d.h. vom gasförmigen in den flüssigen Zustand übergehen.

Die relative Luftfeuchtigkeit wird mit dem Hygrometer gemessen. Die Temperatur, bei der die maximale Feuchtigkeit erreicht ist, nennt man **Taupunkt**.

Wolkenbildung ist vornehmlich an vertikale, aufsteigende Luftbewegung gebunden, da Aufsteigen eine Abkühlung zur Folge hat. Ist der Taupunkt erreicht, so beginnt Wolkenbildung bei vorhandenen Kondensationskernen (u. a. Salzpartikel), die die Wassertröpfchen zusammenhalten.

2.1.6 Eisbildung an Luftfahrzeugen

Vereisung ist eine der größten durch das Wetter hervorgerufenen Gefahren. Sowohl bei Flugzeugen als auch bei Hubschraubern kann die laminare Umströmung und damit die Flugleistung erheblich vermindert werden. Darüber hinaus kann die Zelle in so starke Vibrationen versetzt werden, dass es häufig zu erheblichen Schäden kommt. Eisansatz im Ansaugsystem führt oftmals zum Triebwerksausfall.

Andere gefährliche Auswirkungen von Eisbildung sind Ruderblockierungen, Funktionsstörungen an Bremsklappen und Fahrwerken, Sichtbehinderung an Kabinenscheiben, Misswεisungen von Instrumenten und Funkstörungen.

Grundsätzlich lassen sich Vereisungen in zwei Hauptformen einteilen: Zellen-Vereisung und Triebwerkvereisung.

a) Zellenvereisung

Luftfahrzeuge sind der Eisbildung in besonderem Maße ausgesetzt (**Bild 9**), wenn die Umgebungstemperatur 0° C beträgt oder tiefer liegt und wenn gleichzeitig eine hohe relative Luftfeuchtigkeit vorhanden ist. Bei Windkanalversuchen hat man festgestellt, dass gesättigte Luft schon bei Temperaturen um **4° C** Vereisungen an Modellen hervorrufen kann. Die Oberflächentemperatur am Objekt wird durch Verdunstung und Druckwechsel beeinflußt. Demgegenüber wird das Objekt bei hohen Geschwindigkeiten erwärmt und bei gesättigter Luft erfolgt zusätzliche Wärmezufuhr durch den Aufschlag der Wassertropfen.

Bei Fluggeschwindigkeiten über 750 km/h (400 Knoten) heben sich diese beiden Faktoren (Kälte und Wärmezufuhr) auf. Deshalb wird sich in der Praxis Eis bei Temperaturen bilden, die um den Gefrierpunkt oder niedriger liegen. Eisbildung erfolgt bei Temperaturen bis -25° C; in Gewitterfronten kann sie sogar noch tiefer liegen.

Wolken sind eine Form sichtbarer Luftfeuchtigkeit. In unstabilem Zustand, wie bei Cumuluswolken, vereisen diese unterkühlten Wassertropfen durch Anstoß eines durchfliegenden Luftfahrzeuges. Eisbildung an Tragflächen und Leitwerk beeinträchtigen die Umströmung des Profils. Weniger Auftrieb, höheres Gewicht und größerer Widerstand sind die Folge; die Mindestgeschwindigkeit wird höher. Eisschichten von 10–12 mm Stärke an Profilnasen können schon Auftriebseinbußen und Widerstandserhöhungen von 50 % verursachen. Diese Schichtstärke kann unter Umständen innerhalb einer Minute entstehen. Eisansatz an Propellernaben und Propellerblättern vermindert den Wirkungsgrad, der nur durch erhöhte Triebwerksleistung und höheren Kraftstoffverbrauch ausgeglichen werden kann.

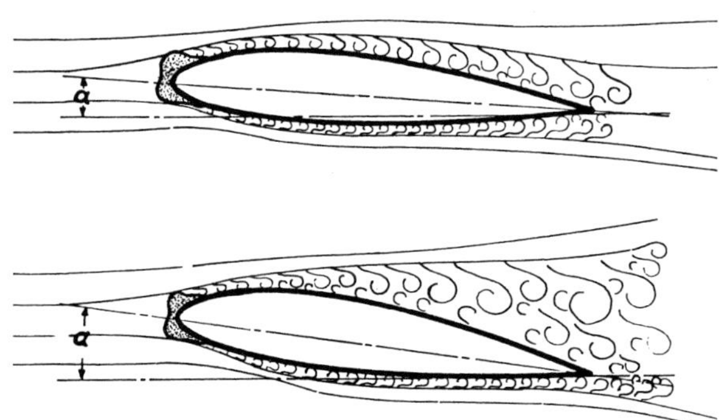

Bild 9a: oben Eisansatz ergibt schon bei kleinem Anstellwinkel großen Widerstand α = 4°, unten Plötzlicher Strömungsabriss bei mittlerem Anstellwinkel α = 8°

Durch ungleiche Eisverteilung entsteht eine gefährliche Unwucht, die sowohl den Propeller selbst als auch das Triebwerkbeschädigen kann. Propeller mit niedriger Drehzahl vereisen schneller als solche mit höherer Drehzahl.

Eisbildung am Staurohr und an der statischen Druckentnahme führt zu falscher Fahrt- und Höhenanzeige. Auch die Variometeranzeige wird beeinträchtigt. Bei Vereisung der Radioantenne wird der Funkverkehr gestört. Vereiste Windschutzscheiben entstehen häufig in der kritischen Start- und Landephase. Alle größeren Flugzeuge sind deshalb mit Enteisungsanlagen ausgerüstet. Diese Anlagen arbeiten entweder mechanisch, thermisch oder mit Flüssigkeiten.

Bei der mechanischen Anlage werden auf die Profilvorderkanten von Tragflächen und Flossen aufgeklebte Gummistreifen pulsierend aufgeblasen.

Thermische Enteisung erfolgt durch Einblasen warmer Verdichterluft in die zu enteisenden Bereiche.

Elektrische Enteisung mittels in Kunststoffstreifen gebetteter Heizdrähte findet häufig bei Propellern Verwendung.
Flüssigkeiten werden, unter Ausnutzung der Fliehkraft, bei einer Reihe von Propellern zur Enteisung verwendet.

b) Triebwerkvereisung
Vergaservereisung ist die häufigste und zugleich die gefährlichste Form der Vereisung. Sie kann sich sogar bei hohen Temperaturen bis zu 25° C einstellen. Vergasereis entsteht durch die Kraftstoffverdunstung und den Unterdruck. Allein durch die Verdunstung kann die Temperatur zwischen 20° C und 40° C sinken. Eisansatz bildet sich im Ansaugrohr und im Bereich um die Drosselklappe.
Bei eingeschalteter Vergaservorwärmung wird die Luft nicht über Filter, sondern über Wärmetauscher am Auspuffrohr angesaugt. Die Erwärmung der Ansaugluft reicht aus, beginnende Eisbildung zu verhindern, nicht aber starken Eisansatz zu entfernen. Die Vorwärmung verursacht Leistungsabfall sowie höhere Betriebstemperaturen und sollte deshalb nicht unnötig eingeschaltet werden.

Vereisung der Kraftstofftank-Entlüftung führt zu Störungen der Kraftstoffversorgung. Kraftstoffvorwärmung vor dem Hauptfilter verhindert, dass austretende Eiskristalle Filter und Leitungen verstopfen.

Bei Strahltriebwerken besteht die Gefahr der Eisbildung besonders unterhalb von 450 km/h (250 Knoten) am Ansaugring. Oberhalb dieser Geschwindigkeit wird die Luft komprimiert (wie beim Staustrahltriebwerk) in das Ansaugrohr gedrückt. Zirkulation erwärmter Verdichterluft im Ansaugring verhindert eisbildende Temperaturen.

2.2. STRÖMUNGSLEHRE

Bei der Umströmung eines Körpers ist es gleich, ob der Körper sich in ruhender Luft bewegt (Luftfahrzeug) oder ob der Körper feststeht und die Luft bewegt wird (Wind gegen Schautafel, Objekt im Windkanal).

Kompressibilität
Gase unterscheiden sich von Flüssigkeiten unter anderem dadurch, dass sie ihre Volumen unter Druck verändern, sie sind kompressibel. Strömungsvorgänge von Gasen dürfen deshalb nur dann mit denen von Flüssigkeiten verglichen werden, so lange die Druckänderungen infolge von Strömungseinflüssen keine nennenswerten Dichte- bzw. Volumenänderungen verursachen. Dieses ist bei Geschwindigkeiten bis zu etwa $M < 0,4$ der Fall.

2.2.1 Druck-Geschwindigkeitsgesetz

Wird ein Rohr mit zwei verschiedenen Querschnitten von Gasen oder Flüssigkeiten durchströmt, so muss das Volumen, das in der Zeiteinheit in den Querschnitt A_1 einfließt, gleich dem Volumen sein, das aus dem Querschnitt A_2 ausfließt. Das Volumen pro Zeiteinheit ist gleich dem Produkt aus Querschnitt und Geschwindigkeit. Für die Querschnitte A_1 und A_2 gilt demnach:

$$A_1 \cdot v_1 = A_2 \cdot v_2 \quad \text{oder} \quad \frac{v_1}{v_2} = \frac{A_2}{A_1}$$

Diese **Kontinuitätsgleichung** oder Stetigkeitsgleichung besagt, dass sich die Geschwindigkeiten umgekehrt proportional zu den Querschnitten verhalten.

2.2.2 Staudruck

Bei einem festen Körper mit der Masse m, welcher sich mit der Geschwindigkeit v fortbewegt, beträgt die kinetische Energie

$$W = \frac{m}{2} \cdot v^2$$

Da bei Gasen nicht, wie bei festen Körpern, ein bestimmtes Volumen vorhanden ist, wird an Stelle von m die Dichte ρ eingesetzt. Die kinetische Energie je m^3

$$q = \frac{\rho}{2} \cdot v^2$$

strömenden Gases wird Staudruck q genannt:

Das **Bernoullische Gesetz** besagt, dass der Staudruck q im gleichen Maße zunimmt, wie der statische Druck abnimmt. Das Newton'sche Energieprinzip, angewendet auf eine horizontale Strömung, besagt, dass der Gesamtdruck, die Summe aus statischem Druck und Staudruck, konstant bleibt (**Bild 10**).

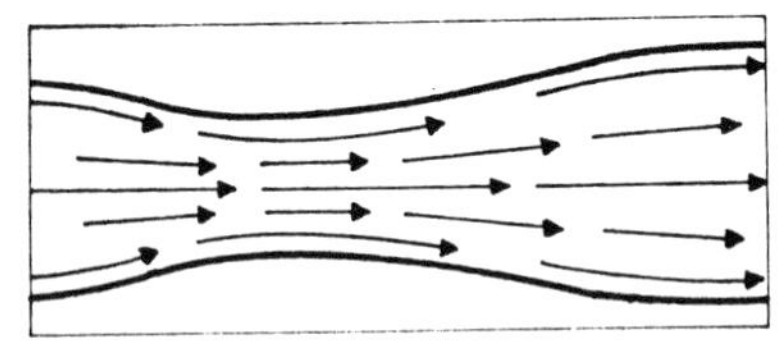

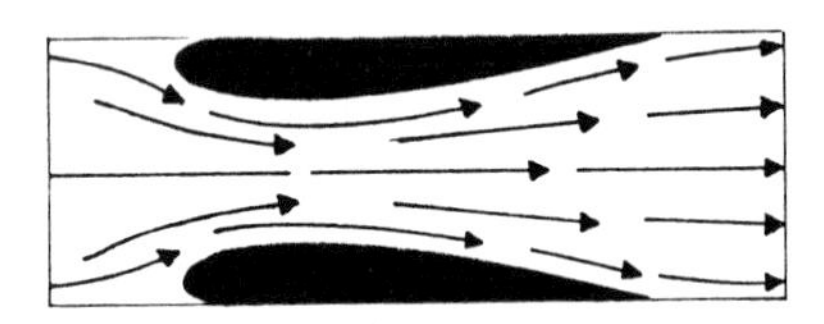

Bild 10: Entstehung des Auftriebes am Profil. Erklärung des Auftriebes nach dem Bernoullischen Gesetz: Der Unterdruck ist dort am größten, wo der Querschnitt des Luftstromes am kleinsten ist.

$$p_1 + q_1 = p_2 + q_2 \quad \text{oder} \quad p + q = \text{const.}$$

Die Summe aus potentieller und kinetischer Energie bleibt auch bei strömenden Gasen oder Flüssigkeiten, also sich in Bewegung befindlichen Körpern, immer gleich. Die potentielle Energie ist hier als statischer Druck vorhanden, während die kinetische Energie durch den Staudruck bestimmt wird.

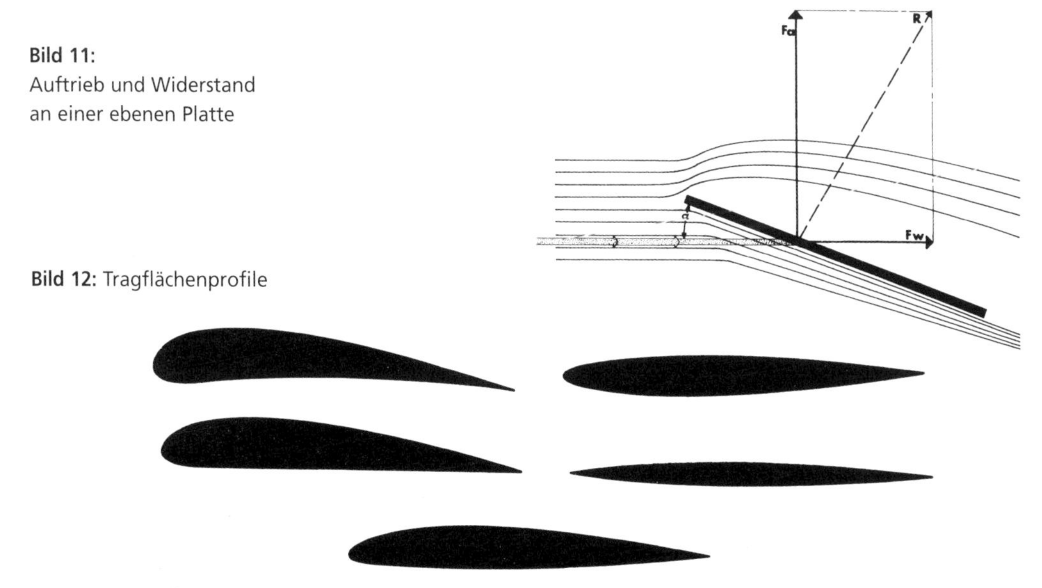

Bild 11:
Auftrieb und Widerstand
an einer ebenen Platte

Bild 12: Tragflächenprofile

2.2.3 Das Tragflächenprofil

Solange ein Körper im Bereich der Erdanziehung ist, wird er mit einer Kraft angezogen, die seinem Eigengewicht entspricht. Soll verhindert werden, dass ein Körper nach unten fällt, so muss eine zweite Kraft wirksam werden, die senkrecht nach oben gerichtet ist.
Bei Luftfahrzeugen entsteht diese Kraft durch die Umströmung von Tragflächen oder Rotorblättern. Sie heißt, im Unterschied zum statischen Auftrieb bei Luftfahrzeugen, die leichter als Luft sind, **dynamischer Auftrieb**. Tragflächen und Rotorblätter müssen deshalb eine möglichst große Kraft senkrecht zur Anströmrichtung erzeugen, wobei die Kraft in Anströmrichtung, der Widerstand, klein sein soll. An einer ebenen Platte entsteht zwar Auftrieb, aber der Widerstand ist zu groß (**Bild 11**). Aus diesem Grunde sind eine Reihe von Profilen oder Tragflächenquerschnitten entwickelt worden (**Bild 12**), die den unterschiedlichsten Anforderungen gerecht werden.

2.2.4 Bezugslinien und Verhältnisse am Profil

a) Skelettlinie und Sehne

Die Skelettlinie ist die gedachte Mittellinie eines Profils. Sie kann ermittelt werden, indem man die Mittelpunkte aller in das Profil gelegten Kreise verbindet (**Bild 13**). Die Sehne eines Profils ist die gerade Verbindung des vorderen Schnittpunktes, Skelettlinie - Profilumriss, mit dem hinteren Schnittpunkt. Bei allen Profilen mit eingezogener (konvexer) Unterseite, ist die Sehne die Verbindungslinie der beiden tiefsten Punkte.

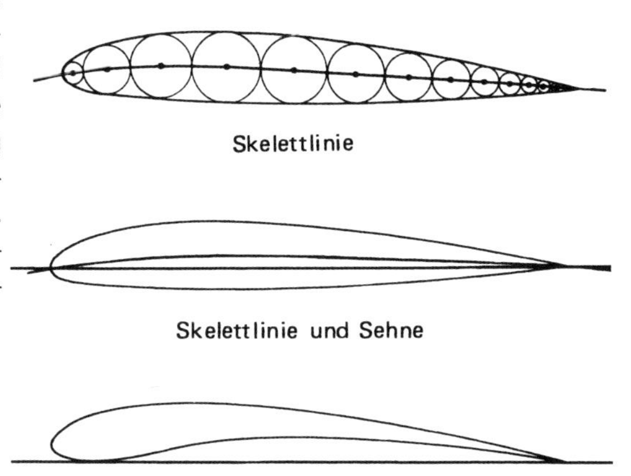

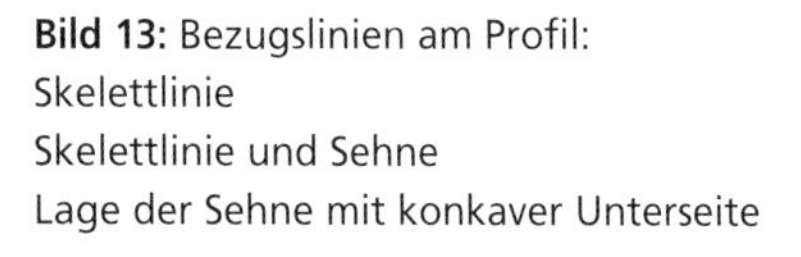

Bild 13: Bezugslinien am Profil:
Skelettlinie
Skelettlinie und Sehne
Lage der Sehne mit konkaver Unterseite

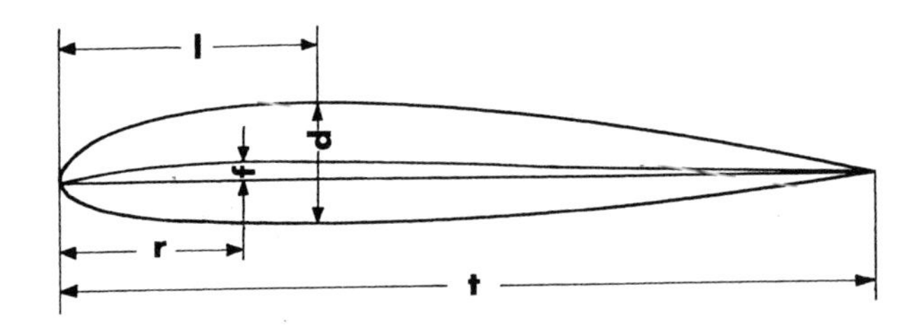

Bild 14:
Verhältnisse
am Profil

b) Wölbungsverhältnis

Als Wölbungsverhältnis wird der größte Abstand der Skelettlinie von der Profilsehne in Prozent zur Profiltiefe (f/t) bezeichnet (**Bild 14**).

c) Wölbungsrücklage

Die Lage der Wölbungshöhe wird durch den Abstand von der Profilvorderkante angegeben und heißt Wölbungsrücklage.

d) Dickenverhältnis (relative Dicke)

Es ist definiert als das Verhältnis der größten Profildicke zur Profiltiefe (d/t).

e) Dickenrücklage

Sie beschreibt die Lage der größten Profildicke in Prozent zur Profiltiefe.

f) Anstellwinkel α

Der Anstellwinkel ist der Winkel zwischen Profilsehne und Anströmrichtung (**Bild 15**).

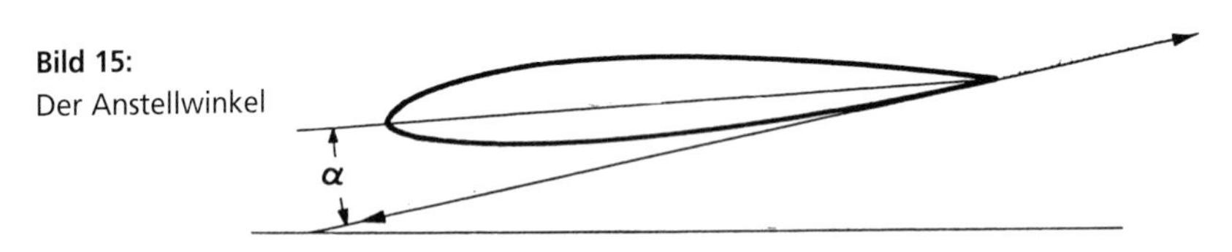

Bild 15:
Der Anstellwinkel

g) Einstellwinkel

Der Einstellwinkel ist der Winkel zwischen Profilsehne und Flugzeuglängsachse (**Bild 16** und **17**).

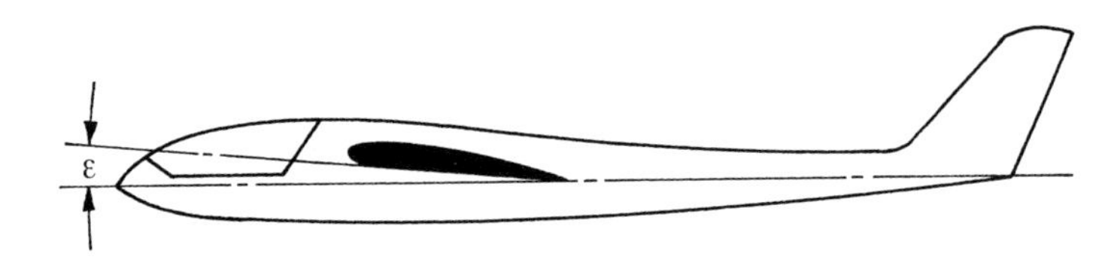

Bild 16: Der Einstellwinkel am Segelflugzeug

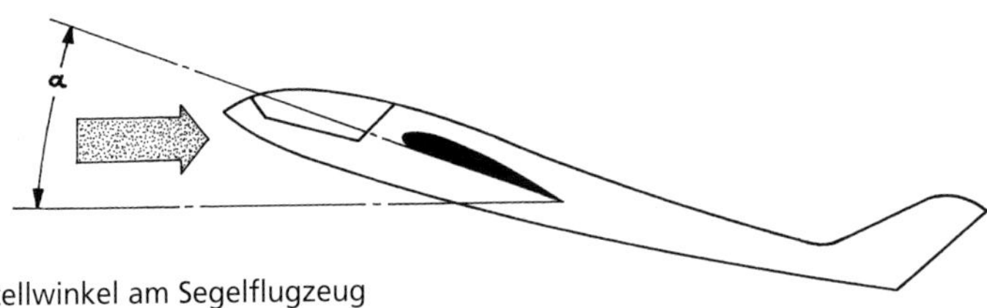

Bild 17: Der Anstellwinkel am Segelflugzeug

h) Druckpunkt

Der Druckpunkt gibt die Lage des Angriffspunktes der resultierenden Luftkraft R an (**Bild 18**). Wenn R in eine Komponente senkrecht und eine Komponente parallel zur Anströmrichtung zerlegt wird, ergeben sich Auftrieb F_a und Widerstand F_W.

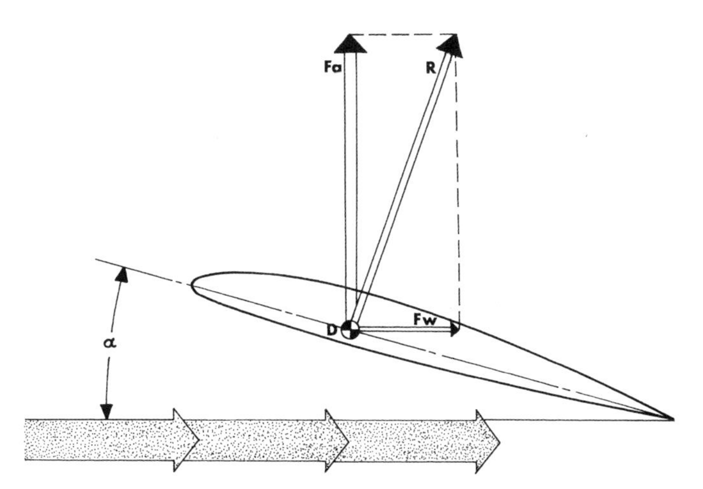

Bild 18: Angriff der resultierenden Luftkraft im Druckpunkt auf der Sehne

Zur Bestimmung der Druckpunktlage muss die Größe des Tragflächendrehmomentes ermittelt werden. Als Bezugspunkt wird entweder der Nasenfußpunkt Na, ein Punkt der Sehne, bei dem *s*/*t* = 0,25 ist, oder das aerodynamische Zentrum (Aerodynamic Center) AC verwendet. Die mittlere aerodynamische Sehne (Mean Aerodynamic Chord) MAC, ist eine gedachte Sehne, die, entsprechend einer tatsächlichen Sehne, mit den im Druckpunkt angreifenden resultierenden Gesamtkräften dargestellt werden kann. Diese ist nicht zu verwechseln mit der mittleren Sehne einer trapezförmigen Tragfläche.

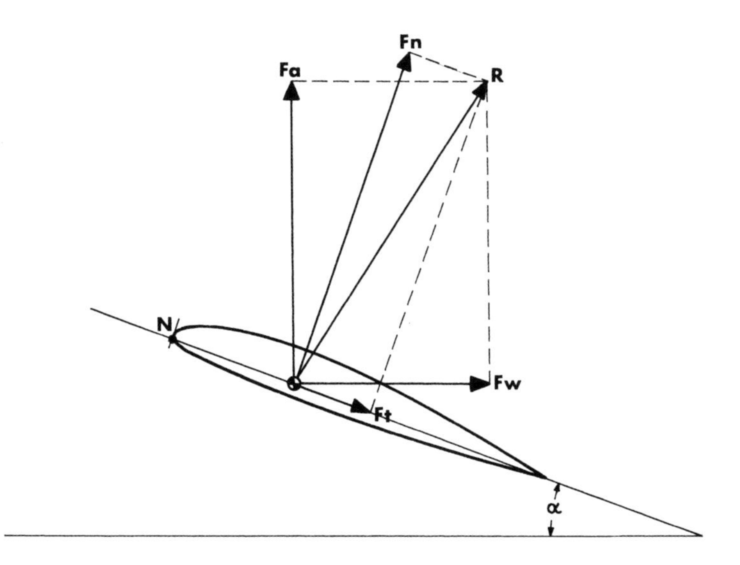

Bild 19: Normalkraft und Tangentialkraft

2.2.5 Kräfte durch Umströmung des Profils

Von Magnus im Jahre 1852 durchgeführte Versuche ergaben, dass ein rotierender Zylinder eine Kraft senkrecht zur Anblasrichtung erzeugt (**Magnuseffekt, Bild 20**). Wird ein fester Zylinder angeblasen, so entsteht um das Kreisprofil eine Parallelströmung, die auf Ober- und Unterseite gleich ist; entstehende Kräfte heben sich auf (**Bild 21**). Infolge Wandreibung ruft ein sich in ruhender Luft drehender Zylinder eine Zirkulationsströmung hervor. Durch Überlagerung der Parallel- und der Zirkulationsströmung ergibt sich das unsymmetrische Strömungsbild des rotierenden Zylinders. Hierbei addieren sich beide Geschwindigkeiten V_∞ und V_Z auf der Oberseite des Zylinders.

$$v_O = v_\infty + v_Z.$$

Auf der Unterseite wirken sie entgegengesetzt und subtrahieren sich.

$$v_U = v_\infty - v_Z.$$

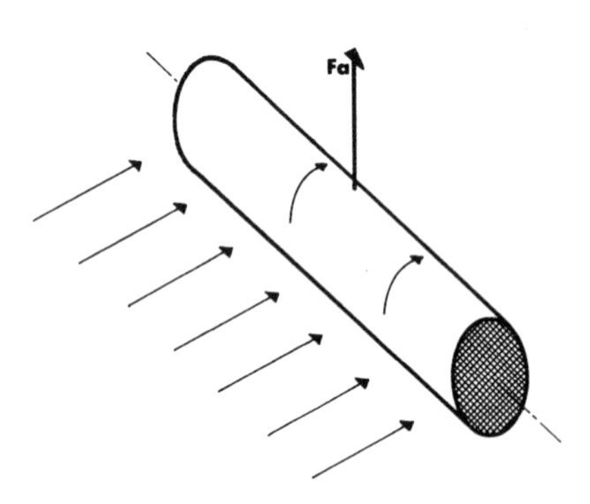

Bild 20: Auftrieb am rotierenden, angeblasenen Zylinder (Magnuseffekt)

Bild 21: Symmetrische Umströmung am ruhenden Zylinder

Demnach wirkt auf die Oberseite ein kleinerer Druck als auf die Unterseite (nach der Gleichung von Bernoulli). Der resultierende Auftrieb F_a beträgt somit p_U-p_O (**Bild 22**).

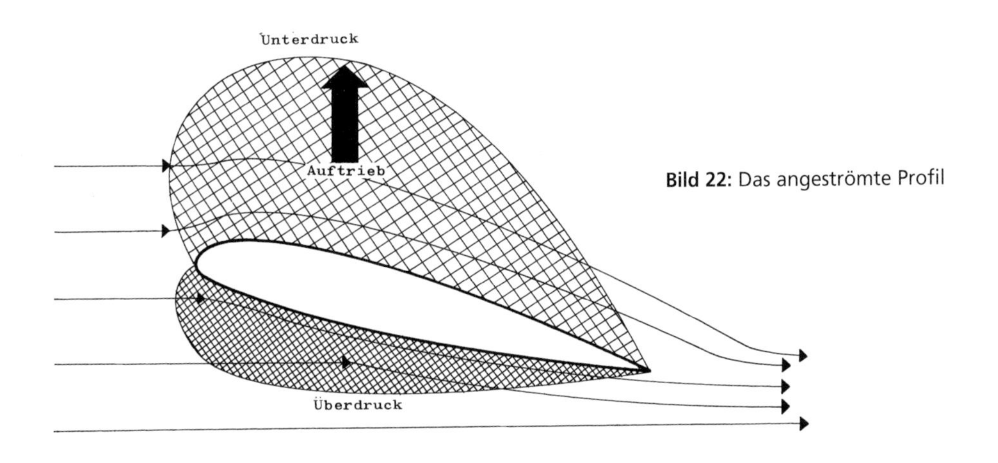

Bild 22: Das angeströmte Profil

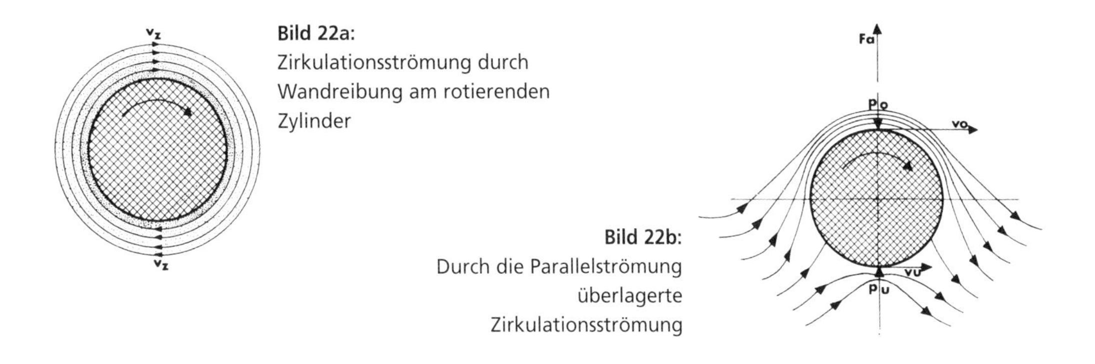

Bild 22a:
Zirkulationsströmung durch Wandreibung am rotierenden Zylinder

Bild 22b:
Durch die Parallelströmung überlagerte Zirkulationsströmung

Nach Prandl kann man die Umströmung eines Tragflächenprofils auch als eine durch Parallelströmung überlagerte Zirkulationsströmung auffassen (**Bild 23**).

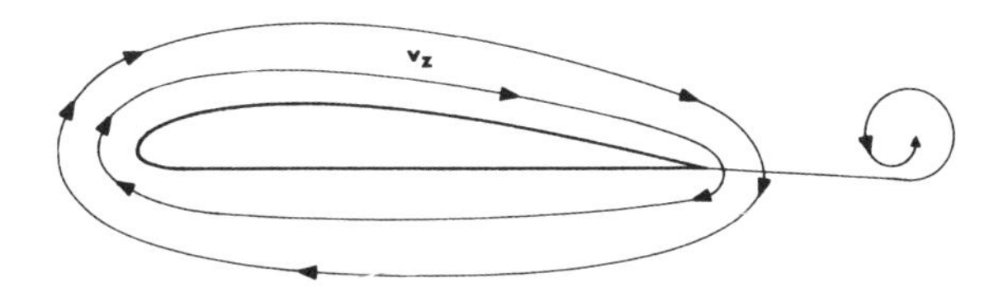

Bild 23: Durch Anfahrwirbel ausgelöste Zirkulationsströmung um ein Tragflächenprofil

Bei mit Reibung behafteten Strömungsmedien, wie Luft und Wasser, entsteht bei Beginn der Umströmung eines Profils, selbst an scharfer Hinterkante, ein Wirbel, der sich mit der Strömung ablöst. Der von ihm hervorgerufene Gegenwirbel mit entgegengesetzter Drehrichtung, ist die Zirkulationsströmung um das Profil. Diese Zirkulationsströmung bleibt im Gegensatz zum Anfahrwirbel erhalten, solange die Strömung laminar ist. Die Auftriebskraft F_a entsteht also analog dem Magnuseffekt.

Um das Profil herum ändert sich die örtliche Geschwindigkeit ständig, so dass Druck und Staudruck stetig ihre Größe wechseln. Wenn die örtlichen Einzeldrücke über die Profilkontur graphisch dargestellt werden, ergibt sich das typische Bild der Druckverteilung (**Bild 24**). Auf der Oberseite ist eine erhöhte und auf der Unterseite eine verminderte Geschwindigkeit vorhanden Aus dem Druckverlauf ist zu ersehen, dass der Unterdruck auf der Oberseite etwa 2/3 und der Überdruck an der Unterseite etwa 1/3 zum Gesamtauftrieb beträgt, der im Druckpunkt angreift.

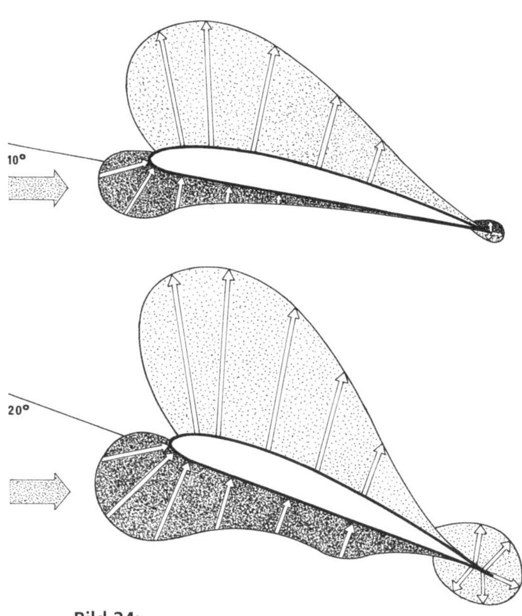

Bild 24:
Druckverteilung bei verschiedenen Anstellwinkeln

Art und Größe der Druckverteilung sind maßgeblich vom Anstellwinkel abhängig. Mit Zunahme des Anstellwinkels vergrößert sich der Auftrieb bis zum Abreißen der Strömung (**Bild 25**). Darüber hinaus ist der Auftrieb abhängig von der Profilform, von der tragenden Fläche *A* (**Bild 26**) und vom Staudruck *q*.

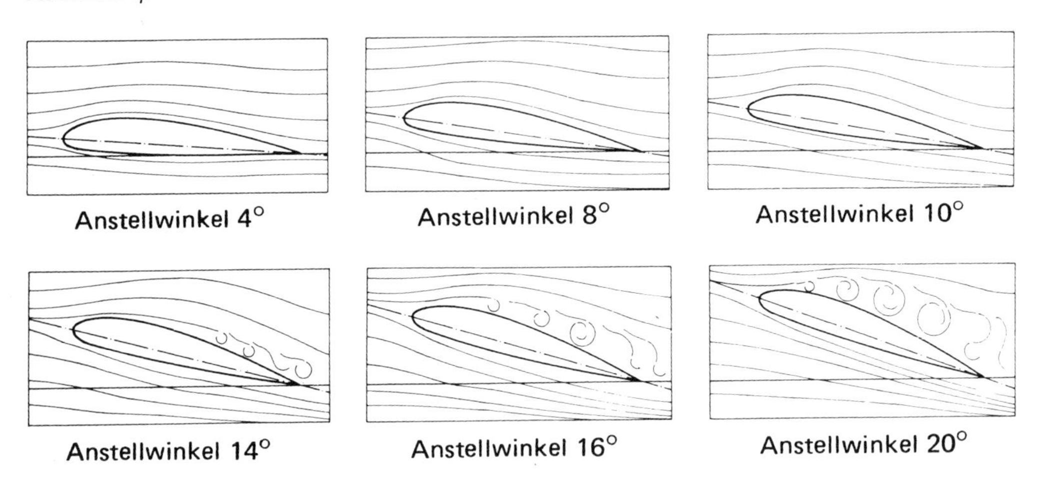

Bild 25: Umströmung eines Tragflächenprofils bei Vergrößerung des Anstellwinkels

Mit einer Formel lässt sich der Auftrieb berechnen:

$$F_a = c_a \cdot \mathbf{S} \cdot \frac{\rho}{2} \cdot v^2 \quad \text{in N}$$

(Auftrieb = Auftriebsbeiwert · Fläche · Staudruck)

Wird die Gleichung umgestellt und statt ($p/2 \cdot v^2$) gleich *q* eingesetzt, so erhält man

$$c_a = \frac{F_a}{q \cdot \mathbf{S}}$$

Hieraus ist ersichtlich, dass der Auftriebsbeiwert C_a dem Auftrieb in N entspricht, den ein Profil bei einem Anstellwinkel α, einer Tragfläche (= tragende Fläche = größte Projektion der Tragfläche, unabhängig von Ca von 1 m^2 und einem Staudruck von 1 N/m^2 liefert.

Das Überziehverhalten (Stall-Verhalten) verschiedener Flugzeuge wird in entscheidendem Maße durch die Profilform geprägt. Sogenannte »gutmütige« Profile mit großem Nasenradius und geringer Dickenrücklage haben einen großen Übergangsbereich vom Beginn der Ablösung bis zum Überziehen. Die Ablösung kündigt sich rechtzeitig durch Schütteln an (Buffet – bevor die Tragflächen in den »Stall« geraten). Der Pilot hat genügend Zeit, durch Fahrtaufnahme den Anstellwinkel zu verkleinern.

Profile mit kleinem Nasenradius und großer Dickenrücklage zeigen »kritisches Verhalten«, sie geraten ohne Vorankündigung in den überzogenen Bereich. Hier hat der Pilot wenig Zeit entsprechend zu reagieren. Flugzeuge mit derartigen Profilen sollten eine Überziehwarnanlage haben (Stallwarnung).

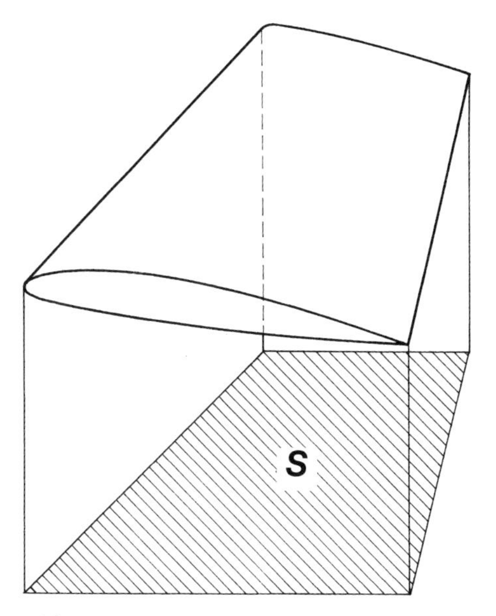

Bild 26: Die tragende Fläche S

2.2.6 Widerstand

Wird ein Körper umströmt, so stellt er für das strömende Medium ein Hindernis dar; die Stromlinien müssen dem Körper ausweichen. Genau so wirkt sich ruhende Luft auf einen Körper aus, der unter dem Einfluss der Schwerkraft fällt. Nach anfänglicher Steigerung der Geschwindigkeit stellt sich eire gleichbleibende Fallgeschwindigkeit ein (Regentropfen, Fallschirmspringer im freien Fall). Die gegen die Bewegungsrichtung gerichtete Kraft heißt Luftwiderstand oder Rücktrieb. Auch hierbei ist wiederum gleichgültig, ob ein ruhender Körper von bewegter Luft umströmt wird oder ein mobiler Körper sich in ruhender Luft bewegt. Die Größe des Widerstandes hängt im wesentlichen von der Größe, der Form, der Oberflächenbeschaffenheit und dem Staudruck der Strömung ab.

Mit Zunahme der Größe (Stirnfläche) steigt der sich daraus ergebende Widerstand linear. Wenn bei einer Verhältnisgröße von $A_1 = 5$ der Widerstand $F_W = x$
beträgt, so ergibt sich für $A_2 = 10$ ein Widerstand $F_W = 2$ x.

Mit Zunahme der Geschwindigkeit steigt der sich ergebende Widerstand im Quadrat. Bei gleichgroßer Stirnfläche steigt der Widerstand mit zunehmender Geschwindigkeit dargestellt. Der Widerstand lässt sich mit Hilfe folgender Formel berechnen (**Bild 27**):

$$F_W = c_W \cdot A \cdot \frac{\rho}{2} \cdot v^2 \quad \text{in N}$$

(*Widerstand = Widerstandsbeiwert · Fläche · Staudruck*)

Analog dem Auftriebsbeiwert, gibt der Widerstandsbeiwert C_W den Widerstand in N an, den ein Profil bei einem Anstellwinkel α, einer Bezugsfläche (Stirnprojektion) von 1 m^2 und einem Staudruck von 1 N/m^2 liefert (**Bild 27**).

Windkanalversuche zeigen, dass der Widerstand eines Körpers bei gleicher Stirnfläche bis zu 95 % verringert werden kann, wenn seine Form entsprechend verändert wird (**Bild 28**).

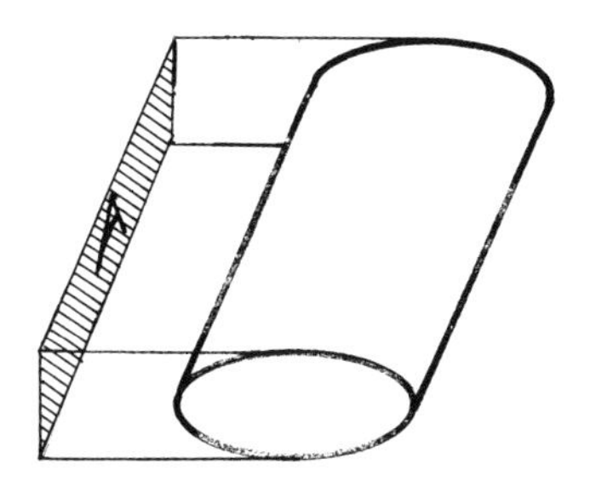

Bild 27: Die Widerstandsfläche A

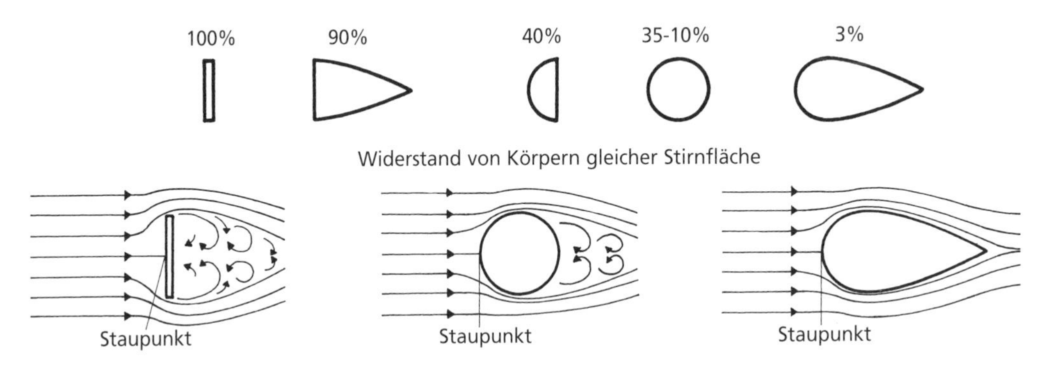

Bild 28: Umströmung verschiedener Körper

Der Begriff »Bezugsfläche« bedarf folgender Erläuterung:

a) Reine Widerstandskörper (Kugel, Zylinder und dergleichen) weisen als Bezugsgröße A immer die Stirnfläche auf.
b) Auftriebs- oder Quertriebskörper weisen als Bezugsgröße immer die Grundfläche auf (größte Projektion), wobei bei Flugzeugen zu den Tragflächen (oder Bezugsflächen) auch der vom Rumpf verdeckte Bereich gehört.
c) Die Beiwerte richten sich in ihrer Größe natürlich nach der gewählten, anstellwinkelabhängigen Bezugsfläche.

Wenn bei gleicher runder Stirnfläche Körper mit gleicher Geschwindigkeit angeblasen werden, so verhält sich der Widerstand zwischen Scheibe, Kugel und Stromlinienkörper wie etwa 100 % : 50 % : 5%. Der Grund ist darin zu suchen, dass hinter allen Körpern, mehr oder weniger ausgeprägt, Wirbel entstehen. Diese treten immer paarweise und in entgegengesetztem Drehsinn auf. Da alle Wirbel Bewegungsenergie in Wärme umwandeln, wächst der Widerstand eines Körpers mit der Zunahme seiner Wirbelbildung. In der Wirbelzone erfolgt kein Druckanstieg, infolge geringerer Geschwindigkeit, wie das Gesetz von Bernoulli vermuten lassen könnte. Je stärker die Wirbelbildung, um so größer der Druckunterschied zwischen Vorder- und Rückseite eines Körpers.

Dieser Widerstandsanteil wird Form- oder Druckwiderstand genannt. Soll die Wirbelschleppe verschwinden, so darf auf der Rückseite keine abrupte Querschnittsveränderung vorhanden sein, sondern der Querschnitt muss allmählich auf Null abnehmen. Die durch den Querschnitt entstehende Wirbelzone muss durch diesen selbst ausgefüllt werden. Der erhöhte Oberflächenwiderstand ist stets kleiner als der Wirbelwiderstand. Stromlinien weichen dem Körper nicht aus, sondern treffen auf diesen auf. Im Punkt des Auftreffens wird die Geschwindigkeit auf v_0 abgebremst. In diesem, als Staupunkt S bezeichneten Punkt, herrscht der Gesamtdruck. Zieht man hiervon den statischen Druck p ab, so erhält man daraus den Staudruck q.

2.2.7 Oberfläche und Grenzschicht

Alle Gase und Flüssigkeiten besitzen eine molekulare Zusammenhangskraft (Zähigkeit), die zwischen den Teilchen des Mediums Reibungskräfte entstehen lässt, wenn diese mit verschiedenen Geschwindigkeiten strömen. Darüber hinaus entsteht eine Adhäsion zwischen der Oberfläche des umströmten Körpers und den Strömungsteilchen. Diese anhaftenden Teilchen bremsen so innerhalb einer bestimmten Gesamtschicht die Strömungsgeschwindigkeit. Diese relativ dünne Luftschicht (ca. 1 mm dick) mit einer Geschwindigkeit von v_0 auf der Oberfläche bis zur vollen Strömungsgeschwindigkeit v^∞, nennt man Grenzschicht. Die Dicke der Grenzschicht wird mit δ bezeichnet. Bei großen Flugzeugen kann die Grenzschicht bis zu 500 mm stark werden.

Der auftretende Reibungswiderstand lässt sich gut an einer in Strömungsrichtung liegenden ebenen Platte veranschaulichen (**Bild 29**). Da eine so angeströmte Platte keinen Stirnwiderstand (Druckwiderstand) hervorruft, kann der dennoch entstehende Widerstand nur eine Folge der Reibung sein. Im Staupunkt ist die Geschwindigkeit gleich Null. Die vom Staupunkt ausgehende Grenzschicht verläuft zunächst laminar. Aufgrund der Zunahme der Reibungskräfte wird bei einer genügend langen Platte irgendwo der Punkt erreicht sein, wo die Massenkräfte (Trägheitskräfte) die Reibungskräfte nicht mehr überwinden können. Die kritische Reynold'sche Zahl (Re_{krit})

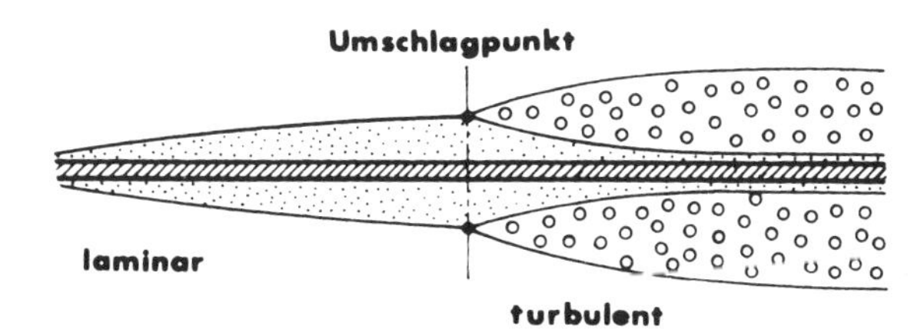

Bild 29:
Grenzschicht an der ebenen Platte

$$Re = \frac{\text{Trägheitskräfte}}{\text{Reibungskräfte}} = \frac{v \cdot l \cdot \rho}{\mu} = \frac{v \cdot l}{\nu}$$

μ = Dynamische Zähigkeit (Widerstand gegen Verschiebungen)
ν = Kinematische Zähigkeit = μ / ρ
l = Strömungslänge

ist erreicht, und die laminare Strömung schlägt im Umschlagpunkt in eine turbulente Strömung um.
Stromlinien um zwei geometrisch ähnliche Körper sind ähnlich, wenn das Verhältnis von Trägheitskräften : Reibungsverhältnis gleich ist.

Bei kleinen Re-Zahlen überwiegen die Reibungskräfte. Sie wirken dämpfend (laminare Grenzschicht).

Bei großen Re-Zahlen überwiegen die Trägheitskräfte (Massenkräfte) und überwinden die Dämpfung der Störbewegung durch die Reibungskräfte (turbulente Grenzschicht nach Umschlag).

Unterhalb dieser turbulenten Grenzschicht bleibt an der Körperoberfläche eine sehr dünne laminare Unterschicht vorhanden. Da die Reibung innerhalb der turbulenten Grenzschicht bedeutend größer ist als in der laminaren, verwendet man vorzugsweise Profile, deren laminare Anlaufstrecke groß und deren überkritischer Bereich klein ist. Der Reibungswiderstand wird durch die Oberflächenrauhigkeit stark beeinflußt. Da es praktisch unmöglich ist, auch im Flugzeugbau völlig glatte Oberflächen herzustellen, bemüht man sich, die Rauhtiefe möglichst klein zu halten. Durch Auftragen eines Farbüberzuges stellt sich im allgemeinen eine Rauhtiefe von 0,02 mm ein, die nur eine minimale Beeinflussung der laminaren Grenzschicht ergibt.

2.2.8 Die Grenzschicht am Tragflächenprofil

Bei der Umströmung eines rundnasigen, unsymmetrischen Profils entstehen immer laminare und turbulente Bereiche. Nach einer mehr oder weniger langen Anlaufstrecke schlägt auch hier die laminare Strömung im Umschlagpunkt U in eine turbulente Strömung um. Wegen der geringeren Geschwindigkeit liegt der Umschlagpunkt auf der Unterseite weiter hinten als auf der Oberseite. Bei bestimmten Anstellwinkeln kommt es auf der Profiloberseite durch die starke Geschwindigkeitsabnahme in Richtung Hinterkante, zu einer starken Druckzunahme und einer Ablösung der Strömung beim Ablösungspunkt A (**Bild 30**). Der Auftrieb fällt bei stark wachsendem Widerstand plötzlich ab. Das Flugzeug geht hierbei in den Sturz über, um so selbsttätig Fahrt aufzuholen und den Anstellwinkel zu verkleinern, bei unsymmetrischer Ablösung auf den Tragflächen kann es über eine Tragfläche abkippen und abtrudeln.

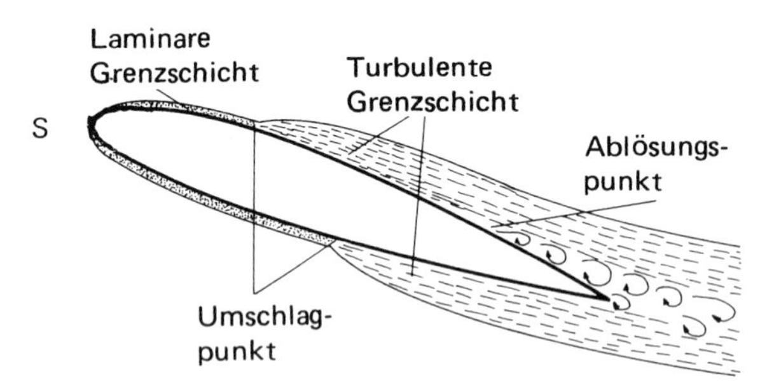

Bild 30: Verhalten der Grenzschicht bei großem Anstellwinkel

Im Staupunkt S ist die Grenzschichtdicke 0. δ nimmt über die Lauflänge kontinuierlich zu.

Heute werden Flugzeuge meist so konstruiert, dass sie nach dem Überziehen in den ungefährlichen Bahnneigungsflug übergehen.

2.2.9 Polardiagramm

Aus einem Polardiagramm für ein Profil sind für alle Ansteliwinkel die Beiwerte c_a, c_w und c_m eines Profils zu entnehmen. Beim Lilienthal'schen Polardiagramm wird der Auftriebsbeiwert c_a in Abhängigkeit vom c_w-Wert eingetragen Die einzelnen Messpunkte tragen die Größe des jeweiligen Anstellwinkels (**Bild 31**).
Wegen der zahlenmäßig kleineren Widerstandsbeiwerte wird für die c_a-Achse häufig ein fünfmal bis zehnmal größerer Maßstab verwendet. Die Tangente an die Polare durch den Punkt 0 ergibt einen Anstellwinkel mit dem günstigsten Verhältnis zwischen Auftrieb und Widerstand (F_a/F_W = c_a/c_W); mit diesem Anstellwinkel ergibt sich die beste Gleitzahl.

$$\text{Gleitzahl}: \epsilon = \tan\gamma = \frac{cw}{ca} \qquad \gamma\,\text{best} = \text{kleinster Gleitwinkel}$$

tan γ - Beispiele: Sportflugzeug 1 :12, Verkehrsflugzeug 1 : 20, Segelflugzeug 1: 50

Beim aufgelösten Polardiagramm werden die c_a-, c_w- und c_m-Werte in Abhängigkeit vom

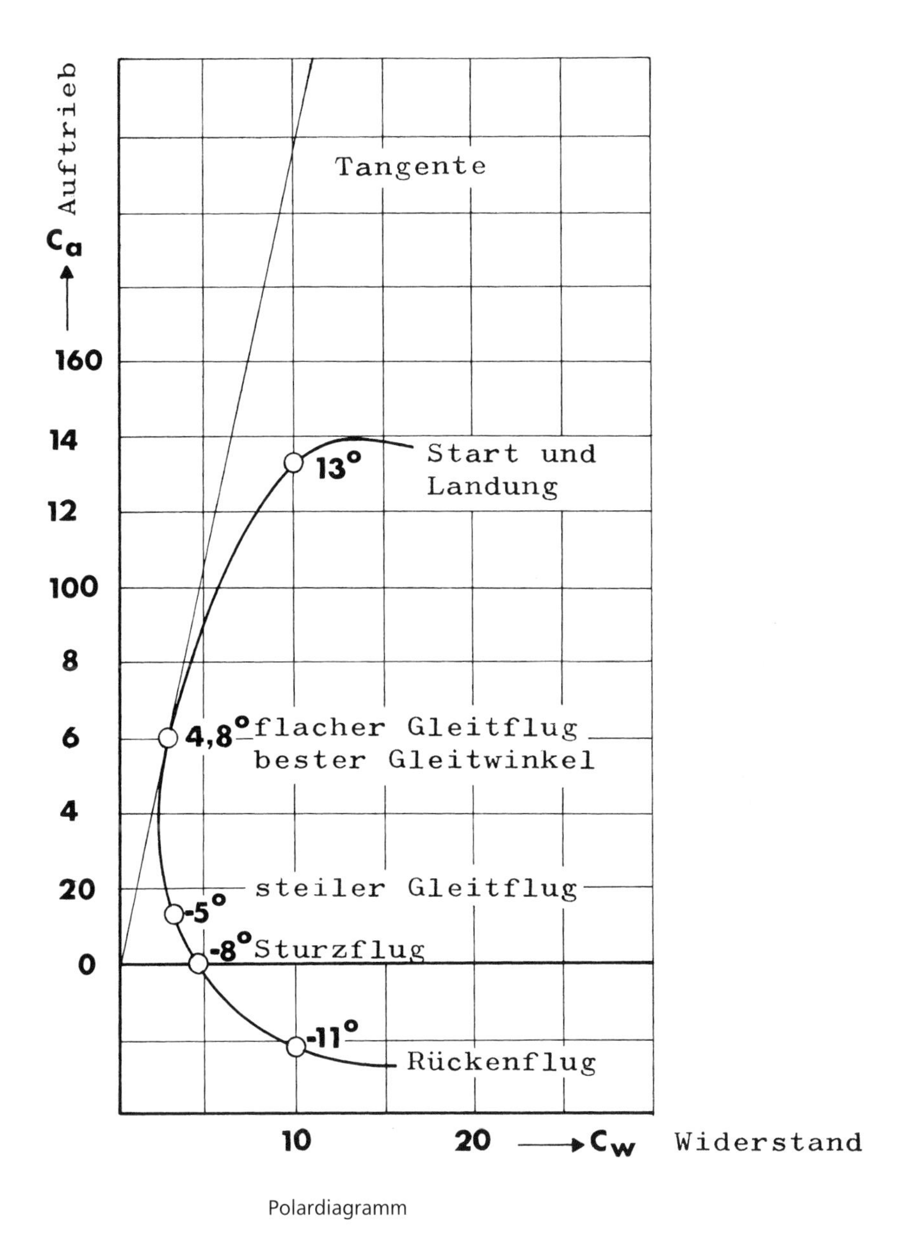

Polardiagramm

Bild 31: Verhalten eines Profils bei verschiedenen Anstellwinkeln

Anstellwinkel eingetragen. Hier lässt sich der Anstellwinkel für jeden Beiwert direkt ablesen **(Bild 32)**.

Der c_m-Wert bezieht sich auf die Größe des Tragflächendrehmoments zur Bestimmung der Druckpunktlage. Zur Erzeugung dieses Moments ist eine Kraft $c_m \cdot q \cdot A$ notwendig. $M = c_m \cdot q \cdot A \cdot t$.
c_{mae} ist der heute gebräuchliche Wert für das auf Aerodynamic Center bezogene Luftkraftmoment am Profil.

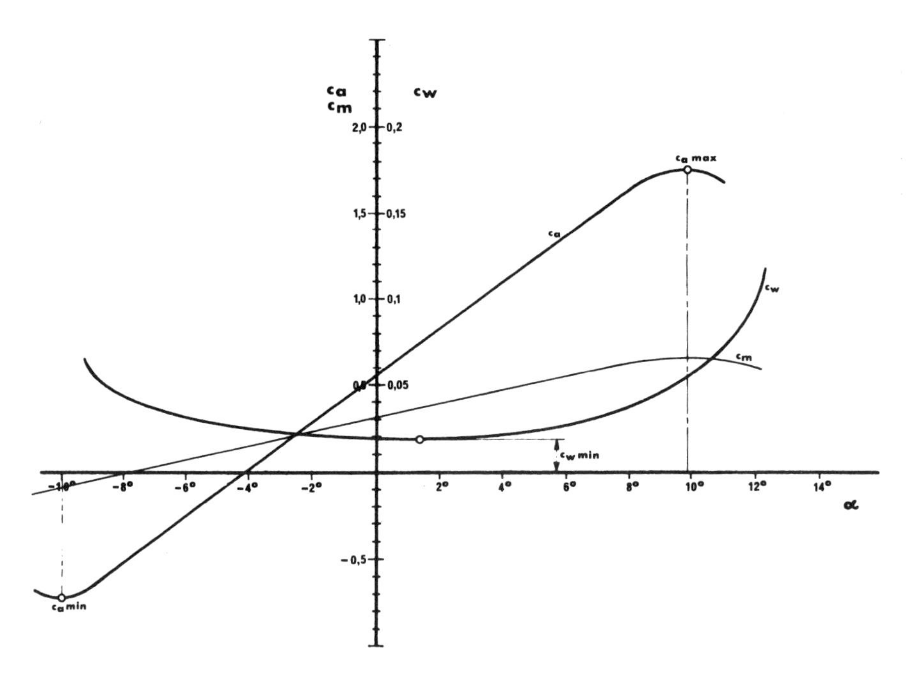

Bild 32: Das aufgelöste Polardiagramm

2.2.10 Besondere Profile

Laminarprofile

Es handelt sich hierbei um Profile mit kleinem Nasenradius und einer Dickenrücklage zwischen 40 % und 50 %. Sie haben eine lange laminare Anlaufstrecke von etwa 40 % bis 60 % der Profiltiefe, gegenüber 20 % bis 30 % bei Normalprofilen.
Im Hinblick auf Minimalwiderstand und Gleitzahl sind sie anderen Profilen überlegen. Sie reagieren allerdings empfindlich auf Konturveränderungen (z. B. Reparaturstellen, Verunreinigungen, Regentropfen) und hohe Anstellwinkel; sie sind auch als Schnellflugprofile für hohe Unterschallgeschwindigkeiten geeignet, obwohl sie heute vorzugsweise für Segelflugzeuge verwendet werden (**Bild 33**).

Bild 33: Laminarprofil

Bild 34: Profil mit S-Schlag

Druckpunkfeste Profile

Die Lage des Druckpunktes ist bei Normalprofilen von der Größe des Anstellwinkels abhängig. Der Druckpunkt wandert mit zunehmendem Anstellwinkel nach vorn und mit abnehmendem Anstellwinkel nach hinten. Profile ohne Druckpunktwanderung (Druckpunktlage immer in 25 % der Profiltiefe) werden als druckpunktfest bezeichnet. Ihre Eigenschaften gelten als »sicher«, und sie werden bevorzugt bei Nurflügelflugzeugen und Hubschraubern angewendet. Wie die ebene Platte, sind auch alle symmetrischen Profile druckpunktfest. Daneben lassen sich auch unsymmetrische

Profile verwenden, wenn ihre Skelettlinie einen S-Schlag erhält. Hierdurch entsteht eine Aufwärtskrümmung des Profilendes. Gegenüber symmetrischen Profilen gleicher Dicke erreichen sie größeren Widerstand. Im Vergleich mit Normalprofilen erzeugen S-Schlag-Profile (**Bild 34**) weniger Auftrieb.

2.2.11 Die umströmte Tragfläche

Alle bisherigen Betrachtungen bezogen sich auf die unendlich lange Tragfläche. Da aber Tragflächen und Rotorblätter immer endliche Spannweiten aufweisen, treten hier zusätzlich andere Einflüsse auf.

Geometrie der Tragfläche

a) Spannweite (span)
Die Spannweite ist gleich dem Abstand der Tragflächenspitzen; sie wird mit b bezeichnet.

b) Flügelfläche (area)
Als Bezugsfläche wird die Projektion beider Tragflächen, ohne Berücksichtigung des Rumpfes von Spitze zu Spitze gewählt. Als Symbol für diese Fläche wird der Buchstabe S (surface) gewählt **(Bild 35).**

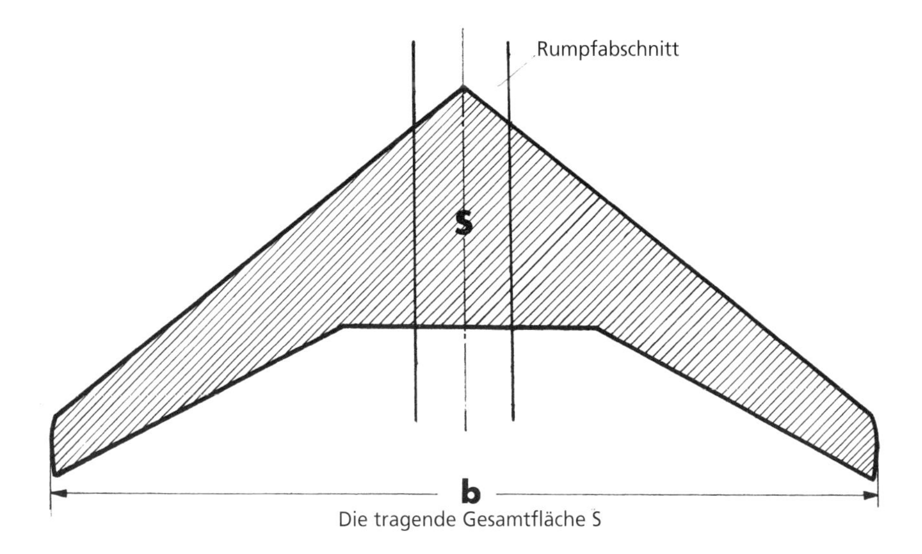

Bild 35: Ermittlung der Flügelfläche (area)

c) Flügeltiefe (chord)
Die jeweilige Flügeltiefe ergibt sich aus der Sehnenlänge der einzelnen Profilabschnitte. Sie bleibt, bedingt durch die Form der Tragflächen, meistens nicht konstant. Die mittlere geometrische Flügeltiefe ergibt sich aus $t_m = \frac{S}{b}$

t_i = Wurzelsehne (root chord) t_a = Spitzensehne (tip chord)

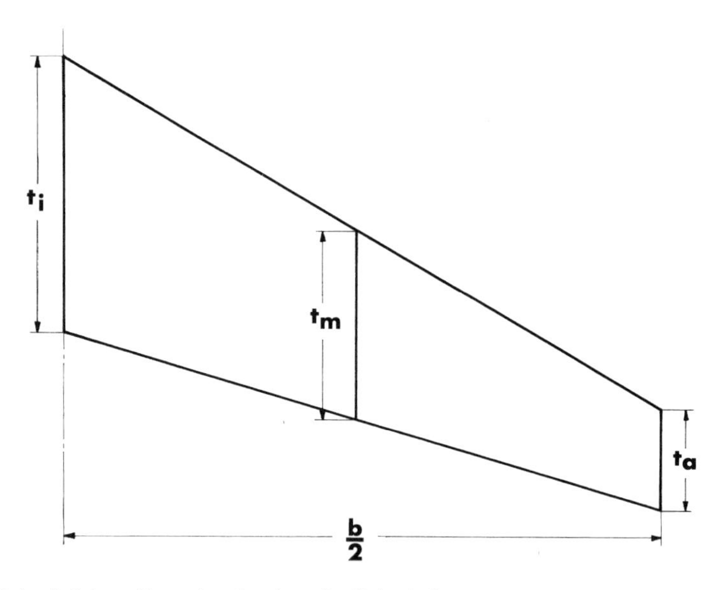

Bild 36: Flügeltiefe als Sehnenlänge der einzelnen Profilabschnitte

Die bei Schwerpunktwägungen so wichtige aerodynamische Flügeltiefe (mean aerodynamic chord), mac, stellt die Tiefe an der Stelle dar, wo der Gesamtauftriebsvektor einer Tragfläche angreift.

d) Streckung (aspect ratio)
   Die Streckung drückt das Verhältnis von Spannweite zu Flügeltiefe aus. Je schlanker eine Tragfläche, umso größer ist die Streckung.

   Bei rechteckigen Tragflächen: $\frac{b}{t}$ (Seitenverhältnis)

   Allgemein aber wird sie über das Verhältnis $\frac{b^2}{s}$ ausgedrückt und mit dem griechischen Buchstaben Λ bezeichnet.

e) Zuspitzung (taper ratio)
   Die Zuspitzung ist das Verhältnis der Spitzentiefe zur Wurzeltiefe. Sie wird mit λ bezeichnet.

$$\lambda = \frac{t_a}{t_i}$$

f) V-Stellung (dihedral)
   Die V-Stellung der Tragflächen ergibt sich aus der Neigung gegenüber der Querachse. Der Winkel wird mit V bezeichnet. Die V-Stellung ist positiv, wenn die Spitze über der Wurzel liegt; negativ, wenn sie darunter liegt. Die Winkel liegen zwischen +10° und -10°

g) Pfeilung (sweep back)
   Die Pfeilung der Tragflächen ergibt sich aus der Verschiebung einzelner Abschnitte gegenüber

der Querachse in der Horizontalen. Gemessen wird der Winkel zwischen der $t/_4$-Linie und der Querachse; er wird mit φ bezeichnet. Liegt die Spitze hinter der Wurzel, ergibt sich positive Pfeilung; liegt die Spitze vor der Wurzel ist die Pfeilung negativ (**Bild 37** und **38**).

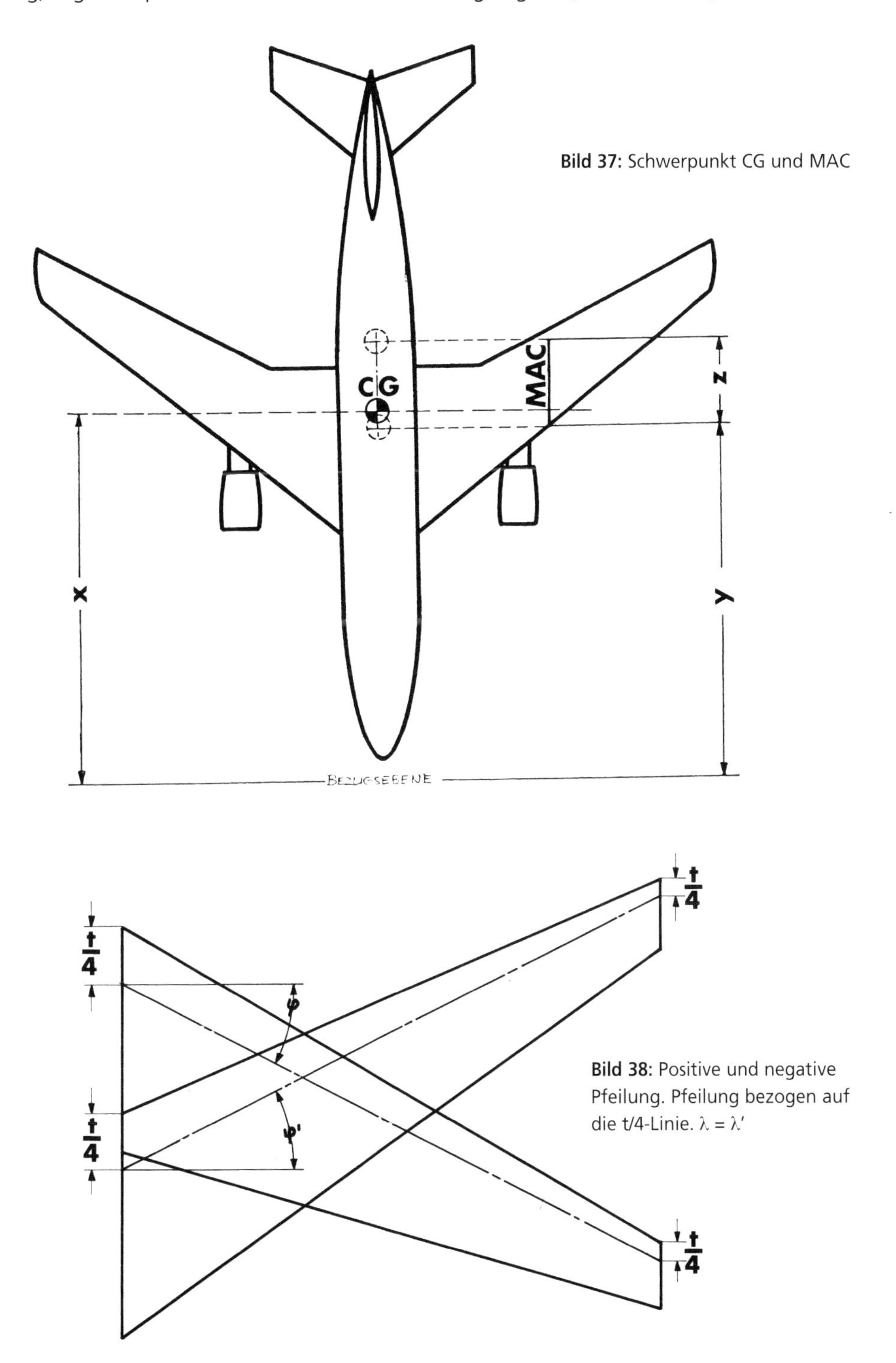

Bild 37: Schwerpunkt CG und MAC

Bild 38: Positive und negative Pfeilung. Pfeilung bezogen auf die t/4-Linie. $\lambda = \lambda'$

Induzierter Widerstand
Der induzierte Widerstand wird durch den Druckausgleich am Tragflächenende hervorgerufen. Durch Versuche im Windkanal kann nachgewiesen werden, dass die Strömung auf der Tragflächenoberseite nach innen und auf der Unterseite nach außen abgelenkt wird. Diese Ablenkung entsteht dadurch, dass der Druck auf der Oberseite geringer ist als außerhalb der Tragflächenspitze. Auf der Unterseite dagegen ist der Druck höher als der statische Druck außerhalb. Der bestehende Druckunterschied gleicht sich am Tragflächenende aus, indem die Luft von unten nach oben strömt. Durch die Vorwärtsbewegung des Flugzeuges entsteht hieraus eine Wirbelschleppe, die eine erhebliche Energie verbraucht, also Widerstand hervorruft. Diese Erscheinung hängt weitgehend von der Tragflächenform ab. Die schmale, spitz zulaufende Tragfläche stellt neben der Ellipse die günstigste Form dar; die rechteckige Form ist die ungünstigste.
Auch werden vereinzelt Stromlinienkörper (Wirbelkeulen) oder Randscheiben an den Tragflächenenden angebracht, um den Druckausgleich zu erschweren (winglets).

Schränkung
An Tragflächen mit beliebiger Umrissform lässt sich eine annähernd elliptische Auftriebsverteilung auch durch »Verdrehung«, durch Schränkung, erzielen. Hierdurch wird der wirksame Anstellwinkel zum Tragflächenende hin gegenüber der Wurzel kleiner. Bei der geometrischen Schränkung bleibt hierbei die Profilform über die Spannweite erhalten. Das Profil wird hingegen bei der aerodynamischen Schränkung geändert. Hier kann z.B. das an der Wurzel unsymmetrische Profil allmählich in ein symmetrisches oder gar negatives Profil übergehen. Darüber hinaus bleiben bei Flügen im kritischen Anstellwinkelbereich die Querruder selbst dann noch wirksam, wenn die Strömung in Rumpfnähe schon abgerissen ist.

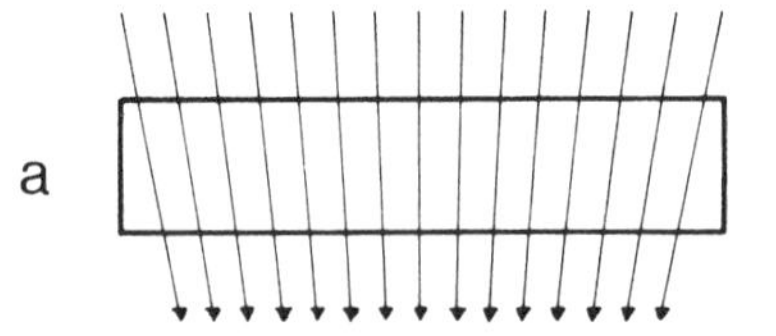

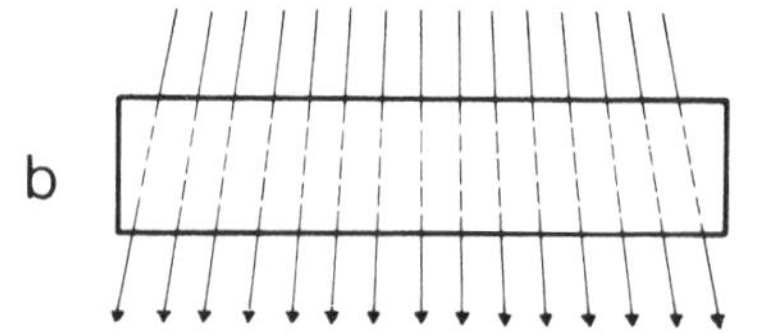

Bild 38a: Ursachen des Randausgleichs
a) Strömung auf der Tragflächenoberseite
b) Strömung auf der Tragflächenunterseite

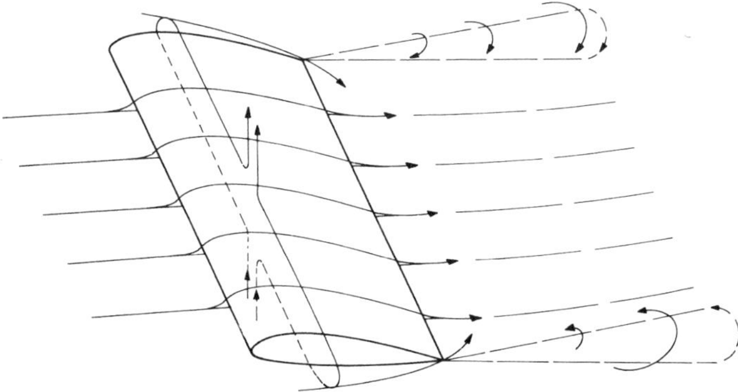

Bild 38b:
Induzierter Widerstand

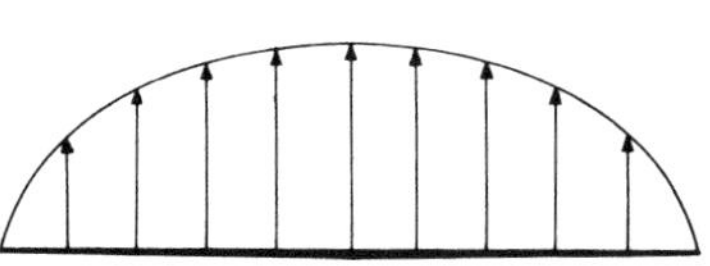

Bild 38c:
Ideale Auftriebsverteilung über Spannweite

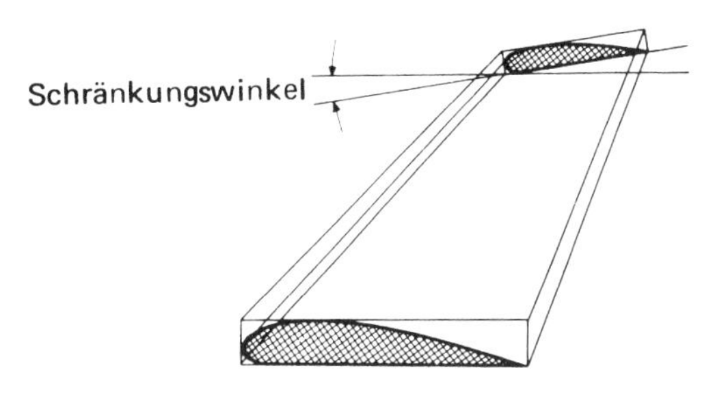

Bild 38d: Die geometrische Schränkung

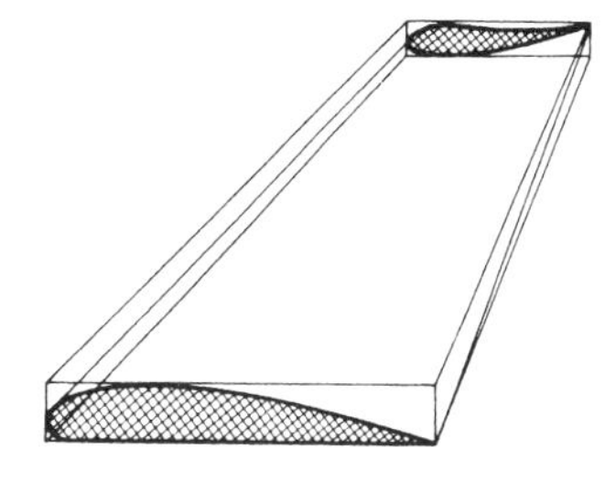

Bild 38e: Die aerodynamische Schränkung

Die Entstehung der sich hieraus ergebenden Auftriebsverteilung einer geschränkten Tragfläche lässt gleichzeitig ihre Vorteile erkennen:

a) konstante Abwindverteilung, daher kleinstmöglicher induzierter Widerstand gegenüber allen anderen Formen.
b) Annähernd gleichmäßiges Arbeitsverhalten über die gesamte Spannweite.

Interferenzwiderstand

Der Interferenzwiderstand ist ein Faktor, der sich aus der Zusammenwirkung, der Überlagerung einzelner Widerstände ergibt. Er ist somit die Differenz zwischen der Summe der Einzelwiderstände und dem effektiven Gesamtwiderstand. Ist dieser Gesamtwiderstand größer als die Summe der Einzelwiderstände, so ist der Interferenzwiderstand ungünstig (positiv); ist der Gesamtwiderstand kleiner als die Summe der Einzelwiderstände, so ist der Interferenzwiderstand günstig (negativ). In der Praxis entsteht negativer Interferenzwiderstand vornehmlich bei hintereinander angeordneten Körpern mit starker Wirbelbildung. Turbulenzzonen werden hier durch Körper ausgefüllt.

Positiver Interferenzwiderstand ist überall dort zu finden, wo Körper nebeneinander angeordnet sind. Hier ruft ein Körper Störungen in der Grenzschicht eines anderen hervor. Auch kann es durch den sogenannten Diffusoreffekt zu einer erheblichen, durch Druckanstieg verursachten Ablösung der Grenzschicht kommen. Beispiele: Tragflächen-Motoreinbau, Tragflächen-Rumpfübergänge.

Auftriebsbeeinflussung durch Veränderung des Profils

Mit Zunahme der Reisegeschwindigkeit ist die Differenz zwischen dieser und der Landegeschwindigkeit immer größer geworden. Da die Grenzen der Landegeschwindigkeit durch Ausrollstrecke, Belastung des Fahrwerks, Reaktionsvermögen u.a. gesetzt sind, müssen Vorkehrungen getroffen werden, die auch bei niedriger Geschwindigkeit großen Auftrieb durch Profilveränderung entstehen lassen (**Bild 39**). Die Landegeschwindigkeit wird also letztlich durch die jeweilige Flächenbelastung G/A bestimmt. Sie liegt zwischen 200 N/m^2 bei Segelflugzeugen und 6000 N/m^2 bei Verkehrsflugzeugen. Durch Landeklappen, Wölbungsklappen, Spreizklappen, Fowlerklappen, Vorflügel (**Bild 40, 41 und 42**) und Nasenklappen sowie durch Kombinatio-

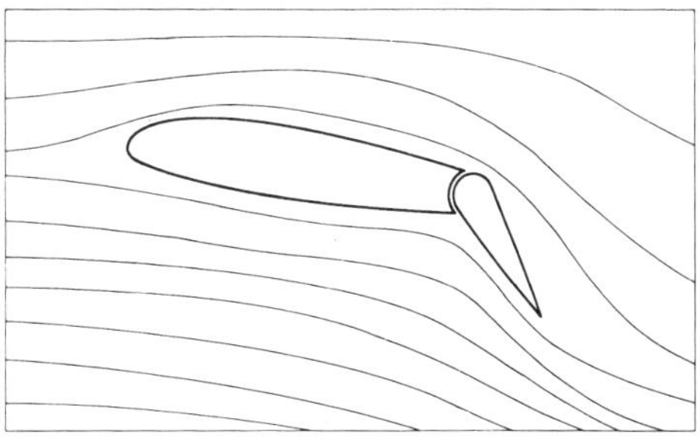

Bild 39:
Idealer Strömungsverlauf bei ausgefahrener Landeklappe

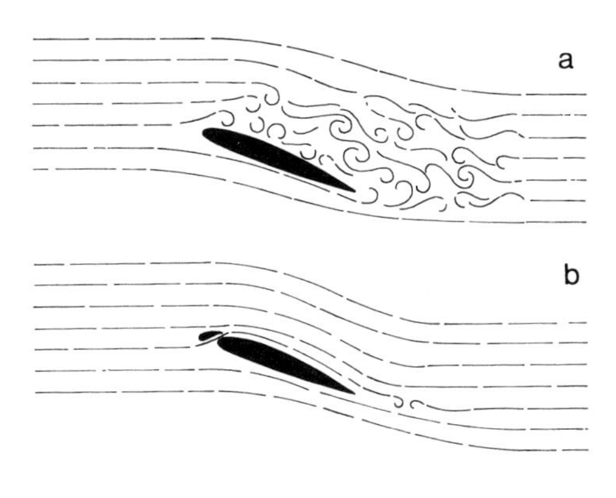

Bild 40: Vorteil bei Verwendung eines Vorflügels.Oben Vorflügel in eingefahrener Position, Strömungsabriss bei einem Anstellwinkel von 20°; unten Vorflügel in ausgefahrener Position, auftriebsliefernde Umströmung durch Spaltwirkung eines Vorflügels bei gleichem Anstellwinkel

Bild 41: Ausgefahrene Landeklappe eines Sportflugzeugs

Bild 42: Auftriebserhöhung durch Profilveränderung: Flugzeug in der Startphase. Vorflügel (Nasenklappen) und Fowlerklappen in der Startposition, Höhenruder gezogen.

nen lässt sich die Umströmung beeinflussen und der Auftrieb zwischen 50 % und 120 % erhöhen (**Bild 43**).
Hierdurch wird es möglich, dass sich auch mit extrem dünnen, bikonvexen Hochgeschwindigkeitsprofilen durch Profilveränderung und Flächenvergrößerung sichere Langsamflugeigenschaften erzielen lassen.

Grenzschichtbeeinflussungen
Grenzschichtzäune sind in Flugrichtung liegende, vornehmlich auf der Tragflächenoberseite aufgenietete Blechstreifen. Sie verhindern hauptsächlich bei stark gepfeilten Tragflächen ein Abfließen der Strömung zur Tragflächenspitze hin (**Bild 44**). Das Ausblasen von Druckluft über aus-

Auftriebserhöhung durch:	Funktion	α	Auftriebs-erhöhung
 Landeklappe	Profilveränderung	12°	50 %
 Spreizklappe	Profilveränderung nur an der Unterseite	14°	60 %
 Schlitzklappe	Profilveränderung u. Strömungsbeeinflussung durch Spalt	16°	65 %
 Junkers Doppelflügel	Profilveränderung durch Verstellung tiefer gelegener Klappen-Rudereinheit	18°	70 %
 Zapklappe	Profilveränderung u. Vergrößerung der tragenden Fläche	13°	90 %
 Fowlerklappe	Profilveränderung u. Vergrößerung der tragenden Fläche	15°	95 %
 Fowlersystem	Große Profilveränderung und Erweiterung der tragenden Fläche	20°	100 %
 Krüger Klappe	Profilveränderung u. Vergrößerung der tragenden Fläche	25°	50 %
 Vorflügel	Profilveränderung u. Vergrößerung der tragenden Fläche	22°	60 %
 Vorflügel und Fowlersystem	Extreme Profil- und Flächenveränderung	28°	über 120 %

Bild 43: Auftriebserhöhende Mittel

gefahrene Lande- oder Wölbungsklappen (**Bild 45**) verhindert ein vorzeitiges Abreißen der Strömung (**Beispiel F 104**). Bei der Grenzschichtabsaugung wird die energiearme Grenzschicht in das Tragflächeninnere abgesaugt. Hierdurch wird die Grenzschicht über eine längere Strecke laminar gehalten; Verringerung des Druck- und Reibungswiderstandes sind die Folge (**Bild 46**).

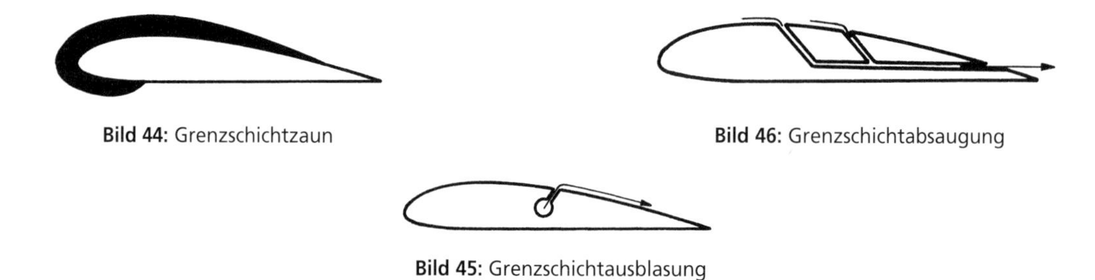

Bild 44: Grenzschichtzaun

Bild 46: Grenzschichtabsaugung

Bild 45: Grenzschichtausblasung

Turbulenzbleche (Vortex generators)
Kleine Luftleitbleche auf der Oberseite der Tragfläche vor Querruder oder Landeklappe erzeugen kleine gesteuerte Wirbel, um eine gestörte Grenzschicht auf der Oberfläche zu halten. Durch energiereiche Wirbel wird eine verringerte Grenzschichtgeschwindigkeit beschleunigt und die Ruder- und Klappenwirksamkeit erhöht. Turbulenzkanten an der Profilvorderkante in Rumpfnähe rufen im hohen Anstellwinkelbereich frühzeitig turbulente Strömung hervor, die als Wirbelschleppe das Höhenleitwerk erfasst und dort Vibrationen hervorruft. Der Flugzeugführer wird hierdurch rechtzeitig gewarnt, dass er sich dem kritischen Anstellwinkelbereich nähert.

Luftbremsen (Speed brakes)
Luftbremsen verringern die Fluggeschwindigkeit und erhöhen die Sinkgeschwindigkeit. Je nach Konstruktion und Anordnung erhöhen sie den schädlichen Widerstand und verringern gegebenenfalls gleichzeitig den Auftrieb. Luftbremsen werden verwendet um
den Gleitwinkel zu vergrößern
die Geschwindigkeit im Sturzflug zu verringern und
die Ausrollstrecke nach dem Aufsetzen zu verkürzen.
Bremsklappen werden mechanisch oder hydraulisch entweder aus der Ober- oder Unterseite der Tragflächen, auch beidseitig zugleich, oder aus den Rumpfseitenwänden und Rumpfböden ausgefahren (**Bild 47**).

Bild 47: Luftbremse, ausgefahren

Störklappen (Spoiler)
Störklappen werden auf der Tragflächenoberseite wechselseitig durch die Querruder-Steuerungsanlage ausgefahren. Sie werden immer auf der Seite ausgefahren, die, auf die Drehachse bezogen, innen liegt. Hier erhöht sie den Widerstand und verringert den Auftrieb; es entsteht ein positives Wendemoment (**Bild 48**). Nach dem Aufsetzen des Flugzeuges können die Störklappen gleichsinnig voll ausgefahren werden. In dieser Form dienen sie als Luftbremsen, die die Ausrollstrecke verkürzen (**Bild 49**). Bremsklappen an Tragflächen oder Rumpfen beeinflussen in starkem Maße die Umströmung der Zelle. Bei bestimmten Tragflächenprofilen und Rumpfformen können nachteilige Begleiterscheinungen entstehen (Lastigkeitsveränderungen durch Luftkräfte). Bremsschirme schalten diese Nachteile aus. Aus dem Rumpfheck ausgefahren haben kleine, wieder einziehbare Schirme, eine gute Bremswirkung bei gleichzeitiger Stabilisierung. Zur Verkürzung der Rollstrecke werden große, mit Abwurfvorrichtung versehene Schirme verwendet.

Bild 48: Wechselseitige Bewegung der Spoiler zur Unterstützung des positiven Wendemoments durch Widerstandserhöhung (Flightspoiler)

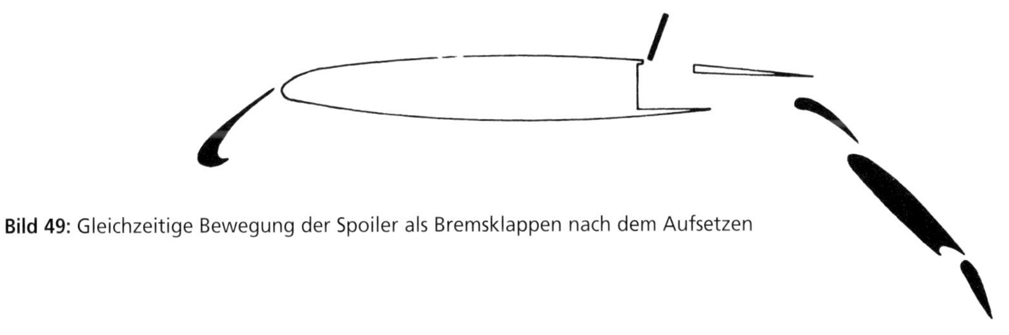

Bild 49: Gleichzeitige Bewegung der Spoiler als Bremsklappen nach dem Aufsetzen

2.2.12 Hochgeschwindigkeitsströmung

Aus dem Englischen stammen folgende Bezeichnungen:

Subsonic	(Unterschallbereich)		bis	0,8 Mach
Transsonic	(Schallbereich)	0,8	bis	1,3 Mach
Supersonic	(Überschallbereich)		über	1,3 Mach
Hypersonic	(Hyperschallbereich)	5	bis	1,0 Mach

a) Machzahl, Machlinien
Das Verhältnis der Geschwindigkeit eines Flugzeuges zur jeweiligen Schallgeschwindigkeit in der Umgebungsluft wird nach dem österreichischen Physiker Ernst Mach, Machzahl genannt; kurz M.

$$M = \frac{\textit{wahre Fluggeschwindigkeit}}{\textit{Schallgeschwindigkeit}} = \frac{v}{a}$$

Nur bis zu einer Geschwindigkeit von etwa M = 0,4 kann die Luft als annähernd inkompressibel angesehen werden Bei höheren Machzahlen spielt die tatsächliche »Zusammendruckbarkeit« eine große Rolle fur die Berechnung aerodynamischer Werte.

Unter der Schallgeschwindigkeit selbst versteht man die Fortpflanzungsgeschwindigkeit von Druckwellen. Sie hängt von der Dichte und Temperatur des Mediums ab (feste Stoffe, Wasser, Luft).

Schallgeschwindigkeiten betragen beispielsweise in

Luft bei 15° C und 760 mm Hg	=	341,24	m/s = 1228,4 km/h
Stahl	=	5 189	m/s
Wasser	=	1 460	m/s
Naturkautschuk	=	45	m/s

Wenn sich ein Flugzeug im Unterschallbereich fortbewegt, so laufen ihm Druckwellen in Schallgeschwindigkeit voraus; die Luft ist ,»vorgewarnt« und kann dem Körper rechtzeitig ausweichen. Im Überschallbereich eilen dem Flugzeug keine Druckwellen voraus, da es sich selbst schneller bewegt, als diese. Schalldruckwellen werden nur innerhalb eines Kegels, ausgehend von der Flugzeugrumpfspitze, wahrgenommen. Da die Luft sich nicht mehr dem sich nähernden Flugzeug anpassen kann, muss sie schlagartig ausweichen. Diese plötzliche Verdrängung der Luft wird durch eine Schockwelle ausgelöst. Derartige Verdichtungsstöße sind eine Folge, bei Gasen sind auch plötzliche Zustandsänderungen möglich. Geringe Druckänderungen breiten sich mit Schallgeschwindigkeit aus, starke Änderungen hingegen mit Geschwindigkeiten, die die Schallgeschwindigkeit erheblich übersteigen können (wie bei Explosionen).

Ein Verdichtungsstoß ist einer plötzlichen Druckerhöhung gleichzusetzen, die sich auf der Grenzschicht wie eine Stufe auswirkt. Hierbei reicht die Schockwelle immer dann nicht bis auf die Außenkontur eines Profils, wenn in der Grenzschicht Unterschallgeschwindigkeit herrscht. Innerhalb der Grenzschicht kann sich also die Druckerhöhung in Strömungsrichtung hinter dem Stoß auswirken, welches in der freien Strömung wegen des Überschallbereichs nicht möglich ist. Bei laminarer Grenzschicht wirkt sich dieser Druckanstieg stärker aus als im turbulenten Bereich. Durch die größere Verdichtung der laminaren Grenzschicht kann es dann zu einem vorgelagerten schrägen Stoß kommen.
Innerhalb einer Schockwelle gehen folgende Veränderungen vor

t steigt an (Energieumwandlung in Wärme)
p steigt an
V nimmt ab

Das Beispiel der Wasser-Ringwellen veranschaulicht recht gut das Unterschall- »Warnsystem« und die »Überschall«-Schockwelle. Beim Einwurf von Steinen in eine ruhige Wasserfläche im Abstand von einer Sekunde, wird vom Einwurf aus durch jeden kleinen Stein eine Ringwelle ausgehen, mit konstant größer werdendem Durchmesser. Dieser Vorgang entspricht der Ausbreitung von Schallwellen, ausgehend von einem auf der Startbahn stehenden Flugzeug. Auch ohne das Flugzeug zu sehen, kann es akustisch durch die sich ausbreitenden Schallwellen wahrgenommen werden.
Wenn nun Steinwürfe bei einer langsamen, gleichmäßigen Bewegung über das Wasser in regelmäßigen Abständen ausgeführt würden, wäre eine Verschiebung der Ringwellen in Bewegungsrichtung zu bemerken. Dieser Vorgang entspricht dem Schallwellenverlauf eines im Unterschallbereich fliegenden Flugzeuges. Vorausliegende Bereiche werden durch die dem Flugzeug vorauseilenden Druckwellen , »vorgewarnt«. Wird nun die Geschwindigkeit des Flugzeuges derart erhöht, dass es selbst die Geschwindigkeit der Druckwellen erreicht, so können diese nicht mehr vorauseilen, das Flugzeug hat Schallgeschwindigkeit. Doch zurück zum Beispiel der Wasser-Ringwellen. Bei einer Geschwindigkeit über Wasser, die größer ist als die Ausbreitungsgeschwindigkeit

der Kreiswellen, ändert sich das Bild in der Form, dass die kleineren Kreiswellen sich nicht mehr ausschließlich innerhalb der größeren ausbreiten. Jetzt werden alle Kreisgrößen von zwei in Bewegungsrichtung zeigende Keillinien erfasst. Dieser Vorgang entspricht dem Druckwellenverlauf eines Flugzeuges im Überschallbereich. Das Flugzeug stellt also eine ständige Störgröße dar; es gibt, anders als die einzeln fallenden Steine, pausenlos Druckwellen ab, die die Mantelfläche eines Kegels bilden. Der Winkel auf der Wasserfläche entspricht also der Schnittfläche des vom Flugzeug ausgehenden Kegels (**Bild 50**). Dieser Kegel wird als Mach'scher Kegel und sein halber Öffnungswinkel als Mach'scher Winkel bezeichnet. Der Winkel ergibt sich aus der Schallgeschwindigkeit, geteilt durch die Flugzeuggeschwindigkeit.

$$\sin \alpha = \frac{a}{v} = \frac{1}{M}$$

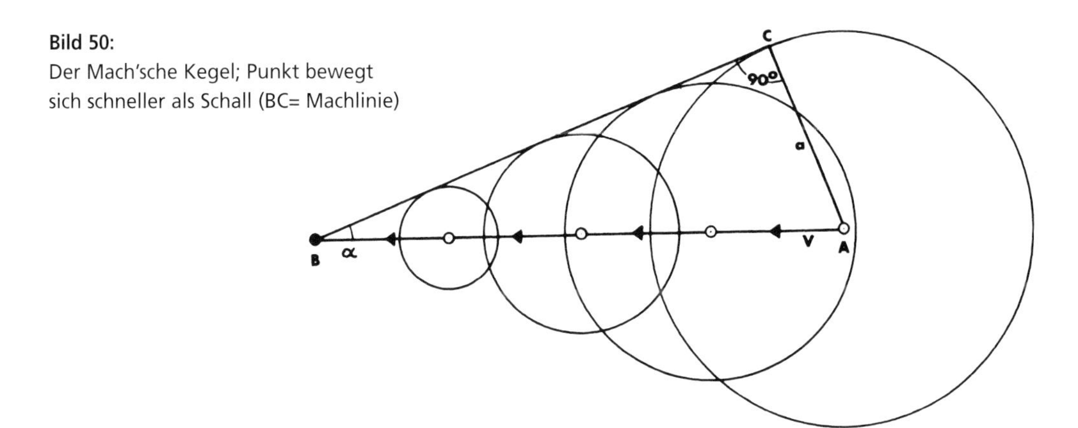

Bild 50:
Der Mach'sche Kegel; Punkt bewegt sich schneller als Schall (BC= Machlinie)

Bei Mach 1 beträgt α = 90°, bei Mach 2 gilt α = 30° und α = 10° bei Mach 5,75. Die Tangente BC ist die sogenannte Machlinie. Wenn über eine ebene Fläche Luft mit Überschallgeschwindigkeit strömt, geht von jeder Unebenheit eine Machlinie aus und zwar unter einem Winkel α = arc sin (1/M); das heißt sin α = 1/M.

Bei gleichbleibender Geschwindigkeit verlaufen sie parallel. Mit zunehmender Geschwindigkeit verändert sich α, und die Machlinien laufen fächerartig auseinander. Bei abnehmender Geschwindigkeit hingegen laufen diese zusammen und bilden eine Schockwelle.

b) Strömung an Ecken (kompressiv)

Bei der Umströmung eines sich vergrößernden Querschnittes (konkav) entsteht durch Änderung der Strömungsgeschwindigkeit eine Schockwelle, die die Strömungsrichtung beeinflusst.

Dabei wird die Geschwindigkeitskomponente senkrecht zur Schockwelle verringert (v_n wird kleiner), die Komponente parallel zur Schockwelle wird nicht beeinflußt. Durch Änderung der Komponente verändert sich die Strömungsrichtung.

c) Strömung um eine konvexe Ecke (expansiv)

Umgekehrt sind die Verhältnisse bei der Umströmung eines sich verkleinernden Querschnittes (konvex). Die Geschwindigkeitszunahme ruft hier eine neue Machlinie hervor.

d) Das mit Überschallgeschwindigkeit umströmte Profil

Wird ein bikonvexes Profil unter einem Anstellwinkel von 0° angeströmt, so bilden sich durch Geschwindigkeitsveränderungen Schockwellen und Machwellen, auf der Ober- und Unterseite symmetrisch verlaufend (**Bild 51**).

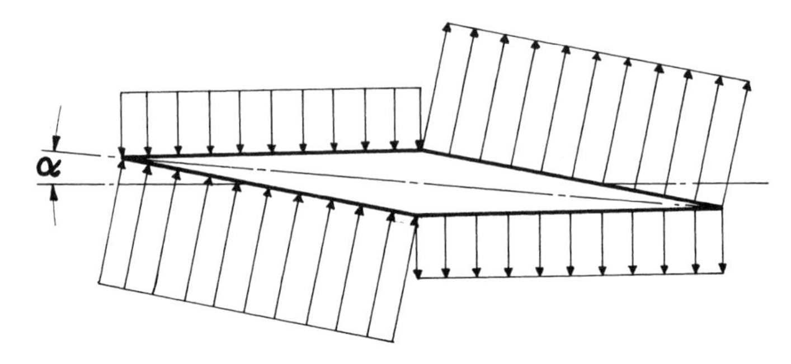

Bild 51: Bei mit Überschallgeschwindigkeit angeströmten Profilen trägt die Unterseite ebensoviel zum Auftrieb bei wie die Oberseite

Mit Bildung eines Anstellwinkels werden die sich ändernden Strömungsgeschwindigkeiten auf der Oberseite eine weniger stark entwickelte Schockwelle an der Vorderkante und an der Unterseite eine weniger stark entwickelte Schockwelle an der Hinterkante hervorrufen. Wird der Anstellwinkel schließlich so groß, dass die vordere Hälfte der Oberseite und die hintere Hälfte der Unterseite parallel zur Strömung liegen, wird an der Vorderkante die obere und an der Hinterkante die untere Schockwelle gänzlich verschwinden. Bei diesem Anstellwinkel würde das günstigste Auftriebs-Widerstandsverhältnis entstehen.

Schockwellen können beim Auftreffen auf Ruder und Klappen diese in heftige Flatterbewegungen versetzen und besonders bei Flugzeugen, die nicht für diesen Geschwindigkeitsbereich gebaut sind, Beschädigungen hervorrufen (z. B. ein Sturzflug). Der Überschallflug geht mit einem Phänomen, dem »Überschallknall« einher. Ein Knall wird wahrgenommen, wenn eine Druckwelle (Schockwelle) das Ohr erreicht.

Durch ein überschallschnelles Flugzeug werden viele Schockwellen hervorgerufen, diese beeinflussen sich normalerweise und es entstehen zwei Hauptschockwellen, eine von der Rumpfspitze und eine vom Rumpfende ausgehend. Diese beiden Schockwellen breiten sich unabhängig voneinander und mit geringen Geschwindigkeitsdifferenzen aus. Am Boden wird man immer dann zwei Knalle hören, wenn die Zeitdifferenz der beiden Druckwellen 0,1 s oder größer ist. Die Stärke eines Knalles hängt von einer Reihe von Faktoren, wie Entfernung, Machzahl, Flugzeugform und atmosphärischen Bedingungen ab.

e) Kritische Machzahl (M_{crit})

Beim Umströmen der Flugzeugzelle wird die Strömungsgeschwindigkeit an bestimmten Stellen an Tragfläche und Rumpf die Schallgeschwindigkeit erreichen, bevor das Flugzeug selbst Mach 1 erreicht hat. Wenn diese Geschwindigkeit erreicht wird, wird die Flugmachzahl die kritische Machzahl genannt (**siehe Bild 52**). Nicht für den Hochgeschwindigkeitsflug ausgelegte Flugzeuge neigen bei Überschreitung von M_{crit} zu Instabilität und Schüttelerscheinungen. Eine wirksame Methode zur Erhöhung der kritischen Machzahl ist die Pfeilung der Tragflächen.

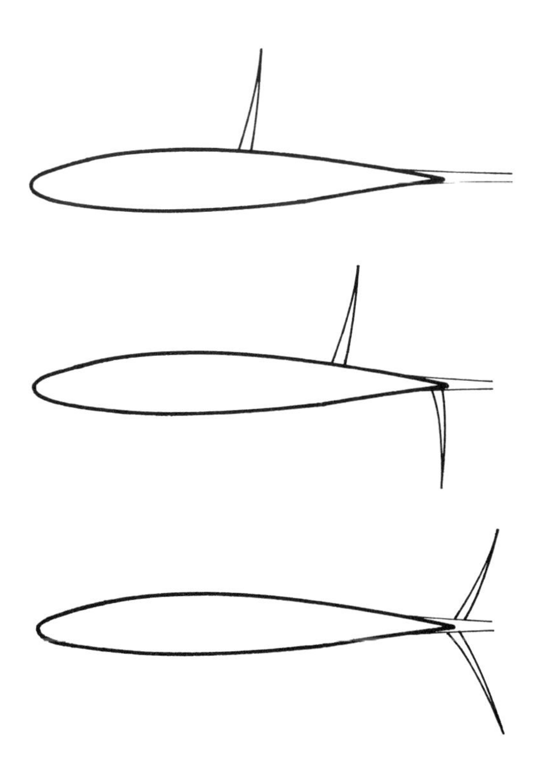

Bild 52: Entwicklung der Schockwellen mit zunehmender Geschwindigkeit oberhalb der kritischen Machzahl

Die Strömung parallel zur Flugzeuglängsachse lässt sich zerlegen in Geschwindigkeitskomponenten senkrecht zur $\frac{t}{4}$-Linie und parallel zur Vorderkante.

Für die erhöhte Geschwindigkeit auf der Oberseite ist die senkrechte Komponente, die stets kleiner als die Geschwindigkeit der Anströmung ist, maßgebend. Mit Zunahme der Pfeilung verringert sich diese. Andererseits wird der Strömungsverlauf auf Oberseite und Unterseite durch die tangentiale Komponente anfänglich in Richtung Tragflächenspitze abgelenkt, um dann durch Druckunterschiede (s. induzierter Widerstand) beeinflusst, oben und unten unterschiedliche Werte zu erreichen (**Bild 53**).
Hierdurch ergibt sich an den Tragflächenenden ein größerer effektiver Anstellwinkel, da die Ablenkung nach außen zunimmt. Verstärkte Randumströmung lässt so die Strömung an der Spitze eher abreißen, als im mittleren Tragflächenbereich. Durch Druckpunktwanderung nach vorn kann es deshalb zu Aufbäumerscheinungen kommen.
Die Sägezahntragfläche schaltet diese Nachteile durch Vorverlegung der äußeren Profilvorderkante aus.

Bei negativer Pfeilung sind die Verhältnisse genau umgekehrt. Die Anwendung der Flächenregel (area rule) verringert den durch Stöße hervorgerufenen Widerstand. Hierbei wird der Querschnitt des Flugzeuges senkrecht zur Anströmrichtung konstant gehalten. Der Rumpf muss also im Bereich der Tragflächen eingeschnürt werden (**Bild 54**). Hierbei wird die Querschnittsverteilung in Anströmrichtung so gewählt, dass sie einem gleichlangen Rotationskörper minimalen Widerstands entspricht.

Die superkritische Tragfläche

Die als kritische Machzahl bezeichnete Anströmgeschwindigkeit nimmt ab, je mehr der Auftriebsbeiwert

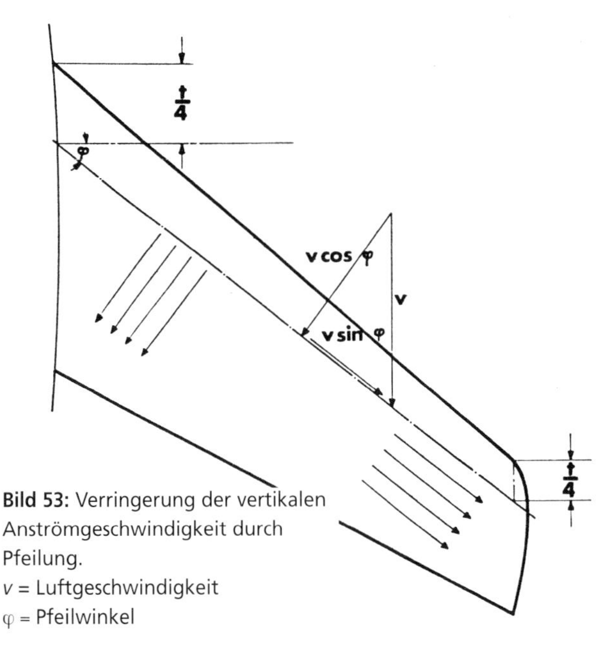

Bild 53: Verringerung der vertikalen Anströmgeschwindigkeit durch Pfeilung.
v = Luftgeschwindigkeit
φ = Pfeilwinkel

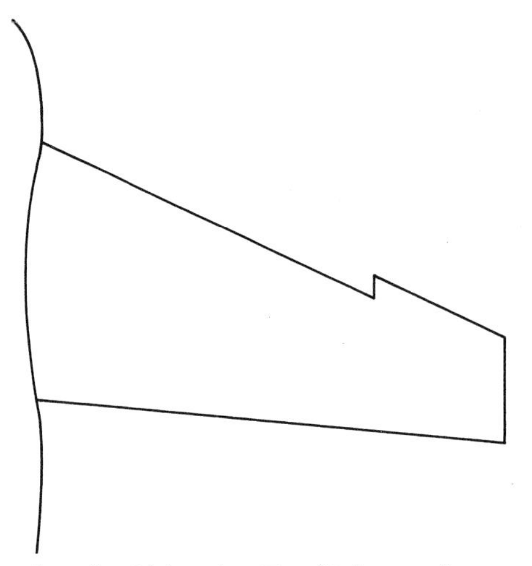

Bild 54: Flächenregel und Sägezahn

oder die Dicke der Tragfläche zunimmt und je geringer der Pfeilwinkel ist. Bei normaler Profilierung tritt unmittelbar nach Erreichen der kritischen Machzahl am Ort der Tragfläche ein durch Verdichtungsstöße induzierter erhöhter Widerstand sowie Schütteln auf. Tragflächen, bei denen diese Erscheinungen weit oberhalb der kritischen Machzahl auftreten, werden als superkritisch bezeichnet. Dieses wird erreicht durch besondere Profilformen und Rumpf-Tragflächenübergänge mit vorgezogener Vorderkante zur Verbesserung der Querschnittsverteilung. Sogenannte Manöverklappen ermöglichen bei bestimmten Geschwindigkeiten Profilveränderungen.

2.3 Angreifende Kräfte und Stabilität

Vier Kräfte sind es, die auf das fliegende Luftfahrzeug einwirken (**Bild 55**):

Auftrieb und Gewicht sowie Vortrieb und Widerstand
(Auftrieb und Widerstand sind bereits behandelt worden)

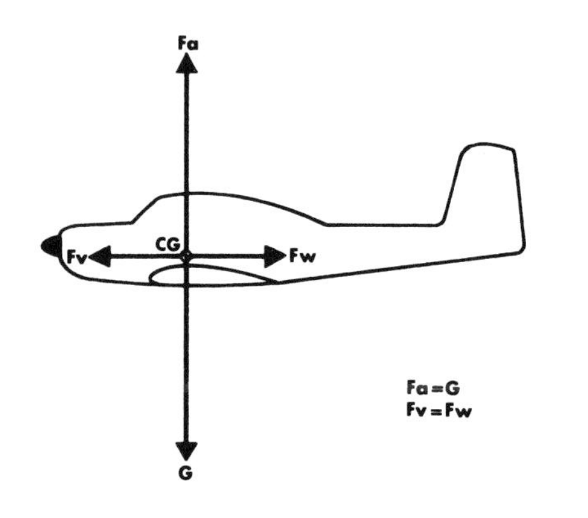

Bild 55: Die vier Kräfte im Flugzeug

2.3.1 Vortrieb

Vortrieb jeder Art kann nur durch die Reaktion auf eine Kraft entstehen, durch das »Wegdrücken« in entgegengesetzter Richtung: Aktion = Reaktion.

In dem Moment, wo eine Gewehrkugel den Lauf verlässt, entsteht der Rückstoß; er ist genauso groß, wie die Vortriebskraft der Kugel. Das Rad des Autos ruft eine Reaktionskraft durch die Reibung auf der Straße hervor und treibt das Fahrzeug vorwärts.

Beim Flugzeug entsteht der Vortrieb durch die Reaktion entgegen der Flugrichtung beschleunigter Luft; hierbei spielt es keine Rolle, ob das Flugzeug durch Propeller oder Turbinentriebwerk angetrieben wird.

2.3.2 Gewicht

Die Masse eines Körpers wird mit der Kraft der Erdanziehung nach unten gezogen. Je nach Lage des Körpers laufen alle Wirkungslinien seines Gewichtes durch den Schwerpunkt.

Der Schwerpunkt eines Körpers (auch Massenmittelpunkt genannt) ist der Angriffspunkt des Gesamtgewichtes *G*, das als Summe der Einzelgewichte, wie diese zum Erdmittelpunkt zeigt.

Auch das Luftfahrzeug als Körper hat einen Schwerpunkt, dessen Lage auf die mittlere aerodynamische Profiltiefe bezogen wird *(MAC - Mean Aerodynamic Chord).*

Auf das fliegende Luftfahrzeug wirken die vier Kräfte in stetem Wechsel in Form von je zwei Kräftepaaren entgegengesetzter Richtung. Der Auftrieb steht dem Gewicht und der Vortrieb dem Widerstand (Rücktrieb) entgegen. Beim Flug in konstanter Höhe mit gleichbleibender Geschwindigkeit sind alle Kräfte im Gleichgewicht. Dem Vortrieb wirkt ein gleichgroßer Widerstand entgegen; der Auftrieb ist gleich dem Gewicht.

Soll der Flugzustand des Luftfahrzeuges geändert werden, so muss sich eine Kraft verändern, d. h. größer oder kleiner als ihre Gegenkraft werden.

Der von den Triebwerken erzeugte Vortrieb sollte immer in Richtung Längsachse des Flugzeuges verlaufen. Jeder unsymmetrische Schub würde eine Drehung um die Hochachse hervorrufen.

Der Auftrieb geht vom Auftriebsmittelpunkt aus und das Gewicht konzentriert sich auf den Schwerpunkt. Beide Punkte sollten möglichst nahe beieinander liegen, damit abstandbedingte Hebelwirkungen ausgeschlossen werden. In der Praxis wird der Schwerpunkt gern etwas vor den Auftriebsmittelpunkt gelegt, damit das Flugzeug bei Triebwerkschaden selbsttätig in den stationären Gleitflug übergeht.

2.3.3 Gleitflug

Hierbei entsteht eine resultierende Luftkraft *R* aus Auftrieb und Widerstand, die dem Gewicht gegenübersteht (normaler Flugzustand aller Segelflugzeuge). Die Vortriebskraft F_V muss hierbei durch eine Komponente des Gewichts erzeugt werden (**Bild 56**).

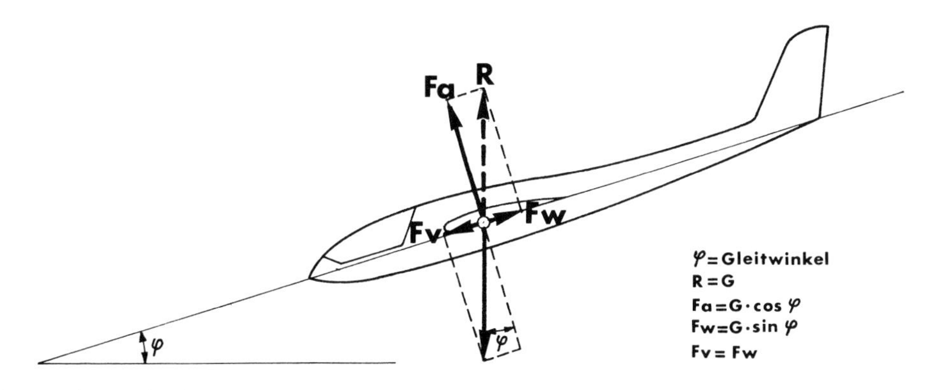

Bild 56: Kräfte im Gleitflug

2.3.4 Kraftflug

Wenn hierbei wiederum alle Kräfte im Schwerpunkt angreifen, ergibt sich Bild 55.

Da aber in der Praxis von der Tatsache ausgegangen werden muss, dass Auftrieb und Vortrieb nicht einheitlich im Schwerpunkt angreifen, sondern häufig ein leicht kopflastiges Moment erwünscht ist, entstehen unterschiedliche Angriffsebenen (**Bild 57**).

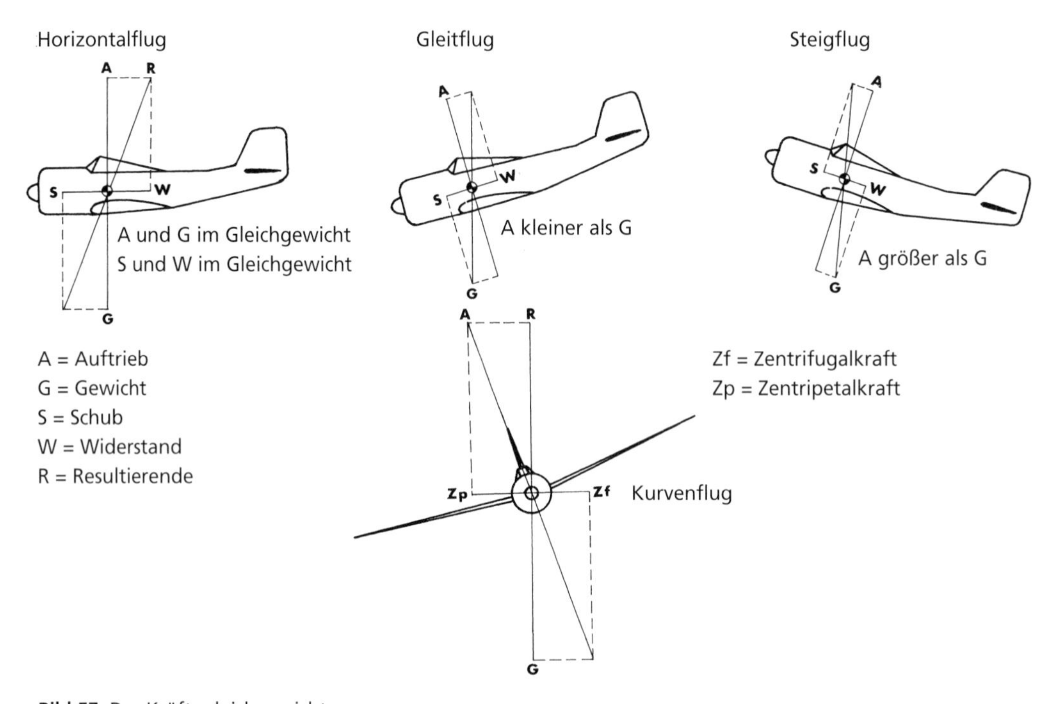

Bild 57: Das Kräftegleichgewicht

Unter Anwendung der Hebelgesetze ergibt sich für den Reiseflug die Notwendigkeit, dass die Summe der kopflastigen Momente gleich der Summe der schwanzlastigen Momente ist:

$$F_a \times a = F_V \times c + F_W \times b$$

Tragwerk- und Triebwerksanordnung rufen also mögliche Momente mit Angriffsrichtungen außerhalb des Schwerpunktes hervor, die durch Trimmeinrichtungen ausgeglichen werden können.

2.3.5 Kräfte im Kurvenflug

Das Flugzeug ist im Kurvenflug der Fliehkraft ($Z = m \times v^2/r$) unterworfen. Es braucht eine Gegenkraft, die nur durch den schräggerichteten Auftrieb hervorgerufen werden kann. Im Idealfall neigt sich das Flugzeug so weit in die Kurve, dass der Auftrieb in der senkrechten Komponente das Fluggewicht und in der waagerechten Komponente die Fliehkraft ausgleicht. Daraus ergibt sich bei hohen Geschwindigkeiten und kleinen Kurvenradien eine große Querneigung und eine Auftriebskraft, die das Vielfache des Fluggewichtes beträgt (**Bild 58 und 59**).

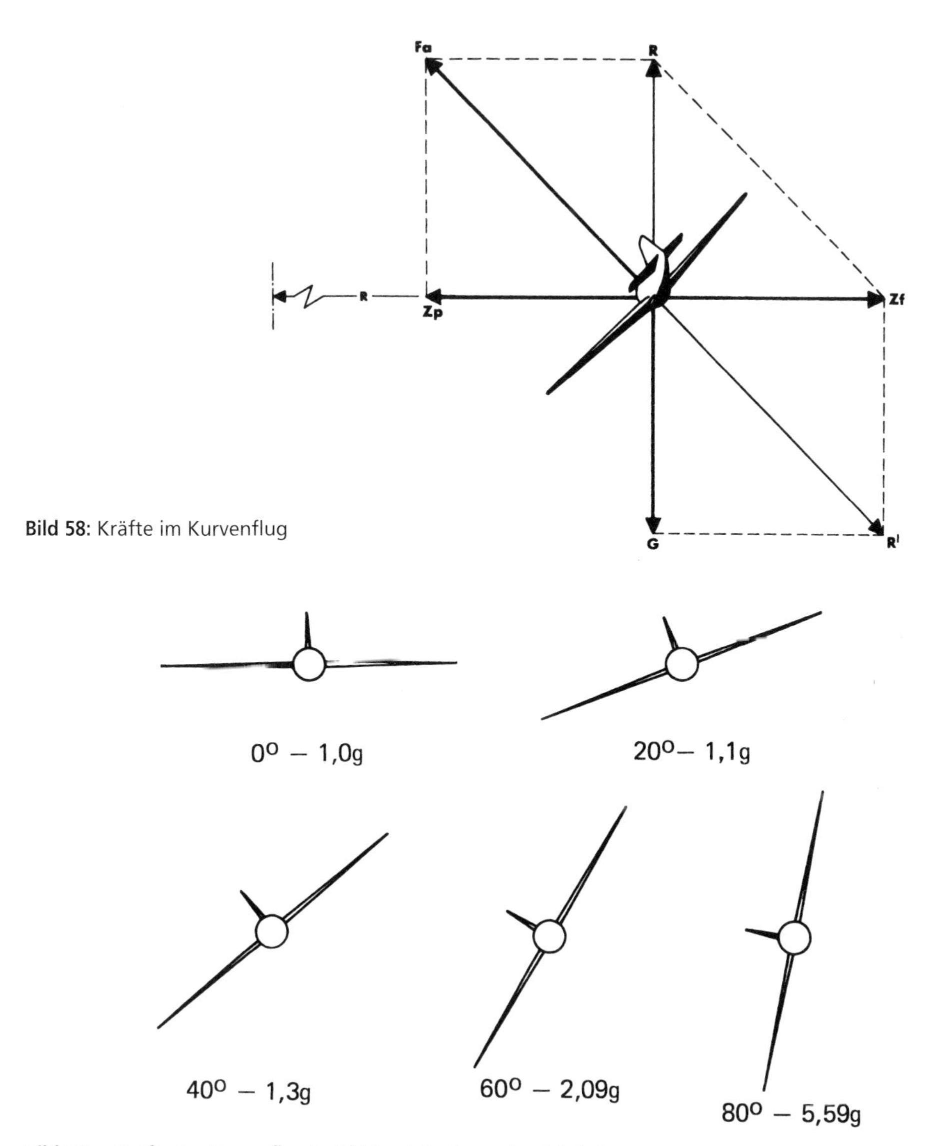

Bild 58: Kräfte im Kurvenflug

Bild 59: g-Kräfte im Kurvenflug in Abhängigkeit von der Schräglage

2.3.6 Stabilität

Ein Luftfahrzeug gilt als stabil, wenn es nach Störungen selbsttätig in seine Ausgangslage zurückdreht. Die Stabilität um die Hochachse wird als Kursstabilität, die Stabilität um die Querachse wird als Längsstabilität und die Stabilität um die Längsachse als Querstabilität bezeichnet. Man unterscheidet zwischen statischer und dynamischer Stabilität (**Bild 60**).

Statisch stabil ist ein Luftfahrzeug, wenn es während des stationären Fluges durch eine Störung aus seiner Bahn gebracht wird und nach dem Abklingen der Störung wieder in seine Ausgangslage zurückkehrt (es muss eine rückführende Kraft vorhanden sein).

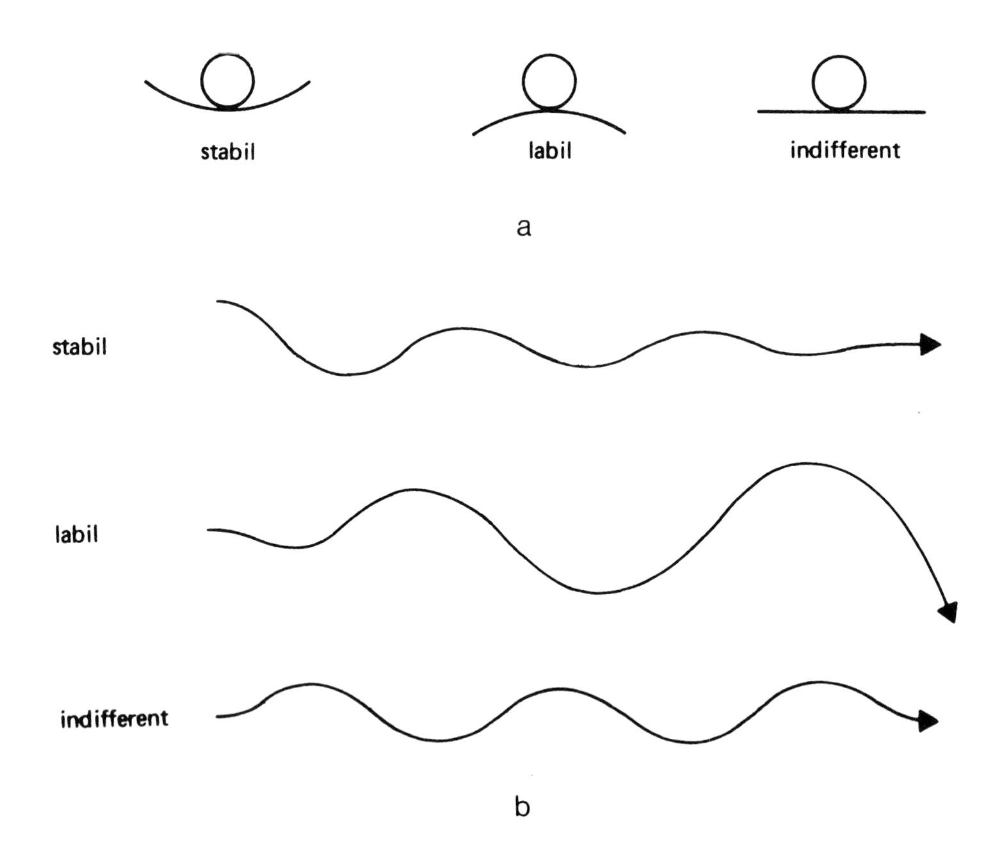

Bild 60: Formen der Stabilität; oben Statische Stabilität, unten Dynamische Stabilität

Dynamisch stabil ist ein Luftfahrzeug, wenn die Rückkehr in die Ausgangslage aperiodisch oder in gedämpften Schwingungen verläuft

a) Kursstabilität

Wenn ein Flugzeug durch ungewollte Einflüsse vom gewünschten Kurs abweicht, soll es selbsttätig in seine Ausgangslage zurückkehren. Die Bewegungsenergie des Luftfahrzeuges bewegt dieses zunächst auf der Kurslinie weiter. Rückdrehende Momente entstehen nur durch die unterschiedlich angeblasenen Flächen von Rumpf und Seitenleitwerk; sogenannte Wetterfahnenwirkung. Diese Wirkung wird durch die Pfeilung der Tragflächen dadurch unterstützt, dass die vorauseilende Tragfläche größeren Widerstand darstellt.

b) Längsstabilität

Die Längsstabilität tritt in ihrer Erscheinungsform einschneidend in den Vordergrund. Bei Drehung um die Querachse vergrößert oder verringert sich der Anstellwinkel der Tragfläche und der Höhenflosse. Diese ruft über den Hebelarm bis zum Schwerpunkt ein Moment hervor, welches das Flugzeug in die Ursprungslage zurückführt.

c) Querstabilität

Wird ein Flugzeug durch äußere Einflüsse, wie z. B. Böen, um seine Längsachse gedreht, so soll es

selbsttätig in seine alte Lage zurückdrehen. Konstruktiv wird diese Wirkung durch eine V-Stellung der Tragflächen erzielt.
Wenn z. B. die linke Tragfläche durch eine Boe angehoben wird, gleitet das Flugzeug zunächst nach rechts weg. Die entstehende relative Luftgeschwindigkeit ruft an der tiefer hängenden Tragfläche ein rückdrehendes Moment hervor; zusätzlich wirkt die unterschiedliche Auftriebsverteilung.

Negative V-Form:
Pfeilflügel haben bei bestimmten Fluglagen eine Eigenschaft, die sich auf die Querstabilität auswirkt. Wenn eine gepfeilte Tragfläche hängt, so fängt das Flugzeug an nach rechts zu schieben. Durch die nun schräge Anströmung erhöht sich der Auftrieb der hängenden Fläche um etwa den gleichen Wert, wie er auf Grund der ungünstigen Anströmung auf der linken Seite sinkt; das Flugzeug dreht um die Längsachse und richtet sich wieder auf. Erfahrungen haben gezeigt, dass 3° Pfeilwinkel eine ähnliche stabilisierende Wirkung hat, wie 1° V-Winkel.

Eine 30° gepfeilte Tragfläche verhält sich demnach wie eine mit 10° V-Stellung. Da besonders bei Jagdflugzeugen eine entstehende Querstabilität zu groß werden kann, wird sie durch eine negative V-Form ausgeglichen.

2.3.7 Besondere Flugzustände

Abweichend von den bisher behandelten normalen. Flugzuständen, die sich ganz einfach aus der erforderlichen Manövrierbarkeit ergeben, gibt es Fluglagen, wie sie nur im Kunstflug oder in der Jagdfliegerei praktiziert werden. Wegen der sich hieraus ergebenden hohen Belastungen der Zelle, dürfen hierfür nur zugelassene Flugzeuge verwendet werden.

a) Senkrechter Sturzflug
Im senkrechten Sturzflug erhöht sich die Geschwindigkeit des Flugzeuges, bis durch den wachsenden Widerstand ein Kräftegleichgewicht entsteht: Schwerkraftwiderstand. Diese Endgeschwindigkeit hängt von der Schwerkraft und von der aerodynamischen Formgebung ab. Da der Anstellwinkel, bedingt durch die Lage des Flugzeuges, sehr klein oder negativ ist, entsteht eine Druckverteilung, bei der der wirksame Auftrieb gleich Null ist. Die hierbei auftretenden Luftkräfte sind entgegengesetzt und heben sich bei gleicher Größe auf. Wegen unterschiedlichen, nicht gegenüberliegenden Angriffspunkten, entsteht ein kopflastiges Moment, welches durch eine entgegengesetzte Kraft am Höhenleitwerk ausgeglichen werden muss. Beide Kräfte können unter Umständen zu einem derartigen Momentenausgleich führen, dass das Flugzeug durch Steuerkräfte nicht mehr aus dem Sturzflug herausgeholt werden kann.

Beim Abfangen aus dem Sturzflug entstehen bei kleinen Radien Kräfte, die den sechsfachen Wert der normalen Endbeschleunigung übersteigen können **(siehe Bild 61)**.

b) Rückenflug
In der Rückenfluglage wird das Profil unter einem negativen Anstellwinkel angeströmt. Bei allen nichtsymmetrischen Profilen ist die negative Auftriebsleistung schlecht, und das Flugzeug muss mit einem entsprechend großen Anstellwinkel geflogen werden. Typisches Merkmal des Rückenfluges ist deshalb das tiefhängende Heck des Flugzeuges, welches durch Drücken des Höhenruders erreicht wird. Wegen des ansteigenden Widerstandes muss die Triebwerkleistung erheblich erhöht werden.

Bild 61: Kräfte beim Abfangen

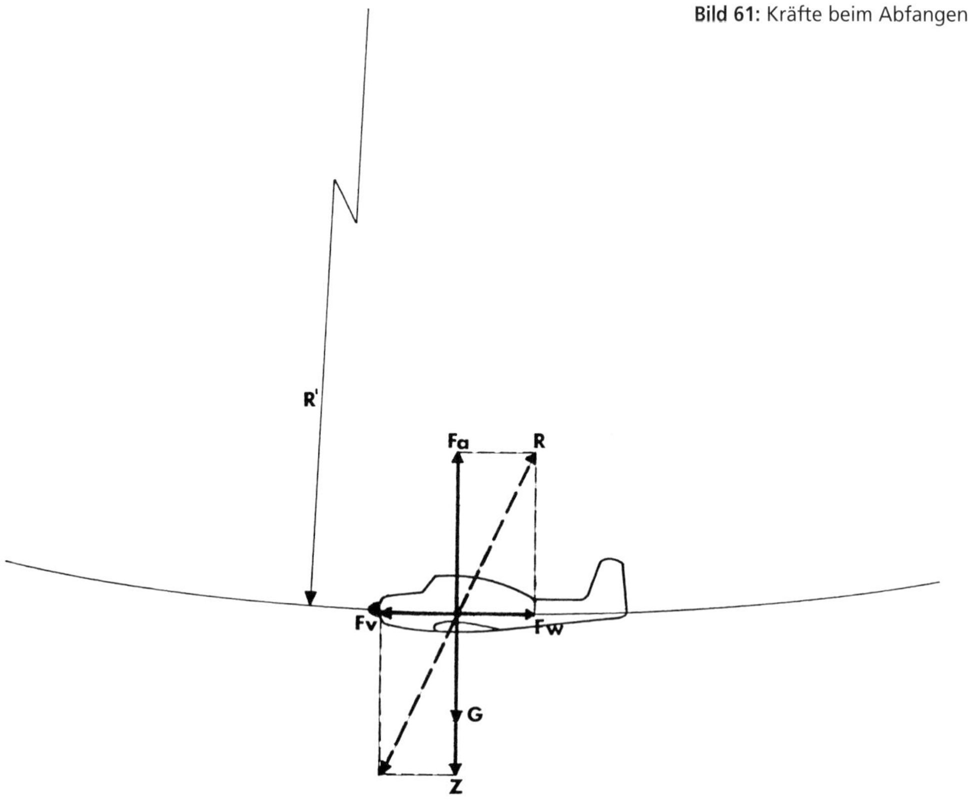

Andere Fluglagen sind z. B. Trudeln, Looping, Rolle, Turn, Männchen und Kleeblatt.

Man merke sich:
Ein Flugzeug ist in jeder Lage flugfähig, solange die Strömung schnell genug fließt und anliegt.

2.4 Aerodynamik der Drehflügler

Zunächst kann davon ausgegangen werden, dass die Strömungsverhältnisse zur Erzeugung dynamischen Auftriebes an einem Rotorblatt den Vorgängen an der Tragfläche eines Flugzeugs gleichen. D. h. ebenso wie an einer sich linear bewegenden Tragfläche durch die Umströmung Auftriebskräfte entstehen, unterliegen die drehenden, sich also kreisförmig bewegenden Rotorblätter den gleichen Gesetzmäßigkeiten (**Bild 62**).

2.4.1 Auftrieb im Schwebeflug

Genau wie das Flugzeug, ist der Hubschrauber (da der Hubschrauber unter den Drehflüglern eine bevorzugte Stellung einnimmt, beziehen sich unsere Betrachtungen vornehmlich auf ihn) ein Luftfahrzeug schwerer als Luft. In beiden Fällen muss die Gewichtskraft durch eine entgegengesetzte Auftriebskraft überwunden werden.

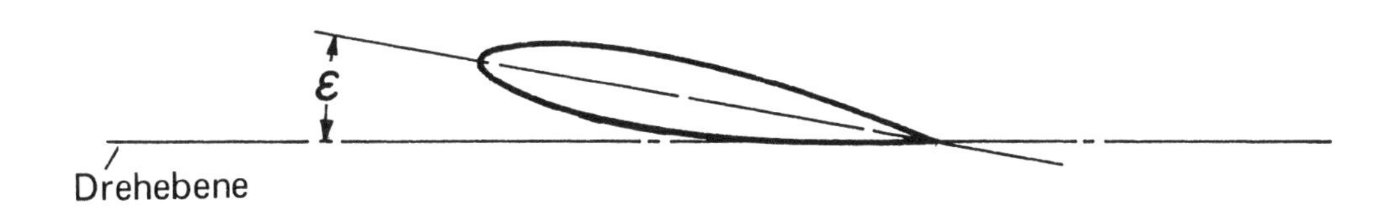

Bild 62: Einstellwinkel am Rotorblatt

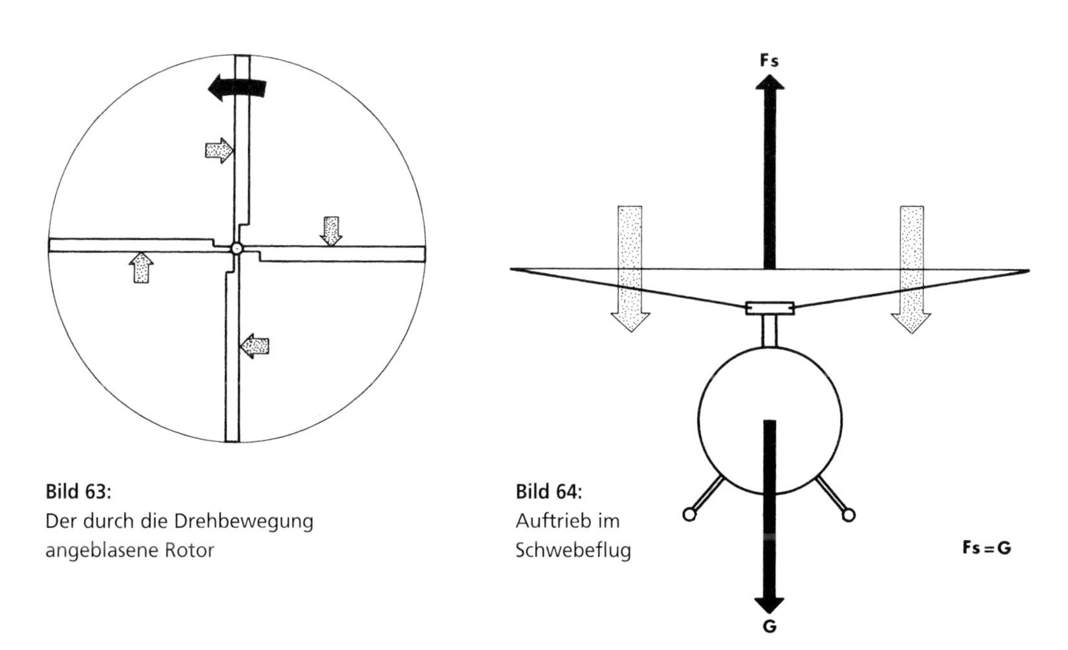

Bild 63:
Der durch die Drehbewegung angeblasene Rotor

Bild 64:
Auftrieb im Schwebeflug

Durch die Drehgeschwindigkeit des normalerweise aus mehreren Rotorblättern bestehenden Rotors wird das Profil angeblasen und umströmt (**Bild 63**). Der entstehende Auftrieb ist abhängig vom Anstellwinkel und der Strömungsgeschwindigkeit; diese wiederum ergibt sich aus der Drehzahl bzw. der Umfangsgeschwindigkeit. Es besteht also keine Beziehung zwischen der Geschwindigkeit des Rumpfes zur umgebenden Luft und der Drehgeschwindigkeit des Rotors. Der Hubschrauber ist senkrechtstartfähig; er benötigt keine Vorwärtsbewegung und er kann auf der Stelle schweben (auch »hovern« genannt).
Die Luftströmung verläuft hierbei von oben nach unten durch den Rotorkreis. Durch den positiven Anstellwinkel entsteht eine Beschleunigung der durch den Rotorkreis fließenden Luftmasse. Diese Beschleunigung ruft eine Reaktionskraft hervor, die als Schub bezeichnet wird. Im Schwebeflug muss der Rotorschub gleich dem Hubschraubergewicht sein (**Bild 64**). Da aber der im Rotorabwind liegende Rumpf der Luftströmung einen Widerstand entgegensetzt, muss dieser zusätzlich überwunden werden. Deshalb muss der für den Schwebeflug erforderliche Rotorschub, abhängig von der Form und Größe des Rumpfes, um etwa 2 bis 3 % größer sein als das Hubschraubergewicht.

2.4.2 Schwebeflug mit Bodeneffekt

Beim Schwebeflug in Bodennähe (Höhe des Rotors über Grund etwa gleich dem Rotordurchmesser) kann der Luftstrom durch die Bodenreibung nicht so schnell abfließen wie er durch den Rotor gefördert wird. Hierdurch entsteht ein Luftpolster mit leichtem Überdruck.

Der Hubschrauber ist in der Lage in dieser Höhe mit geringerer Triebwerksleistung zu schweben als in unbeeinflußter Atmosphäre. Andererseits kann er bei gleicher Triebwerksleistung größere Lasten heben. Der Bodeneffekt (**Bild 65**) ist beim Hubschrauberstart und bei Einsätzen im Hochgebirge von großer Bedeutung.

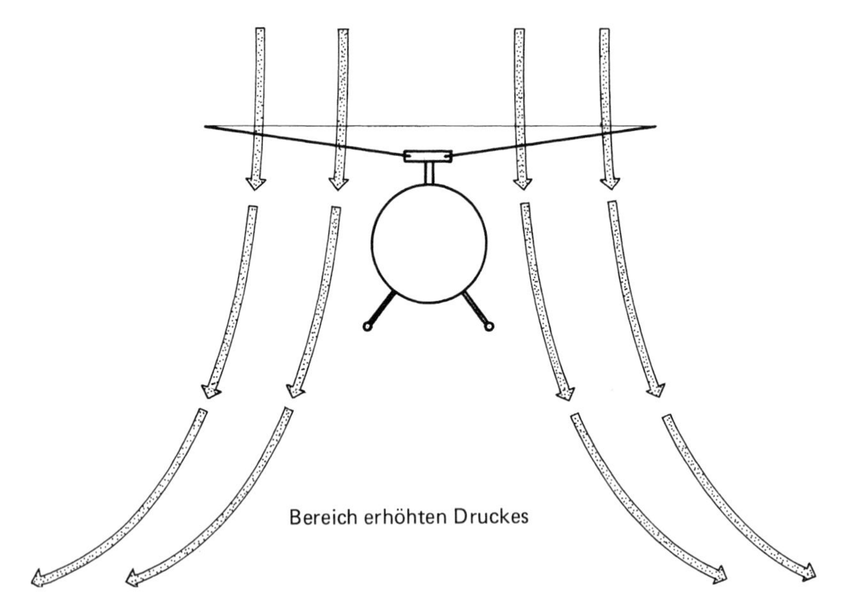

Bild 65: Schwebeflug mit Bodeneffekt

2.4.3 Vertikaler Steig- und Sinkflug

Um aus dem Schwebeflug in den senkrechten Steigflug (**Bild 66**) überzugehen, muss der Einstellwinkel aller Rotorblätter gleichmäßig durch den Blattverstellhebel *(Pitch)* vergrößert werden. Eine Vergrößerung des Rotorschubes und des Auftriebes bringt auch eine Vergrößerung des Blattwiderstandes mit sich, der durch erhöhte Triebwerksleistung überwunden werden muss. Das Angleichen der Motorleistung kann sowohl durch einen Drehgasgriff als auch automatisch erfolgen. Sobald der Hubschrauber in einen gleichmäßigen Steigflug übergegangen ist, kann der Rotorschub auf eine Größe reduziert werden, die dem Gewicht plus dem Widerstand der Zelle entspricht. Wird der Anstellwinkel durch Drücken des Blattverstellhebels verkleinert, verringern sich Rotorschub und Auftrieb. Soll die Rotordrehzahl konstant bleiben, so muss die Triebwerksleistung verringert werden, da der Widerstand der Rotorblätter ebenfalls kleiner geworden ist.
Schub und Gewicht sind bei senkrechtem Sinkflug mit konstanter Geschwindigkeit gleich. Bei Sinkgeschwindigkeiten von etwa 1,5 m/s, je nach Belastung, Rotordrehzahl, Luftdichte und Vorwärtsgeschwindigkeiten von nicht mehr als 20 km/h kann der Hubschrauber so in den abwärts beschleunigten Luftstrom geraten, dass sich an den Rotorblättern starke Verwirbelungen *(Vortex,* **Bild 67**) bilden, die ein Abreißen der Strömung verursachen. Hierdurch können Sinkgeschwindigkeiten von über 10 m/s entstehen, die besonders in Bodennähe gefährlich sind. Da durch Ziehen des Blattverstellhebels und Erhöhung der Drehzahl die Strömung vollends abreißen würde, kann dieser ungewollte Flugzustand nur durch kleine Blattverstellung (**Bild 68**) und Erhöhung der Vorwärtsgeschwindigkeit beendet werden

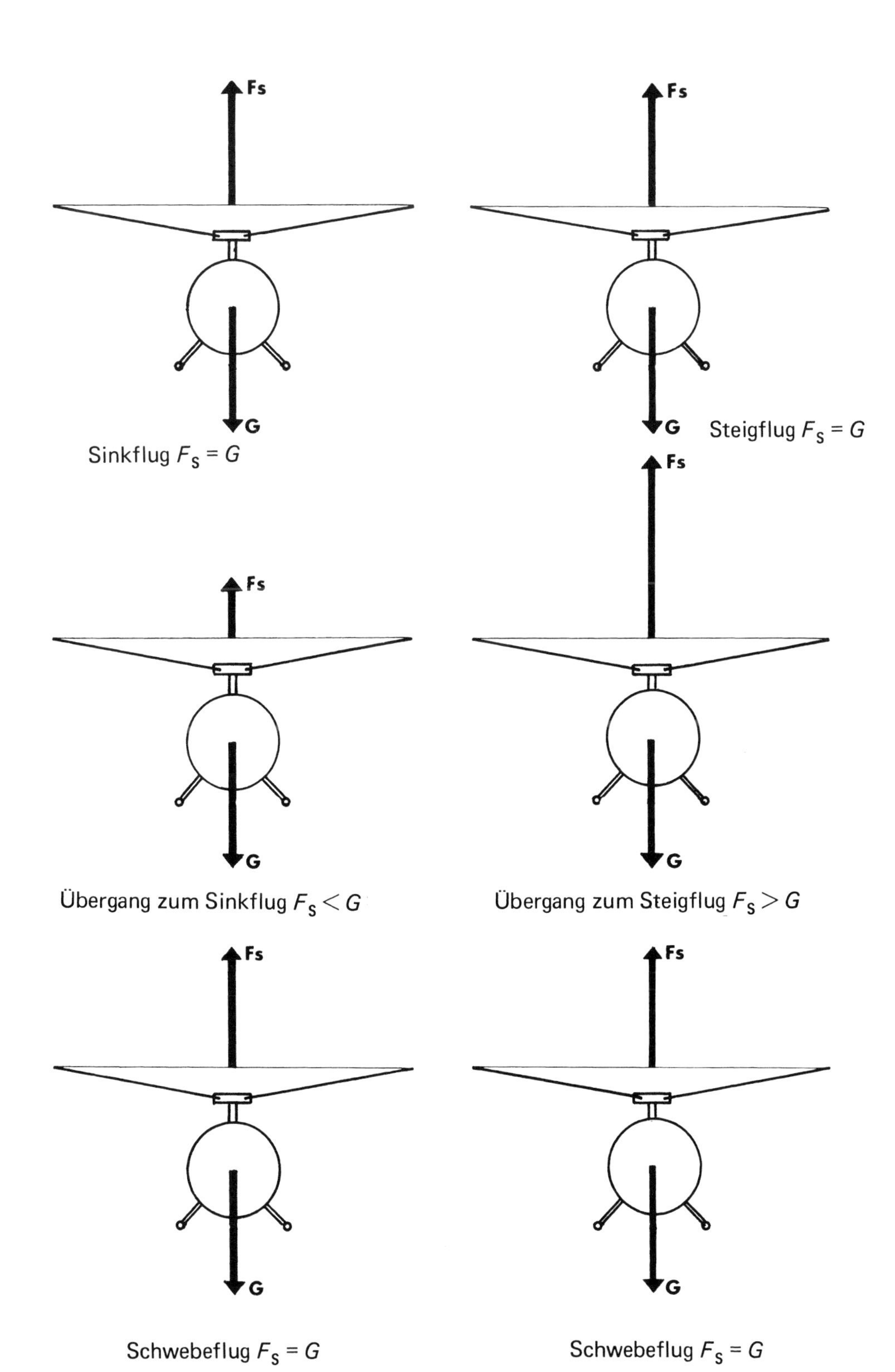

Bild 66: Vertikaler Steig- und Sinkflug

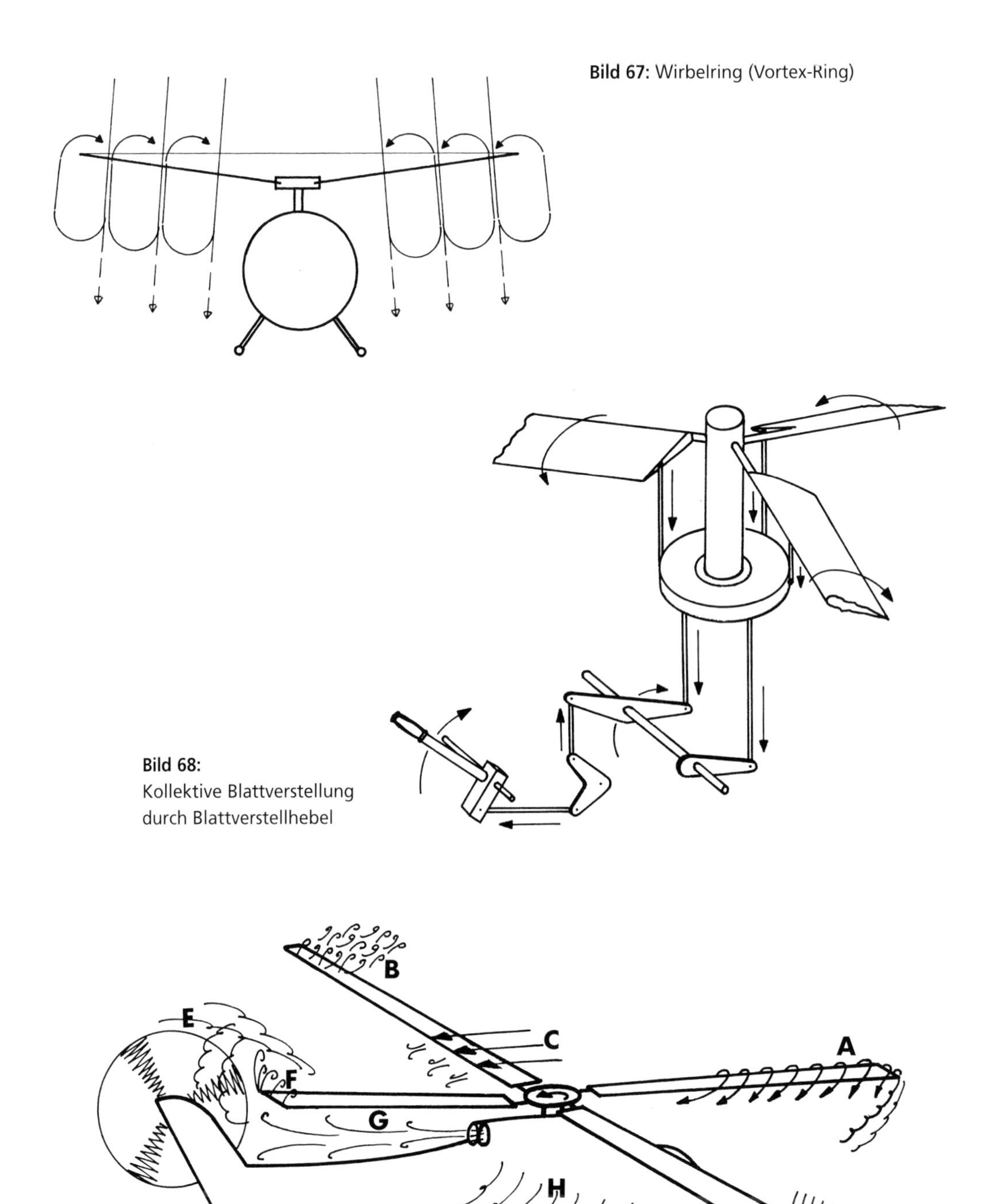

Bild 67: Wirbelring (Vortex-Ring)

Bild 68:
Kollektive Blattverstellung
durch Blattverstellhebel

Bild 69: Wirbelbildung durch Haupt- und Heckrotor; A: Querströmung, B: Strömungsabriss durch hohen Anstellwinkel, C: Rückwärtige Anströmung, D: Schockwellen, E: Heckrotor- Hauptrotorwirbel, F: Induzierte Wirbel, G: Abgaswirbel, H: Interferenzwirbel

2.4.4 Vorwärtsflug

Da der Hubschrauber über keinen direkten Vorwärtsantrieb verfügt, muss dieser als eine Komponente des Rotorschubes abgeleitet werden (**Bild 70**). Der Rotorschub wirkt senkrecht zur Drehebene des Rotors; im vertikalen Steig- oder Sinkflug steht er der senkrecht wirkenden Gewichtskraft des Hubschraubers gegenüber. Um einen Vorwärtsflug zu ermöglichen, muss die Drehebene der Rotorblätter nach vorne gekippt werden. Der Rotorschub wirkt nun nicht mehr ausschließlich nach oben, sondern es entsteht eine nach vorn gerichtete Komponente, durch die der Hubschrauber horizontal bewegt wird.

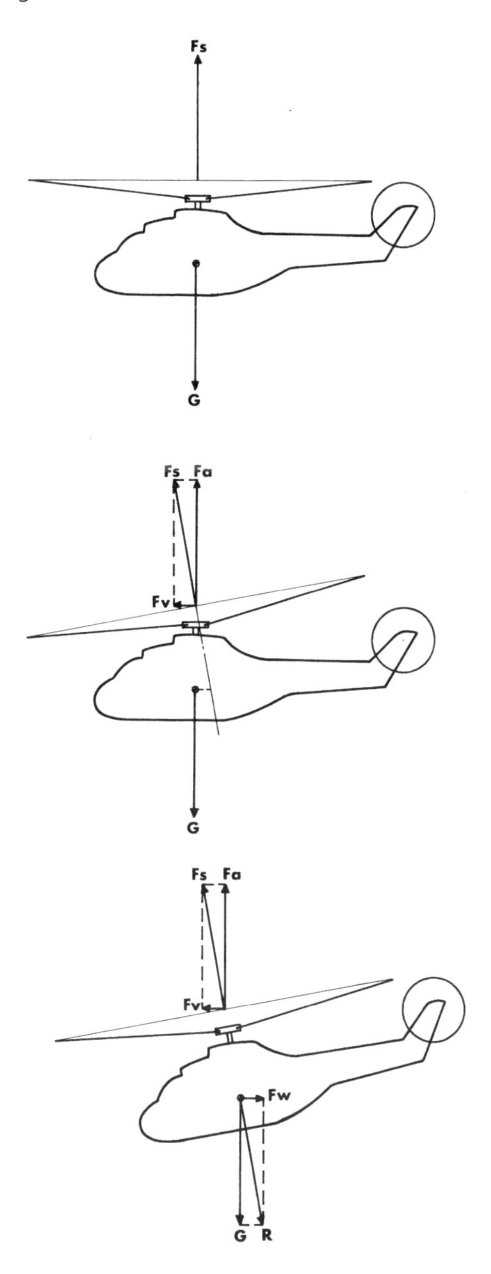

Bild 70: Vorwärtsflug

Weil der Gewichtskraft des Hubschraubers jetzt die vertikale Komponente entgegenwirkt, muss der Schub des Rotors entsprechend vergrößert werden. Der zunächst beschleunigten Horizontalbewegung stellt sich zunehmender Gesamtwiderstand des Hubschraubers entgegen, so dass beim stationären Vorwärtsflug

Vortriebskomponente und Widerstand
Auftriebskomponente und Gewicht

im Gleichgewicht stehen.
Durch die Schrägstellung des Rotorschubes entsteht ein Moment mit dem Hebelarm Rotorkopf-Schwerpunkt, durch das der Rumpf des Hubschraubers so weit nach vorne gekippt wird, bis die Schubkraft wieder durch den Schwerpunkt verläuft. Der erhöhte Luftwiderstand im Vorwärtsflug kann hingegen, je nach Form und konstruktiver Auslegung, der anfänglich erreichten Schräglage entgegenwirken und den Rumpf etwas zurückdrehen.

2.4.5 Rotorblätter und Hauptrotorsteuerung

Die einzelnen Rotorblätter sind je nach Struktur entweder über Gelenkverbindungen oder aber starr, nur in Längsachse drehbar, mit dem Rotorkopf verbunden. Beim gelenklosen, starren Rotorsystem bestehen die Blätter aus einem GfK-Laminat von hoher Festigkeit und Elastizität. Alle Biege- und Torsionskräfte werden vom Rotorblatt selbst aufgenommen. Vorerst wird diese Bauform nur bei kleineren Hubschraubern angewendet.
Dazwischen liegt das Zweiblattsystem; hier können sich nur beide Blätter gemeinsam, unabhängig vom Rotorkopf bewegen.

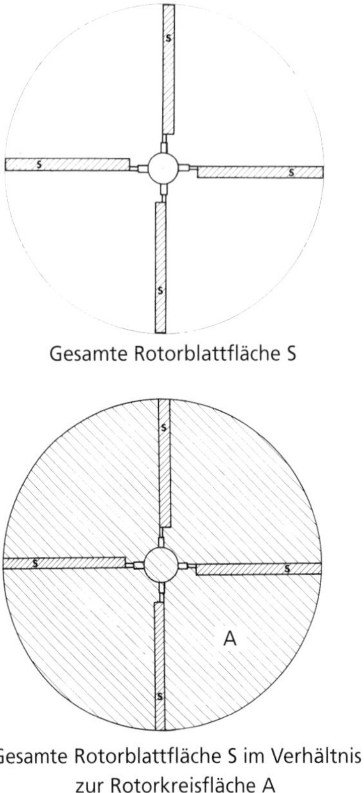

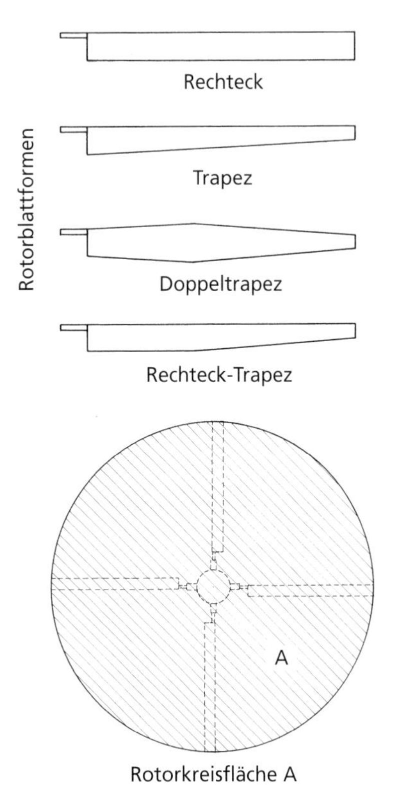

Bild 71: Rotorblattformen und Flächen am Rotor

Grundbegriffe

Rotorblattformen

Nach der Erprobung verschiedener Rotorblattformen werden heute fast aus-schließlich Rechteckblätter verwendet. Obwohl andere Blattformen günstigere aerodynamische Eigenschaften aufweisen, sind Rechteckblätter einfacher zu fertigen und sind unkomplizierter in der Wartung.

Rotorblattbelastung

Das maximale Abfluggewicht eines Hubschraubers zu seiner gesamten Rotorblattfläche (Rotorblattfläche x Anzahl der Rotorblätter), ergibt die Rotorblätterbelastung.

$$\frac{\text{max. Abfluggewicht}}{\text{Rotorblattfläche}} = \frac{G}{S}$$

Das Verhältnis von maximalem Abfluggewicht zur Rotorkreisfäche (Rotordurchmesser im Quadrat x $\pi/4$) wird als Rotorkreisflächenbelastung bezeichnet.

$$\frac{\text{max. Abfluggewicht}}{\text{Rotorkreisfläche}} = \frac{G}{A}$$

in der Praxis 100 bis 500 N/m^2

Flächendichte

Das Verhältnis der gesamten Rotorblattfläche (Rotorblattfläche x Anzahl der Rotorblätter) zur Kreisfläche (Rotordurchmesser im Quadrat x $\pi/4$) bedeutet Flächendichte

$$\frac{\text{ges. Rotorblattfläche}}{\text{Rotorkreisfläche}} = \frac{S}{A}$$

Leistungsbelastung

Das Verhältnis von maximalem Abfluggewicht zur Antriebseistung gibt Auskunft über die Leistungsbelastung

$$\frac{\text{max. Abfluggewicht}}{\text{Antriebsleistung}} = \frac{G}{P}$$

Unabhängig von der Art der Befestigung und der Anzahl hängen die Rotorblätter eines stehenden Rotors durch ihr Eigengewicht nach unten; jedes einzelne Blatt wird auf Biegung beansprucht (**Bild 72**). Beim drehenden Rotor werden die Rotorblätter durch die Fliehkraft gestreckt (**Bild 73**). Die Größe der Fliehkraft ist unterschiedlich; je nach Hubschraubermodell kann sie zwischen 90 und 450 kN liegen. Die Fliehkraft berechnet sich dabei nach der Formel:

$$F = \frac{m \cdot v^2}{r}$$

Aus Fliehkraft und Auftrieb entsteht eine resultierende Kraft, welche die Rotorblätter anhebt. Da das einzelne Rotorblatt mit dem Rotorkopf über ein Schlaggelenk verbunden ist, entsteht ein

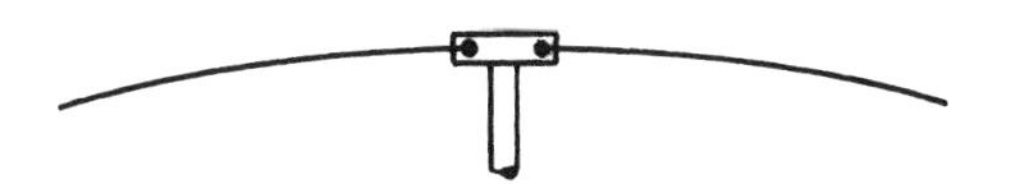

Bild 72: Stehender Rotor

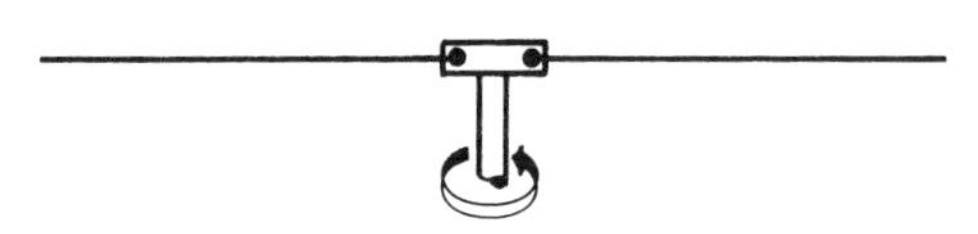

Bild 73: Drehender Rotor

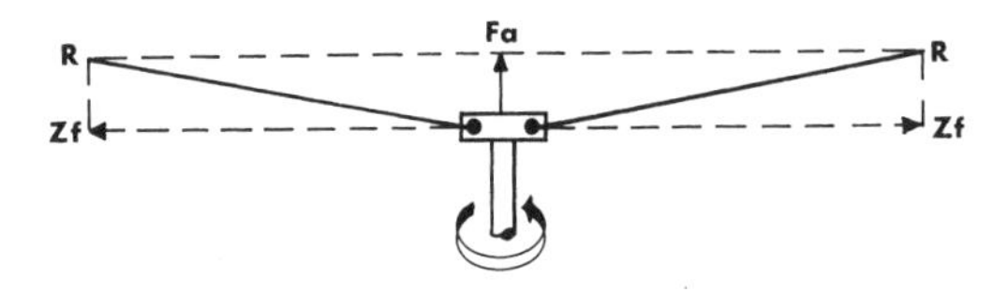

Bild 74:
Rotorblätter nehmen die Lage der Resultierenden aus Auftrieb und Fliehkraft ein

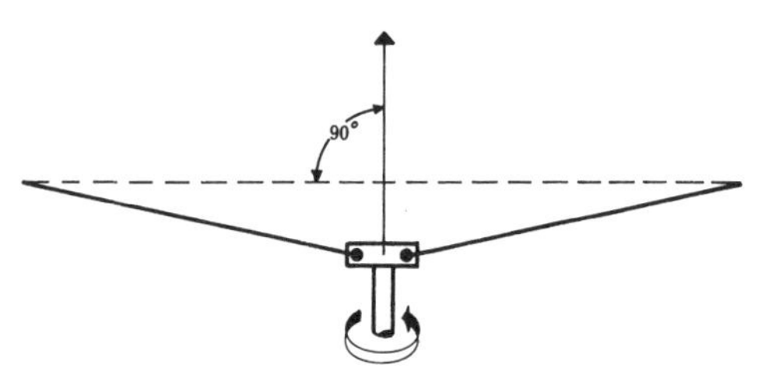

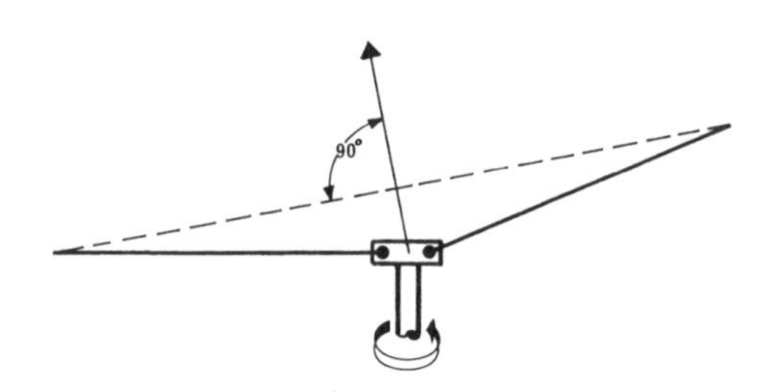

Bild 75:
Der Gesamtschub wirkt immer 90° zur Drehebene. Oben Neutrale Drehebene, unten Geneigte Drehebene

Winkel zwischen der Drehebene und dem Rotorblatt; es bewegt sich nicht mehr in einer Ebene, sondern auf einem Kegelmantel (**Bild 74**). Eine annähernd konstante Rotordrehzahl in der Praxis ergibt ebenso konstante Fliehkräfte. Der Konus- oder Kegelwinkel wird also weitestgehend von den den unterschiedlichen Hubschraubergewichten gegenüberstehenden Auftriebskräften bestimmt. Wie an anderer Stelle schon erwähnt, stellt das einzelne Rotorblatt eine profilierte, »Tragfläche« dar, die, unter positivem Anstellwinkel angeblasen, Auftrieb liefert. Der Gesamtauftrieb entsteht also aus der Summe der Einzelblatt-Auftriebe; er wirkt immer **90°** zur Drehebene (**Bild 75**). Auf der anderen Seite kann ein Rotor mit einem Propeller verglichen werden, der eine Kraft erzeugt, die als Schub oder Vortrieb bezeichnet wird. Die Kraft entsteht durch die Beschleunigung einer durch die Kreisfläche geführten Luftmasse nach der bekannten Formel:

$$F = m \times a$$

(Kraft = Masse x Beschleunigung)

In diesem Fall erfährt eine sehr große Luftmasse eine mäßige Beschleunigung.

Wenn bei geneigter Rotorebene, wie schon beim Vorwärtsflug behandelt, die Schubrichtung von der Senkrechten abweicht, lässt sich der Schub in eine vertikale und eine horizontale Komponente zerlegen. Die vertikale Komponente steht dem Gewicht gegenüber und die horizontale Komponente steht dem Gesamtwiderstand im Vorwärtsflug gegenüber. Der Schub liefert Auftrieb und Vortrieb. Bei einer angenommenen Schubleistung von 50 kN und einer Neigung der Drehebene von 15° ergibt sich eine Auftriebskraft von 50 kN · cos 15° = 48,3 kN und eine Vortriebskraft von 50 kN · sin 15° = 12,95 kN (**Bild 76**).

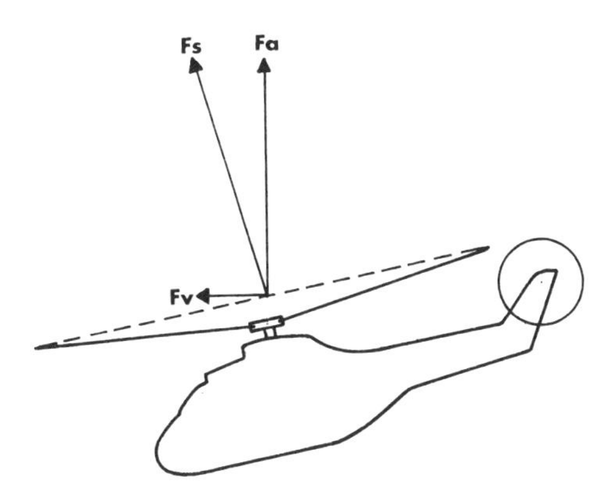

Bild 76:
Auftrieb und Vortrieb als Komponenten der Schubkraft Fs

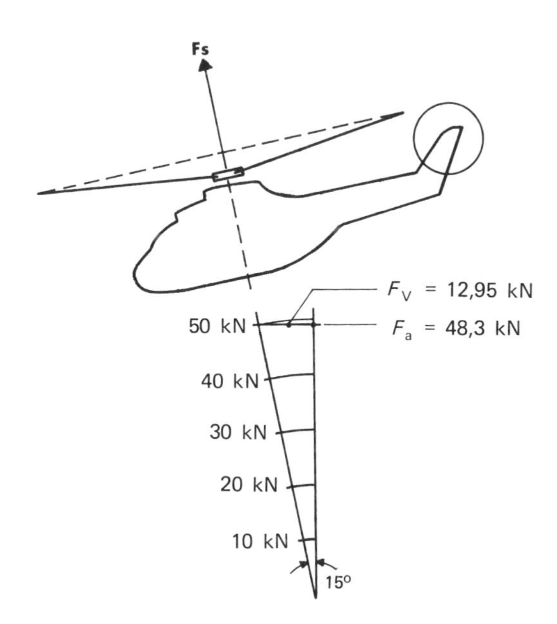

Hieraus wird ersichtlich, dass Auftrieb und Vortrieb von der Neigung der Drehebene abhängig sind.

2.4.6 Periodische Blattverstellung

Um vom Schwebeflug oder senkrechten Steigflug in den Horizontalflug überzugehen, muss also die Drehebene des Rotors geneigt werden. Durch Bewegung des Steuerknüppels (**Bild 77**) wird über eine Taumelscheibe der Einstellwinkel der Rotorblätter so verändert, dass während eines Umlaufs von 360° die Rotorblätter durch unterschiedliche Luftkräfte um ihre Schlaggelenke bewegt werden. Hierdurch stimmt die Drehachse des Rotors nicht mehr mit der Drehachse des Rotorkopfes überein (**Bild 78**).

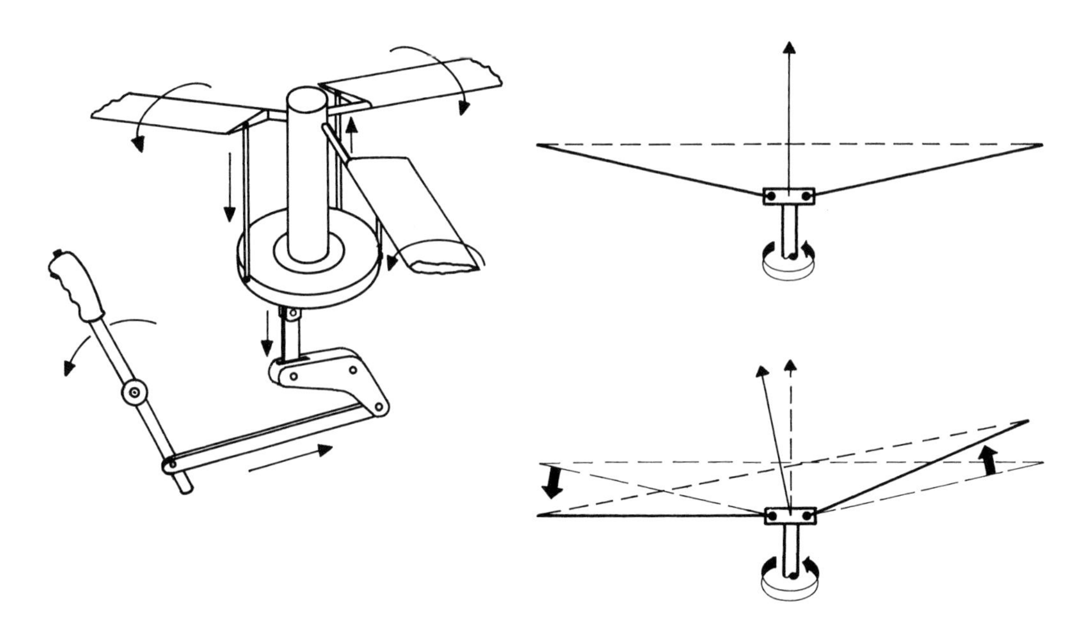

Bild 77:
Periodische Blattverstellung durch Steuerknüppel

Bild 78:
oben Neutrale Rotorblattstellung im Schwebeflug, unten Neigung der Drehebene im Vorwärtsflug. Die Achse der Drehebene stimmt nicht mehr mit der Achse des Rotorkopfes überein.

Da die Masse des drehenden Rotors einem Kreisel gleichzusetzen ist, muss bei der Steuerung der Rotorblätter die Präzession des Kreisels berücksichtigt werden. Ein Kreiselgesetz besagt, dass, wenn eine Kraft die Achse eines Kreisels aus ihrer Richtung bringt, diese 90° zur Kraftrichtung ausweicht. Diese Erscheinung wird als Präzession bezeichnet; der Kreisel präzediert, er kippt. Bei einer linksdrehenden Scheibe wird also eine seitlich rechts eingeleitete Kraft in Drehrichtung 90° weiter zur Auswirkung kommen (**Bild 79**). Aus diesem Grunde muss der Impuls für eine Änderung des Einstellwinkels bereits 90° vor dem Punkt der effektiven Blattverstellung eingegeben werden (**Bild 80**).

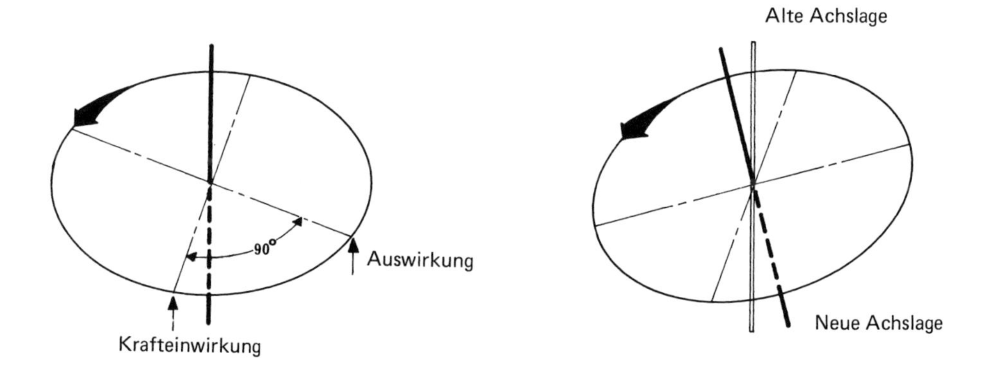

Bild 79: Präzession des Kreisels

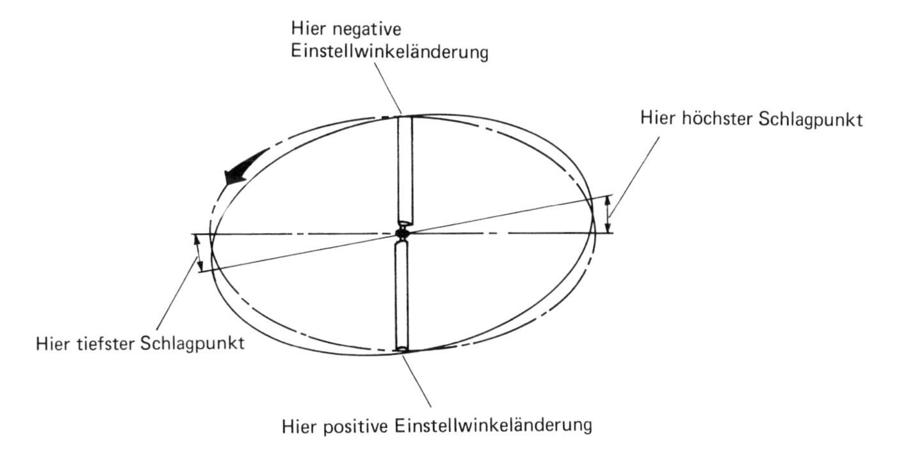

Bild 80: Auswirkungen der Präzession am Rotor

Für den Vorwärtsflug eines Hubschraubers muss also der vorn liegende tiefste Punkt der Drehebene durch eine Kraft eingeleitet werden, die die Rotorblatteinstellung bereits 90° vorher verändert. Entsprechend wird der hinten liegende höchste Punkt der Drehebene gesteuert. Hieraus ergibt sich die Notwendigkeit, den Angriffspunkt am Blatthorn konstruktiv so zu legen, dass bei sinngemäßer Steuerknüppelstellung die richtige Blattposition erreicht wird. Wenn bei einem Vierblattrotor die Steuerstangen am Blatthorn unter 45° zur Rotorblattlängsachse angelenkt sind, so werden diese durch eine Taumelscheibe (Stern) bewegt, die durch drei unter 90° angeordnete Angriffspunkte gesteuert wird. Diese drei Angriffspunkte müssen demnach wiederum unter 45° zur Längs- und Querachse des Hubschraubers liegen (**Bild 81**). Die Positionen eines Rotorblattes während eines Umlaufs sollen durch Gradangaben zwischen 0° und 360° bezeichnet werden (Das

Bild 81:
Auswirkungen der Präzession auf die periodische Steuerung durch Einstellwinkelveränderung beim Vierblattrotor im Vorwärtsflug

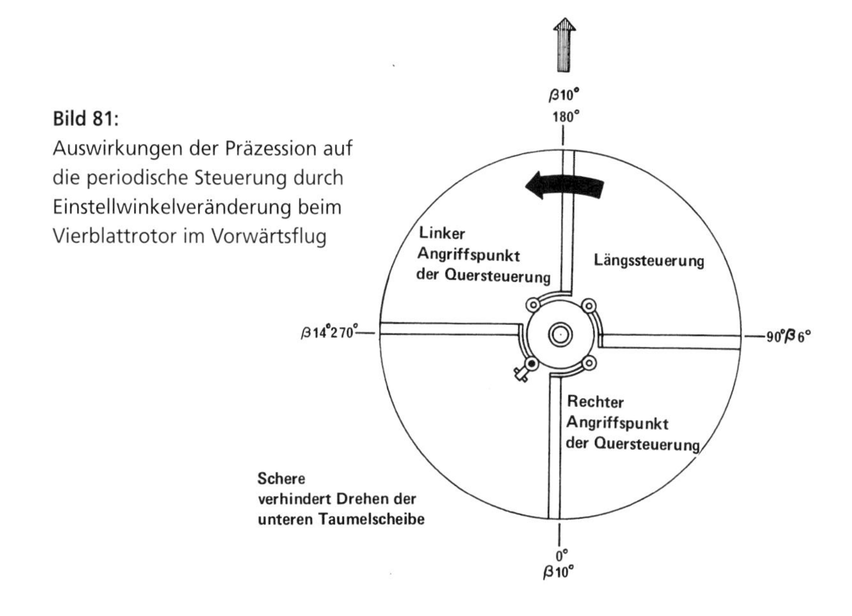

Rotorblatt wird zwischen 0° und 180° als vorlaufend und zwischen 180° und 360° als rücklaufend benannt).
Soll die Drehebene für den Vorwärtsflug nach vorn gekippt werden, so muss das Blatt in der 180° Position den tiefsten Punkt der Drehebene und in der 360°/0° Position den höchsten Punkt der Drehebene durchlaufen. Die hierfür erfordelichen Einstellwinkelveränderungen müssen, unter Berücksichtigung der Präzession und des Blatthornwinkels, entsprechend früher stattfinden.

2.4.7 Mögliche Rotorblattbewegungen eines Gelenkrotors

Zur Veränderung des Einstellwinkels ist eine Drehmöglichkeit um die durch den Druckpunkt verlaufende Längsachse des Rotorblattes gegeben. Darüber hinaus kann sich das Blatt, im Gegensatz zum gelenklosen Rotor, um ein Schlaggelenk mit horizontaler und im Schwenkgelenk mit vertikaler Achse bewegen. Direkt, vom Piloten gesteuert, lässt sich nur die Drehbewegung um die Längsachse verändern.

Die beiden anderen Bewegungen, das Schlagen als vertikale Bewegung und das Schwenken als horizontale Bewegung, sind Auswirkungen von Kräften, die durch den drehenden Rotor entstehen. Nachfolgend sollen diese begrenzten Bewegungsmöglichkeiten im einzelnen sowie ihre gegenseitigen Beeinflussungen behandelt werden.

Bild 82 zeigt die begrenzte, durch ein Schlaggelenk mögliche Bewegung, das Schlagen eines Rotorblattes. Nach oben, bezogen auf die Nulllinie, lässt es sich um 35° anheben und nach unten lässt es sich um 5° senken.

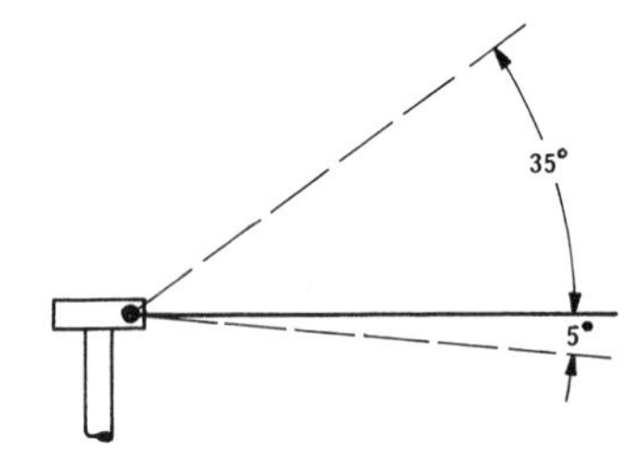

Bild 82: Schlagbewegung

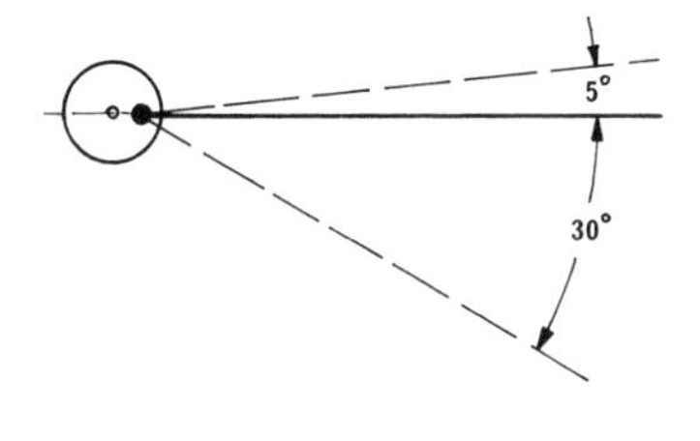

Bild 83: Schwenkbewegung

Unter normalen Bedingungen, durch das Zusammenwirken von Blattgewicht, Auftrieb und Fliehkraft, wird das Blatt sich unter einem Konuswinkel von 5 bis 6° drehen und Schlagbewegungen von ebenfalls 5 bis 6° durchführen. Die dritte Bewegungsmöglichkeit ist das Schwenken, die Drehung um eine vertikale Achse.

Aus **Bild 83** geht hervor, dass das Blatt in der neutralen, ungeschwenkten Stellung mit seiner Längsachse eine Verlängerung der Linie Mittelpunkt-Rotorwelle, Mittelpunkt-Schwenkgelenk bildet.

Innerhalb von Begrenzungen kann sich das Blatt in Drehrichtung etwa 5° vor und entgegen der Drehrichtung etwa 30° zurückbewegen. Die durch die Fliehkraft gegebene Neutralstellung bei konstanter Drehzahl wird durch aerodynamische Kräfte beeinflusst: Das Blatt schwenkt in eine Nachlaufposition. Der jeweils eingenommene Schwenkwinkel ergibt sich also aus der durch die Drehzahl bestimmte Fliehkraft einerseits und die vom Einstellwinkel abhängige Größe der Luftkraft andererseits.

2.4.8 Drehmomentausgleich

Der Antrieb eines Rotors erfolgt im allgemeinen über eine Antriebswelle. Durch die zwangsläufig auftretende bremsende Wirkung der Luftkräfte entsteht ein der Drehrichtung des Rotors entgegengesetzt gerichtetes Drehmoment. Erzeugte man keine Gegenkraft, so würde dieses rückläufige Drehmoment den Rumpf des Hubschraubers ständig im Gegendrehsinn des Rotors um die Rotorwelle mitdrehen lassen (**Bild 84**).

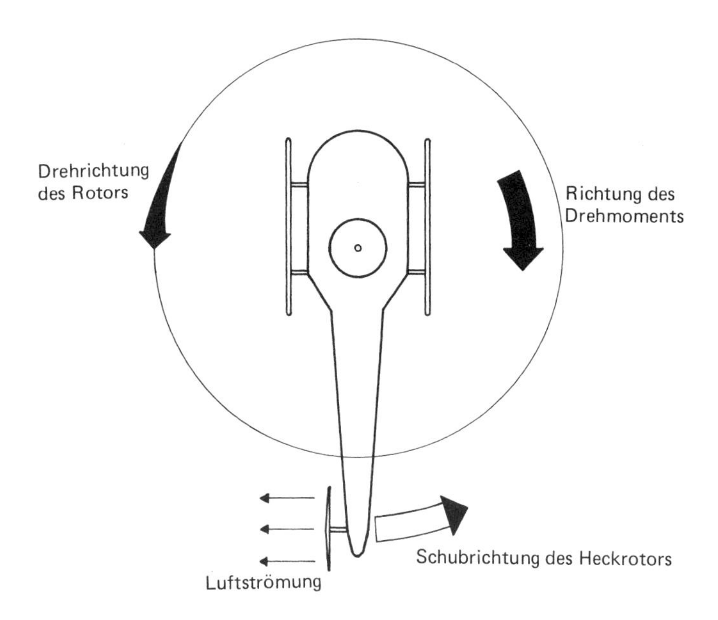

Bild 84: Drehmomentausgleich

Bei einrotorigen Hubschraubern entsteht der Drehmomentausgleich durch einen Heckrotor. Seine Wirkung entspricht der einer voll verstellbaren Luftschraube. Hierdurch wird der Hubschrauber richtungsstabil. Natürlich hängt das jeweilige Drehmoment von der übertragenen Leistung ab. Je größer die Leistung, um so größer das Drehmoment; je größer das Drehmoment, um so größer der erforderliche Schub des Heckrotors. Primär ist also der Heckrotor für den Drehmomentausgleich erforderlich. In zweiter Linie wird er für die Steuerung um die Hochachse verwendet. Dieses geschieht dadurch, dass die Steigung der Heckrotorblätter über die Seitensteuerpedale verändert wird. Der Heckrotor wird über eine Welle angetrieben, und er hat eine Drehzahl, die etwa 6 bis 10mal so groß wie die Hauptrotordrehzahl ist. Der Leistungsaufwand beträgt ca. 15 % der Triebwerksleistung. Durch den seitlichen Schub des Heckrotors wird der Hubschrauber aber nicht nur stabilisiert, sondern auch seitlich versetzt. Dieses muss durch eine entgegengesetzte Neigung des Rotorkopfes von 1 bis 2° aufgehoben werden.

Bei hohen Geschwindigkeiten wird der Heckrotor allerdings durch die aerodynamische Stabilisierung des Rumpfes entlastet. Zweirotorige Hubschrauber erzeugen durch entgegengesetzte Drehrichtungen zwei rückläufige Drehmomente, die sich gegenseitig aufheben.

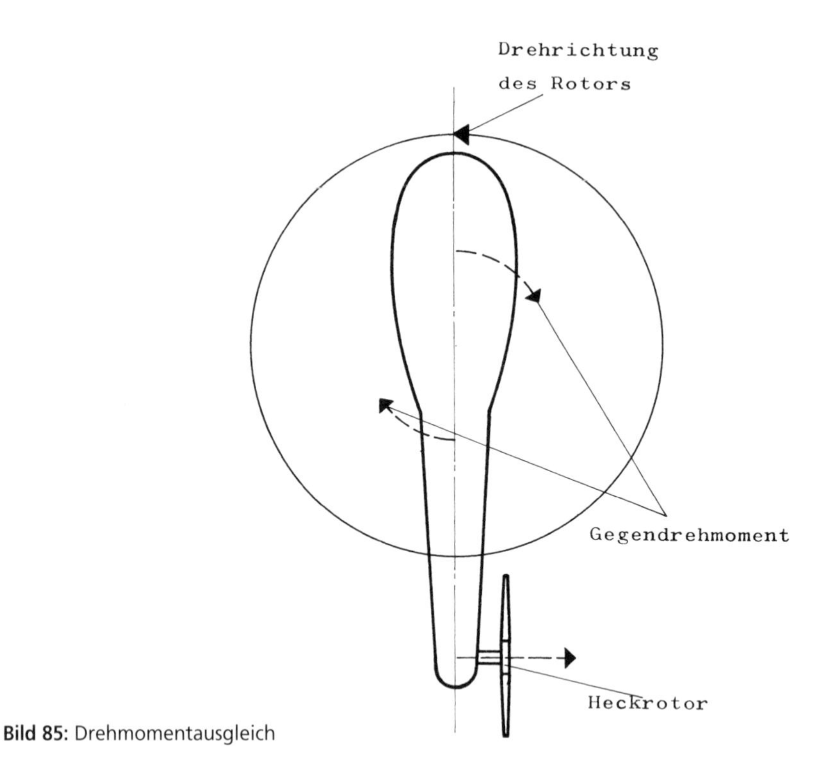

Bild 85: Drehmomentausgleich

2.4.9 Unsymmetrische Blattanströmung und ihre Auswirkungen

Im Gegensatz zum Flugzeug benötigt der Hubschrauber keine lineare Vorwärtsbewegung zur Erzeugung aerodynamischen Auftriebs. Hier sind es die drehenden Rotorblätter, die die erforderliche Luftbewegung verursachen und Auftrieb erzeugen. Entsprechend der unterschiedlichen Umfangsgeschwindigkeiten ist die Anblasgeschwindigkeit im Rotormittelpunkt gleich Null und nimmt mit zunehmendem Abstand vom Mittelpunkt linear zu; die größte Anblasgeschwindigkeit ist demzufolge an den Blattspitzen vorhanden (**Bild 86**). An allen Positionen eines drehenden Blattes entsteht eine Anblasrichtung, die immer im rechten Winkel zur Blattvorderkante steht. Bei hohen Vorwärtsgeschwindigkeiten des Hubschraubers aber entsteht eine Resultierende, die von der Senkrechten geringfügig abweicht (**Bild 87**). Die maximale Blattspitzengeschwindigkeit ergibt sich aus dem Rotordurchmesser und der Drehzahl (**Bild 88**).
Heutige Hubschrauber haben eine Blattspitzengeschwindigkeit (Umfangsgeschwindigkeit) von etwa 200 m/s, die während der Autoration auf etwa 235 m/s ansteigen kann. Das entspricht immerhin einer Geschwindigkeit von 720 km/h bzw. 850 km/h.

Wenn man berücksichtigt, dass von der Blattwurzel bis zur Blattspitze die Anströmgeschwindigkeit von annähernd Null bis ca. 800 km/h ansteigt, so werden die Probleme einer gleichmäßigen Auftriebsverteilung deutlich; der Auftrieb nimmt im Quadrat zur (Umfangs-) Geschwindigkeit zu. In der Praxis wird natürlich eine möglichst gleichmäßige Verteilung bzw. Zunahme des Auftriebs angestrebt. Dieses Ziel kann sowohl durch eine trapezförmige Blattform als auch durch eine Schränkung erreicht werden. Heute wird vorzugsweise die geometrische Schränkung angewendet

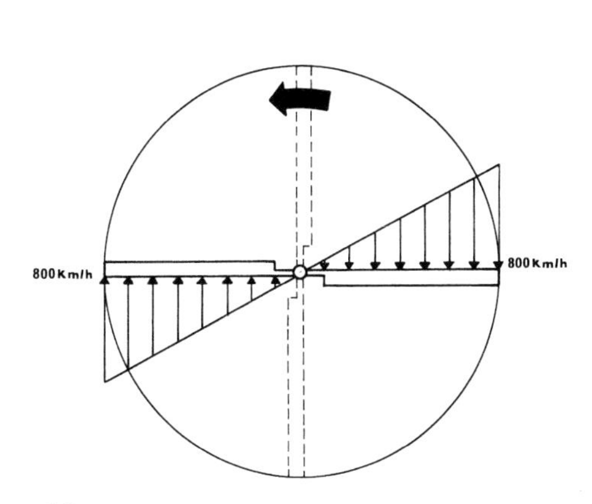

Bild 86:
Unterschiedliche Umfangsgeschwindigkeiten ergeben ungleiche Blattumströmung

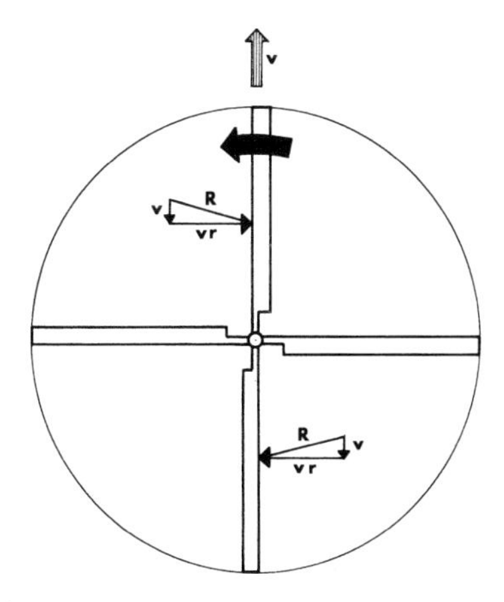

Bild 87:
Resultierende Blattanströmung

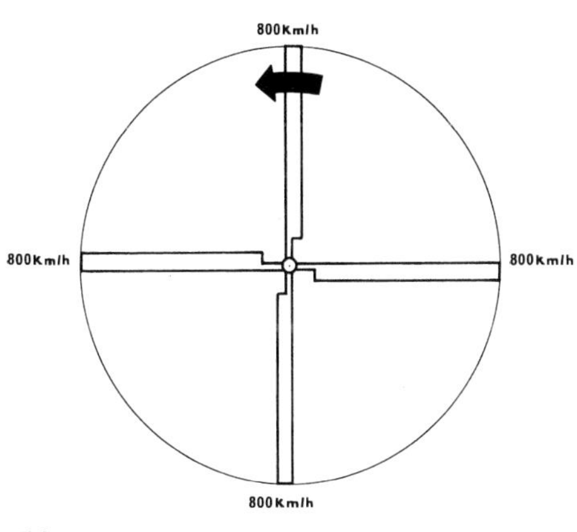

Bild 88:
Maximalgeschwindigkeit an den Blattspitzen

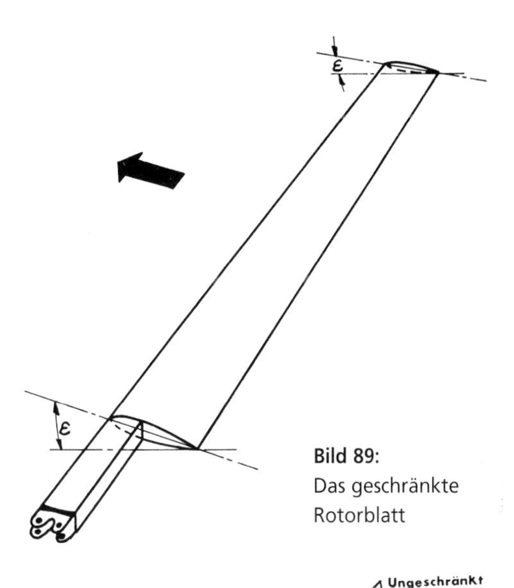

Bild 89:
Das geschränkte Rotorblatt

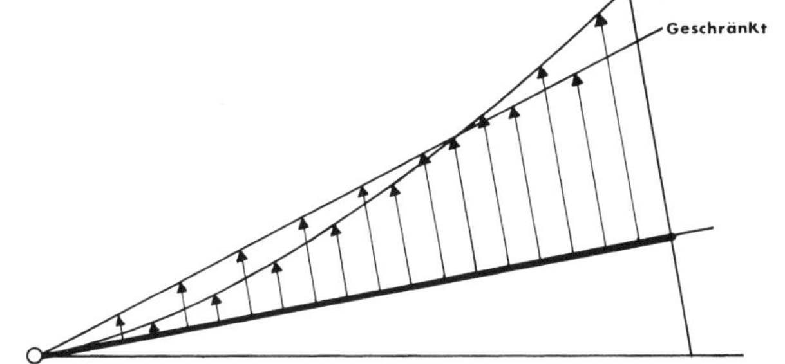

Bild 90:
Auftriebsverteilung am geschränkten Rotorblatt

(**Bild 89**). Bei einem Einstellwinkel von 8° an der Blattwurzel, kann der Einstellwinkel an der Blattspitze z. B. 0° betragen. **Bild 90** zeigt den Auftriebsverlauf bei einer idealen Schränkung.

Als Einstellwinkel ε wird beim Drehflügler der Winkel zwischen der Profilsehne und einer Ebene senkrecht zur Rotordrchachse bezeichnet (**Bild 62**). Im Unterschied zum Flugzeug wird der Einstellwinkel über den Blattverstellhebel *(collective pitch)* während des Fluges laufend verstellt.

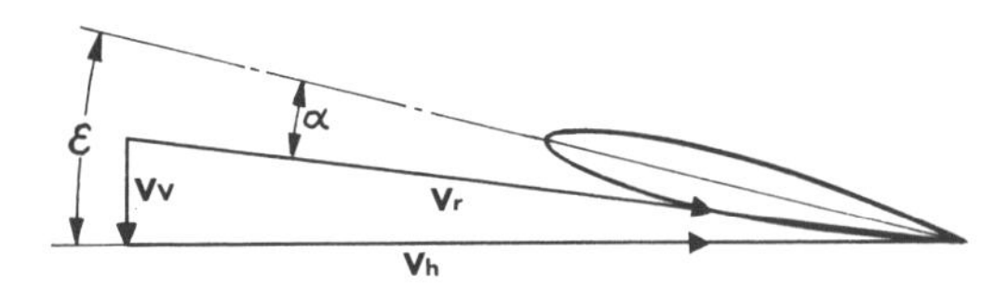

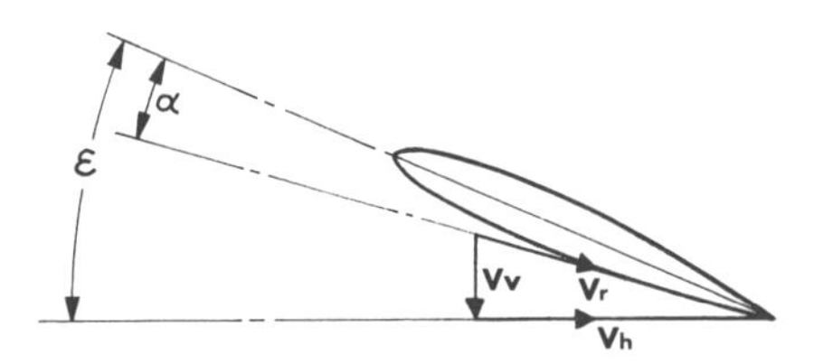

Bild 91:
Profile, oben in Blattspitzennähe, unten in Blattwurzelnähe

Die horizontale oder tangentiale Anströmung v_t durch die Drehbewegung wird durch eine vertikale von oben nach unten gerichtete Durchströmung v_d des Rotorkreises überlagert. Die resultierende oder effektive Anströmrichtung v_{eff} lässt sich also in zwei Richtungskomponenten zerlegen. **Bild 91** zeigt einmal ein Profil in Blattspitzennähe. Bei gleicher Größe der vertikalen Durchströmung v_d nimmt der Einstellwinkel im gleichen Maße zu, wie der Radius abnimmt. Die zeichnerische Darstellung radiusabhängiger Anblasgeschwindigkeiten, gestattet die Messung von Zwischengeschwindigkeiten durch Umrechnung der einzelnen Geschwindigkeits-Längenwerte. Die Situation ändert sich beim Übergang vom Schwebeflug in den Vorwärtsflug. Wie das Flugzeug, erhält der gesamte Hubschrauber eine Anströmung, die in ihrer Größe der Geschwindigkeit des Hubschraubers zur umgebenden Luft entspricht. Es entsteht eine zusätzliche Beeinflussung der Rotorblätter. Wir gehen von der Überlegung aus, dass ein schwebender Hubschrauber eine Blattspitzengeschwindigkeit von 800 kmlh konstant einhält. Nach einer Übergangsbeschleunigung geht er in einen Vorwärtsflug von 150 km/h über; d. h. der gesamte Hubschrauber wird mit einer Geschwindigkeit von 150 km/h angeströmt. Aus **Bild 92** sind die veränderten Strömungsbedingungen ersichtlich.

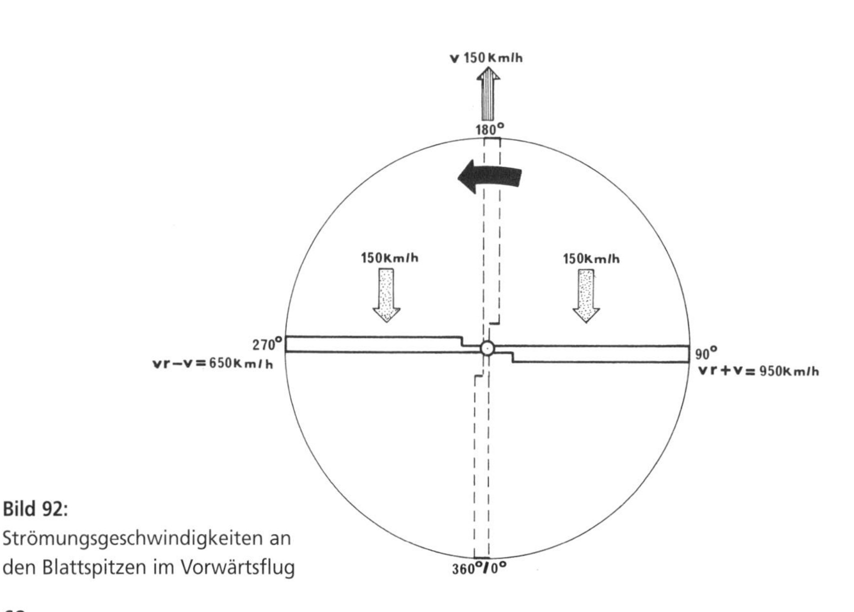

Bild 92:
Strömungsgeschwindigkeiten an den Blattspitzen im Vorwärtsflug

Am vorlaufenden Blatt (0° bis 180°) wird die Anblasgeschwindigkeit aus der Rotation um den Wert des Fahrtwindes erhöht und am rücklaufenden Blatt (180° bis 360°) um denselben Wert vermindert. Aus der Vorwärtsgeschwindigkeit von 150 km/h ergibt sich also eine Geschwindigkeitsdifferenz zwischen vorlaufendem und rücklaufendem Blatt von 300 km/h. Da Schub oder Auftrieb sich im Quadrat zur Geschwindigkeit ändern, bringt diese Unsymmetrie erhebliche Schwierigkeiten mit sich, da der innere Teil des rücklaufenden Blattes sogar rückwärts angeblasen wird (reversed flow). Diesen unsymmetrischen Strömungsverhältnissen entspricht auch die Verteilung des Auftriebes.

Ohne Schlaggelenke würde diese Auftriebsverteilung ein erhebliches Drehmoment hervorrufen. (Beim starren, gelenklosen Rotor wird diese Bewegung durch die Elastizität der Blätter aufgenommen). Beim gebräuchlichen Gelenkrotor hingegen, führt das vorlaufende Blatt eine Schlagbewegung nach oben und das rücklaufende Blatt eine Bewegung nach unten aus. Das hat zur Folge, dass sich die wirksame, horizontale Projektionsfläche beim vorlaufenden Blatt verringert und beim rücklaufenden vergrößert. Hierdurch wird die unsymmetrische Auftriebsverteilung automatisch ausgeglichen.

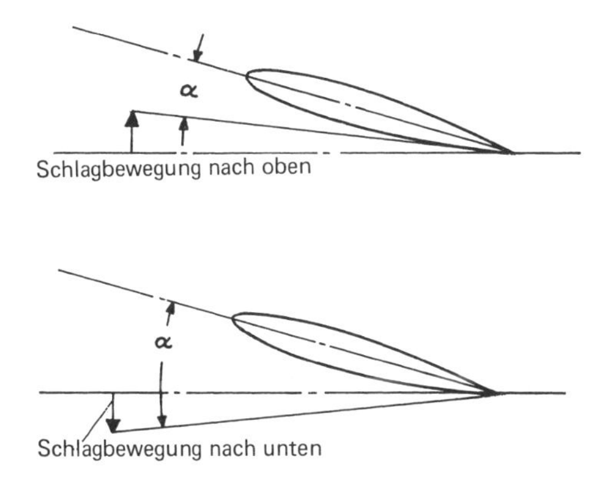

Bild 93:
Schlagbewegungen des Rotorblattes beim Vorwärtsflug; oben Vorlaufendes Blatt, unten Rücklaufendes Blatt

Bild 93 veranschaulicht die sich hieraus ergebenden Anstellwinkelveränderungen, ohne Berücksichtigung der vertikalen Strömungskomponente. Die oberen Blattstellungen sind die 0°-Position vor Vorlauf und 180° vor Rücklauf. Das nach oben schlagende Blatt erhält hierdurch einen kleineren und das nach unten schlagende Blatt einen größeren effektiven Anstellwinkel. Die geschilderten Vorgänge machen deutlich, dass die möglichen Schlagbewegungen der Rotorblätter die unsymmetrische Auftriebsverteilung weitestgehend ausgleichen. Sinngemäß gelten diese Symptome auch für den vertikal drehenden Heckrotor. Hier kann der unsymmetrische Schub durch schlagwinkelabhängige Einstellwinkel neutralisierend beeinflusst werden. Doch zurück zum Hauptrotor.

Bild 94 zeigt einen Rotor im Vorwärtsflug; die Geschwindigkeit beträgt 150 km/h. Aus dem Rotordurchmesser und der Drehzahl ergibt sich eine Umfangsgeschwindigkeit von 800 km/h. An der Spitze des vorlaufenden Blattes entsteht eine Strömungsgeschwindigkeit von 950 km/h und am rücklaufenden Blatt eine Geschwindigkeit von 650 km/h. Der absolute Mittelpunkt hingegen hat eine Umfangsgeschwindigkeit von $v = 0$ und wird also, wie die übrige Hubschrauberzelle, mit 150 km/h angeströmt. Jetzt wird sich im inneren Drittel am rücklaufenden Blatt ein Punkt ergeben, bei dem Umfangsgeschwindigkeit und Anblasgeschwindigkeit aus dem Vorwärtsflug (in diesem Falle 150 km/h) gleich groß sind; sie heben sich auf, und an diesem Punkt beträgt die Luftgeschwindigkeit 0 km/h. Von diesem Punkt nach außen steigt die Geschwindigkeit wieder an. Bei konstanter Rotordrehzahl und steigender Fluggeschwindigkeit wird die Blattspitzengeschwindigkeit immer größer. Bei Fluggeschwindigkeiten von 300 km/h würde die Blattspitzengeschwindigkeit im Vorlauf bereits 1100 km/h betragen und im Rücklauf 500 km/h. Das vorlaufende Blatt gerät in den Bereich der kritischen Machzahl und das rücklaufende Blatt in den Bereich des

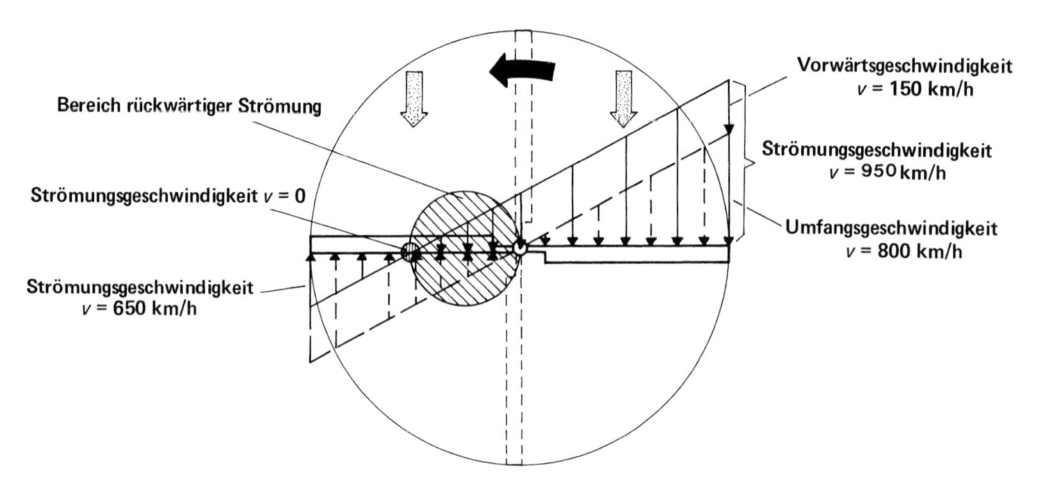

Bild 94: Strömungsverhältnisse im Vorwärtsflug

Strömungsabrisses; kritische Machzahl und Strömungsabriss stehen einer weiteren Steigerung der Geschwindigkeit von Hubschraubern entgegen.
In besonderem Maße ist es die Problematik des Strömungsabrisses, der hier näher erläutert werden soll. Er steht in keiner Beziehung zum exzentrisch liegenden wirkungslosen Blattbereich, der sich nicht absonderlich bemerkbar macht.

Wie aus der allgemeinen Aerodynamik bekannt, tritt Strömungsabriss im wesentlichen unter drei Voraussetzungen auf:

Anstellwinkel zu groß
Anströmgeschwindigkeit zu gering
Flächenbelastung zu groß für die Geschwindigkeit

Umgekehrt wie beim Flugzeug, welches eine Mindestgeschwindigkeit benötigt, sind der Höchstgeschwindigkeit eines Hubschraubers Grenzen gesetzt.

Bei der Gegenüberstellung eines inneren und eines äußeren Blattsektors wird offensichtlich, dass die vertikale Durchströmung unterschiedliche effektive Anstellwinkel hervorruft. Wegen der geringen Umfangsgeschwindigkeit im Blattinneren wird der Anstellwinkel geringer als der Einstellwinkel. Horizontale Anströmung und vertikale Durchströmung beeinflussen sich gegenseitig und bilden eine relative Anblasrichtung, die mit der Sehne einen Anstellwinkel bildet.

Im Bereich der Blattspitze ist die Umfangsgeschwindigkeit und somit die horizontale Anströmung groß. Bei annähernd gleicher vertikaler Durchströmung, ergibt sich ein größerer Anstellwinkel und eine größere Blattbelastung. Beim Schwebeflug jedoch führen diese ungleichen Größen nicht zu kritischen Strömungsverhältnissen. Wird diese relative Anströmung hingegen im Vorwärtsflug durch die Fahrt des Hubschraubers zusätzlich beeinflusst, so durchfließt den Rotorkreis eine größere Luftmenge, die aber von geringerer Geschwindigkeit als im Schwebeflug ist. Die Belastung verteilt sich mehr zur Blattmitte hin.

Mit zunehmender Fluggeschwindigkeit nimmt die durch den Rotorkreis fließende Luftmenge zu und größere Triebwerkleistungen sind erforderlich. Die unterschiedliche Größe des Anstellwinkels am Rotorblatt ist also abhängig von der Geschwindigkeit und von der Richtung der Durchströmung. Naturgemäß beginnt der Strömungsabriss an der Blattspitze. Am rücklaufenden Rotorblatt vergrößert sich der Anstellwinkel bei gleichzeitig sich verringernder Luftgeschwindigkeit. Da eine Reihe von Faktoren wie Rotordrehzahl, Luftgeschwindigkeit, Temperatur, Luftdichte und Gewicht des Hubschraubers den Strömungsabriss beeinflussen, lässt sich sein Beginn nicht allein von der Geschwindigkeit her ableiten. Bei leichten Hubschraubern macht sich zu Beginn eine gestörte Blattumströmung durch Vibration des Steuerknüppels bemerkbar, dann schüttelt der gesamte Hubschrauber in einer von der Blattzahl abhängigen Frequenz pro Umdrehung. Die in **Bild 95** gezeigte Verteilung des Anstellwinkels lässt erkennen, dass der Strömungsabriss bei etwa **15°** einsetzt. Bei einem bestimmten Kreissektor beginnt die Wirbelbildung an der Spitze, weitet sich etwa bis zu 1/3 Blattlänge aus und läuft wieder zur Spitze aus. Durch den Strömungsabriss am Blattende gerät jedes Blatt in dem entsprechenden Bereich aus der Spur. Die entstehenden Vibrationen sind auch hier abhängig von der Zahl der Rotorblätter; extreme Flugmanöver begünstigen diese Erscheinung. Rechtzeitige Fahrtverminderung und Verkleinerung des Einstellwinkels verhindern mögliche unkontrollierbare Flugzustände.

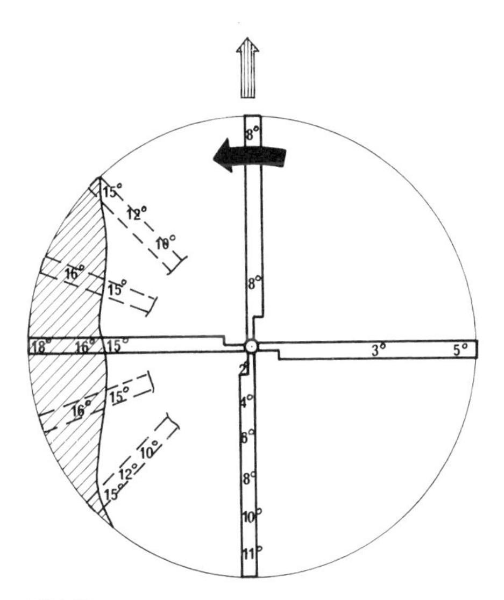

Bild 95:
Verteilung der Anstellwinkel bei hoher Vorwärtsgeschwindigkeit. Strömungsabriss bei 15°

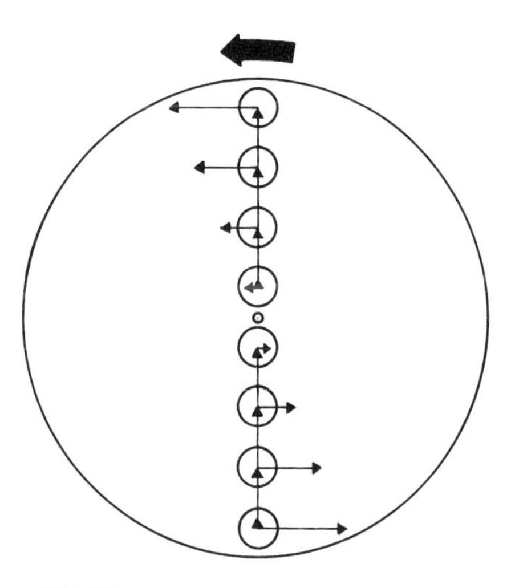

Bild 96:
Radiale Bewegung einer Masse

2.4.10 Schwenkbewegungen des Rotorblattes

Die Masse eines Rotorblattes bewegt sich auf einer der Lage des Schwerpunktes entsprechenden Bahn. Genau wie eine sich linear bewegende Masse, hat eine rotierende Masse aufgrund ihrer Trägheit das Bestreben die Bewegung gleichmäßig beizubehalten.

Der Mathematiker Coriolis hat sich mit der radialen Massenbewegung drehender Körper befasst und festgestellt, dass sie sowohl beschleunigend als auch verzögernd wirken kann. Bei gleichmäßiger radialer Bewegung eines Körpers auf einer drehenden Scheibe, vergrößert sich die örtliche Umfangsgeschwindigkeit mit zunehmendem Abstand vom Mittelpunkt. Nach dem Gesetz Newtons widersetzt sich jede Masse Geschwindigkeitsänderungen.

Wird die Masse radial nach außen bewegt, so wirkt ihre Massenträgheit entgegen der Drehrichtung; wird sie nach innen bewegt, so wirkt sie beschleunigend (**Bild 96**). Bezogen auf den Schwerpunkt eines einzelnen Rotorblattes, lässt sich diese Gesetzmäßigkeit ohne weiteres auf den drehenden Rotor übertragen. Auch die drehende Masse des Rotors ist bestrebt, sich gleichförmig zu bewegen, d. h. eine gleichmäßige Drehgeschwindigkeit einzuhalten. Die seitliche Ansicht zeigt, dass bei neutraler Drehebene, bei der Rotorkopf und Drehebene eine gemeinsame Achse haben, die Massenpunkte A und B gleichen horizontalen Abstand von der Mitte haben (**Bild 97**). Da sie in der Zeiteinheit den gleichen Weg zurücklegen, ist ihre Umfangsgeschwindigkeit gleichförmig; es treten keine Corioliskräfte auf. Wird die Drehebene hingegen geneigt, so dass das vorlaufende Blatt nach unten und das rücklaufende Blatt nach oben schlägt, bilden Rotorkopf und Drehebene keine gemeinsame Achse mehr (**Bild 98**). Die Massenpunkte A und B erhalten ungleichen horizon-

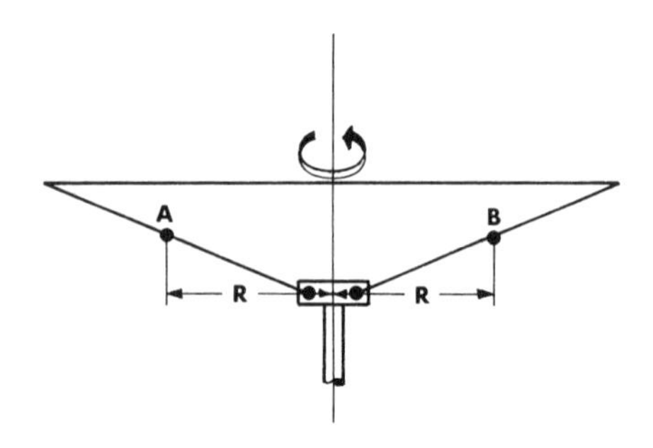

Bild 97:
Gleicher Abstand der Massenpunkte A und B zur Drehachse; R=R

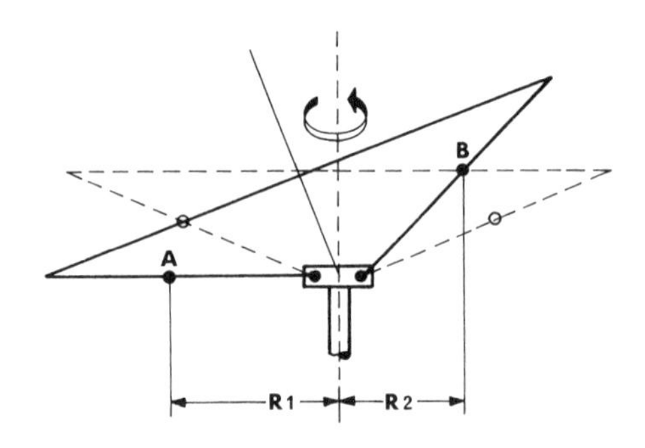

Bild 98:
Ungleicher Abstand der Massenpunkte A und B zur Drehachse; R1 > R2

talen Abstand von der Mitte. Massenpunkt A des nach unten schlagenden Blattes hat sich von der Achse des Rotorkopfes entfernt und Massenpunkt B des nach oben schlagenden Blattes hat sich der Achse des Rotorkopfes genähert. Entsprechende Verhältnisse ergeben sich also immer dann, wenn Rotorkopf und Drehebene keine gemeinsame Achse haben. Die sich während eines Umlaufs ergebende Änderung des Abstandes des Massenpunktes von der Achse des Rotorkopfes, bewirkt eine Beschleunigung des nach oben schlagenden Blattes (Vorlauf) und eine Verzögerung des nach unten schlagenden Blattes (Nachlauf). Die Ansicht von oben auf den nicht geneigten Rotorkreis lässt erkennen, dass die Achse des Rotorkopfes und die Achse der Drehebene einen gemeinsamen Mittelpunkt haben. Das einzelne Rotorblatt wird bei konstanter Drehzahl exakt mit gleicher Geschwindigkeit die Wegstrecken von A nach B, von B nach D und von D nach A durchlaufen (**Bild 99**).

Die Verhältnisse ändern sich bei geneigter Drehebene. Die Blattspitzen haben nun in derselben Zeit die wiederum gleichweit entfernten Punkte A', B', C' und D' zu durchlaufen (**Bild 100**). Die mit dem Rotorkopf verbundenen Rotorblätter werden gezwungen, sich mit ihren Anschlusspunkten in der Drehebene des Rotorkopfes von A nach B usw. zu bewegen, ihre Blattspitzen aber von A' nach B', von B' nach C' und von D' nach A'. Das heißt, das einzelne Blatt bleibt in der Position A' hinter

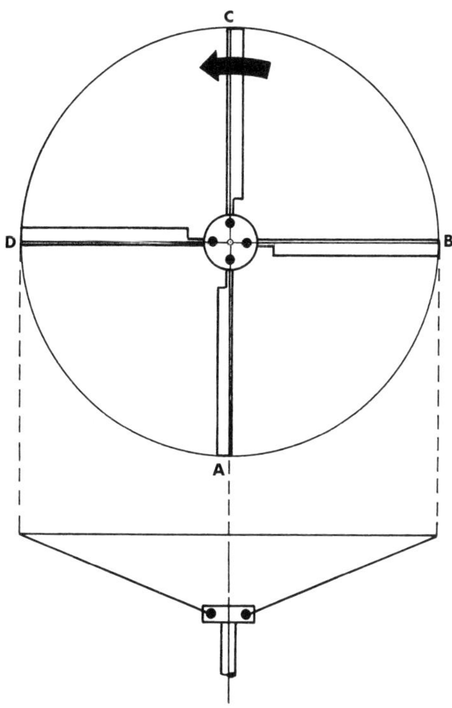

Bild 99:
Gemeinsamer Mittelpunkt von Rotorachse und Drehachse bei neutraler Drehebene

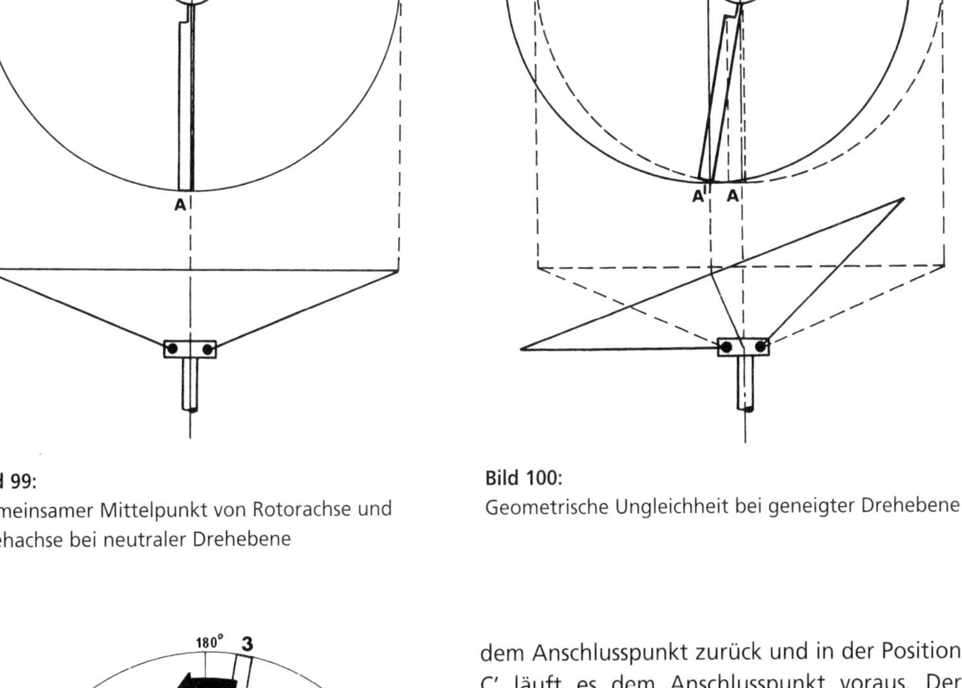

Bild 100:
Geometrische Ungleichheit bei geneigter Drehebene

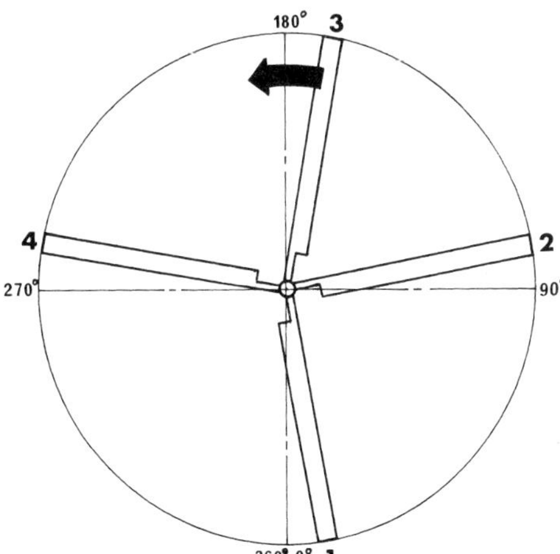

Bild 101: Schwenkbewegungen der Rotorblätter im Vorwärtsflug
Position 1 und 3: Schwenken durch Corioliskräfte
Position 2 und 4: Schwenken durch geometrische Ungleichheit

dem Anschlusspunkt zurück und in der Position C' läuft es dem Anschlusspunkt voraus. Der Abstand A' - A bedeutet also in diesem Falle Nachlauf und der Abstand C - C' Vorlauf. Außer den auftretenden Corioliskräften ruft die geometrische Ungleichheit der Drehbewegung Schwenkbewegungen hervor.

Beide Beeinflussungen ergeben bei geneigter Drehebene effektive Schwenkbewegungen, die in **Bild 101** dargestellt werden. Darüber hinaus kann der am Boden stehende Hubschrauber durch die sogenannte Bodenresonanz den Rotorblattumlauf beeinflussen. Durch auftretende Vibrationen kann der Hubschrauber ferner in eine Rührbewegung geraten, die dem Blatt zusätzliche Schlag- und Schwenkimpulse verleihen. Nur eine sorgfältige Abstimmung von Blattdämpfer, Federbein und Reifendruck können hier Abhilfe schaffen.

2.4.11 Autorotation

Bei Triebwerkausfall können die Rotorblätter so gesteuert werden, dass sie durch aerodynamische Kräfte angetrieben werden; sie autorotieren. Der sich dann wie ein Tragschrauber verhaltende Hubschrauber kann sicher gelandet werden. Die Umkehrung der Strömung (**Bild 102**) von unten nach oben ruft einen anderen Anstellwinkel hervor. Die Luftkraft, die Resultierende aus der senkrecht zur effektiven Anblasrichtung liegenden Auftriebskraft und dem in Verlängerung der Anblasrichtung liegenden Widerstand, muss eine von der senkrechten nach vorne geneigte Richtung einnehmen.

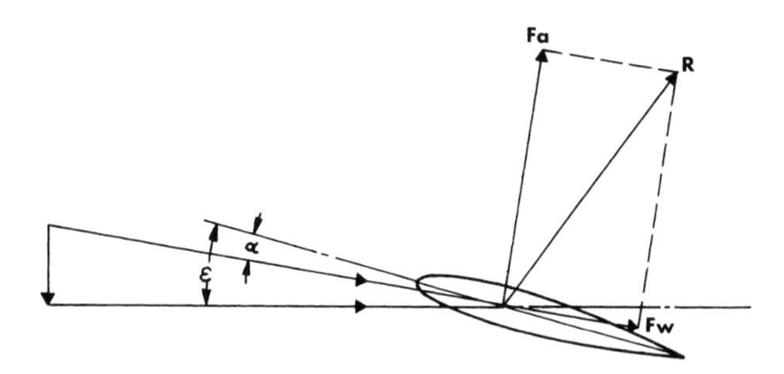

Bild 102: Rotorblattanströmung bei angetriebenem Rotor

Dieses ist sogar dann möglich, wenn der Einstellwinkel positiv bleibt. Eine Kraft wirkt in Drehrichtung und stellt also eine antreibende Kraft dar. Antreibend wirkt demnach eine Horizontalkraft in Drehrichtung, die stets größer sein muss, als die dann nur widerstandsbedingte Horizontalkraft entgegen der Drehrichtung.

Wegen der örtlich verschiedenen Umfangsgeschwindigkeiten ändern sich Auftrieb und Widerstand naturgemäß radiusabhängig. Die einzelnen Blattabschnitte sind demnach in sehr unterschiedlicher Weise am Zustandekommen der Autorotation beteiligt. Im inneren Blattbereich reißt die Strömung wegen des sehr hohen Anstellwinkels, der sich aus geringer Anblasung durch Rotordrehung und radiusunabhängiger vertikaler Anblasung ergibt, frühzeitig ab. Hier entsteht nur geringer Auftrieb und kein Antrieb (Bremsender Bereich, **Bild 103**). Nur im mittleren Bereich

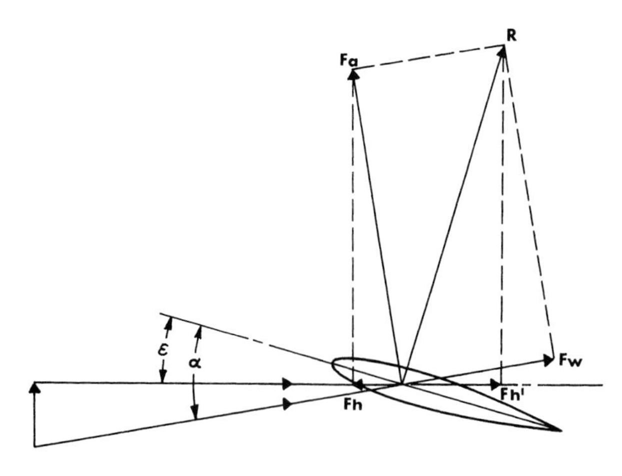

Bild 103: Rotorblattanströmung während der Autorotation im inneren und äußeren Blattbereich; keine antreibenden Kräfte

liegt die Luftkraft senkrecht oder nach vorn geneigt (Antreibende Bereiche, **Bilder 104** bis **106**). Im äußeren Blattbereich entsteht durch die große Umfangsgeschwindigkeit hoher Widerstand. Seine horizontale Resultierende ist größer als die antreibende Horizontalkraft (Bremsender Bereich).

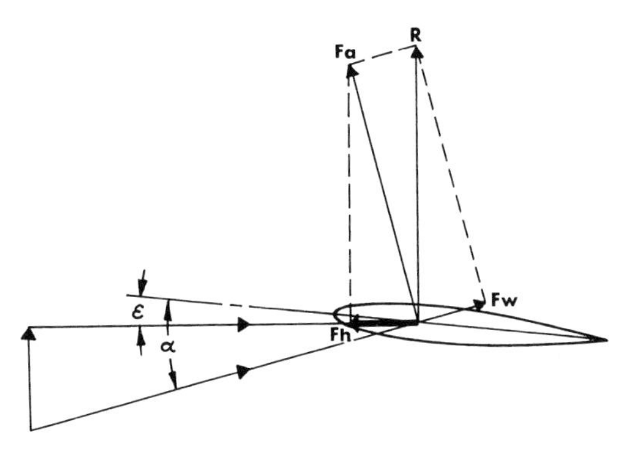

Bild 104: Rotorblattanströmung während der Autorotation. F_h als horizontale Komponente von F_a ist größer als die horizontale Komponente von F_w

Bild 105: Die Lage der Luftkraftresultierenden *R* bei gleichem Auftrieb und verändertem Widerstand

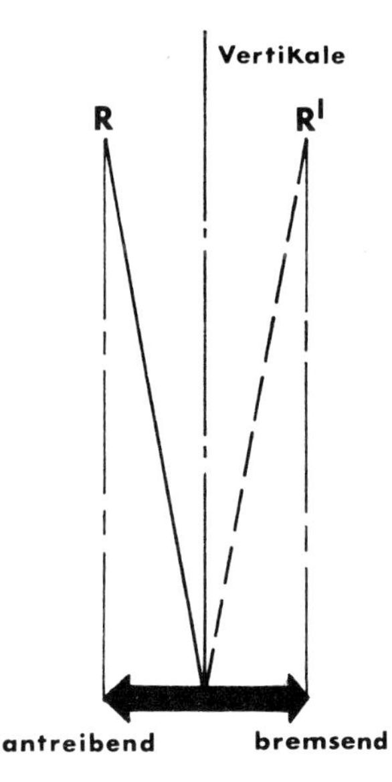

Bild 106:
Liegt die Luftkraftresultierende *R* vor der Senkrechten, entstehen antreibende Luftkräfte, liegt sie hinter der Senkrechten, entstehen bremsende Luftkräfte.

Während des Autorotationsfluges entsteht eine Drehzahl, bei der die antreibenden Kräfte genau so groß wie die bremsenden Kräfte sind. Wenn der Hubschrauber während der Autorotation von der Senkrechten abweicht, dann verlagern sich diese Bereiche exzentrisch (**Bild 107**). Die antreibenden Kräfte verschieben sich wegen der hohen Anströmgeschwindigkeit in den Bereich des rücklaufenden Blattes, die bremsenden Kräfte in den Bereich des vorlaufenden Blattes.

Wenn bei einem Hubschrauber Leistung und Einstellwinkel verringert werden, geht er in den Sinkflug über. Bei einer Geschwindigkeit, die je nach Hubschrauber und Gewicht zwischen 90 und 135 km/h liegt, erhält der Rotor eine Drehzahl, die nahe der ermittelten Autorotationsdrehzahl liegt. Die Autorotationsdrehzahl selbst liegt immer etwas höher als die Normaldrehzahl.

Die sich durch die Umkehrung der Rotordurchströmung ergebende Anstellwinkelvergrößerung ruft eine Neigung der Auftriebskomponente nach vorn hervor und erhöht die Rotordrehzahl.

Noch einmal zusammengefasst: Der Pilot nimmt die Leistung zurück und stellt den kleinsten Einstellwinkel ein. Hierdurch werden Auftrieb und Widerstand verringert; die Luftkraftresultierende nähert sich einer vertikalen Lage. Durch den Bahnneigungsflug wird der Rotor in umgekehrter Richtung durchströmt; Anstellwinkel und Anblasrichtung ändern sich. Der größere Anstellwinkel verleiht dem sinkenden Hubschrauber mehr Auftrieb und die senkrecht zur Anblasrichtung stehende Auftriebskomponente wird weiter nach vorn geneigt, ruft Autorotationskräfte hervor und erhöht die Drehzahl. Bei der Autorotationslandung muss der Pilot kurz über dem Boden den Pitch ziehen und dadurch Einstell- und Anstellwinkel erhöhen. Die durch den drehenden Rotor vorhandene kinetische Energie wird beim Abfangen kurzzeitig in Schub umgesetzt.

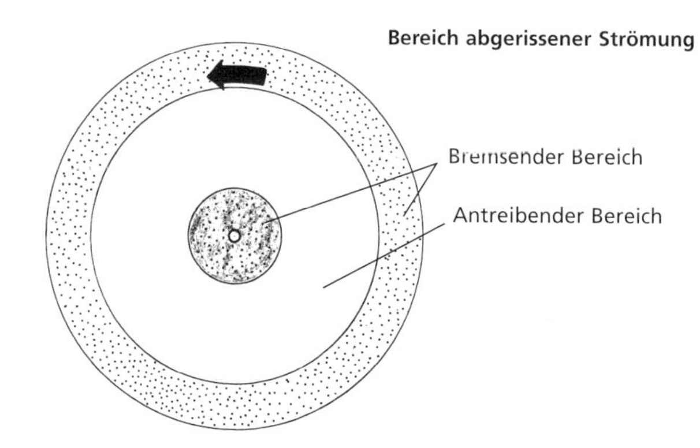

Senkrechte Autorotation

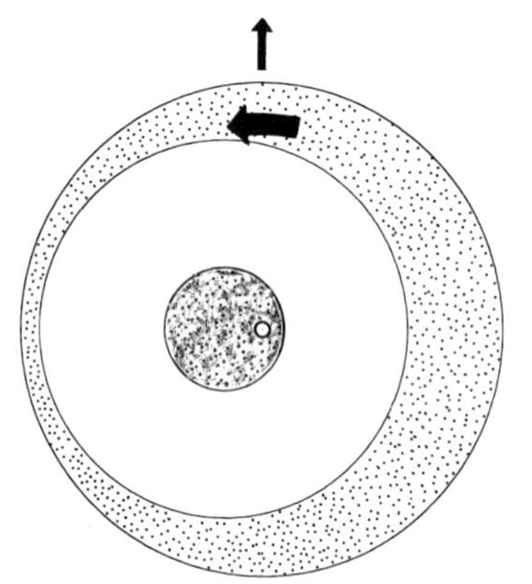

Autorotation in Vorwärtsfahrt

Bild 107:
Verteilung der Rotorblattbereiche während der Autorotation

2.4.12 Stabilität

Der Rumpf des Hubschraubers hängt, ähnlich einem frei beweglichen Pendel, am Rotorkopf. Er ist sowohl in Längsrichtungen als auch in Querrichtungen schwenkbar (**Bild 108**). Hierdurch wird der Hubschrauber zwangsläufig dynamisch labil; ohne Gegenmaßnahmen neigt er zum Aufschaukeln.

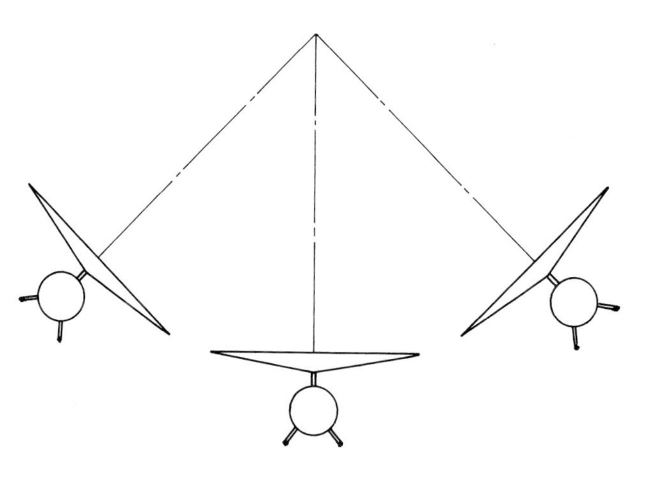

Bild 108:
Pendelwirkung des Hubschraubers

Wird die Kreisebene des Rotors durch Störungen geneigt, entsteht in dieser Richtung eine Beschleunigung. Ungleicher Auftrieb führt zum Schlagen der Blätter und zu einer entgegengesetzten Neigung der Rotorebene. Infolge der Massenträgheit des Rumpfes kommt es zu Bewegungsüberschneidungen, die zu immer größer werdenden Schwingungen führen. Verschiedene Stabilisierungseinrichtungen sollen dämpfenden Einfluss ausüben. Beim Bell-System rufen rotierende Gewichte aufgrund ihrer raumstabilen Kreiseleigenschaften Dämpfungserscheinungen hervor und folgen der Lageänderung der Rotorwelle verzögert. Das Dämpfungsmoment wird über die periodische Blattverstellung auf die Blätter übertragen. Dämpfungsflossen können durch aerodynamische Kräfte, Pendelbewegungen entgegen wirken.

2.4.13 Flugleistungen

Da der Hubschrauber bei einer relativen Geschwindigkeit von etwa 25 km/h ständig in unbeeinflusste Luftbereiche vordringt, ergibt sich ein günstiger Wirkungsgrad. Wie beim Propeller entsteht ja der Schub durch die Beschleunigung von Luftmassen in der Zeiteinheit; je höher die Geschwindigkeit, um so größer also die durchfließende Luftmasse. Besonders günstige Werte ergeben sich bei Geschwindigkeiten zwischen 50 und 100 km/h (**Bild 109**). Bei höheren Geschwindigkeiten tritt der Widerstand in zunehmendem Maße in Erscheinung. Eine Nebenerscheinung ist die ungl eichförmige Rotorströmung (transverse flow effect). Bei Geschwindigkeiten zwischen 25 und 40 km/h durchfließt die Luft die vorderen Bereiche des Rotorkreises etwas langsamer als die hinteren Bereiche. Dieses ruft verschiedene vertikale Komponenten der Luftströmung hervor. Zwei Vibrationen je Blattumlauf machen sich am Steuerknüppel bemerkbar.

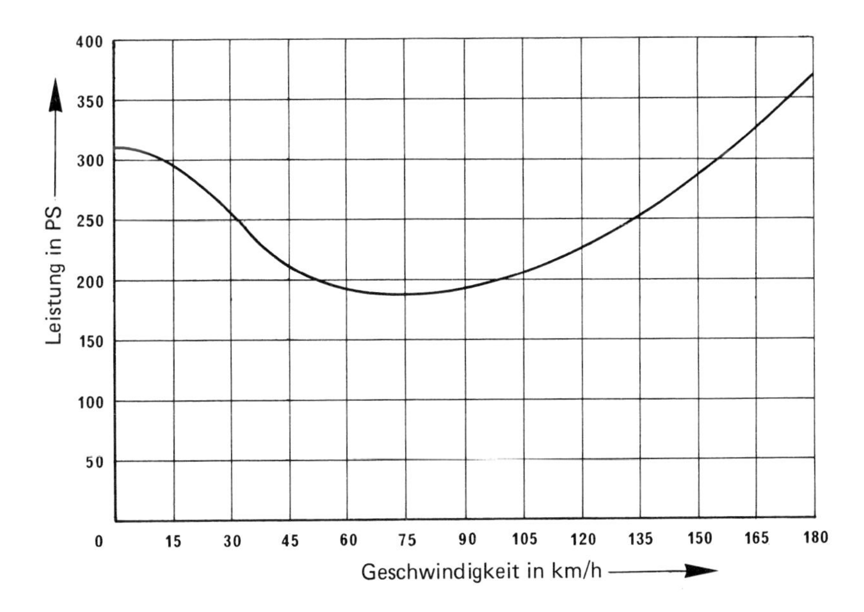

Bild 109: Leistung und Geschwindigkeit

Der Leistungsbedarf eines Hubschraubers im Vorwärtsflug ist unterschiedlich. Er hängt von einer Reihe von Faktoren ab. Bei Geschwindigkeiten unterhalbder verfügbaren Triebwerksleistung kann diese Differenz in Höhe umgesetzt werden. Darüber hinaus ist der Hubschrauber in der Lage, bei gleichem Gewicht im Vorwärtsflug eine größere Höhe zu erreichen, als im vertikalen Steigflug.

Beim Hubschrauberstart wird zuerst der Bodeneffekt ausgenutzt. Aus einem vertikalen Steigflug bis zu einer Höhe von etwa 3 m geht der Hubschrauber in den Vorwärtsflug über und sinkt etwas ab, da aus der vertikalen Schubkomponente, die horizontale Komponente abgeleitet werden muss. Der Bodeneffekt verschwindet bei Geschwindigkeiten von etwa 5 km/h. Bei Erreichen einer Geschwindigkeit von etwa 25 km/h macht sich der Übergangsauftrieb *(translational lift)* bemerkbar. Derartige Starts sind auch in Höhenlagen durchzuführen, wo ein Schwebeflug ohne Bodeneffekt nicht mehr möglich ist.
Im Schwebeflug und bei niedrigen Geschwindigkeiten ist daher die verfügbare Leistung kleiner als die erforderliche Leistung. Auch der Hubschrauber nutzt, wie das Flugzeug, beim Start den Gegenwind aus, um den Übergangsauftrieb so früh wie möglich zu Hilfe zu nehmen.

Um bei Triebwerksstörungen immer sicher landen zu können, werden für jeden Hubschraubertyp Höhen- und Geschwindigkeitsbereiche ermittelt und im Flughandbuch graphisch dargestellt (**Bild 110**).

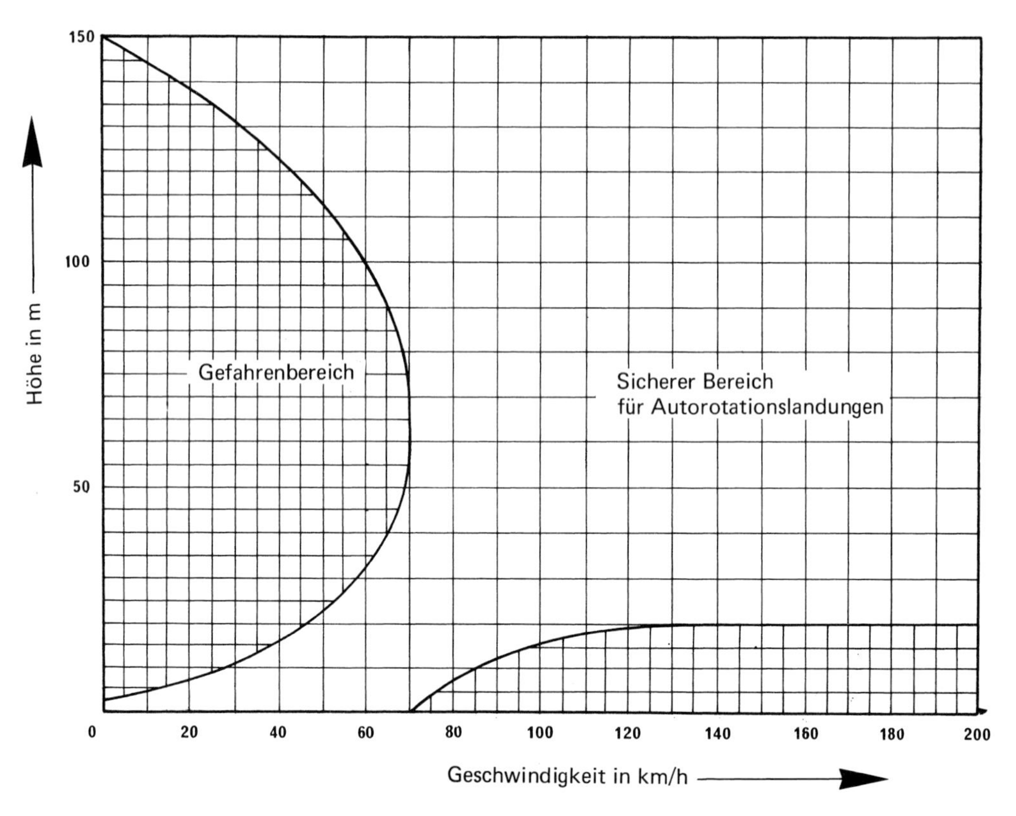

Bild 110: Gefahren- und Sicherheitsbereiche

3. Luftfahrzeugkunde

3.1 EINTEILUNG DER LUFTFAHRZEUGE

3.1.1 Hauptgruppen

Unter dem Sammelbegriff Luftfahrzeuge ist alles Fluggerät zu verstehen, welches sich in der Atmosphäre bewegt. Die Einteilung gliedert sich wie folgt:

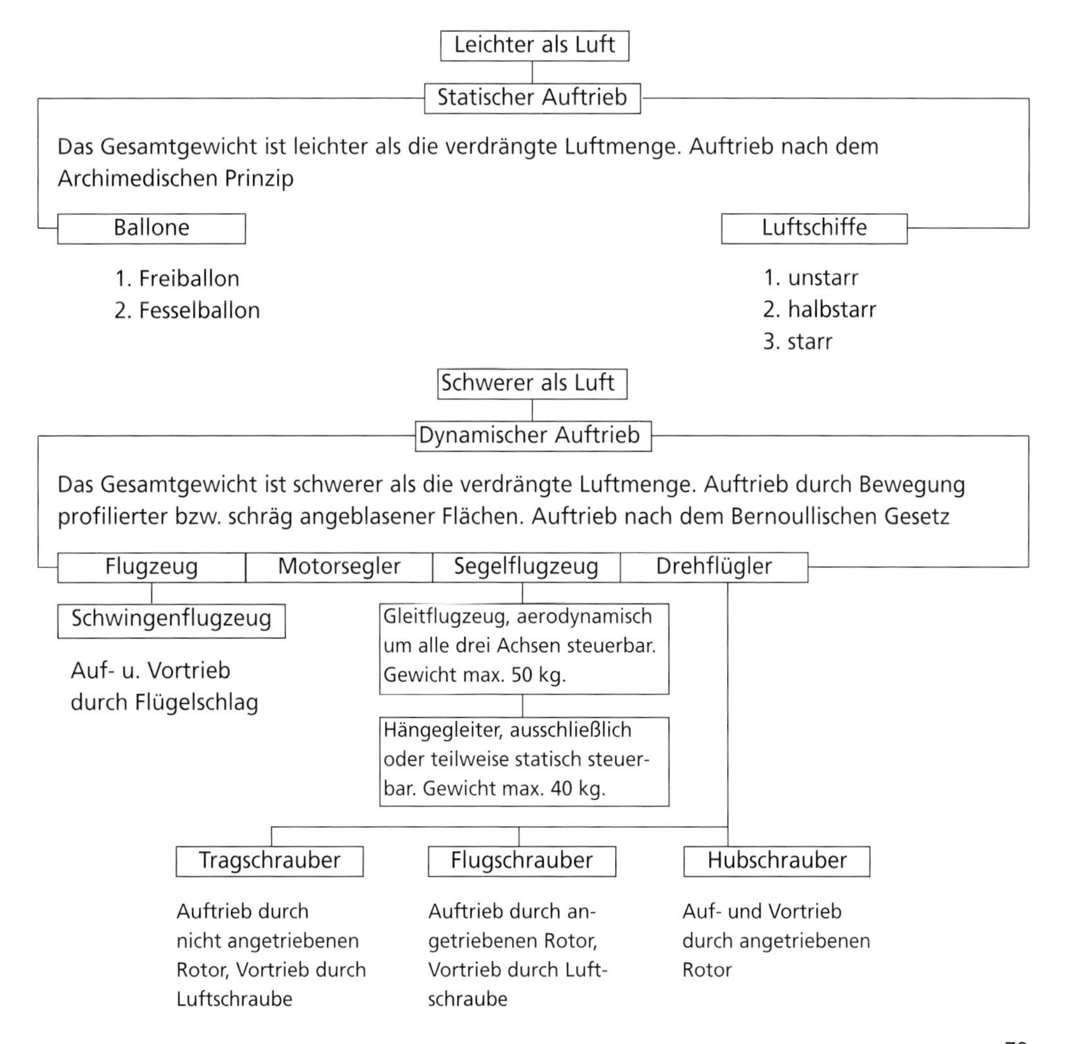

Ferner: Flugmodelle mit über 200 N Fluggewicht
Sportfallschirme

Darüber hinaus bewegen sich in der Atmosphäre folgende Objekte:

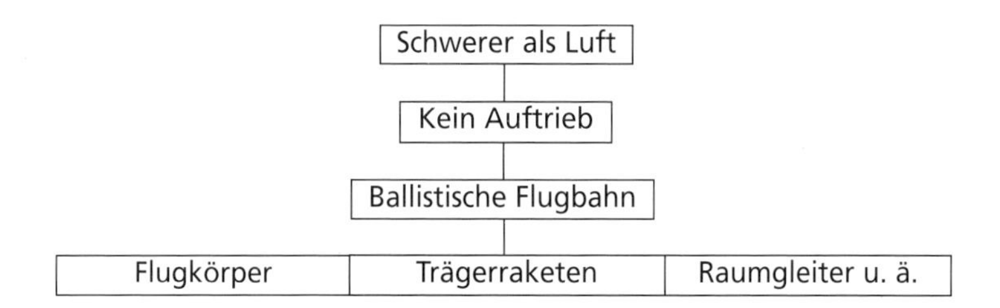

sowie unbemannte Drachen über 100 m Steighöhe

3.1.2 Verwendungsart, Beanspruchungsgruppen und Gewichtseinteilungen

A Verwendungsart

Amerikanische Einteilung für militärische Luftfahrzeuge:

A = Amphibium	H = Helicopter	S = Search and Rescue
B = Bomber	K = Tanker	T = Trainer
C = Cargo	L = Liaison	X = Experimental
F = Fighter	Q = Target and Drones	Y = Flugzeuge in Truppenerprobung
G = Glider	R = Reconnaissance	Z = Veraltete Flugzeuge

Beispiele:

F 104 G ist ein Jäger mit Abnahmenummer 104 und Modellbezeichnung G.
CH 53 G ist ein Transport-Hubschrauber mit Ahnahmenummer 53 und Modellbezeichnung G

Zivile Einteilung nach Lufttüchtigkeitsgruppen (L T):
Verkehrsflugzeuge
Normalflugzeuge
Nutzflugzeuge
Sonderflugzeuge
Kunstflugzeuge

Klassen:
Normalklasse (nach Bauvorschrift)
Sonderklasse (nicht in vollem Umfang nach Bauvorschrift)
Beschränkte Sonderklasse (begrenzte Verwendung für spezielle Zwecke)

Kategorien:

Personenbeförderung 1	Schleppen von Segelflugzeugen
Personenbeförderung 2	Schleppen von Anhängern

Personenbeförderung 3	Schleppen von Lasten
Frachtbeförderung	Land- und Forstwirtschaft
Nicht gewerblicher Verkehr	Luftbild
Luftarbeit	Reklame
	Absetzen von Personen und Sachen

B Beanspruchungsgruppen - Verwendungszweck
Flugzeuge werden nach ihrer Beanspruchung in folgende Beanspruchungsgruppen eingeteilt:

	N (Normal)	Gewöhnlicher Gebrauchsflug
FAR 25	U (Utility)	Nutz- und höher beanspruchter Gebrauchsflug
	A (Aerobatic)	Kunstflug

C Gewichtseinteilung bzw. Größenklassen, Staatszugehörigkeits- und Eintragungszeichen
Deutsche Flugzeuge, Drehflügler, Luftschiffe und Motorsegler führen als Staatszugehörigkeitszeichen die Bundesflagge und den Buchstaben D sowie als besondere Kennzeichnung (Eintragungszeichen) vier weitere Buchstaben.
Folgende Buchstaben werden als erste Buchstaben des Eintragungszeichens verwendet:

Eintragungszeichen	Zahl der Triebwerke	Höchstzulässiges Fluggewicht
E ...	einmotorig	bis 2,0 t
G ...	mehrmotorig	bis 2,0 t
F ...	einmotorig	über 2,0 t bis 5,7 t
I ...	mehrmotorig	über 2,0 t bis 5,7 t
C ...		über 5,7 t bis 14,0 t
B ...		über 14,0 t bis 20,0 t
A ...		über 20,0 t
H ...	Drehflügler	
L ...	Luftschiffe	
K ...	Motorsegler	

Flugzeuge und Drehflügler führen den Buchstaben D und das Eintragungszeichen an beiden Seiten des Rumpfes (**Bild 111**). Auf beiden Seiten des Seiten-Leitwerks ist im Farbanstrich die Bundesflagge angebracht. Flugzeuge bis 5,7 t, Motorsegler und Segelflugzeuge führen den Buchstaben D und das Eintragungszeichen außerdem auf der unteren Seite der linken Tragfläche.

Die Höhe der Schriftzeichen muss mindestens betragen:

Bei Flugzeugen über 5,7 t und bei Drehflüglern 30 cm
Am Rumpf von Flugzeugen bis 5,7 t und Motorseglern 15cm
An Tragflächen von Flugzeugen bis 5,7 t und Motorseglern 50 cm

Militärische Luftfahrzeuge führen das Eiserne Kreuz auf beiden Tragflächen oben und unten sowie auf beiden Seiten des Rumpfes. Die Nationalfarben schwarz-rot-gold in Form der Bundesflagge sind auf beiden Seiten der Seitenflosse angebracht. Das Luftfahrzeug-Kennzeichen, bestehend aus je zwei Ziffern links und rechts vom Eisernen Kreuz, wird nur an beiden Seiten des Rumpfes ge-

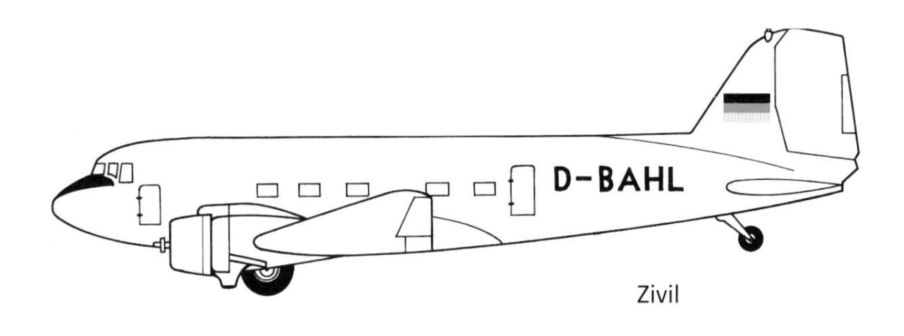

Zivil

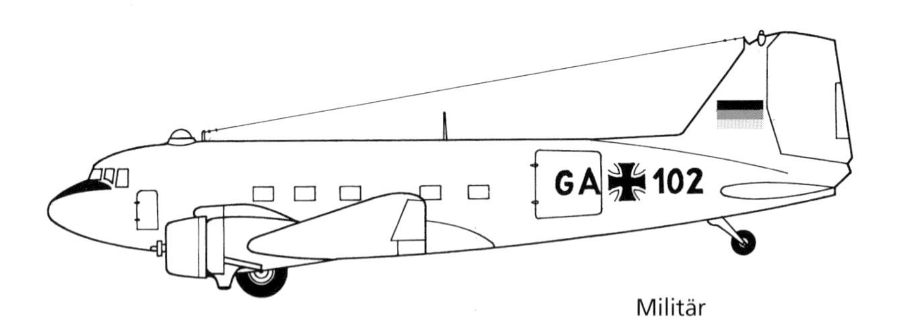

Militär

Bild 111: Deutsche Kennzeichnung

führt. Am Heck des Luftfahrzeuges unterhalb der Bundesflagge sind Teilstreitkraft - Baumuster - Werknummer angebracht.

Beispiele: Luftwaffe – F 104 G – 8230

Die erste Zahl des Kennzeichens weist auf die Kategorie des Luftfahrzeuges hin.

Beispiel: 2 = F 104 G, TF 104 G, F 104 F
7 = Bell UH 1 D, Bell 47, Aloutte II, BO 105

3.1.3 Bauarten

Flugzeuge werden eingeteilt nach der Anzahl der Tragflächen (**Bild 112**).
Anordnung der Traglächen (**Bild 113**)
Bauform der Tragflächen (**Bild 114**)
Landungsart (**Bild 115**)
Anzahl der Triebwerke (**Bild 116**)
Anordnung der Luftschraube (**Bild 117**)

Antriebsart: Propeller (Kolbentriebwerk, Propellerturbine, Strahltriebwerk (Gasturbine, Staustrahltriebwerk, Pulso-Triebwerk, Rakete)

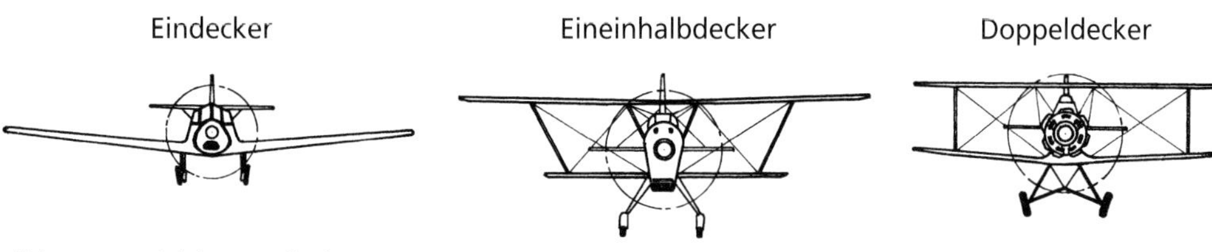

Bild 112: Anzahl der Tragflächen:

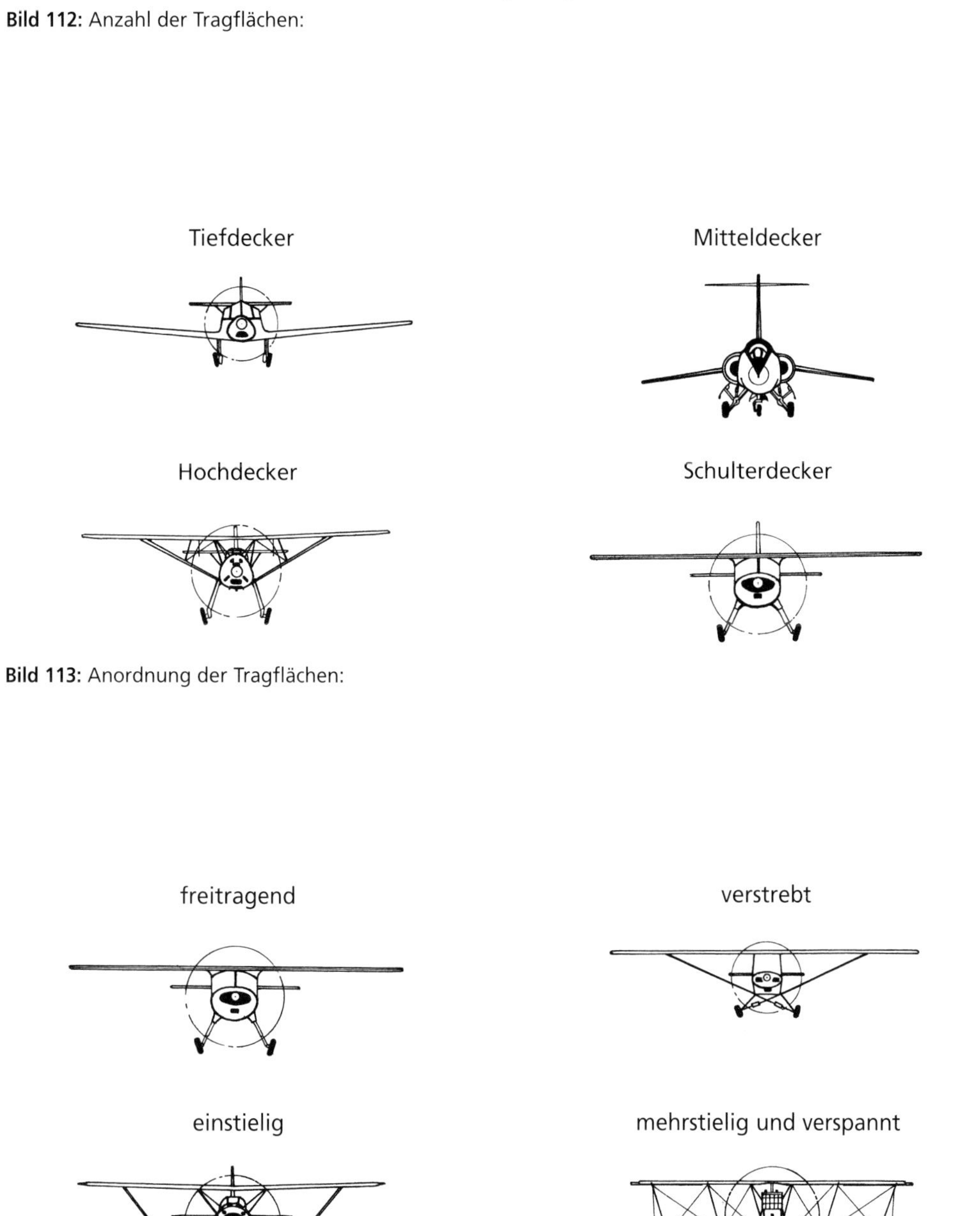

Bild 113: Anordnung der Tragflächen:

Bild 114: Bauform der Tragflächen:

Landflugzeuge

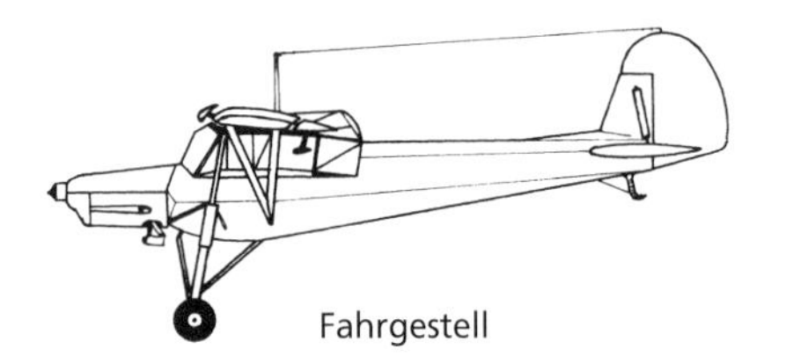

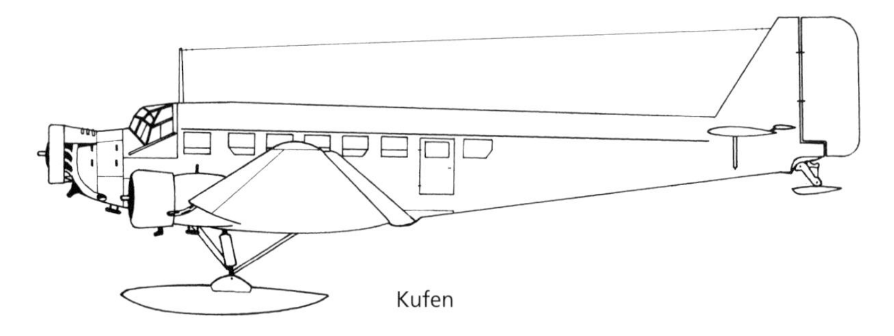

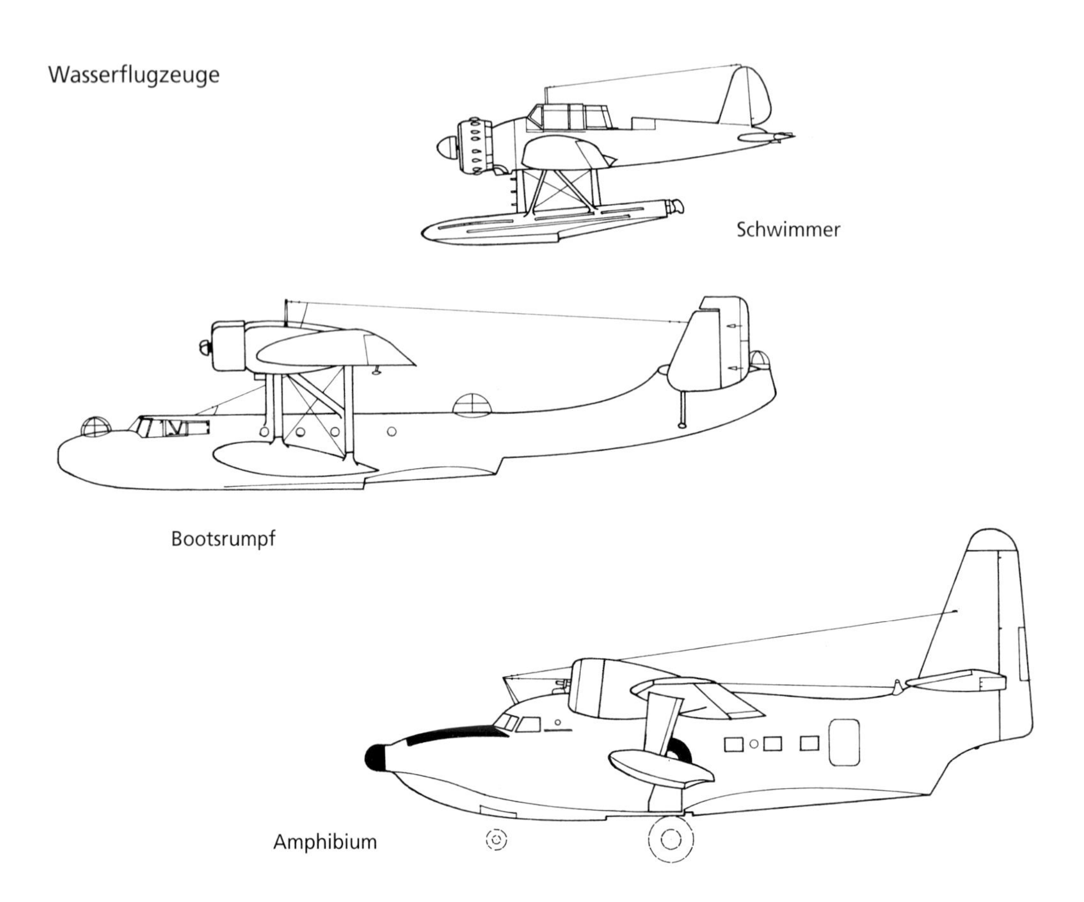

Bild 115: Einteilung nach der Landungsart

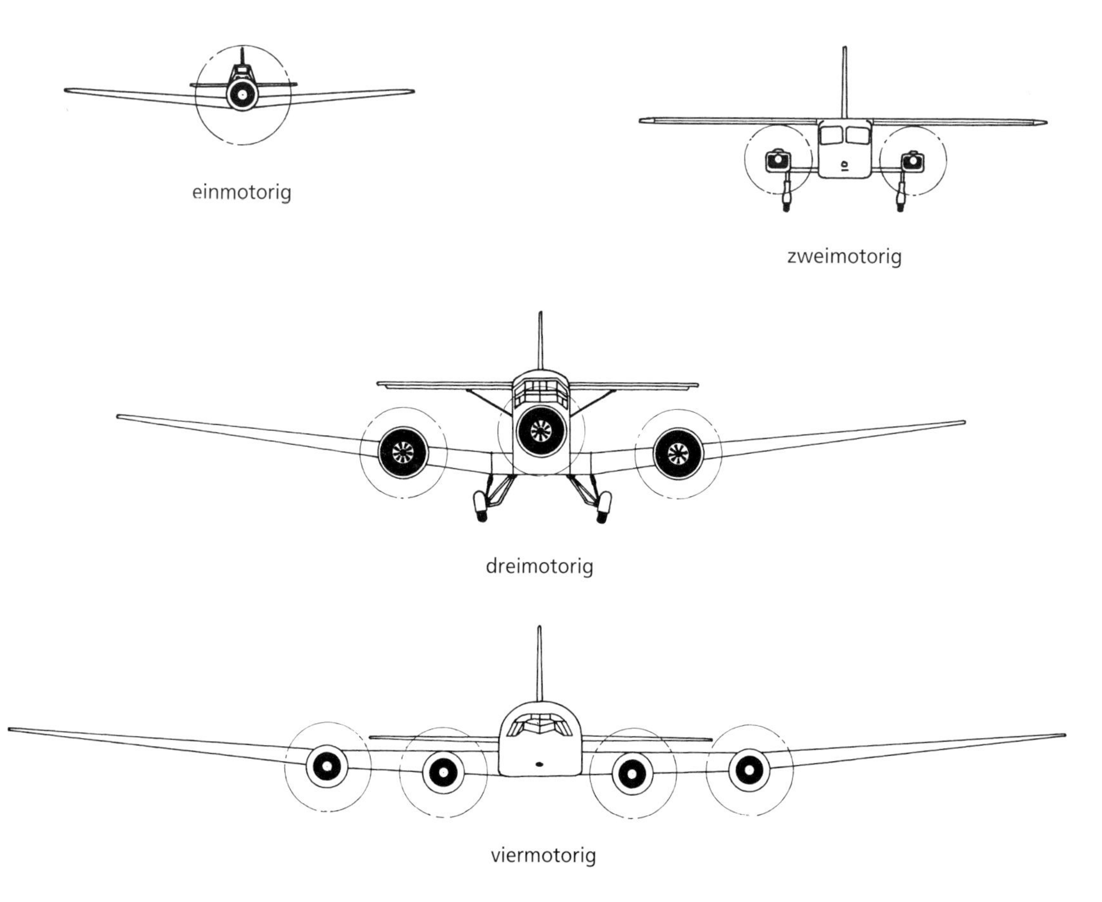

Bild 116: Anzahl der Triebwerke:

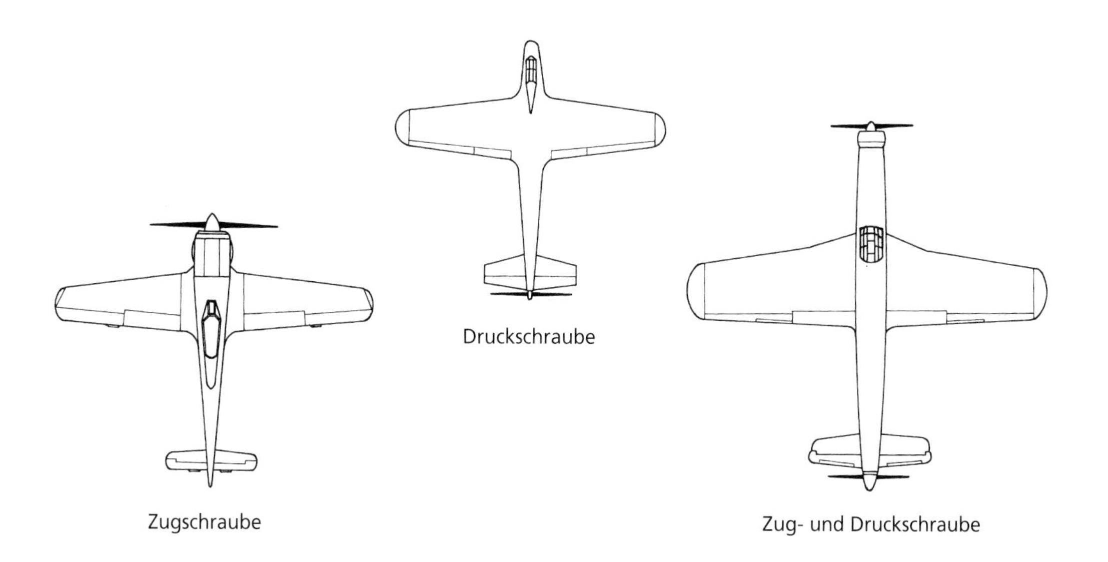

Bild 117: Anordnung der Luftschraube:

3.2 Aufbau des Flugzeuges

3.2.1 Bauweisen

Vier Bauweisen haben sich seit Bestehen des Flugzeuges bis heute entwickelt:

1. Holzbauweise
Rumpf, Leitwerk und Tragflächen sind aus Holz hergestellt, mit Sperrholz beplankt oder mit Stoff bespannt. Von Vorteil sind einfache Herstellung und Reparaturmöglichkeiten. Nachteilig sind geringe Wetterfestigkeit und große Splittergefahr bei Brüchen.

Die Holzbauweise findet nur noch bei leichten Sportflugzeugen und Segelflugzeugen Anwendung.

2. Gemischtbauweise
Tragflächen und Leitwerk werden meistens, wie bei der Holzbauweise, aus Holz hergestellt Der Rumpf besteht aus einem verschweißten Stahlrohrgerüst und ist mit Stoff bespannt. Von Vorteil ist die größere Sicherheit für die Besatzung bei Brüchen. Diese Bauweise findet bei Sportflugzeugen und Segelflugzeugen Anwendung.

3. Metallbauweise
Die durchweg stärkere Beanspruchung der Flugzeuge sowie höhere Anforderungen an Lebensdauer und Sicherheit, haben die Metallbauweise zur heutigen Standardbauweise werden lassen. Die gesamte Zelle besteht hierbei aus Leichtmetall.

4. Kunststoffbauweise
Die Kunststoffbauweise in der ausschließlichen Form ist im Segelflugzeugbau sowie im Leichtflugzeugbau anzutreffen. Halbschalen aus glasfaserverstärkten Kunstharzen (GFK) werden hier zu Rümpfen und Tragflächen zusammengeklebt. Im übrigen Flugzeugbau wird Kunststoff vornehmlich als nichttragendes, formgebendes Element verwendet.

3.2.2. Konstruktionsgruppen

Das Flugzeug wird in drei Konstruktionshauptgruppen, die sich wieder in Konstruktionsgruppen gliedern, eingeteilt (**Bild 118**).

HAUPTGRUPPE

Flugwerk (Bild 119, S. 88)	**Triebwerksanlage**	**Ausrüstung**
Tragwerk	Triebwerk	Standardausrüstung
Rumpfwerk	Triebwerkseinbau	Sonderausrüstung
Leitwerk	Propelleranlagen und	Bewegliche Einsatzausrüstung
Steuerwerk	alle Funktionsanlagen	
Fahrwerk		

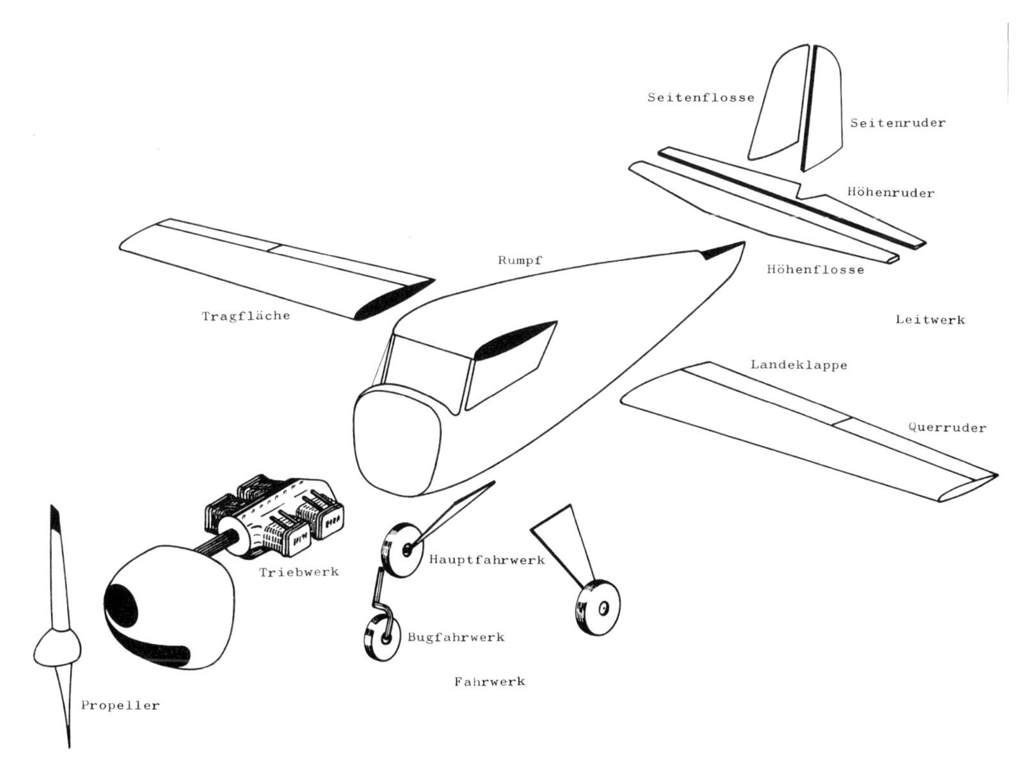

Bild 118: Der Aufbau des Flugzeuges

3.2.3 Tragwerk

Aufgrund seines Profils und seiner bestimmten Größe im Verhältnis zur übrigen Zelle, liefert das Tragwerk den für den dynamischen Flug erforderlichen Auftrieb. Außerdem nimmt es Triebwerke, Kraftstoffbehälter und Fahrwerk auf. An seiner Hinterkante sind Querruder und Landeklappen angeordnet. Profil- und Umrissformen ergeben sich aus dem Verwendungszweck eines Flugzeuges (**Bild 120**). Seine konstruktive Auslegung ist von der gegebenen Beanspruchungsgruppe abhängig. Letztlich spielen Herstellungs- sowie Instandhaltungskosten eine Rolle. Die freitragende Eindeckerbauart kann heute als Norm angesehen werden. Der Tragflächenaufbau ist in **Bild 121** und **Bild 122** zu sehen.

Die angreifenden Luftkräfte werden von der Außenhaut auf die Rippen übertragen und von dort über die Holme auf die Flügelanschlüsse weitergeleitet. Das Hauptbauelement einer Tragfläche ist der Holm (**Bild 123**), der ungefähr im ersten Drittel der Profiltiefe angeordnet ist und sich über die gesamte Länge erstreckt. Da er überwiegend auf Biegung und Verdrehung beansprucht wird, ist er häufig als Kastenträger, Vollwandträger oder Fachwerkträger ausgeführt. Als Ober- und Untergurte finden offene Profile und Rohre Verwendung. Bei einholmiger Bauweise stellt der Holm in Verbindung mit einer drehsteifen Nasenbeplankung einen rohrähnlichen Hohlkörper großer Festigkeit dar. Ähnliche Verhältnisse herrschen beim zweiholmigen Schalenflügel (**Bild 124**). Eine Sonderform ist der aus einem nahtlosen Rohr bestehende Rohrholm. **Bild 125** zeigt den Anschluss eines Doppel-T-Holmes.

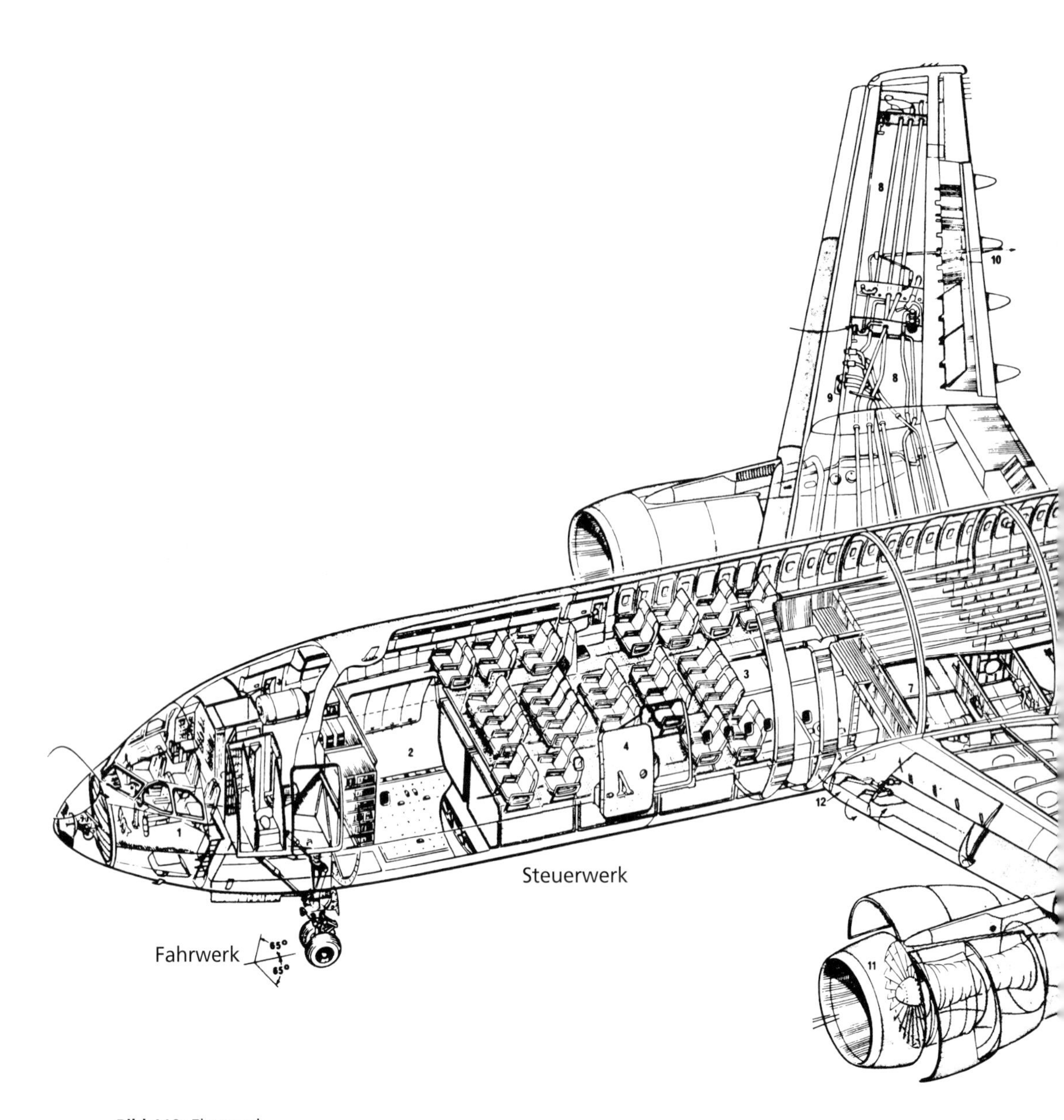

Bild 119: Flugwerk

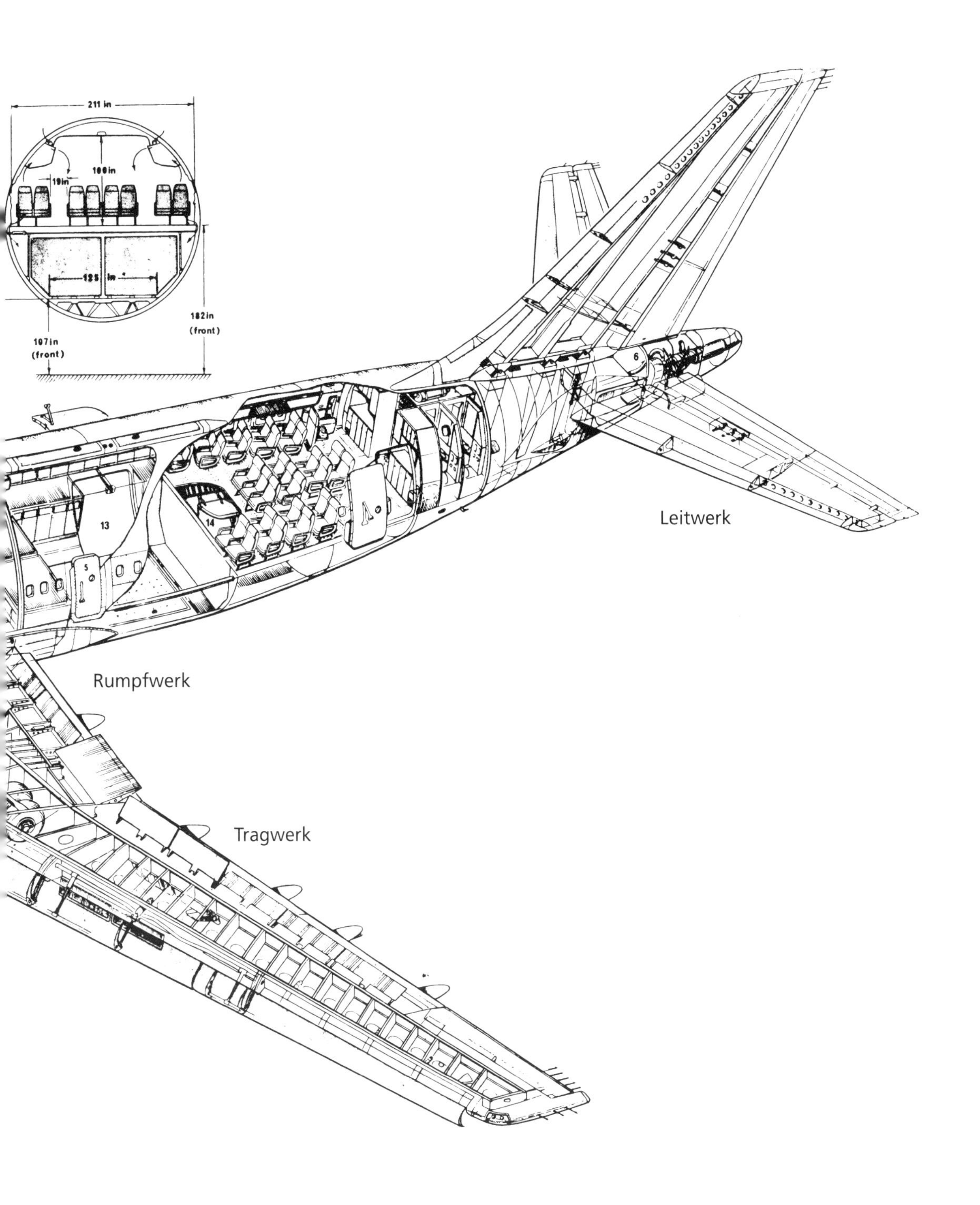
211 in
108in
19in
125 in
182in
(front)
107in
(front)
13
14
5
6
Leitwerk
Rumpfwerk
Tragwerk

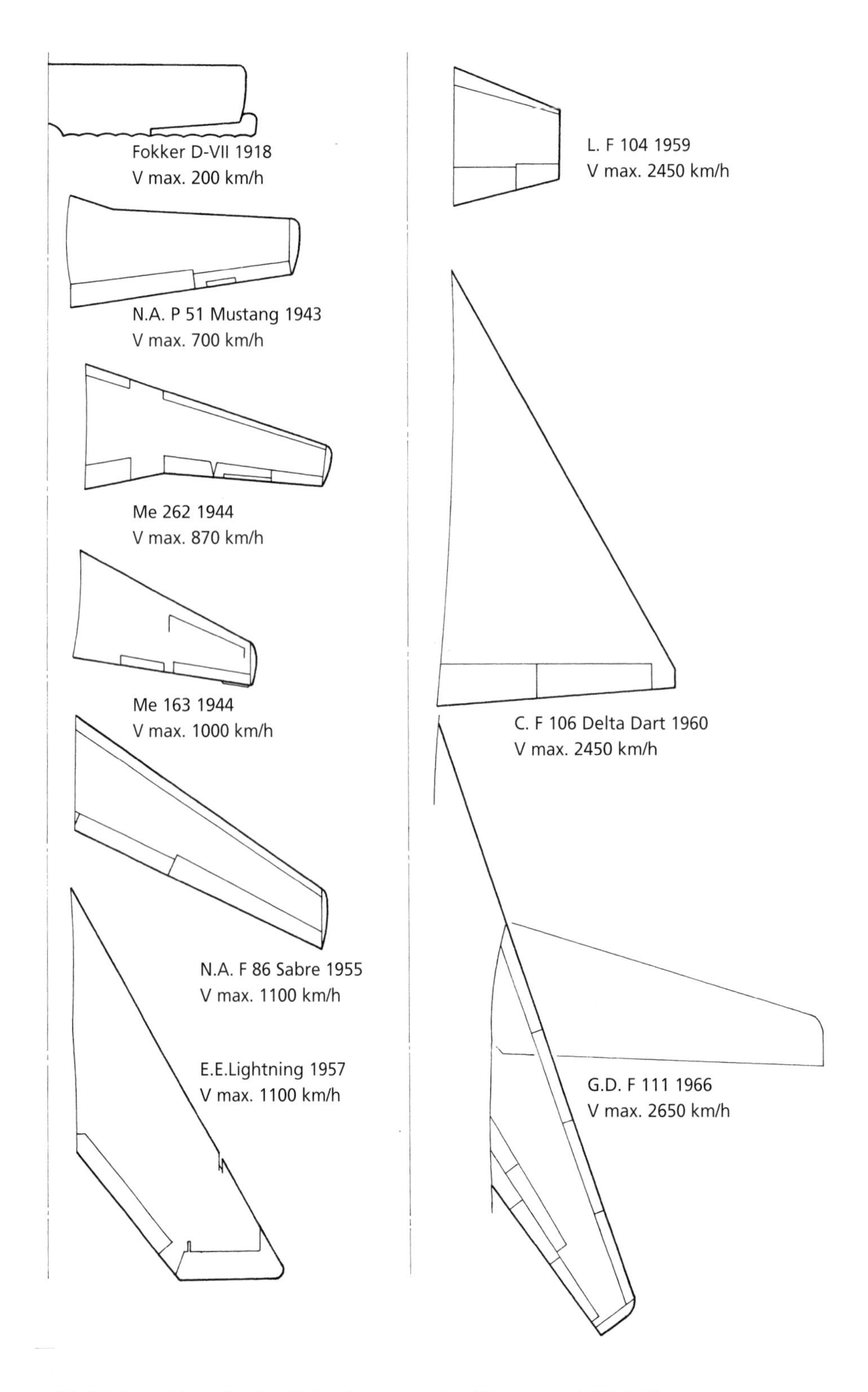

Bild 120: Entwicklung der Tragflächenformen von Jagdflugzeugen 1918-1966

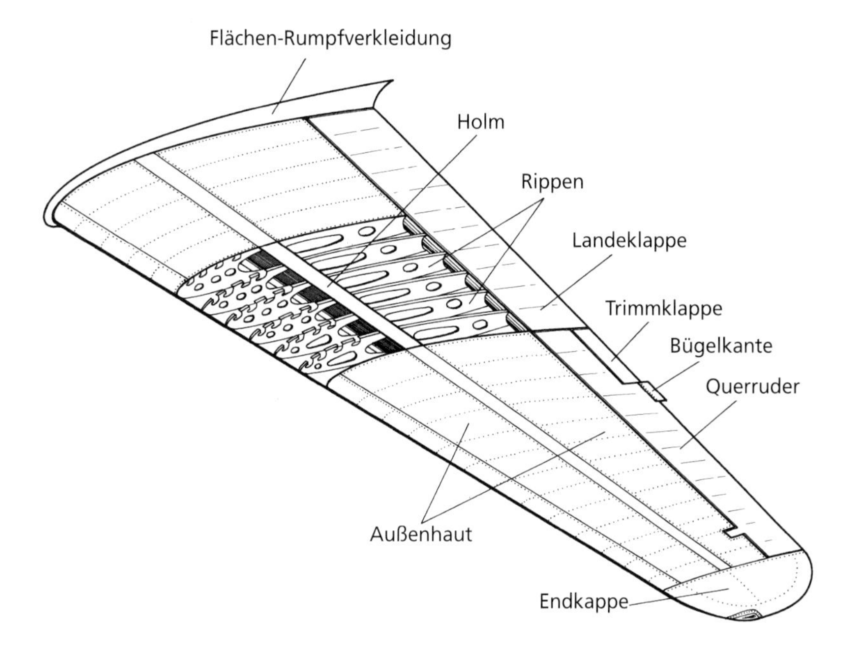

Bild 121: Aufbau einer Tragfläche

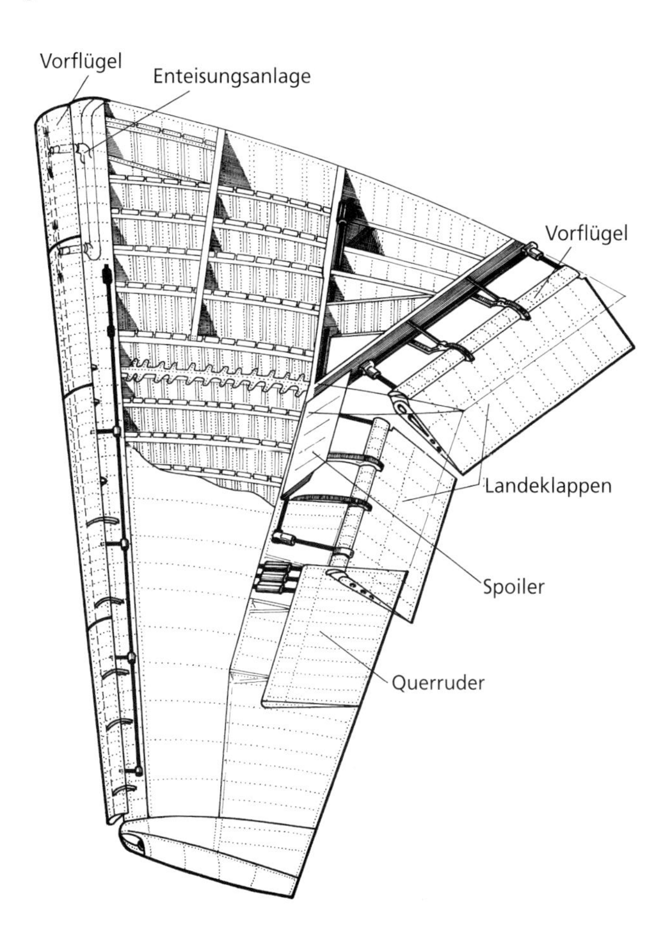

Bild 122:
Tragfläche eines
Verkehrsflugzeuges

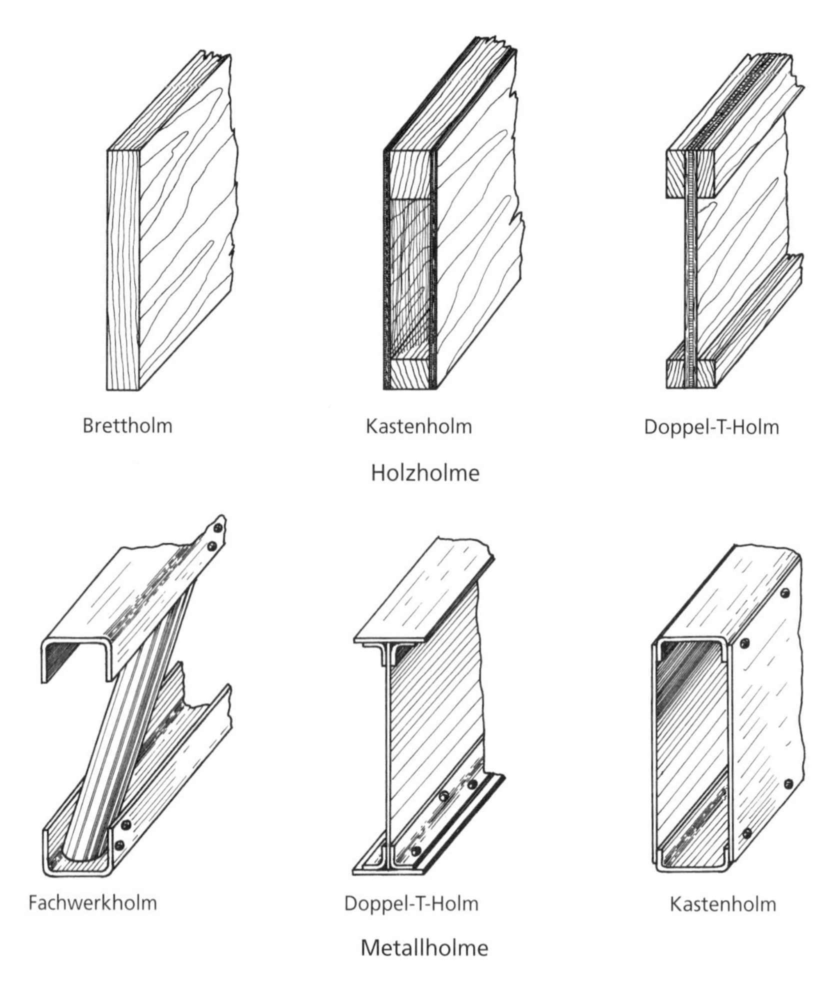

Bild 123: Tragflächenholme

Rippen (**Bild 126**) geben die gewünschte Profilform und sind Verbindungselemente zwischen Außenhaut und Holm. Gebräuchlich sind Fachwerkrippen und Blechrippen. Fachwerkrippen bestehen aus Blechprofilen, Versteifungsblechen und Winkeln. Blech- oder Vollwandrippen werden meistens mittels Gummipressen oder Stanzen aus einem Stück hergestellt. Lochbördel und Sicken dienen der Erleichterung und Versteifung. Rippen aus Holz bestehen aus einer verleimten Fachwerkkonstruktion. Im Bereich von Triebwerken und Fahrwerksaufhängungen werden besonders kräftige Rippen zur Aufnahme großer Kräfte eingebaut. Die Außenhaut einer Tragfläche besteht bei der Metallbauweise aus Leichtmetallblechen. In der Holz- oder Gemischtbauweise sind Stoffbespannungen aus Baumwolle (Mako) oder synthetischen Geweben (Diolen) üblich.
Beschläge für den Tragwerk-Rumpfanschluss sind entweder Schweißkonstruktionen aus Vergütungsstahl oder Fräs-, Schmiede- und Gussteile aus Aluminiumlegierungen.

Gänzlich von den konventionellen Konstruktionen abweichend, sind die Tragflächen moderner Jagdflugzeuge aufgebaut. Aus dem Vollen gearbeitete Halbschalen liefern die geforderte Festigkeit.

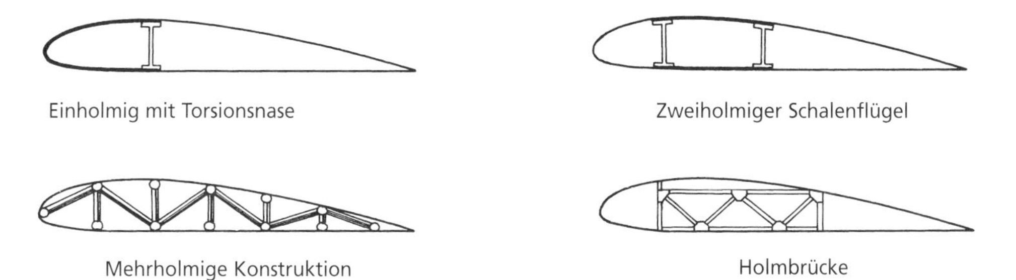

Bild 124: Tragflächenholme

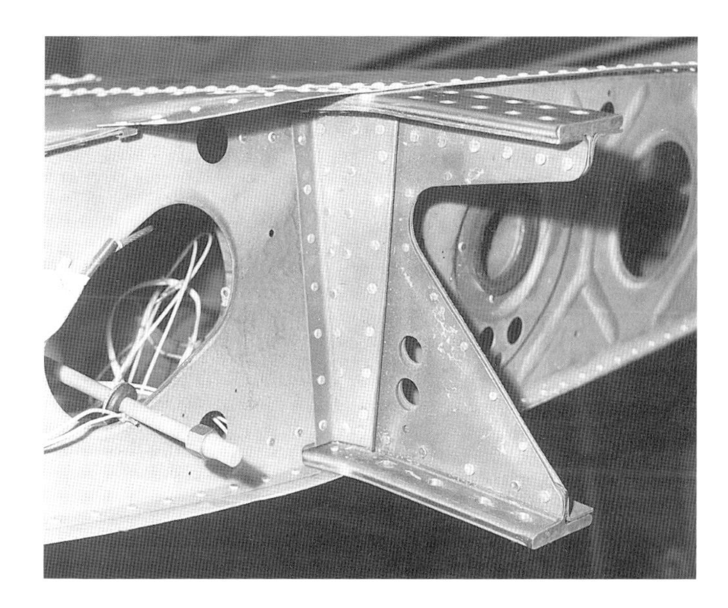

Bild 125:
Anschluss eines
Doppel-T-Holmes

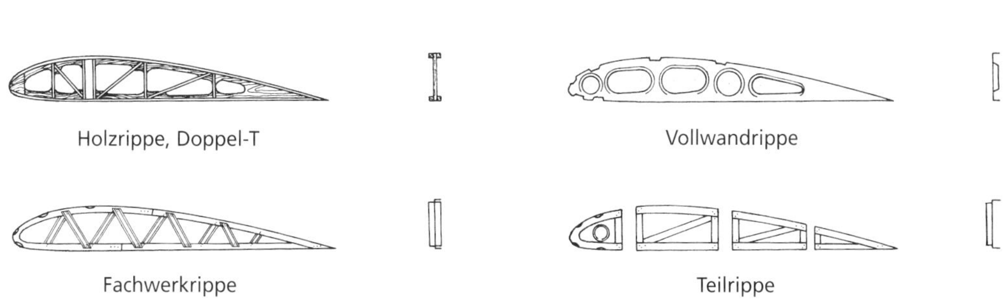

Bild 126: Tragflächenrippen:

Tragflächen lassen sich als Baueinheit vollständig vom Rumpf lösen. Je nach Flugzeuggröße und Tragwerkanordnung bestehen die Flächen aus einem Stück oder lassen sich vom Tragflächenmittelstück trennen. Bei mehrmotorigen Flugzeugen wird das Tragwerk oft noch weiter unterteilt.

Tragflächen können pneumatisch durch aufvulkanisierte, aufblasbare Gummistreifen, durch Heißluft oder elektrisch an der Vorderkante enteist werden (**Bild 122**).

3.2.4 Rumpfwerk

Der Rumpf stellt die Verbindung zwischen tragenden und steuernden Flächen dar und nimmt die Nutzlast (Besatzung, Passagiere, Fracht), bei einmotorigen Flugzeugen auch das Triebwerk, auf. In ihm sind außerdem die wichtigsten Organe des Steuerwerkes und der größte Teil der Ausrüstung untergebracht. Form und Bauart sind je nach Verwendungszweck verschieden, und die Festigkeit richtet sich nach der jeweiligen Beanspruchungsgruppe.

Bis heute haben sich im wesentlichen zwei Bauarten behaupten können, die Gerüstbauart und die Schalenbauart.

Der Stahlrohrrumpf (**Bild 127** und **128**) als typischer Vertreter der Gemischbauart, hat schon in der Zeit vor dem 1. Weltkrieg den reinen Holzrumpf (**Bild 129**) verdrängt.

Bild 127:
Rumpf in Gerüstbauweise

Bild 128:
Blick in den Stahlrohrrumpf eines Segelflugzeugs

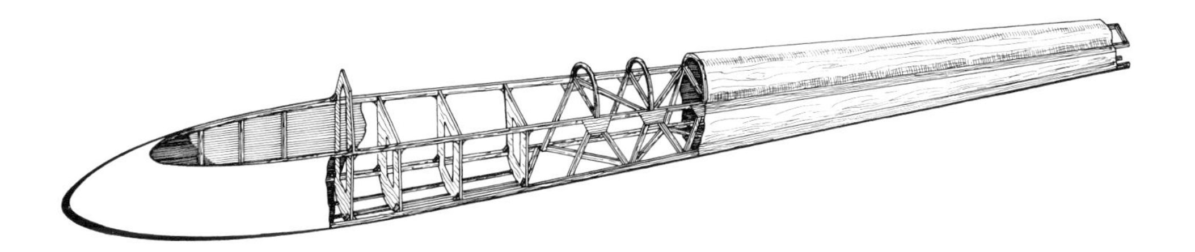

Bild 129: Rumpf in Holzbauweise (Segelflugzeug)

Er besteht meist aus drei oder vier diagonal verstrebten Hauptrohren aus Stahl. Die Knotenpunkte sind autogen verschweißt. Zur Erreichung einer besseren aerodynamischen Außenform werden häufig nichttragende Holzgerüste um den Rumpf herum angebracht. Das komplette Gerüst wird mit Stoff bespannt. Eine andere Form dieser Bauart ist die Verwendung offener Aluminiumprofile. Vernietete Spanten und Diagonalstreben tragen die aufgenietete Außenhaut aus Leichtmetallblech. Der Nachteil dieser Konstruktion liegt im verhältnismäßig hohen Gewicht und im durch die Spanten verkleinerten Innenraum. Die heute übliche Schalenbauart schaltet diese Nachteile aus. Der bei größeren Flugzeugen oft aus mehreren Schalenteilen (**Bild 130**) zusammengesetzte Rumpf ähnelt in seiner Eigenschaft einem dreh- und biegesteifen Rohr (**Bild 131, 132** und **133**).

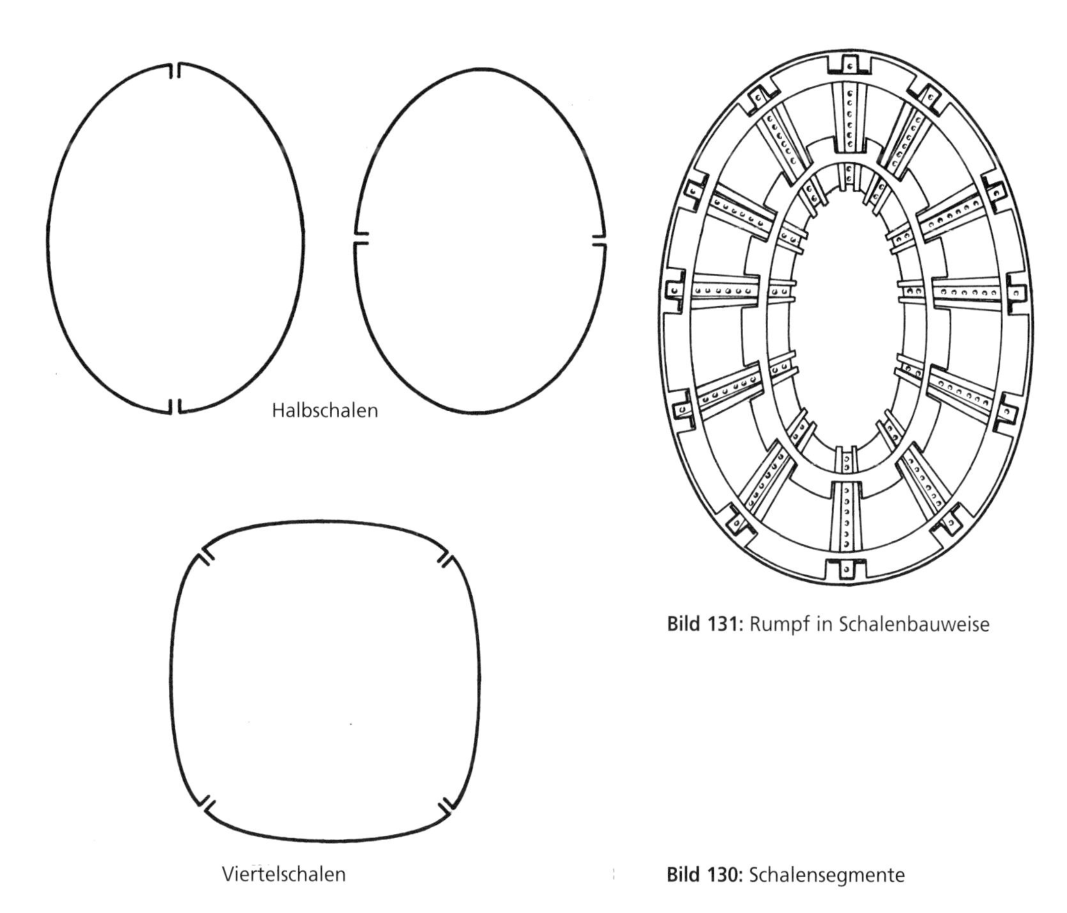

Bild 131: Rumpf in Schalenbauweise

Bild 130: Schalensegmente

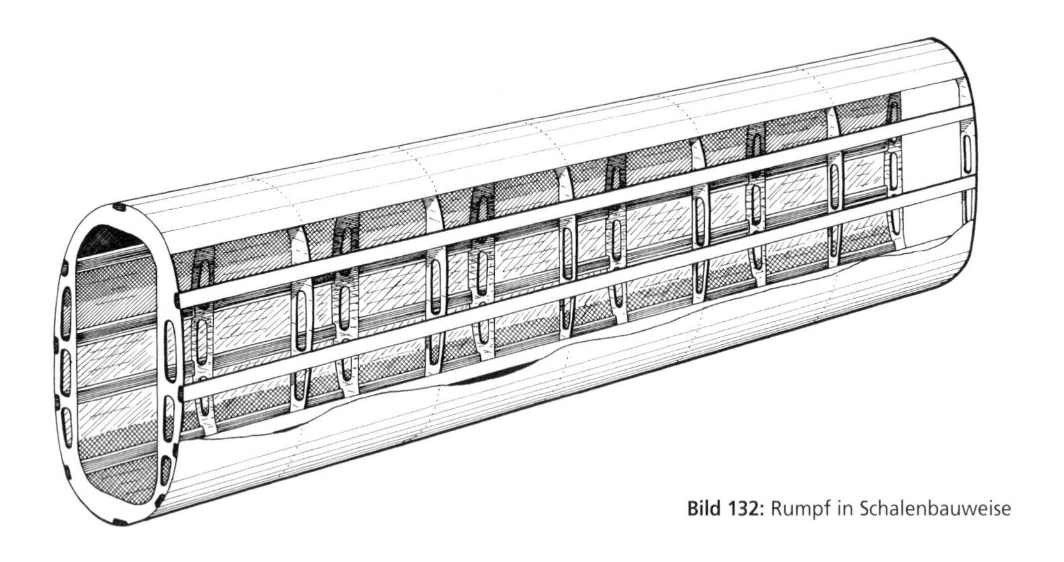

Bild 132: Rumpf in Schalenbauweise

Bild 133:
Rumpfvorderteil in Schalenbauweise

Die Außenhaut hat in diesem Falle eine tragende Funktion. Relativ leichte Spanten und Längsträger verhindern Einknickungen und Faltenbildungen. Die Rümpfe von Flugbooten sind wegen der höheren Beanspruchung einem Bootskörper ähnlich aufgebaut, um so auch hydrodynamischen Anforderungen zu genügen.

3.2.5 Leitwerk

Das Leitwerk hat die Aufgabe, eine gegebene Fluglage oder Richtung zu stabilisieren und die Steuerung des Flugzeuges um seine drei Achsen zu ermöglichen (**Bild 134**). Es besteht im allgemeinen aus folgenden Teilen (**Bild 135**):

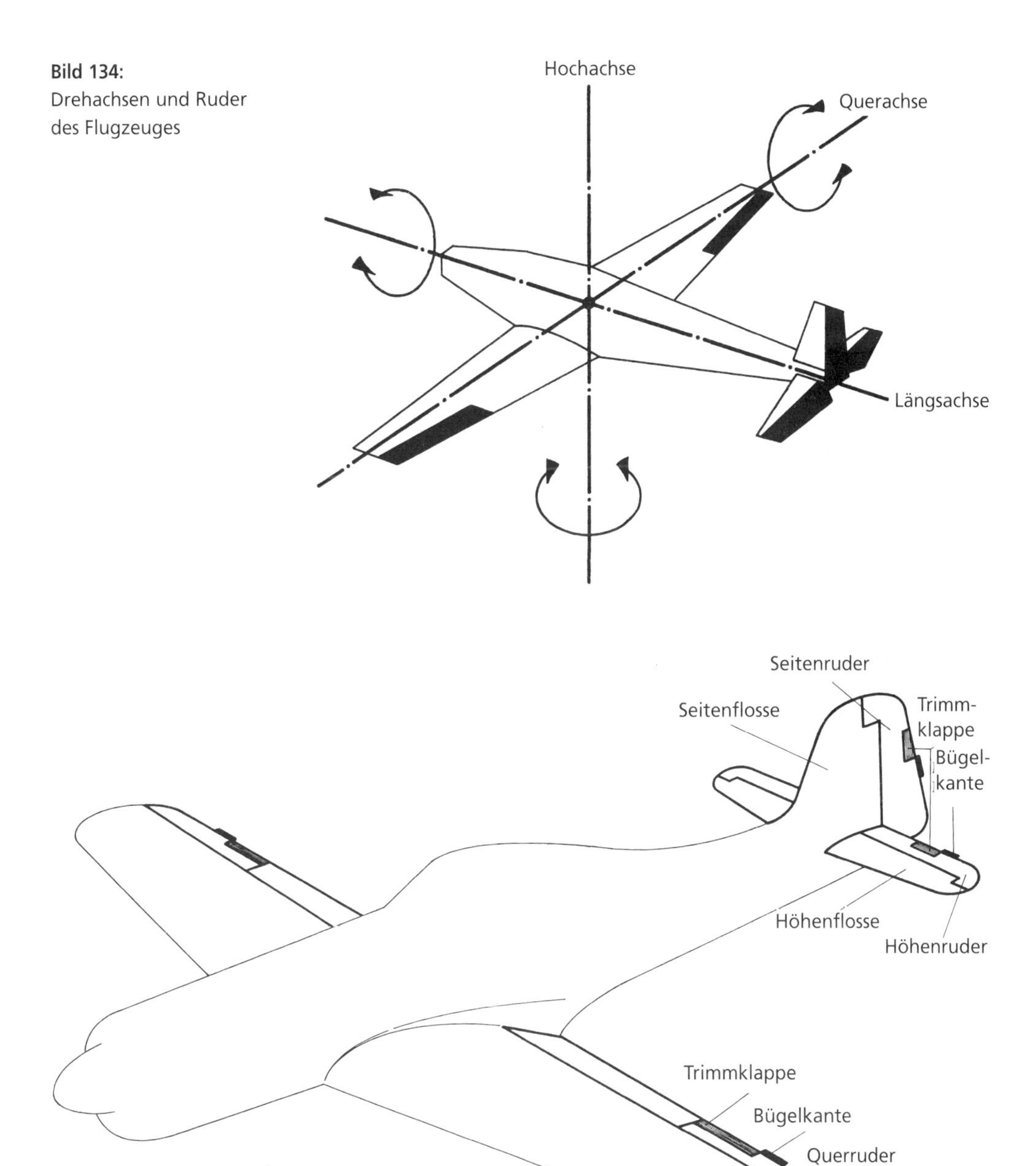

Bild 134: Drehachsen und Ruder des Flugzeuges

Bild 135: Anordnung des Leitwerks

Höhenflosse und Höhenruder	Höhenleitwerk
Seitenflosse und Seitenruder	Seitenleitwerk
Querruder	Flächenleitwerk

Ein ausgestelltes Ruder bewirkt beim

Höhenleitwerk:	Drehung um die Querachse	Nicken (**Bild 136**)
Seitenleitwerk:	Drehung um die Hochachse	Gieren (**Bild 137**)
Flächenleitwerk:	Drehung um die Längsachse	Rollen (**Bild 138**)

Die Ruder sind als bewegliche Steuerflächen an den feststehenden Flossen angeordnet (**Bild 139**).

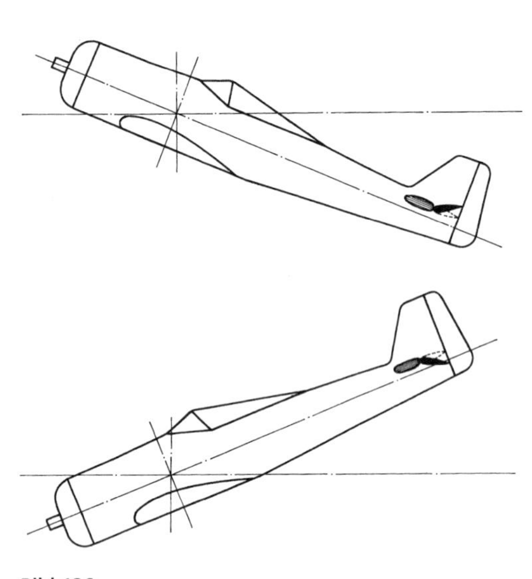

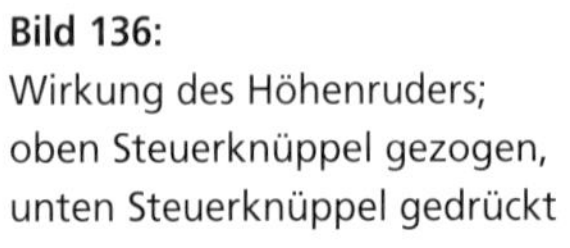

Bild 136:
Wirkung des Höhenruders;
oben Steuerknüppel gezogen,
unten Steuerknüppel gedrückt

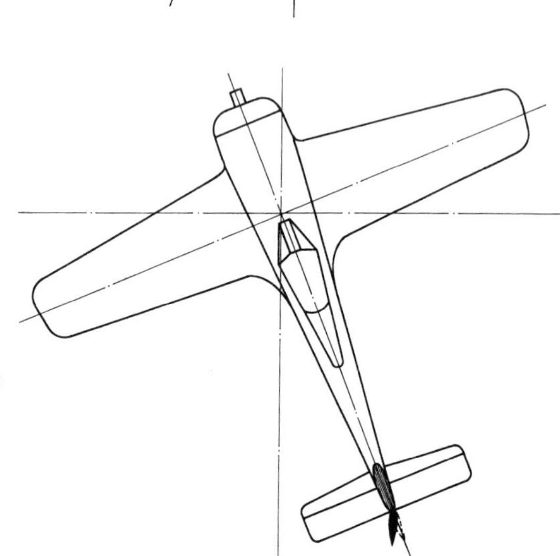

Bild 137:
Wirkung des Seitenruders;
oben Seitenruderpedal
rechts getreten,
unten Seitenruderpedal
links getreten

Im Sonderfall können Höhenflosse und -ruder eine Einheit bilden; das gesamte Höhenleitwerk wird bewegt. Diese Bauform wird als Pendelruder oder auch als ungedämpftes Ruder bezeichnet; es ist von hoher Wirksamkeit (**Bild 140**).

Darüber hinaus gibt es eine Kombination beider Systeme. Hierbei werden sowohl die Flosse als auch die Ruder gleichzeitig, aber getrennt bewegt (**Bild 141** und **142**)

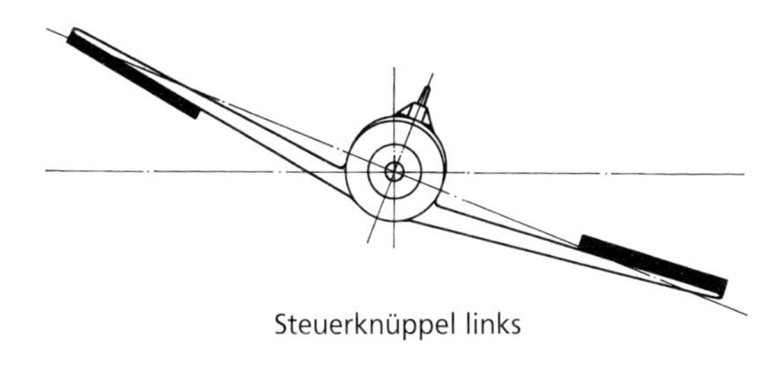

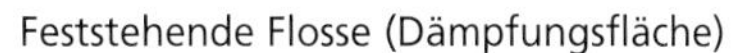

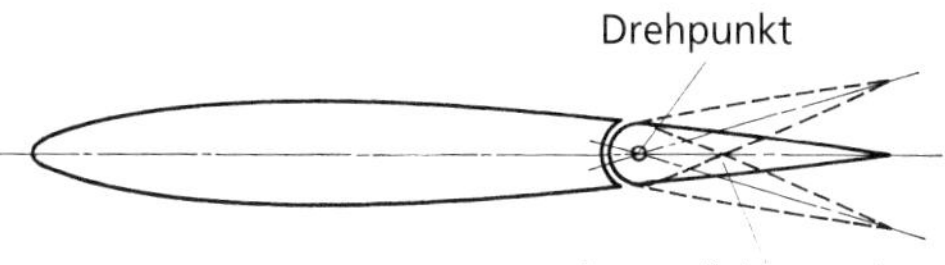

Bild 139: Gedämpftes Höhenleitwerk

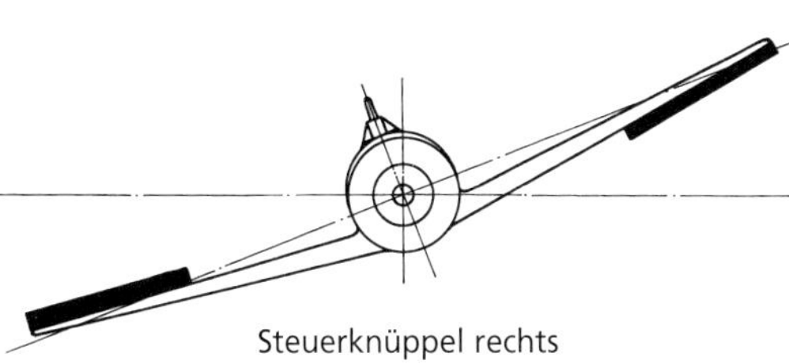

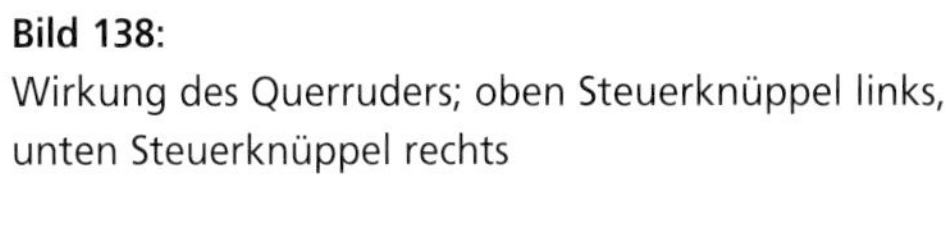

Bild 138:
Wirkung des Querruders; oben Steuerknüppel links, unten Steuerknüppel rechts

Ungeteilte, voll bewegliche Leitwerksfläche

Drehpunkt

Bild 140:
Ungedämpftes Höhenleitwerk: Pendelruder

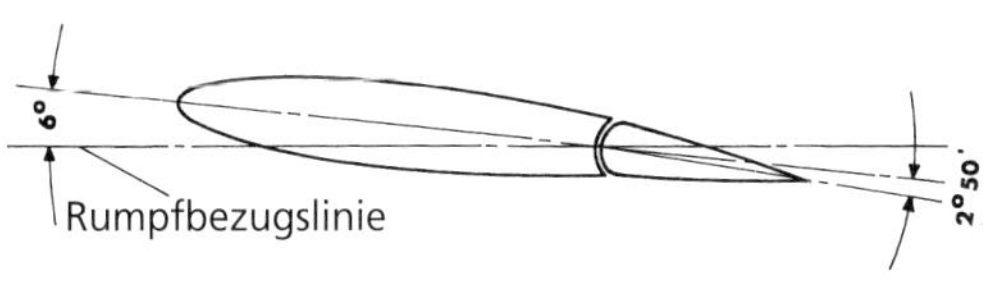

Rumpfbezugslinie

10°

22°

Bild 141: Kombiniertes Höhenleitwerk, Winkelangaben

Bild 142:
Steuerspindel und -stange am kombinierten Höhenleitwerk (Ansicht von unten)

Die gewöhnlich im Profil symmetrischen Höhen- und Seitenleitwerke in ihren verschiedensten Anordnungen (**Bild 143**) entsprechen in ihrer Bauweise der übrigen Zelle. Zum Ausgleich des Luftschrauben-Drehmoments kann das Profil der Seitenflosse unsymmetrisch sein. Die Ruder sind selbst bei größeren Flugzeugen bis zu Geschwindigkeiten von ca. 600 km/h häufig mit Stoff bespannt. Höhen- und Seitenflosse haben durch ihre Anordnung am Rumpfende eine stabilisierende Wirkung. Die bei Richtungs- oder Lageänderung auftretenden Luftkräfte bringen über den als Hebel wirkenden Rumpf das Flugzeug wieder in Normallage.
Die Querruder sind an den Hinterkanten der äußeren Tragflächen angebracht. Sie arbeiten entgegengesetzt und werden durch eine Differentialsteuerung nach oben und unten verschieden stark ausgeschlagen (**Bild 144** bis **145**). Aufgrund des Tragflächenprofils, des Einstellwinkels und den damit verbundenen Strömungsverhältnissen um die Tragfläche, erfordert ihre Wirksamkeit einen größeren Ausschlagsbereich nach oben als nach unten. Die Wirkung der Querruder kann durch davor

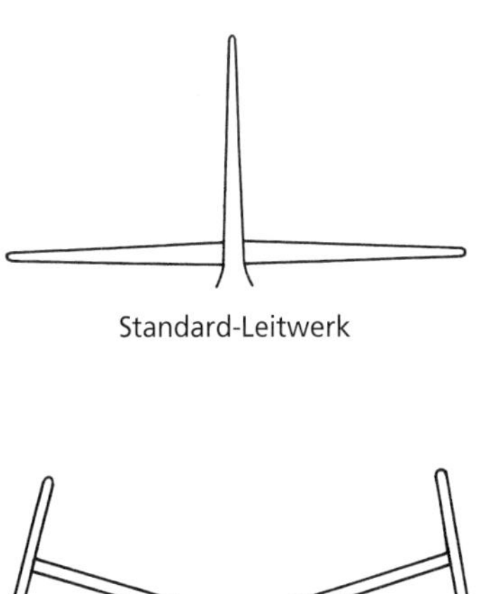

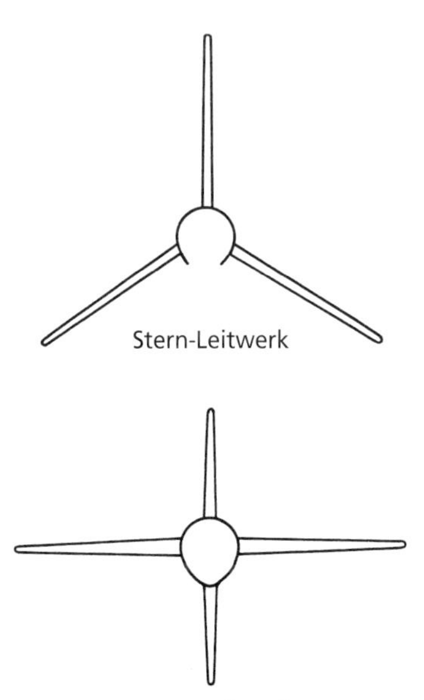

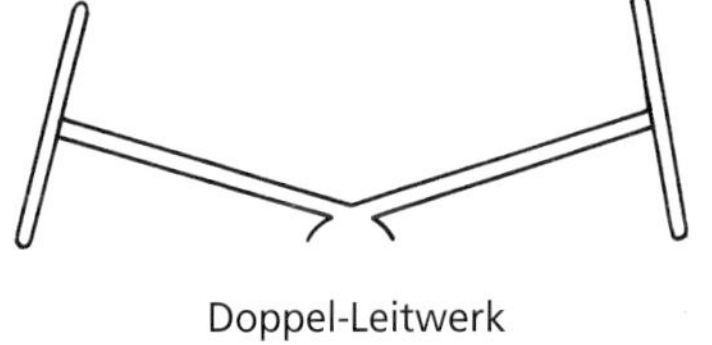

Bild 143: Leitwerksformen

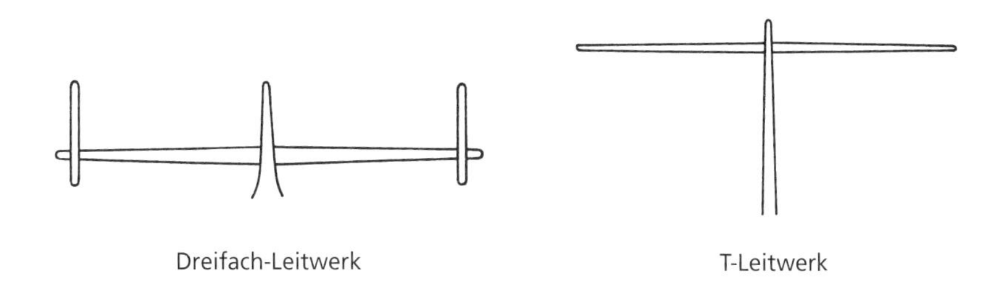

Bild 144:
Querruder, nach oben ausgeschlagen

Bild 145:
Querruder, nach unten ausgeschlagen

angeordnete *Spoiler* (Störklappen) vergrößert werden. Gleichsinnig nach unten ausgefahrene Querruder lassen sich als Landehilfe benutzen. Sie erhalten in diesem Fall eine gleichmäßige Anstellung und üben ihre eigentliche Funktion aus der für den Landeanflug veränderten Null-Lage aus (**Bild 146**).

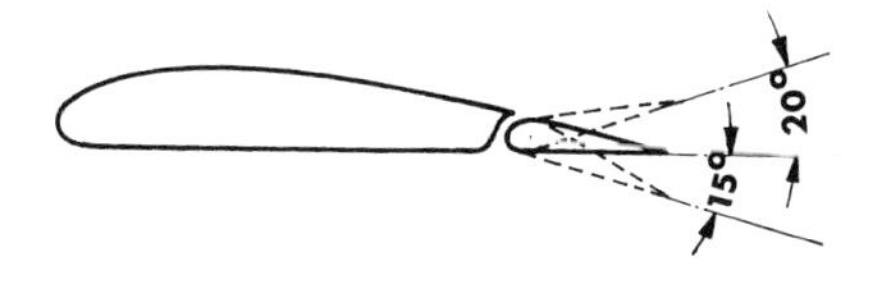

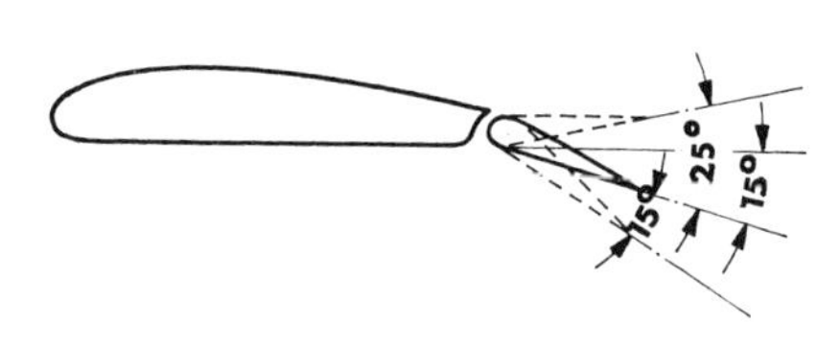

Bild 146: Querruder, links Normalausführung, rechts Querruder mit Landeklappenfunktion

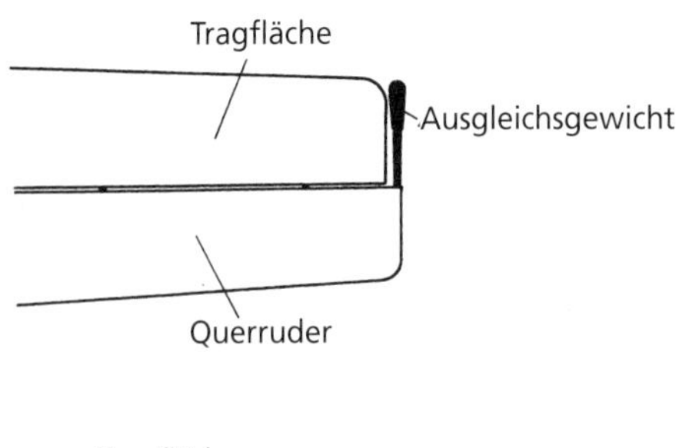

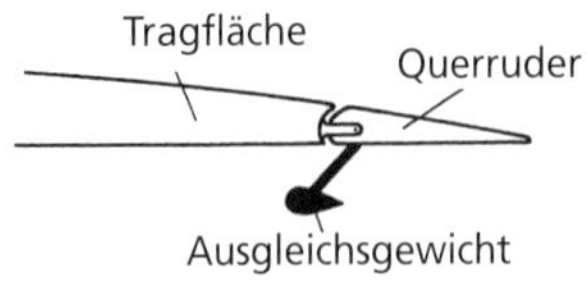

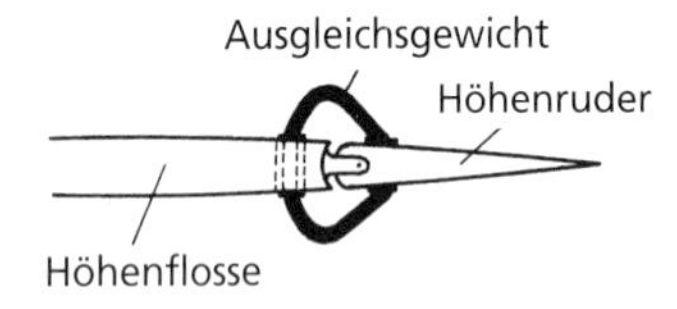

Bild 147: Statischer Ausgleich

Bild 148: Statisch ausgeglichenes Querruder

Bild 149: Innenliegender statischer Ruderausgleich

Bild 150: Außenliegender statischer Ruderausgleich; hierdurch auch aerodynamische Wirkung

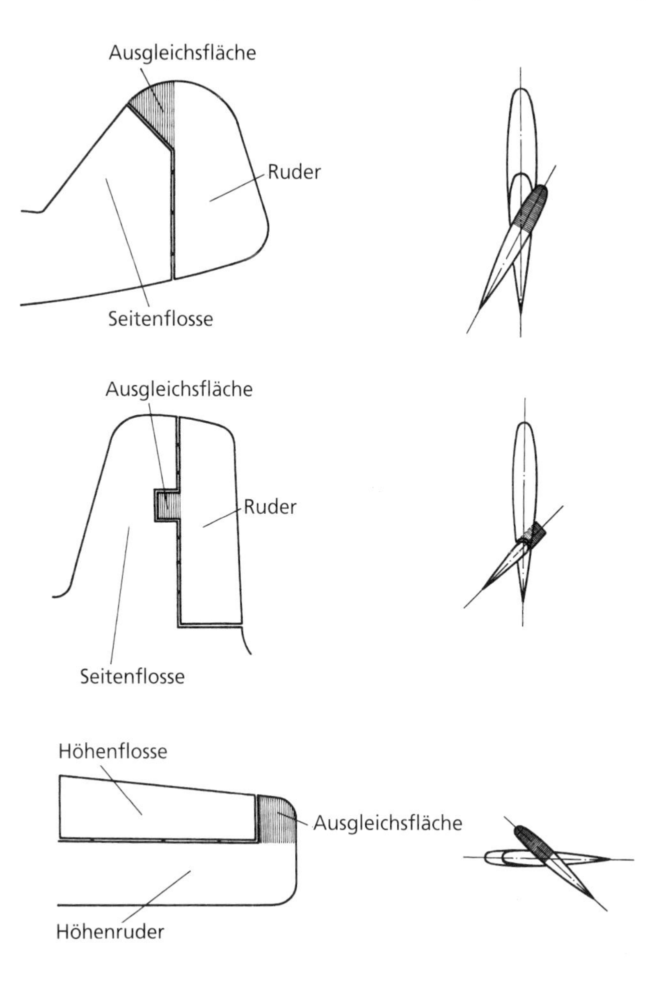

Bild 151: Aerodynamischer Ruderausgleich

Alle bei der Steuerung aus der Null-Lage in den Luftstrom ragenden Ruder sind entweder bei großen Ausschlägen oder bei hohen Geschwindigkeiten, erheblichen Staudrücken ausgesetzt. Bei rein mechanisch angetriebenen Rudern (Segelflugzeuge, kleinere Flugzeuge) müssen diese Kräfte über die Steuerorgane vom Flugzeugführer überwunden werden. Um diese Kräfte nicht zu groß werden zu lassen, verwendet man ausgeglichene Ruder. Beim Gewichtsausgleich (statischer Ausgleich, **Bild 147** bis **150**) werden die Ruder, bis auf geringe Differenzen, durch Gegengewicht ausgeglichen. Zusätzliche Ausgleichsgewichte werden beim Steuerwerk im Rumpf verwendet. Die Bemessung des Gewichtes und sein Abstand zur Drehachse werden durch die Eigenschwingungszahl eines jeden Ruders mitbestimmt. Trifft im ungünstigen Fall die Zahl der abgelosten Wirbel, die das Ruder in Schwingungen versetzt, mit dessen Eigenschwingungszahl zusammen, so kann starkes Ruderflattern zu Brüchen führen. Bei sehr großen Steuerflächen reicht der statische Ausgleich allein nicht mehr aus; hier wird durch vor der Drehachse liegende Gegenflächen (aerodynamischer Ausgleich) Abhilfe geschaffen (**Bild 150** bis **153**). Eine weitere Möglichkeit, die Steuerkräfte klein zu halten, ist das Hilfsruder (Flettnerruder, **Bild 154**). Die Steuerung kann so ausgelegt sein, dass zu einem bestimmten Ruderausschlag automatisch ein entgegengesetzter Hilfsruderausschlag gehört oder aber, dass nach Erreichen eines gewissen Steuerdrucks das Hilfsruder durch Federwirkung wirksam wird.

Bild 152: Aerodynamisch ausgeglichenes Seitenruder

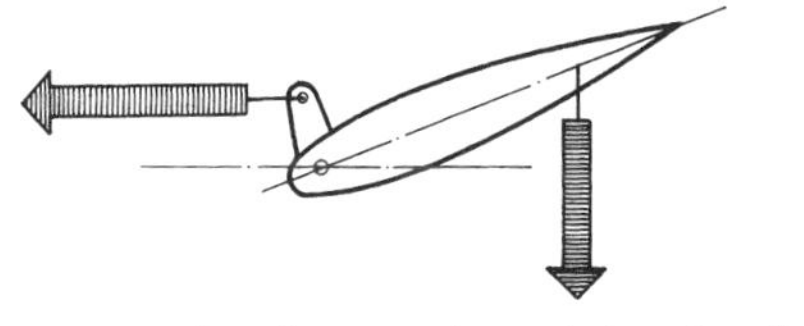

Ruder ohne aerodynamischen Ausgleich

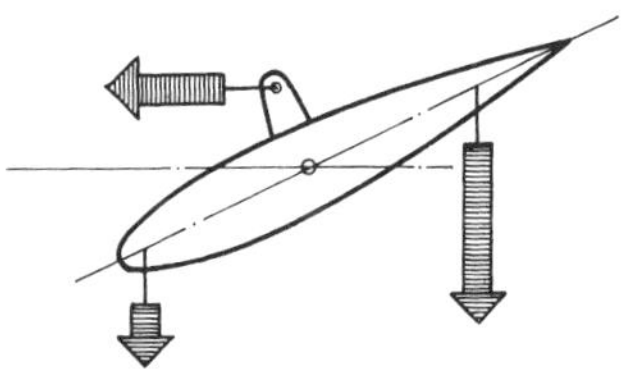

Ruder mit aerodynamischen Ausgleich

Bild 153: links Ruder ohne aerodynamischen Ausgleich, rechts Ruder mit aerodynamischem Ausgleich

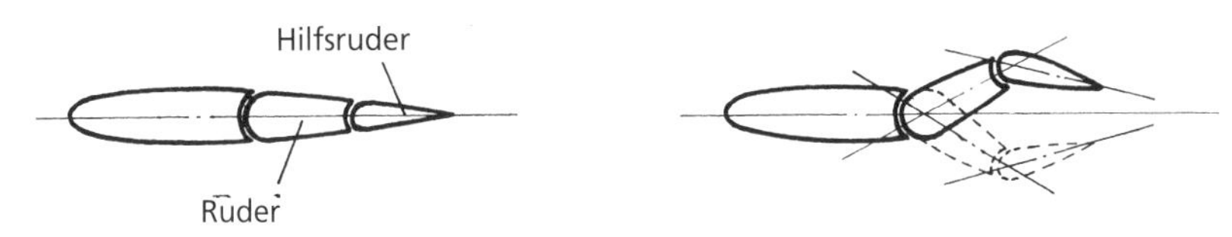

Bild 154: Flettnerruder

Trimmung

Ein Flugzeug hält bei genauer Schwerpunktlage und richtiger Einstellung aller Flossen und Ruder Normalfluglage und Kurs. Es ist in der Lage, geringe Veränderungen allein auszugleichen; es ist stabil. Ändert sich aber die Schwerpunktlage während des Fluges, z. B. durch Kraftstoffverbrauch oder abgeworfene Last, kann sie durch Trimmeinrichtungen wieder ausgeglichen werden. Kleine Ungenauigkeiten um die Längsachse (Quertrimmung) lassen sich durch Bügelstreifen oder Trimmkanten an den Tragflächen ausgleichen (**Bild 135**). Diese Blechstreifen werden am Boden von Hand »gebügelt«, d. h. ein wenig hoch- oder niedergebogen. Die Trimmklappen in den Rudern (**Bild 155**) sind während des Fluges vom Flugzeugführer verstellbar. Sie ähneln nach Bau- und Wirkungsweise den Hilfsrudern, nur bewegt sich das getrimmte Ruder mit fest eingestellter Trimmklappe (**Bild 156**).

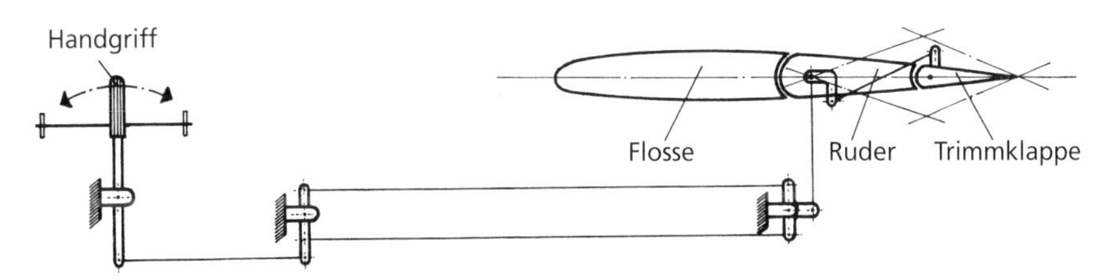

Bild 155: Ruder mit Trimmklappe

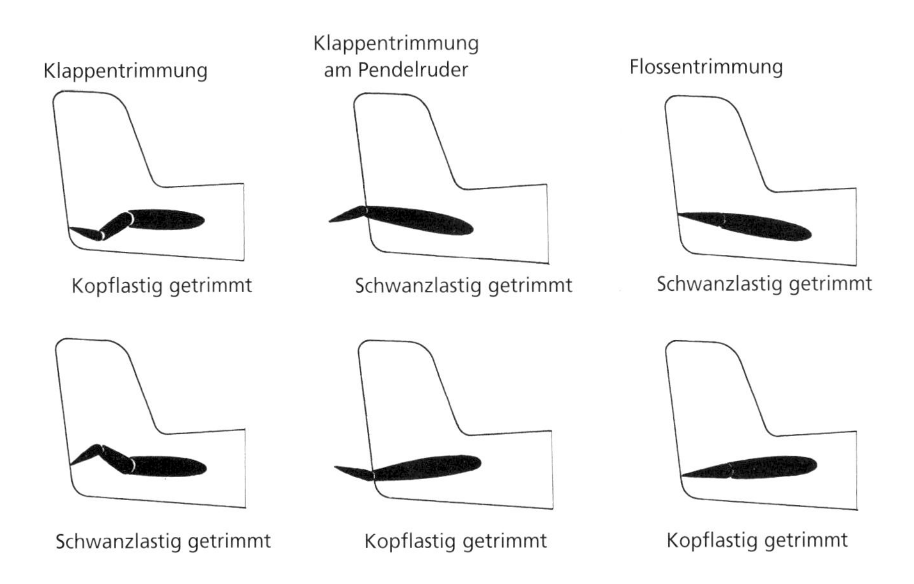

Bild 156: Höhentrimmung

Ebenfalls durch Flossenverstellung von Hand am Boden oder mechanisch-hydraulisch während des Fluges, lässt sich ein Flugzeug austrimmen (**Bild 157**). Hilfsruder können zur Trimmung verwendet werden; sie erhalten so eine geänderte Null-Position (**Bild 158** und **159**). Die statische Trimmung durch Trimmgewichte ist heute nur noch bei einigen Segelflugzeugen anzutreffen. **Bild 160** zeigt eine seilgesteuerte Trimmung.

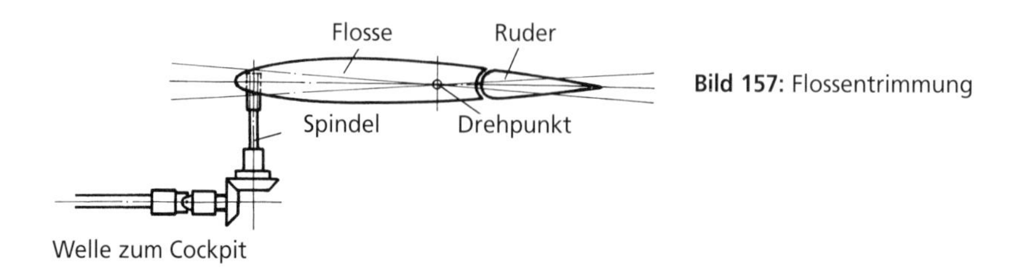

Bild 157: Flossentrimmung

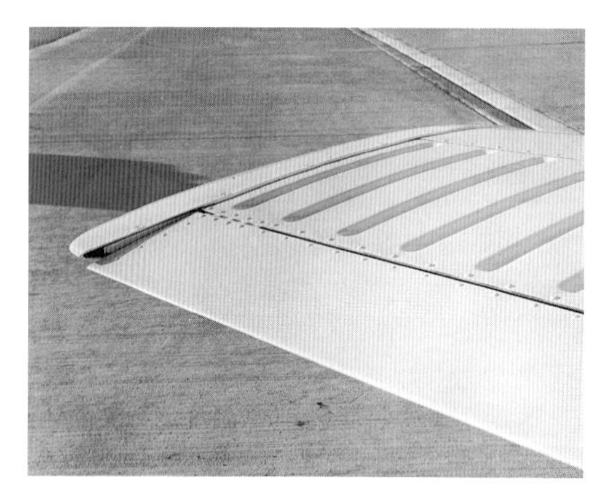

Bild 158: Schwanzlastig getrimmtes Hilfsruder

Bild 159: Kopflastig getrimmtes Hilfsruder

Bild 160: Seilgesteuerte Trimmung (Verstellung) am kombinierten Höhenleitwerk (Ansicht von oben)

D Steuerwerk

Unter Steuerwerk versteht man die Steuerorgane sowie alle mechanisch-elektrischen und hydraulischen Anlagen zur Übertragung von Kräften auf Ruder, Klappen und Bremsklappen an Rumpf und Tragflächen. Die Steuerung eines Flugzeuges erfolgt über Steuerknüppel bzw. Steuersäule mit Handrad oder Horn sowie über Fußpedale (**Bild 161**). Die Bewegung des Knüppels oder der Säule in Richtung der Längsachse bewirkt die Höhensteuerung:

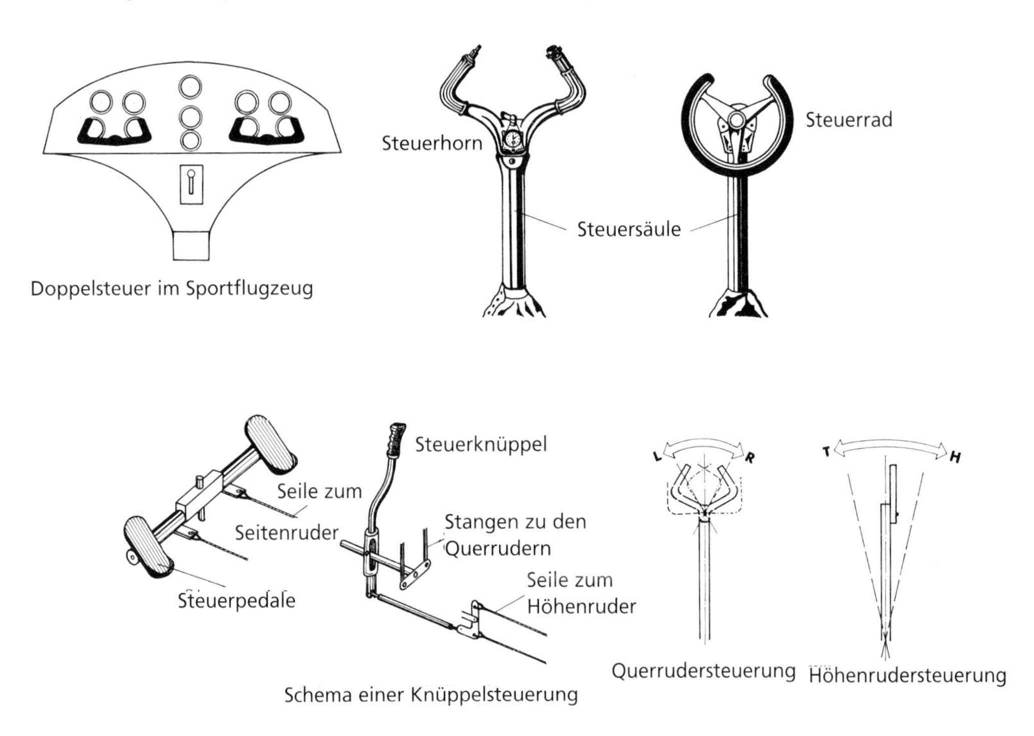

Bild 161: Steuerorgane

Bewegung nach vorn, Drücken	=	Drehung um die Querachse nach unten
Bewegung nach hinten, Ziehen	=	Drehung um die Querachse nach oben

Die Bewegung des Knüppels in Richtung Querachse oder Drehung des Handrades bewirkt Änderung der Querlage:

Bewegung nach links	=	Drehung um die Längsachse nach links
Bewegung nach rechts	=	Drehung um die Längsachse nach rechts

Die Bewegung des linken Fußpedals nach vorn lässt das Flugzeug um die Hochachse nach links drehen Die Bewegung des rechten Pedals nach vorn bewirkt Drehen nach rechts (**Bild 162**).
Durch zusätzliche Hebel oder Handräder können Landeklappen, Vorflügel, Flossen, Brems- und Störklappen betätigt werden. Bei Segelflugzeugen und Leichtflugzeugen werden alle Bewegungen mechanisch auf Ruder und Klappen übertragen. Geringe Fluggeschwindigkeiten und günstige Antriebsübersetzungen erfordern nur geringe Steuerkräfte. Als Übertragungselemente dienen Seile, Stangen und Ketten. Bei allen größeren oder schnelleren Flugzeugen reicht die Kraft des

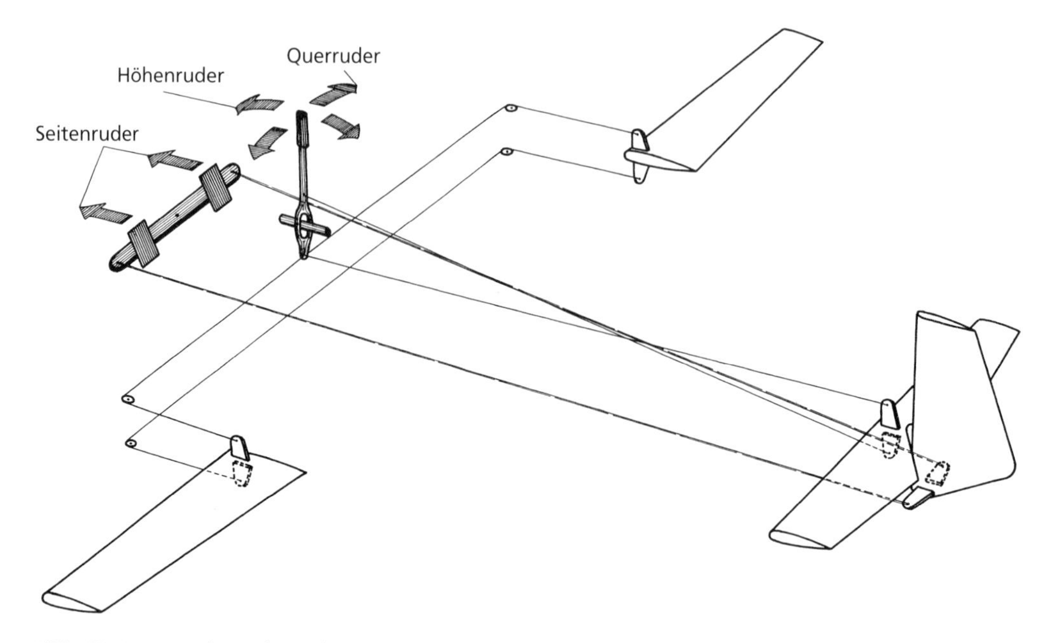

Bild 162: Steuerwerk, mechanisch

Flugzeugführers nicht aus, Ruder und Klappen rein mechanisch zu betätigen. Elektrisch-mechanische, elektrisch-hydraulische oder hydraulische Antriebssysteme finden hier Verwendung.

Bauteile und Übertragungselemente

Bei der rein mechanischen Übertragung werden die Kräfte über Hebel, Rollen, Getriebe, Seile, Stoßstangen und Wellen weitergeleitet (**Bild 163** und **164**).

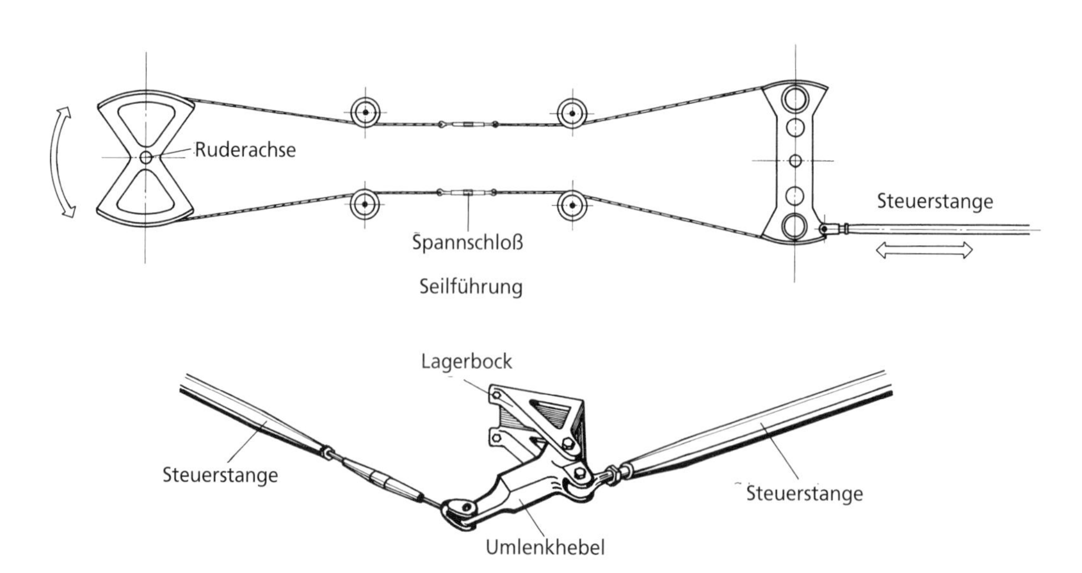

Bild 163: Steuerstangen-Umlenkung

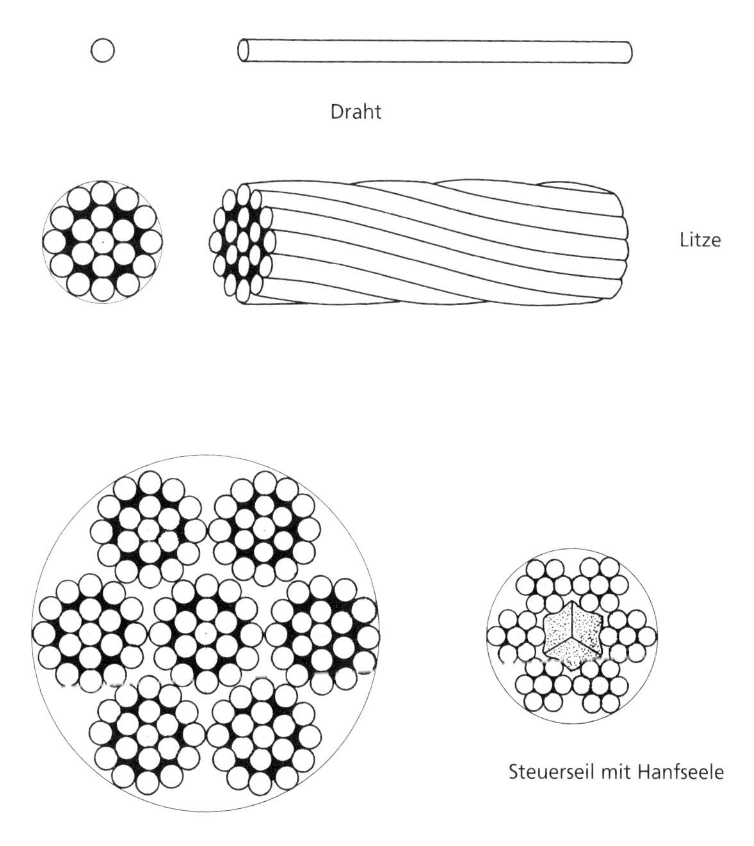

Bild 164: Aufbau eines Steuerseiles

Steuerseile bestehen aus einzelnen Stahldrähten aus Kohlenstoffstahl mit einer Festigkeit von mindestens 1200 N/mm^2 bei 7 % Bruchdehnung. Die Stahldrähte werden zu Litzen verdrillt und diese wiederum zu Seilen. Normalerweise werden Drähte und Litzen entgegengesetzt geschlagen: Kreuzschlag (entgegengesetzt verdrillt). Als Seilzug wird das auf Länge geschnittene und mit Seilschuhen (Endstücken) ausgerüstete Steuerseil bezeichnet. Zur Prüfung wird ein Seilzug mit 60 % der Bruchlast über 3 Minuten vorgereckt. Für Hauptsteuerungsanlagen muss ein Mindestseildurchmesser von 3,2 mm (1/8«) verwendet werden.

Die erforderliche Seilspannung wird durch Spannschlösser erreicht und mittels Tensiometer eingestellt. Rollenketten werden bei kurzen Umlenkungen und Drehbewegungen verwendet. Stoßstangen aus dünnwandigen Stahl- oder Leichtmetallrohren müssen gegen Schwingungen und Ausknickungen geschützt werden.

Bei elektrischer Betätigung werden Elektromotoren, Relais und Mikroschalter verwendet. Bei der gebräuchlichsten Form, dem hydraulischen Steuersystem (**Bild 165**), kommen folgende Teile hinzu: Pumpen, Rohrleitungen, Ventile, Filter, Steuerschieber, Kraftverstärker, Servozylinder, Hydraulikbehälter, Schellen und Dichtungen.

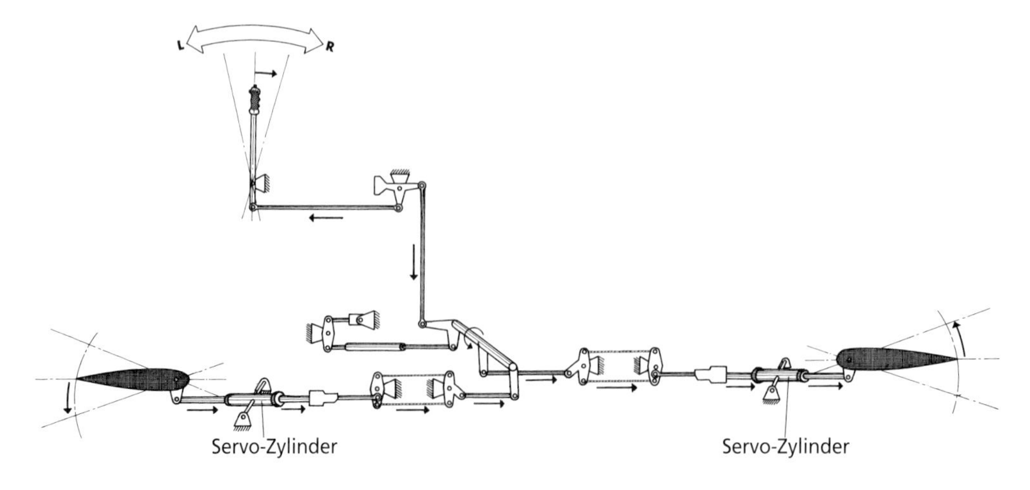

Bild 165: Schema einer Servosteuerung, Querruder

E Fahrwerk

Das Fahrwerk trägt das Flugzeug am Boden und ermöglicht ihm, rollend die erforderliche Geschwindigkeit zum Abheben zu erreichen. Bei der Landung muss es in der Lage sein, relativ hohe Stoßbelastungen zu absorbieren und von der Zelle fernzuhalten; gute Dämpfung verhindert ein Wiederhochspringen. Bremsen können die Landestrecke verkürzen und sind in Form von Einzelradbremsen als Lenkhilfe beim Rollen zu verwenden. Kufen ermöglichen Start und Landung auf verschneitem Terrain.

a) Hauptfahrwerk

Das Hauptfahrwerk trägt die Hauptlast des Flugzeuges und ist entsprechend seiner Größe konstruktiv ausgelegt. So sind Hauptfahrwerke mit 2, 4, 8 und 16 Laufrädern geläufig (**Bild 166**). Man unterscheidet zwischen starren (**Bild 167**) und einziehbaren Hauptfahrwerken (**Bild 168** bis **171**).

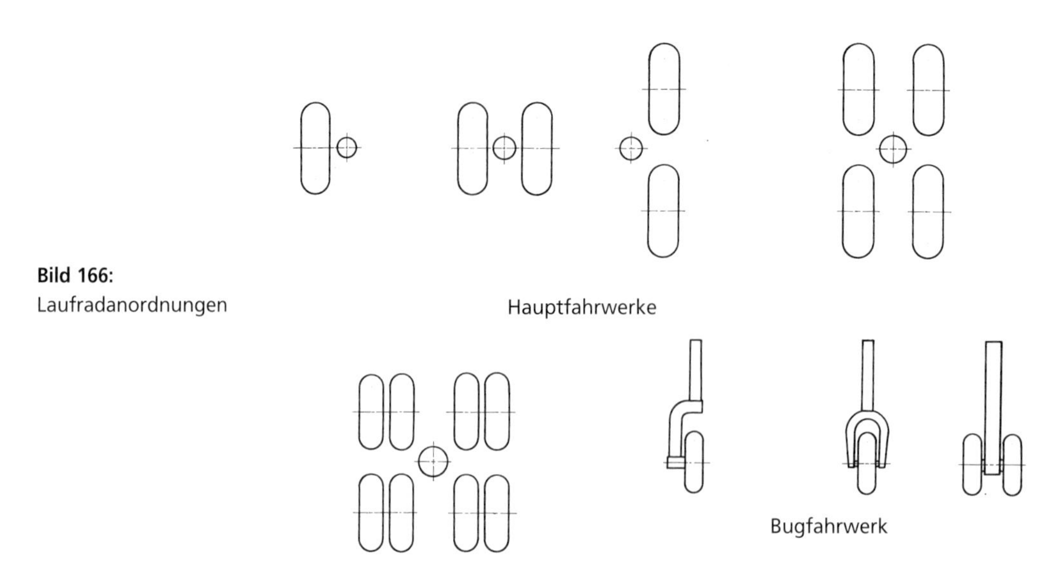

Bild 166:
Laufradanordnungen

Bild 170:
Einziehbares Hauptfahrwerksbein

Bild 171:
Hauptfahrwerksbein mit Knickstreben und angelenkter Klappe

b) Einziehsysteme
Das mechanische Einziehen von Hand ist nur bei leichten Flugzeugen möglich. Dabei wird über Handkurbel, Wellen, Getriebe und Schneckenrad das Federbein geschwenkt.

Beim mechanisch-elektrischen System wird die erforderliche Kraft durch einen Elektromotor übertragen.

Beim hydraulischen Einziehen werden Knickstreben und Kniegelenke durch Hydraulikzylinder bewegt und bewirken so das Ein- und Ausfahren. Alle Einziehfahrwerke müssen in den Endstellungen mit Verriegelungen versehen sein. Beim hydraulischen System geschieht es meist durch mechanische Blockierungen der Hydraulikzylinder. Der erforderliche Öldruck wird durch eine vom Triebwerk angetriebene Ölpumpe erzeugt. Die Kontrolle des Ein- und Ausfahrens erfolgt durch Lichtzeichen.

c) Spornrad- und Bugfahrwerk
Flugzeuge mit Spornrad oder Schleifsporn stehen nicht in Fluglage, d. h. das Rumpfende steht tiefer als der Rumpfbug. Oft ungünstige Sichtbedingungen beim Rollen und bei Start und Landung sind bei dieser Anordnung von Nachteil. Sie kommen besonders bei kleineren und älteren Baumustern vor. Spornräder sind sowohl starr als auch einziehbar gebräuchlich (**Bild 172**). Das Bugfahrwerk ermöglicht die Fluglage am Boden. Wegen des relativ hohen Luftwiderstandes sollte es möglichst einziehbar ausgeführt werden. Die starre Form ist bei kleineren Flugzeugen anzutreffen. Bugräder sind für das Rollen am Boden meistens lenkbar (**Bild 173** und **174**).

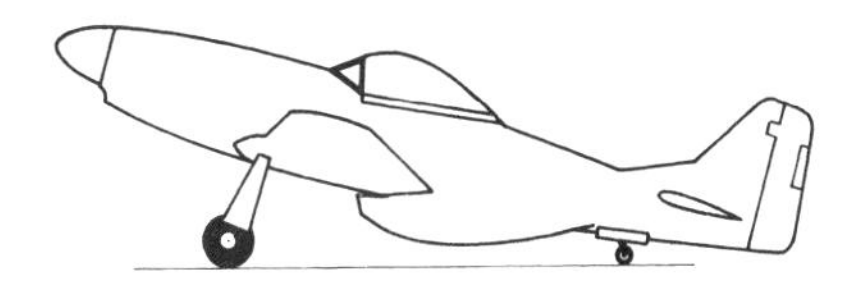

Spornradfahrwerk, einziehbar

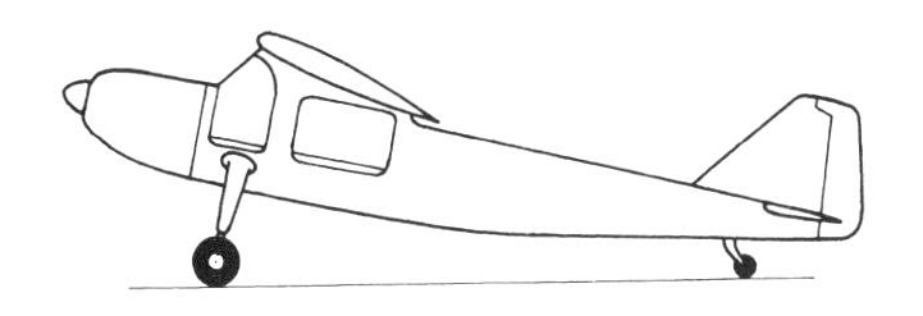

Spornradfahrwerk, starr

Spornradfahrwerke

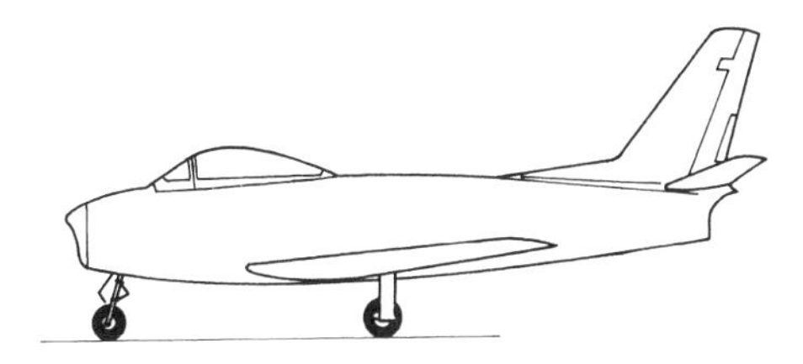

Bugradfahrwerk, einziehbar

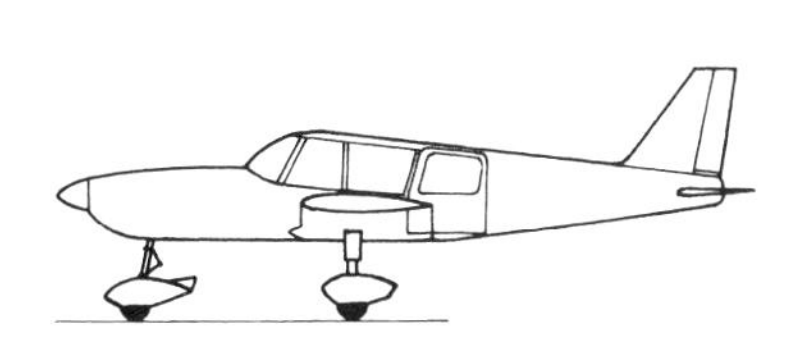

Bugradfahrwerk, starr

Bugradfahrwerke

Bild 172: Fahrwerksanordnungen

Bild 173:
Bugradfahrwerk mit Lenker und hydraulischem Steuerzylinder

Bild 174:
Einzieh- und lenkbares Bugfahrwerk

d) Federung und Bremsen

Fahrwerke müssen bei ungünstigen Landungen das bis zu vierfache Gewicht eines Flugzeuges aufnehmen. Das Schraubenfederbein (Teleskop) wird mittels geschlitzter Metallringe gegen Innen- und Außenrohr gespreizt oder aber auch durch Öl gedämpft (**Bild 175**).

Beim Ringfederbein bewirken geschlossene Stahlringe, deren konische Flächen gegeneinander drücken, ein Zusammenziehen der Innen- und ein Weiten der Außenringe. Der erforderliche Federweg wird durch eine entsprechende Anzahl von Ringen erreicht (**Bild 176**). Beim Rückfedern wirken die Reibungshälften zwischen den Ringen dämpfend. Bei Ölluftfederbeinen drückt durch Kolben komprimierte Luft das Öl über Federventile, Spalte oder Drosselbohrungen in Überströmkammern. Dieses System hat den Vorteil, dass bei leichter Belastung lediglich das Luftkissen und erst bei starken Stößen das Öl dämpfend wirkt (**Bild 177**).

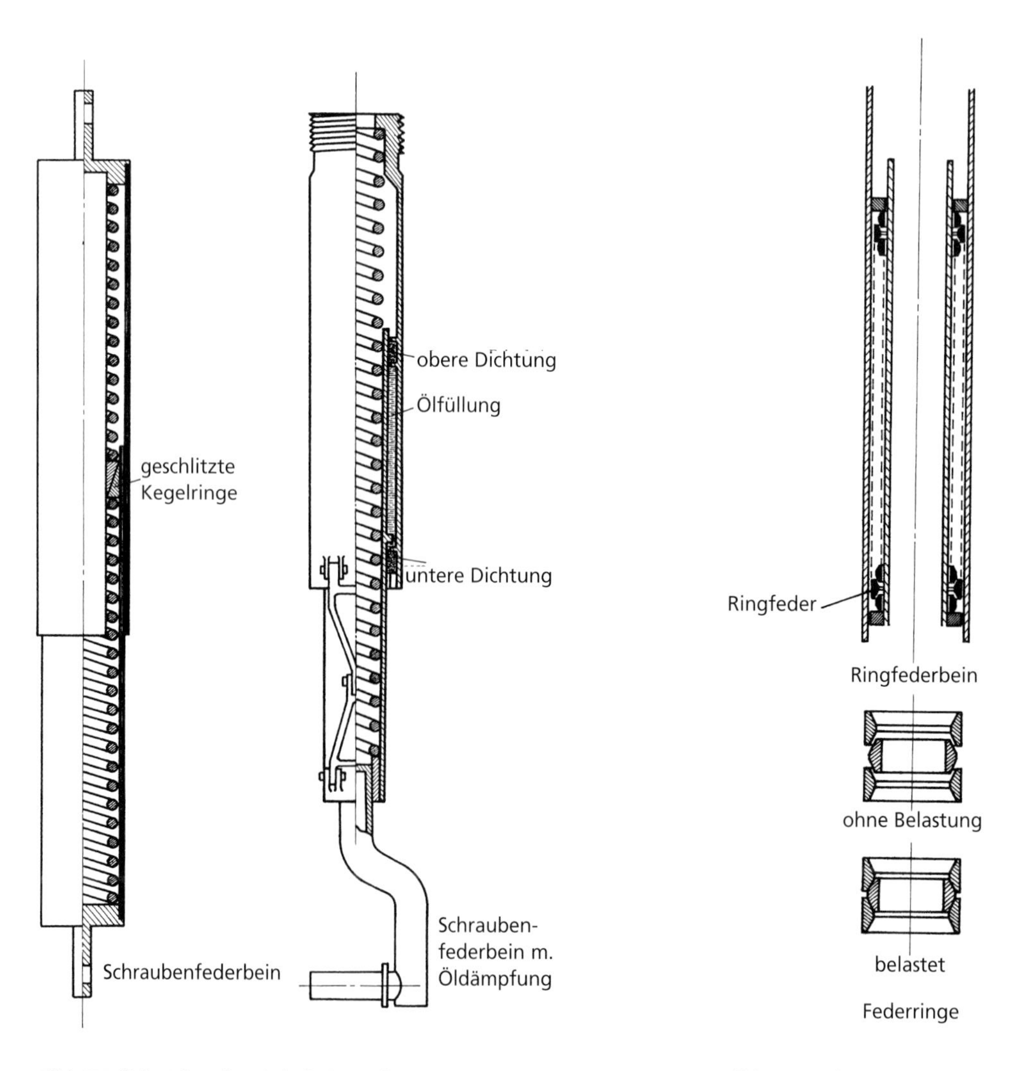

Bild 175: links Schraubenfederbein, rechts Schraubenfederbein mit Öldämpfung

Bild 176: Federringe

Das Luftfederbein arbeitet ausschließlich mit Luft als Feder- und Dämpfungselement. Die über Rückstromventile geleitete Luft lässt sich nur schwierig restlos abdichten.

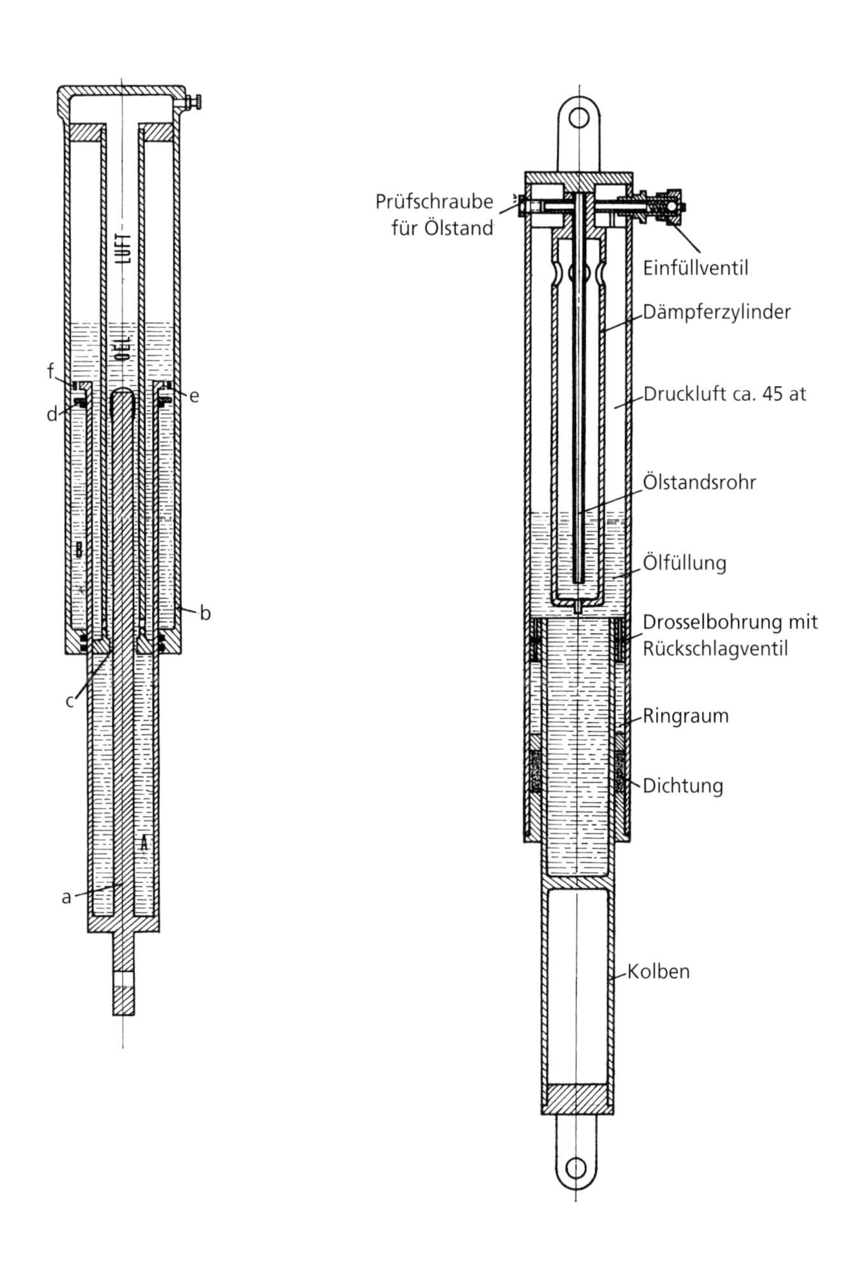

Bild 177: Öl-Luftfederbein im halb eingefederten Zustand
Kolben a wird in den Zylinder b geschoben. Hierbei wird Öl aus dem Raum A über den Spalt c verdrängt. Ventilplatte d bewegt sich nach unten und gibt Öffnung e frei. Nach dem Landestoß schiebt die komprimierte Luft den Kolben wieder zurück. Da die Ventilplatte durch die Bewegung nach oben die Öffnung e verschließt, strömt das Öl über die Drosselbohrungen und zurück. Durch diese Dämpfung wird das Wiederhochspringen nach der Landung verhindert.

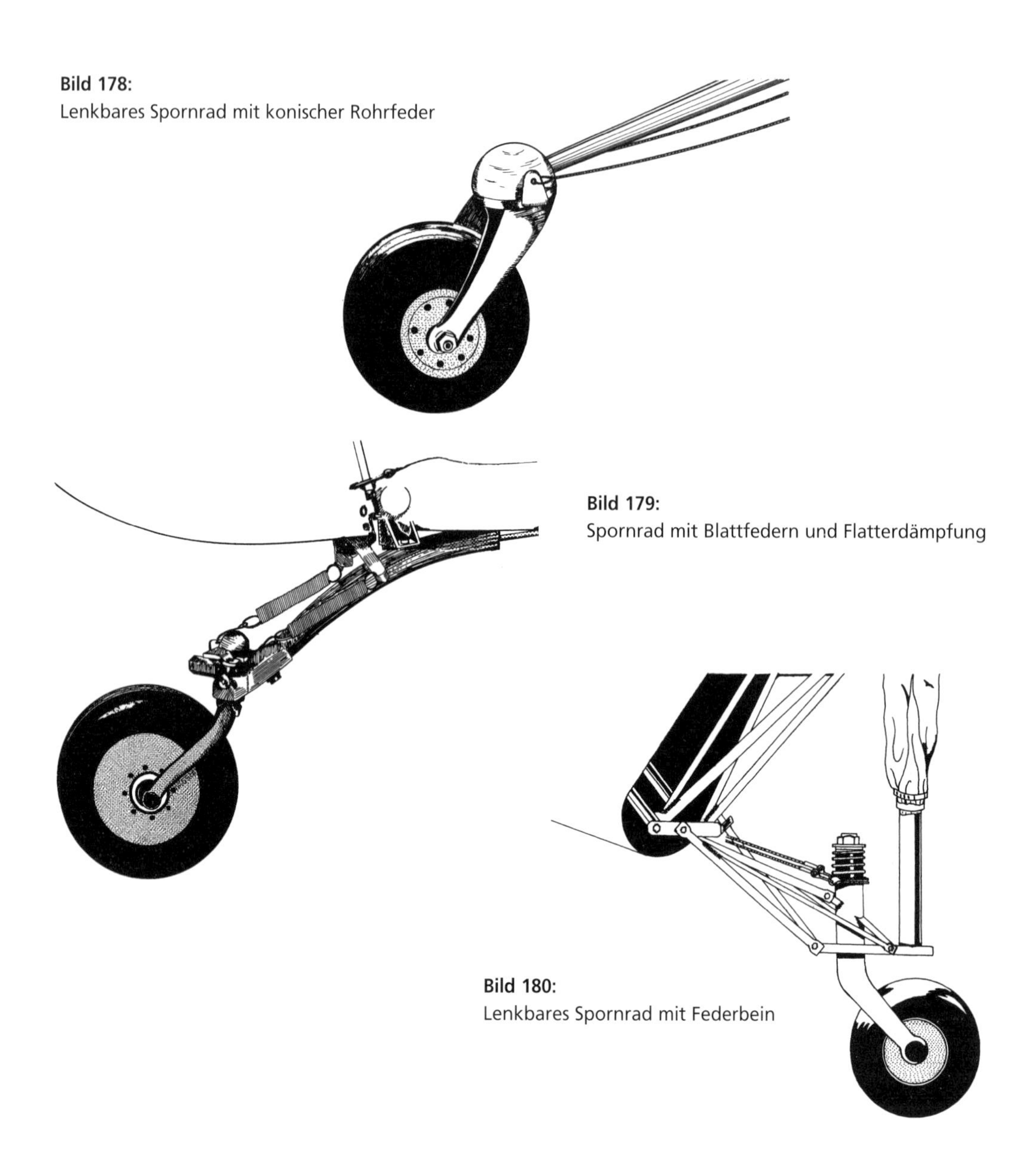

Bild 178:
Lenkbares Spornrad mit konischer Rohrfeder

Bild 179:
Spornrad mit Blattfedern und Flatterdämpfung

Bild 180:
Lenkbares Spornrad mit Federbein

Die **Bilder 178** bis **180** zeigen Spornräder mit verschiedenen Federungsarten.

Die Laufräder von Haupt-, Sporn- oder Bugfahrwerken sind in der Regel aus Aluminium- oder Magnesiumlegierungen hergestellt. Als Lagerung werden sowohl Gleit- als auch Wälzlager verwendet. Die Flugzeugreifen haben, wegen der großen Stoßbelastung, einen anderen Aufbau als Kraftfahrzeugreifen.

Im Flugzeugbau hat sich die Scheibenbremse, wegen ihrer durchweg besseren Eigenhaften gegenüber der Trommelbremse, durchgesetzt. Man unterscheidet Ein- und Mehrscheibenausführungen (**Bild 181**). Den Aufbau einer einfachen Scheibenbremse zeigt **Bild 182**, die Einzelteile **Bild 183**.

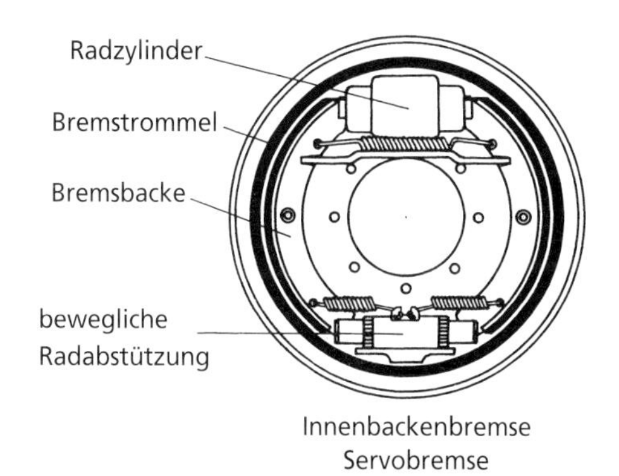

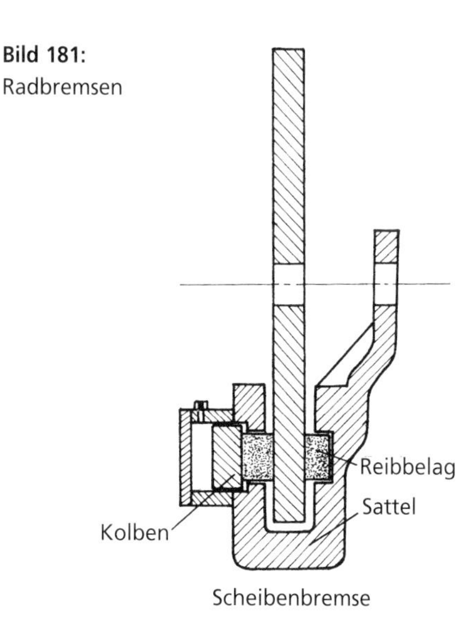

Bild 181:
Radbremsen

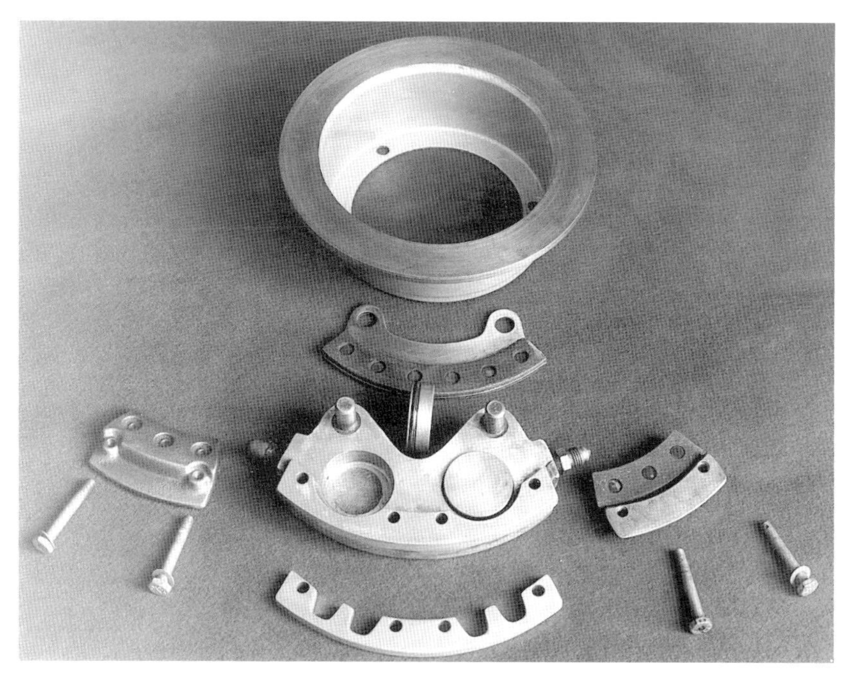

Bild 182: Einfache Scheibenbremse
Bild 183: Einzelteile einer Scheibenbremse

3.3 HUBSCHRAUBER

Unter den Drehflüglern nimmt der Hubschrauber aufgrund seiner extremen Flugeigenschaften, wie Senkrechtstart, Schwebeflug und Langsamflug, eine besondere Stellung ein.

Der Hauptunterschied zum Flugzeug besteht darin, dass der Hubschrauber den aerodynamischen Auftrieb nicht durch Tragflächen sondern durch einen oder mehrere Rotoren erhält **(Bild 184)**. Außerdem liefern die Rotoren Vortrieb, so dass die Triebwerksleistung, je nach Flugmanöver, direkt in Auf- und Vortrieb umgewandelt wird.

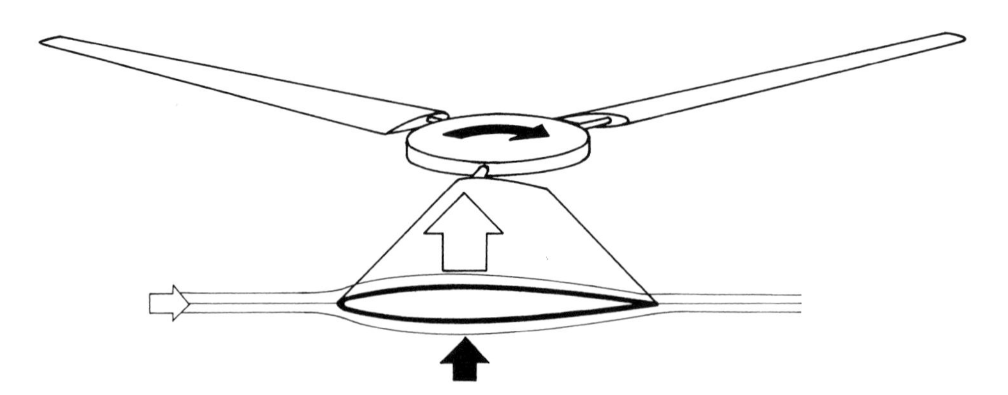

Bild 184: Der Rotor als drehende Tragflächen: Auftrieb durch Umströmung des Profils

Das Flugwerk des Hubschraubers weist einen entsprechend besonderen Aufbau auf:

Rumpfwerk
Steuerwerk
Mechanische Baugruppen
Rotorblätter
Fahrwerk

3.3.1 Rumpfwerk

Der Rumpf kann je nach Größe und Verwendungszweck des Hubschraubers verschiedenartig ausgeführt sein. In der Praxis gibt es zwei Hauptformen:

1. *Offene Bauart bei Leichthubschraubern (Beispiel Alouette II).*
   Kabine für Besatzung und Passagiere
   Zentralgerüst zur Aufnahme von Hauptgetriebe, Triebwerk und Kraftstofftank
   Gitterrumpf (Gerüstbauweise) als Ausleger zum Heckrotor (**Bild 185**)

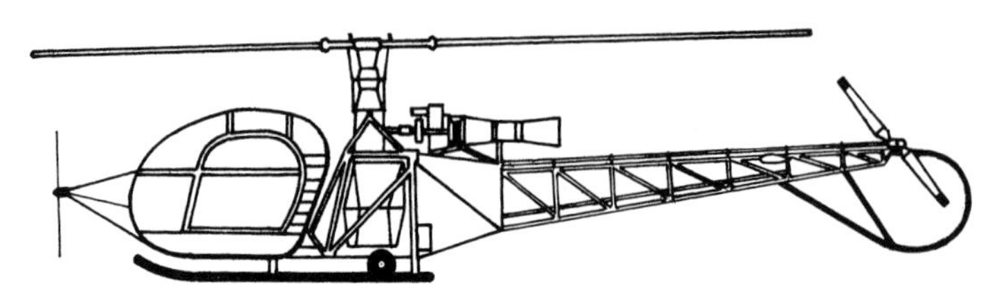

Bild 185: Offene Bauweise (Gerüstbauweise)

2. *Geschlossene Bauart bei mittleren und schweren Hubschraubern*
   Rumpf in konventioneller Schalenbauweise mit besonderen Sektionen zur Aufnahme von Hauptgetriebe und Triebwerk.
   Durch einen Ausleger, Pylon genannt, erhält der Heckrotor die erforderliche Hochlage (**Bild 186**)

Im übrigen entsprechen bauliche Einzelheiten denen von Flugzeugrümpfen.

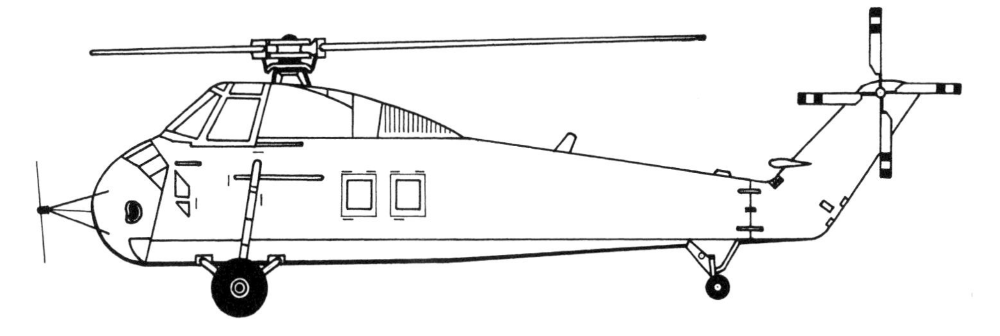

Bild 186: Geschlossene Bauweise (Schalenbauweise)

3.3.2 Steuerwerk

Die Steuerung eines Hubschraubers erfolgt durch folgende Steuerorgane:
Steuerknüppel, Blattverstellhebel (Pitch) und Fußpedale (**Bild 187**).

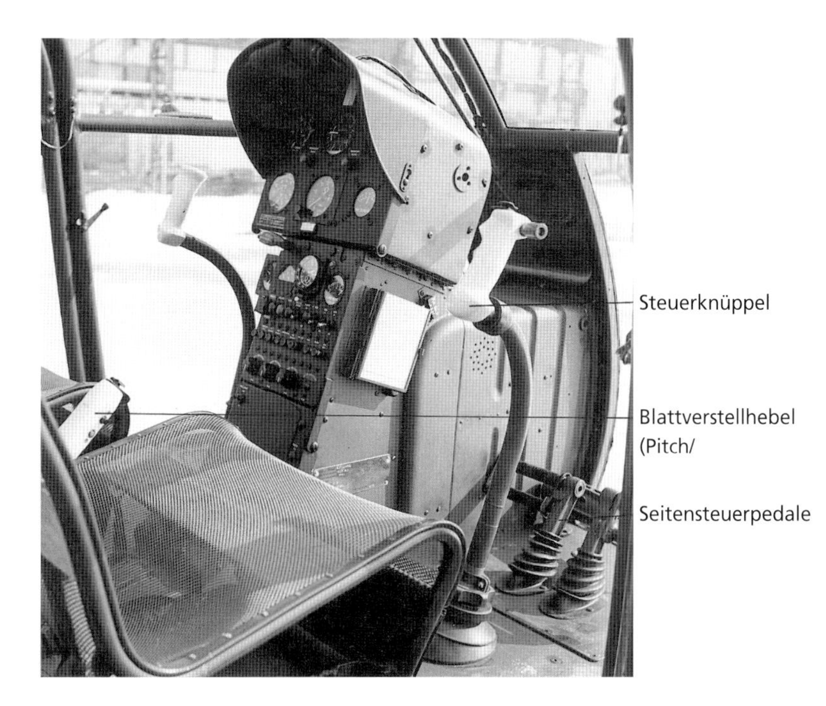

Bild 187: Steuerorgane

Der Steuerknüppel bewirkt mechanisch oder hydraulisch die periodische Blattverstellung: Über Steuerstangen werden die auf der Rotorwelle gelagerten Taumelscheiben verstellt. Die drehende Taumelscheibe ihrerseits ist wiederum über eine Steuerstange mit den Rotorblättern verbunden. Bewegungen des Knüppels führen eine Verlagerung der Rotordrehebene herbei:

Steuerknüppel-Bewegung nach vorn = drücken: Nach vorn geneigte Drehebene bewirkt Vorwärtsflug (**Bild 188**).
Steuerknüppel-Bewegung nach hinten = ziehen: Nach hinten geneigte Drehebene bewirkt Rückwärtsflug.

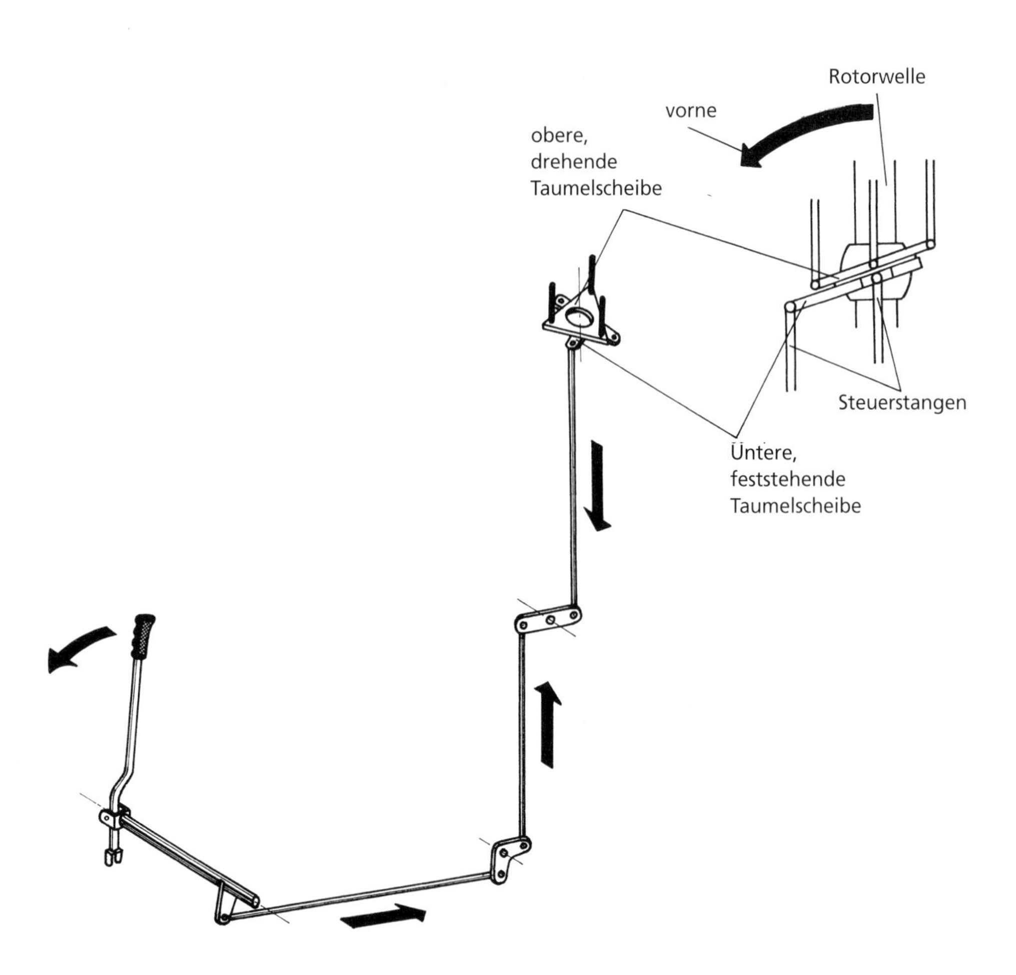

Bild 188: Periodische Längsblattverstellung, Vorwärtsflug

Steuerknüppel-Bewegung nach rechts oder links: Seitwärts geneigte Drehebene bewirkt Seitwärtsflug (**Bild 189**).
Der links vom Pilotensitz angeordnete Blattverstellhebel bewirkt mechanisch oder hydraulisch die simultane Blattverstellung;

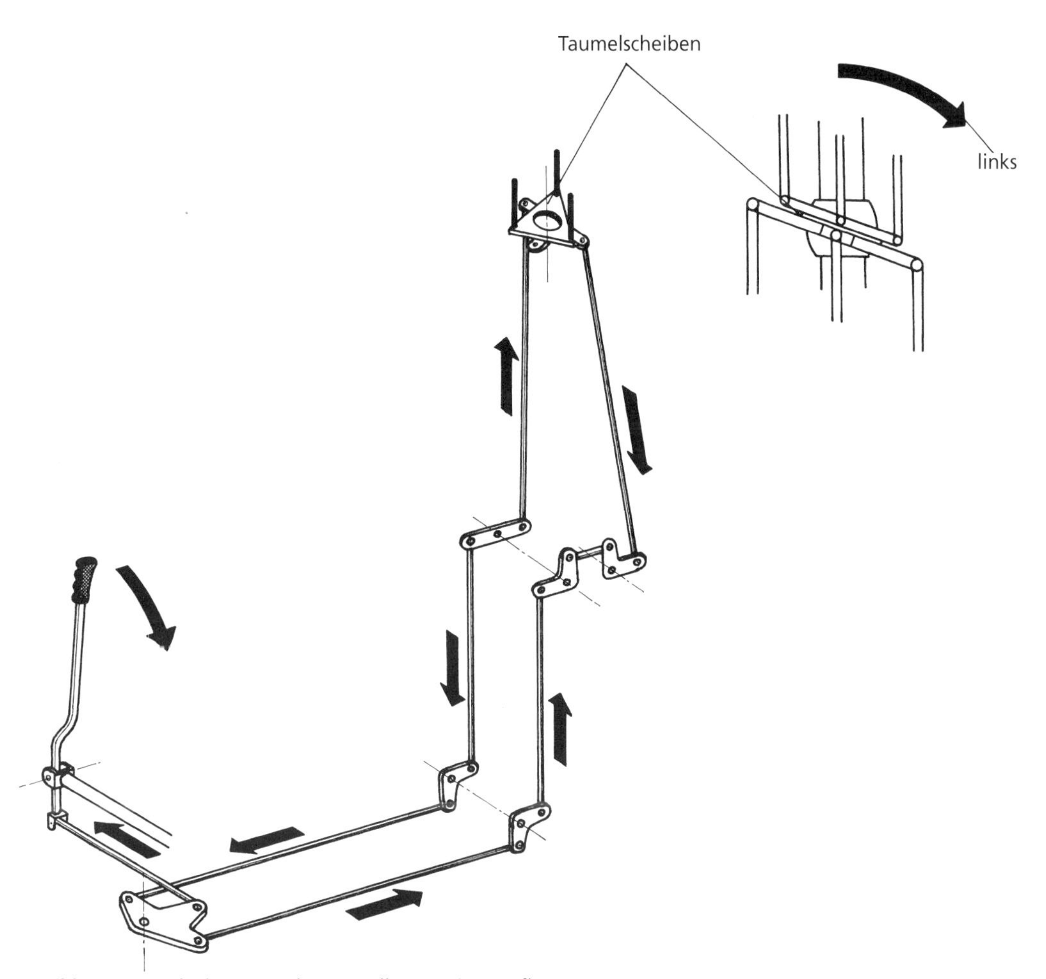

Bild 189: Periodische Quer-Blattverstellung, Seitwärtsflug

Über Steuerstangen werden die Taumelscheiben auf der Rotorwelle verschoben. Hierdurch wird der Einstellwinkel aller Blätter gleichmäßig verändert; bei Aufwärtsbewegung der Taumelscheiben wird der Einstellwinkel der Blätter vergrößert, bei Abwärtsbewegung verringert (**Bild 190**).

Blattverstellhebel-Bewegung nach oben = ziehen: Vergrößerung des Einstellwinkels bewirkt Steigflug.

Blattverstellhebel-Bewegung nach unten = drücken: Verringerung des Einstellwinkels bewirkt Sinkflug.

Jede Kombination aus Steuerknüppel- und Blattverstellhebel-Bewegung führt schräges Steigen oder Sinken herbei.

Die Seitenruderpedale dienen der Steuerung um die Hochachse.

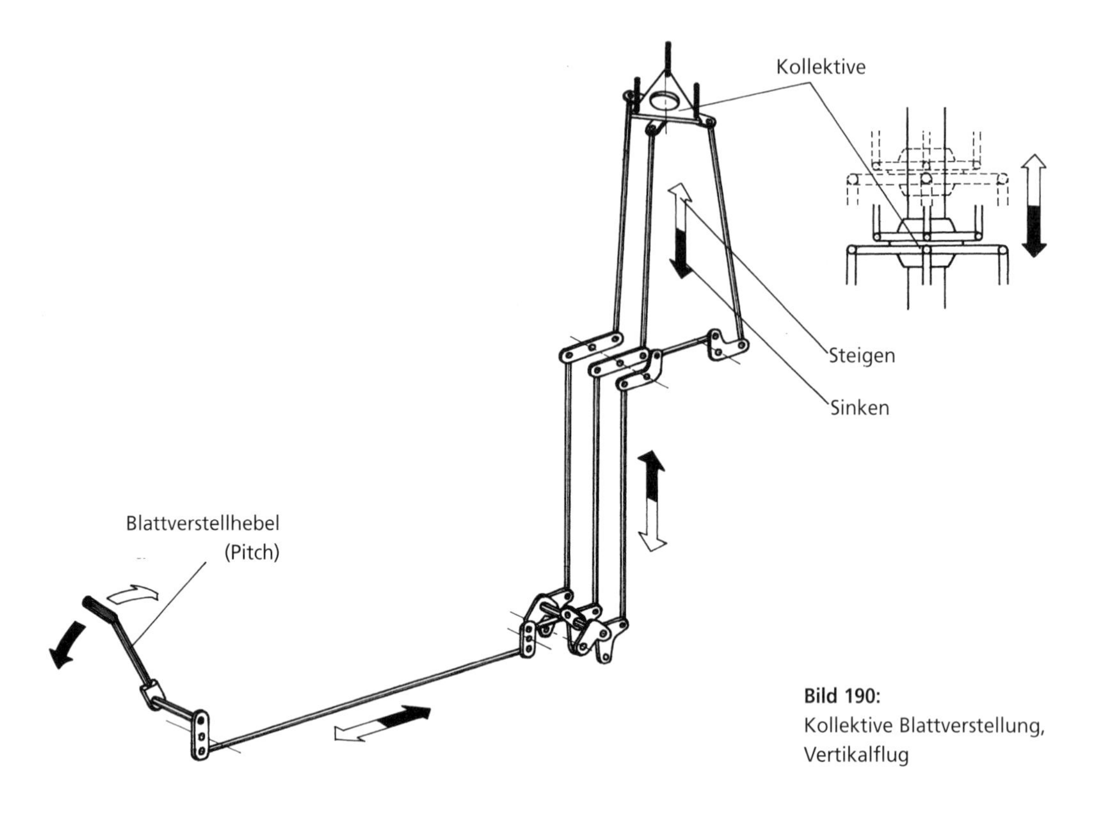

Bild 190:
Kollektive Blattverstellung, Vertikalflug

Bei der gebräuchlichen Bauform (ein Hauptrotor wird mechanisch durch ein in oder auf dem Rumpf angeordnetes Triebwerk angetrieben) geschieht die Seitensteuerung über den sogenannten Heckrotor (**Bild 191**).

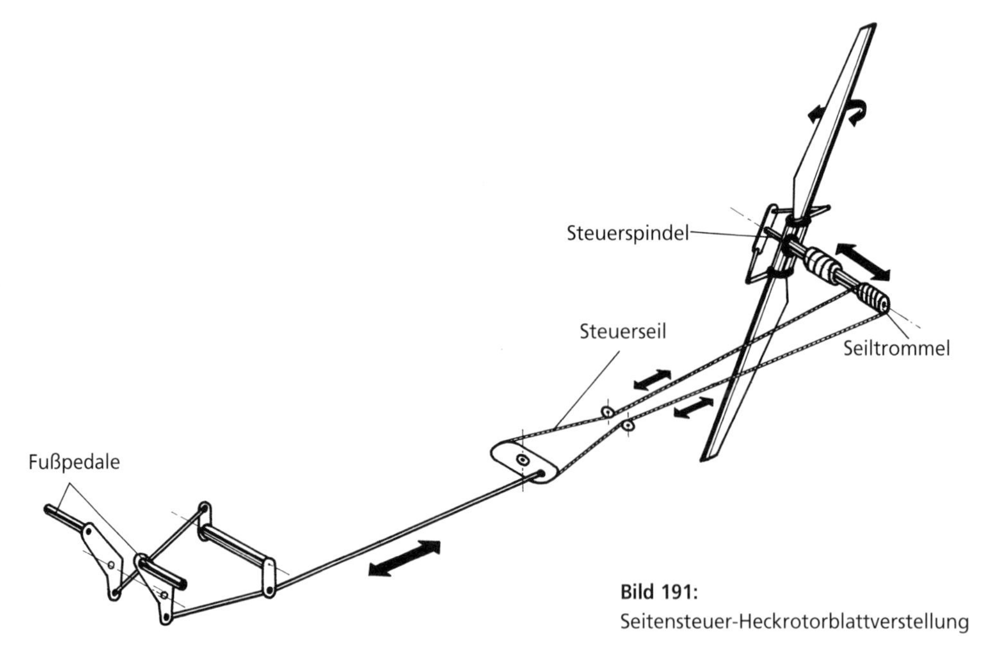

Bild 191:
Seitensteuer-Heckrotorblattverstellung

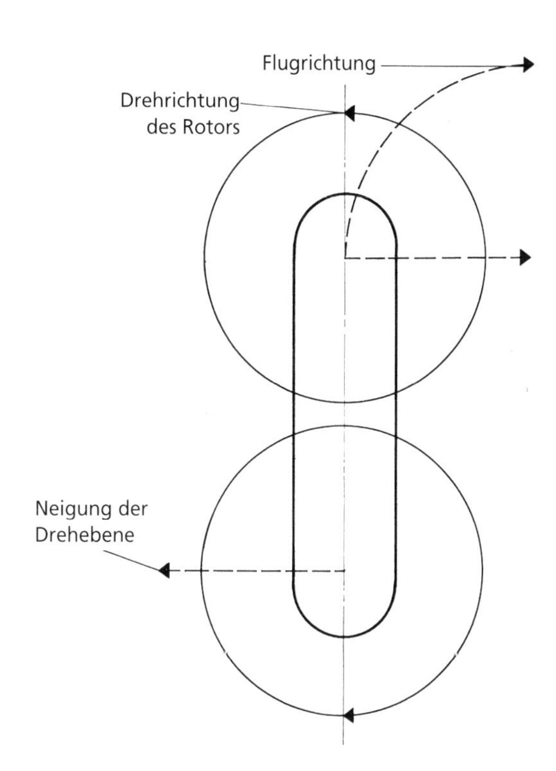

Bild 192:
Kurvenflug bei zweirotorigem Hubschrauber

Bei zweirotorigen Hubschraubern tritt kein rückläufiges Drehmoment auf, da die Drehrichtungen entgegengesetzt sind. Sie können deshalb auf einen Heckrotor verzichten. Die Steuerung um die Hochachse erfolgt hier durch entgegengesetzte Neigung der Drehebene (periodische Blattverstellung), die Zugrichtungen wirken entgegengesetzt (**Bild 192**).
Beim Blattspitzenantrieb entsteht ebenfalls kein Gegendrehmoment. In diesem Fall geschieht die Steuerung durch vertikale Leitwerksflächen.

Das gesamte Antriebssystem eines Hubschraubers ist in **Bild 193** schematisch dargestellt.

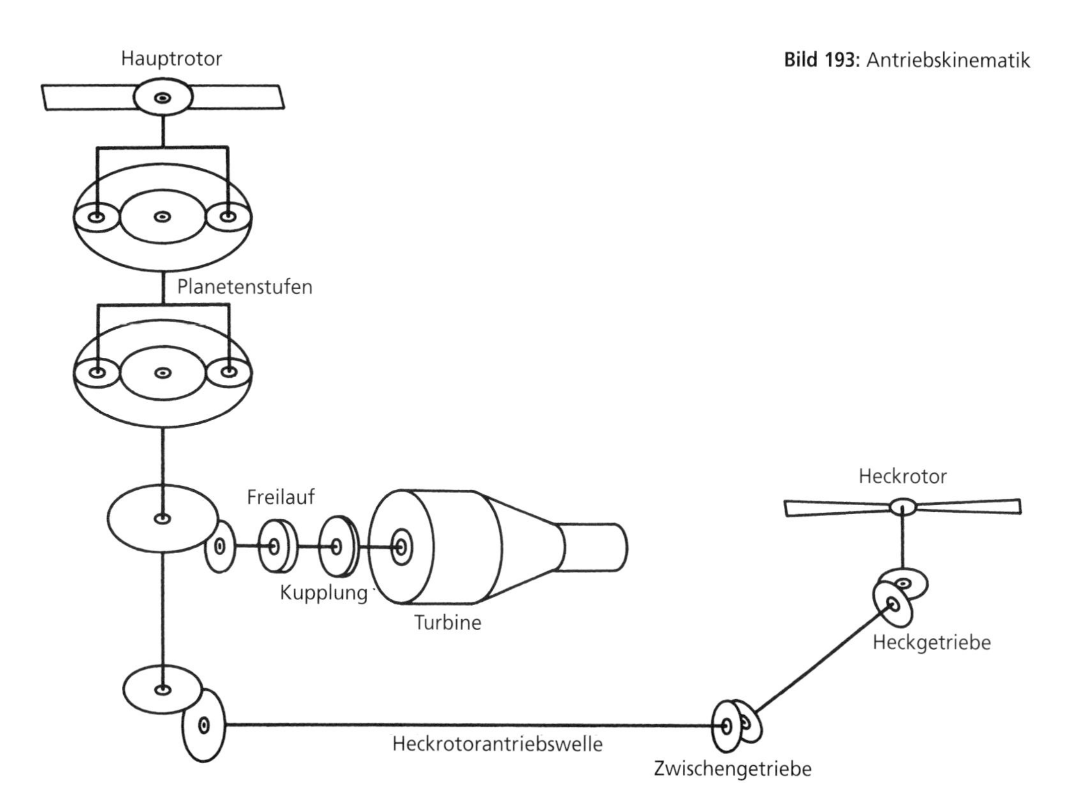

Bild 193: Antriebskinematik

3.3.3 Mechanische Baugruppen

Zu den mechanischen Baugruppen gehören:
Hauptrotorkopf, Hauptrotorgetriebe, Zwischengetriebe, Heckrotorgetriebe, Kupplung mit Freilauf, Heckrotor, Antriebswellen und Rotorbremse.

a) Hauptrotorkopf (Bild 194)

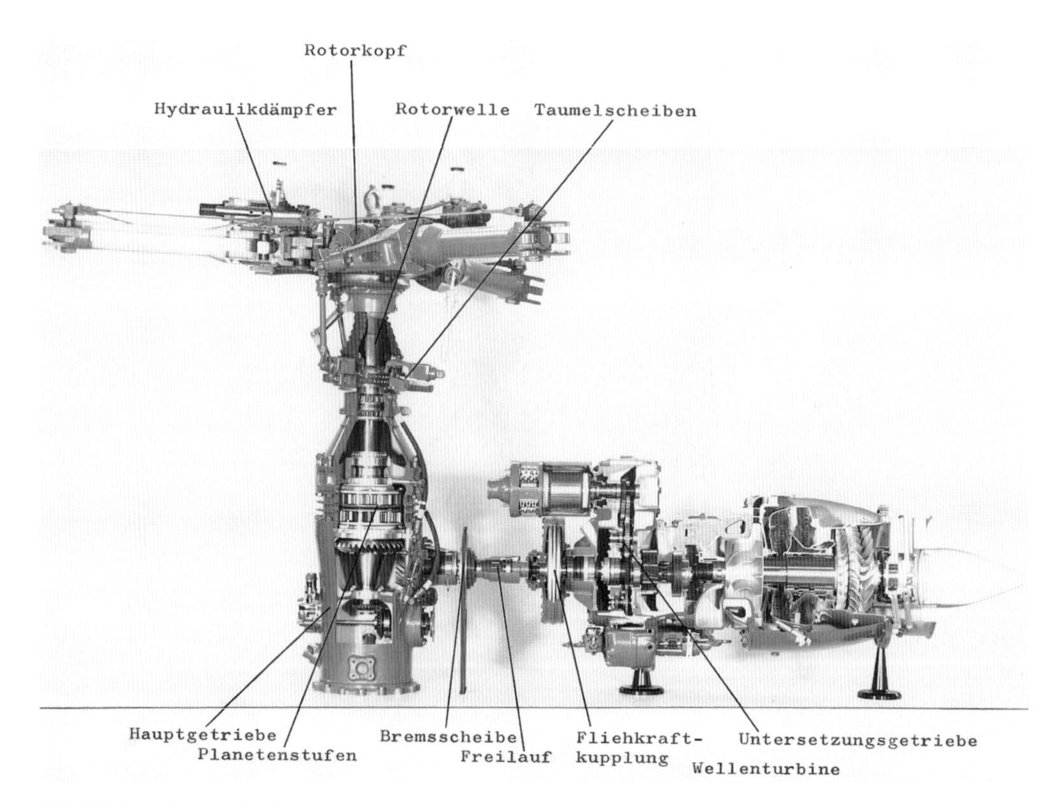

Bild 194: Hauptrotorantrieb

Der Hauptrotorkopf nimmt die gelenkig aufgehängten Rotorblätter auf.

Durch Gelenkglieder zwischen Nabe und Blattanschlussstück ist eine horizontale Schwenkbewegung und eine vertikale Schlagbewegung der Blätter möglich.

Die Schwenkbewegungen werden durch hydraulische Dämpfer gedämpft. Die Blattanschlussstücke nehmen die Rotorblätter leicht trennbar auf. Blattverstellhörner sind die Verbindungselemente zwischen Blattanschluss und Blattverstellstangen der Taumelscheiben. Der gelenklose Rotorkopf ist einfacher im Aufbau. An ihm lassen sich die Rotorblätter nur um die Längsachse verstellen.

b) Hauptrotorgetriebe (Bild 194 und 195)

Das Hauptrotorgetriebe hat die Aufgabe, die Drehung und das Drehmoment auf den Hauptrotor

Bild 195: Hauptgetriebe mit Rotorkopf

und den Heckrotor zu übertragen sowie die Drehzahlen des Triebwerkes für den Hauptrotor und den Heckrotor herabzusetzen. Hauptgetriebe sind meist als ein- oder zweistufige Planetengetriebe ausgeführt.

c) Zwischengetriebe

Zwischengetriebe sind überall dort zwischengeschaltet, wo Antriebswellen umgelenkt werden müssen (z. B. Rumpf-Pylon). Einfacher Aufbau, Winkelveränderung und Kraftübertragung durch zwei Kegelräder.

d) Heckrotorgetriebe (Bild 196)

Heckrotorgetriebe sind am Ende eines Gitterrumpfes oder Pylons angeordnet. Sie übertragen die Drehbewegung der Antriebswelle mit gleicher Drehzahl oder untersetzt auf den Heckrotor in einem Winkel von ca. 95° zur rechten Seite des Hubschraubers. Funktionell ist das Heckrotorgetriebe ein Winkelgetriebe mit eingebautem axialem Blattverstellantrieb für den Heckrotor. Die Längsverschiebung dieser Stange erfolgt mechanisch oder hydraulisch und bewirkt mittels Stoßstangen die Blattverstellung.

e) Heckrotor

Der Heckrotor besteht aus einem Kopf, an dem die einzelnen Heckrotorblätter an Schlaggelenken angeordnet sind. Der Rotorkopf ist auf der Antriebswelle befestigt. Die Verstellung der Blatteinstellwinkel erfolgt durch die Blattverstellstoßstange, die auf der einen Seite mit der Steuerspinne und auf der anderen Seite mit den Blattverstellhörnern verbunden ist.

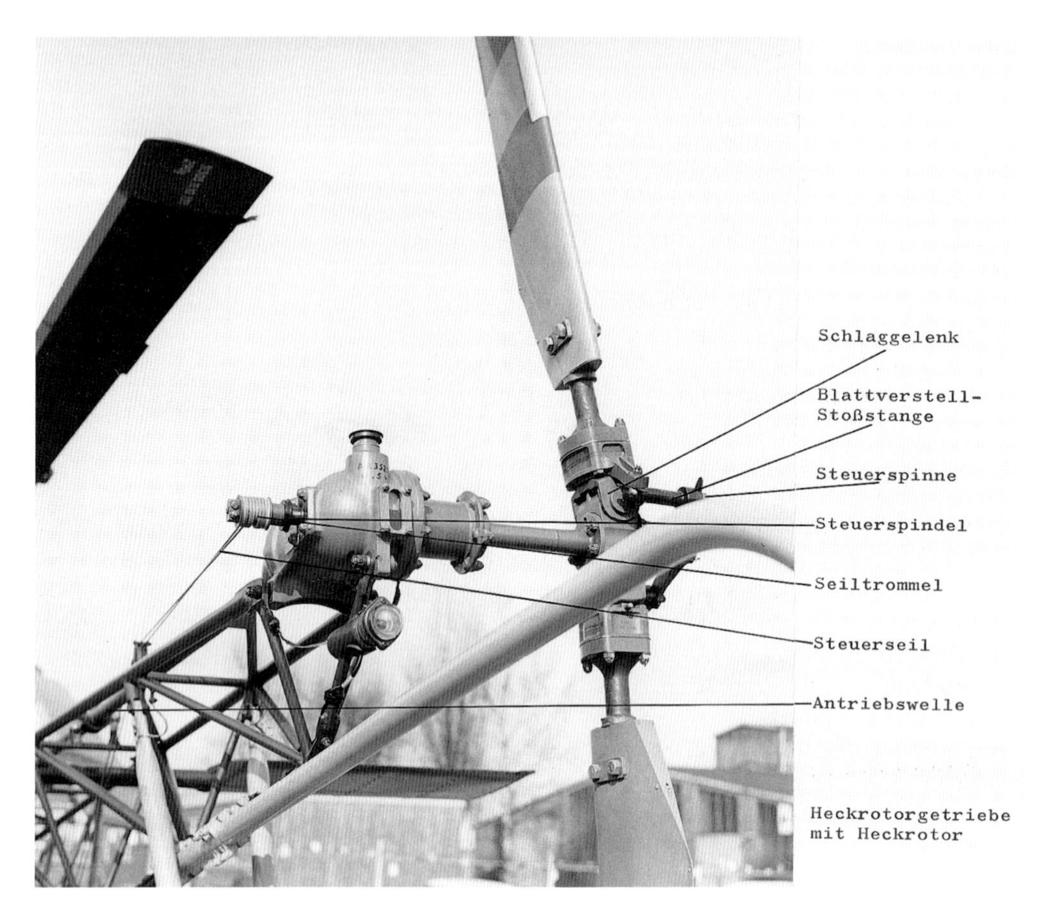

Bild 196: Heckrotorgetriebe mit Heckrotor

f) Kupplung und Freilauf

Zwischen Triebwerk und Hauptgetriebe ist eine Kupplung geschaltet, die durch allmählichen Eingriff das Triebwerk vor Überlastung schützt.

Kupplungen können entweder mechanisch (Fliehkraftkupplungen) oder hydraulisch-mechanisch funktionieren.

Der Freilauf gestattet die Übertragung des Drehmoments des Triebwerkes auf den Rotor, verhindert jedoch jegliche Drehung in umgekehrtem Sinne.

g) Antriebswelle

Heckrotorantriebswellen sind Hohlwellen aus Stahl oder Leichtmetall, die schwingungsfrei in oder auf dem Rumpf gelagert sind.

h) Rotorbremse

Rotorbremsen sind meist als mechanisch oder hydraulisch betätigte Scheibenbremsen ausgeführt. Sie sollen den bei abgestelltem Triebwerk leer auslaufenden Rotor abbremsen.

3.3.4 Rotorblätter

Rotorblätter können aus Holz, Metall oder glasfaserverstärktem Kunststoff hergestellt sein.

Sehr verbreitet ist die Metallbauweise. In diesem Falle setzen sie sich aus folgenden Teilen zusammen: Holm, Rippen, Außenhaut, Endkappe, Blattvorderkante und Endleiste. Häufig wird die Festigkeit durch eingeklebte Moltopren- oder Honigwaben-Füllungen erhöht.

Blattanschlussseitig tragen die Blätter einen gesenkgeschmiedeten Stahlbeschlag und werden über diesen mittels konischer Bolzen am Rotorkopf befestigt.

GFK-Rotorblätter sind hochelastisch und kommen ohne Schlag- und Schwenkgelenke aus.

3.3.5 Fahrwerk

Wegen ihrer besonderen Beweglichkeit haben Leichthubschrauber häufig nur Kufen oder Kufen mit hochklappbaren Rädern für den Transport am Boden. Zur Verminderung von Landestößen können Kufenaufhängungen mit hydraulischen Dämpfern versehen sein. Mittlere und schwere Hubschrauber sind entweder mit konventionellen starren Fahrwerken oder mit modernen Einziehfahrwerken ausgerüstet. Als Besonderheit sind hydraulisch angetriebene Räder möglich, um Hubschraubern Selbstfahr- Fähigkeit zu geben.

Seenothubschrauber haben einen wasserdichten Bootsrumpf mit Einziehfahrwerk; sie sind als Amphibium anzusprechen.

3.3.6 Antriebe

Zum Antrieb von Hubschraubern sind sowohl Kolbenmotoren als auch Wellenturbinen üblich.

a) Kolbenmotoren
Modifizierte luftgekühlte Boxermotoren werden unter Berücksichtigung spezieller Anordnungen verwendet. Sie werden z.T. vertikal eingebaut, um so unkomplizierten Hauptgetriebeantrieb zu ermöglichen.

Der Antrieb zum Hauptgetriebe erfolgt über schon erwähnte Fliehkraftkupplungen oder hydraulisch-mechanische Kupplungen und Freilauf.

b) Wellenturbinen (Turbomotoren)
Heute werden bei allen größeren Hubschraubern Turbinentriebwerke verwendet. Der vibrationsarme Lauf und das bessere Leistungsgewicht sind insbesondere für die Hubschrauber von großer Bedeutung.

3.4 TRIEBWERKE

3.4.1 Kolbentriebwerke

Überblick über die geschichtliche Entwicklung kolbengetriebener Wärmekraftmaschinen:

1760	Dampfmaschine von James Watt
1860	Gasmaschine im Zweitaktverfahren von Lenoir
1876	Viertaktgasmotor von Nicolaus Otto (System Beau de Rochas)
1883	Die ersten Benzinmotoren von Gottlieb Daimler und Carl Benz
1897	Schwerölmotor von Rudolf Diesel
1903	Erster Flugmotor von Taylor (18,4 kW und 1 kN Gewicht) für die Gebrüder Wright Vierzylinder-Reihenmotor, Wasserkühlung, 3,9 l Hubraum, Literleistung 4,66 kW, Zylinderleistung 4,6 kW/Zylinder
1914 - 1918	Flugmotoren bis 220 kW
1939 - 1945	Flugmotoren von 750 - 1500 kW
1960	Ende der Ära großer Kolbenflugmotoren Beispiel: Curtiss Wright TC - 18 - E A 2 2500 kW, 18 Zylinder Doppelstern, 55 l Hubraum Leistungsgewicht 6,8 N/kW, Literleistung 45,4 kW/l bei 900 1/min, Zylinderleistung 138 kW/Zyl., 3 Abgasturbinen à 110 kW

Bild 197:
Triebwerkgerüst als Verbindungselement zwischen Boxermotor und Zelle

Die Kolbentriebwerke werden folgendermaßen eingeteilt:

nach **dem Verwendungszweck**	(Motoren für Schul- und Sportflugzeuge, Verkehrsflugzeuge, Militärflugzeuge)
nach der **Arbeitsweise**	(Otto-Motoren, Diesel-Motoren)
nach dem **Arbeitsverfahren**	(Viertaktmotoren, Zweitaktmotoren)
nach der **Kühlung**	(luftgekühlte Motoren, flüssigkeitsgekühlte Motoren)
nach der **Zylinderanordnung**	(Sternmotoren, Doppelsternmotoren, Reihenmotoren – einreihig, zweireihig, V – Motoren Boxermotoren, **Bild 198**)

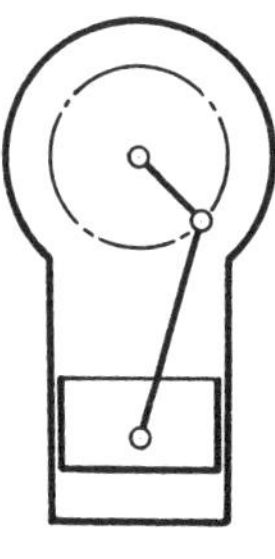

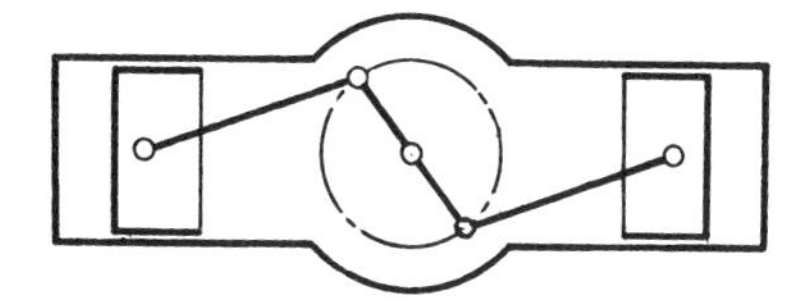

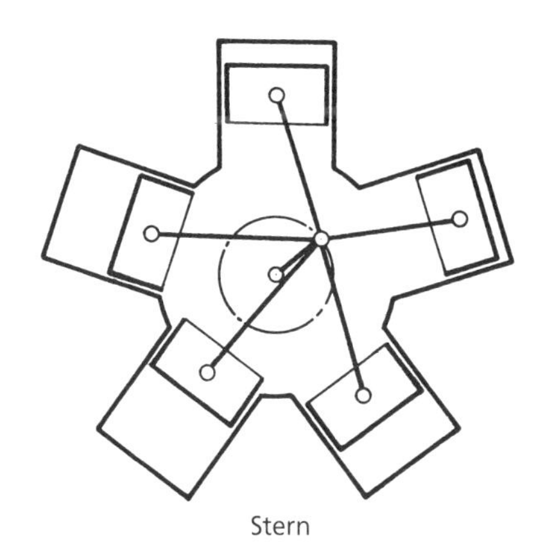

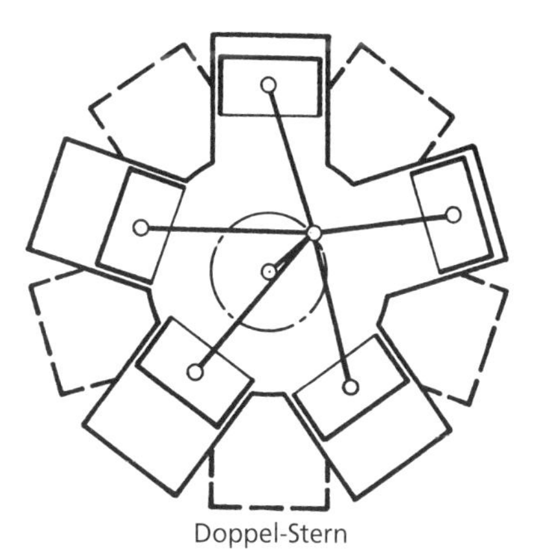

Bild 198: Zylinderanordnungen gebräuchlicher Flugmotoren

Die Mehrzahl aller Flugmotoren arbeitet nach dem Otto-Viertaktverfahren.

a) Das Viertaktverfahren (Bild 199)

1. Takt = Ansaugen - Einlassventil offen

Durch die Abwärtsbewegung des Kolbens entsteht im Zylinder ein Unterdruck (0,8–0,9 bar). Außenluft strömt mit großer Geschwindigkeit durch den Vergaser nach; Kraftstoff wird in Form kleinster Tröpfchen mitgerissen.

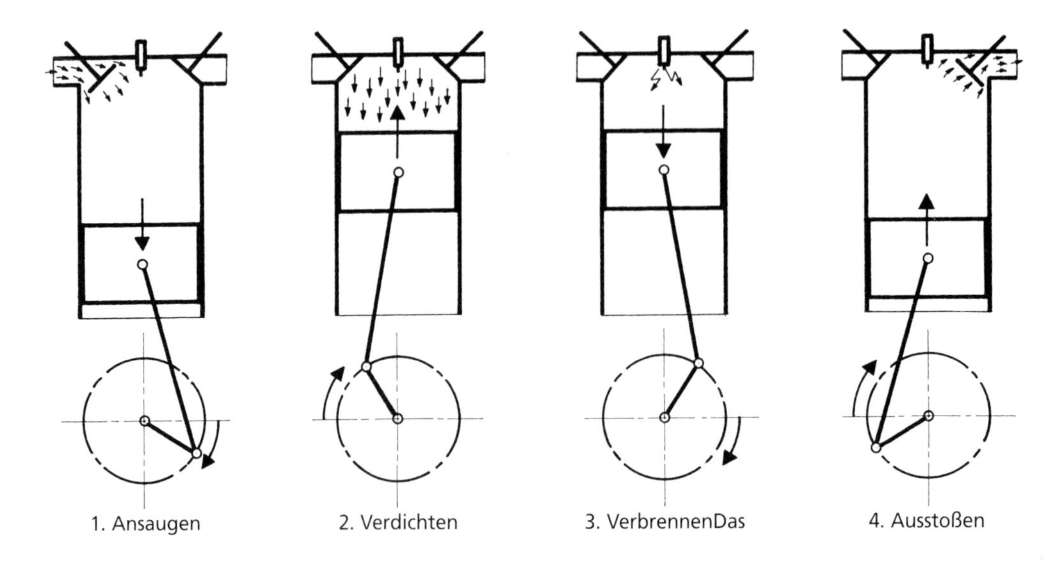

Bild 199: Das Viertaktverfahren

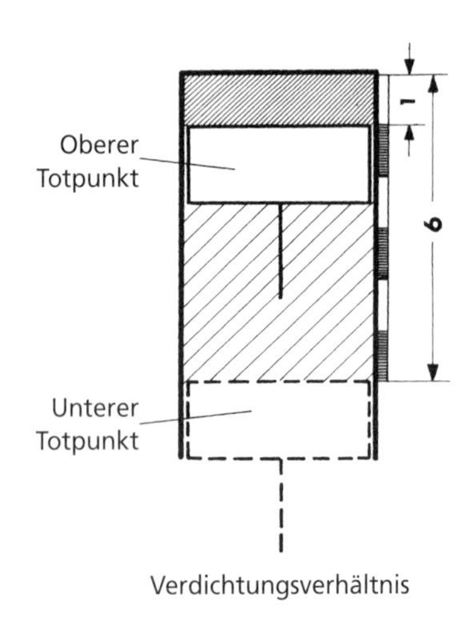

2. Takt = Verdichten - beide Ventile geschlossen
Der sich aufwärts bewegende Kolben komprimiert das Gemisch auf ca. 1/8 seines Volumens (Verdichtung 8 : 1).

3. Takt = Zünden - beide Ventile geschlossen
Kurz vor dem oberen Totpunkt wird das komprimierte Gemisch durch den Zündfunken entzündet. Der Verbrennungsdruck treibt den Kolben nach unten. Höchstemperatur 2000(C.

4. Takt = Ausstoßen - Auslassventil offen
Kurz vor dem unteren Totpunkt öffnet das Auslassventil. Restlose Entspannung der Gase bei Ausströmgeschwindigkeiten bis zu 800m/s. Der aufwärtsgehende Kolben schiebt die Restgase hinaus.

b) Der Motoraufbau

Ein Flugmotor besteht aus folgenden Hauptteilen (**Bild 200**):

1. Zylinder	5. Gemischbildungsanlage
2. Kurbeltrieb	6. Zündanlage
3. Gehäuse	7. Anlassvorrichtung
4. Steuerung	8. Kühlanlage

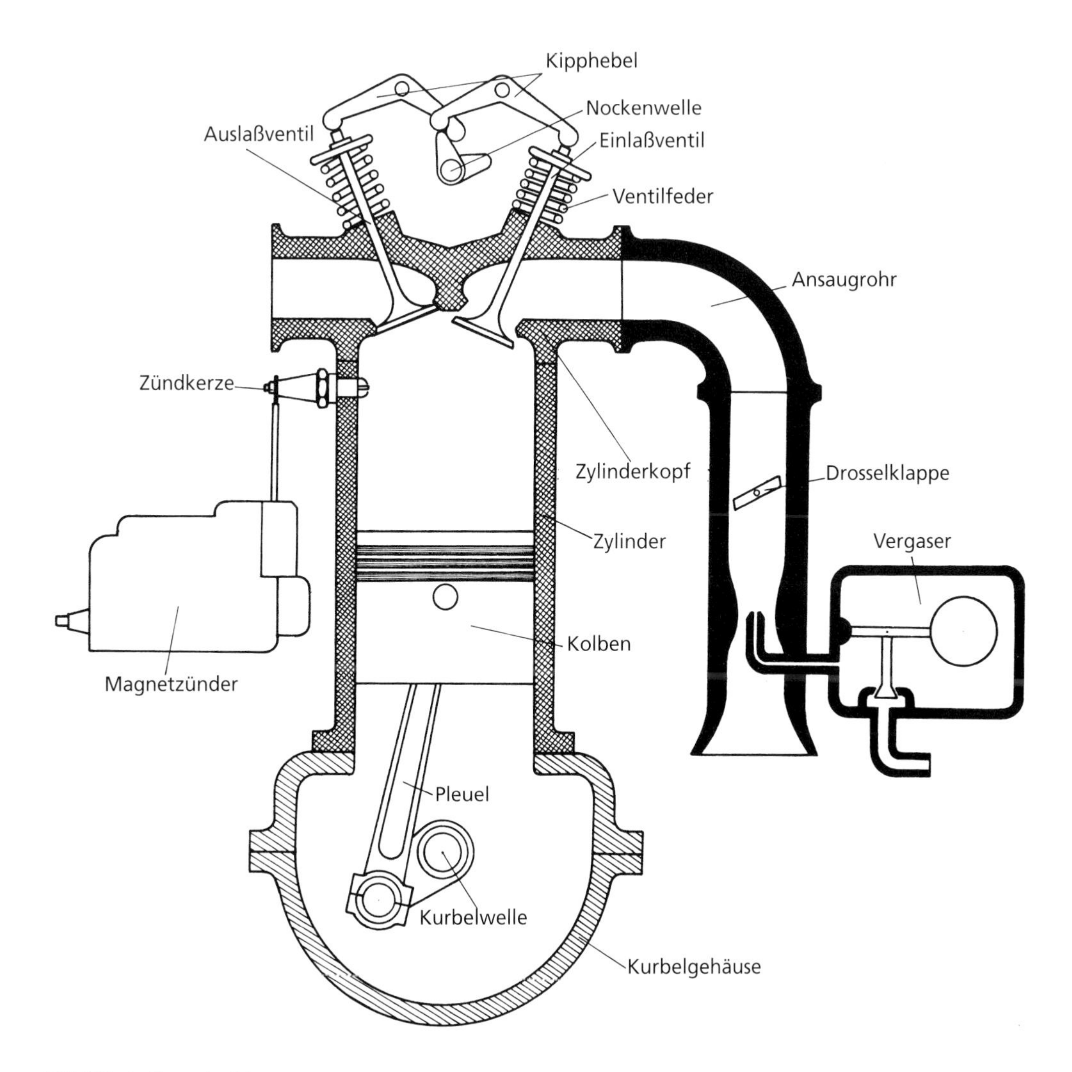

Bild 200: Aufbau des Motors

Im Zylinder bewegt sich der Kolben zwischen dem unteren und dem oberen Totpunkt . Der Raum darüber ist der Verbrennungsraum. Im allgemeinen besteht der komplette Zylinder (**Bild 201** und **202**) aus dem Zylinderkopf mit den Ventilöffnungen und der Laufbüchse. Die Laufbüchse ist aus hochwertigem Stahl, und die Oberfläche ist entweder nitriert oder verchromt; äußerlich meist farblich gekennzeichnet.

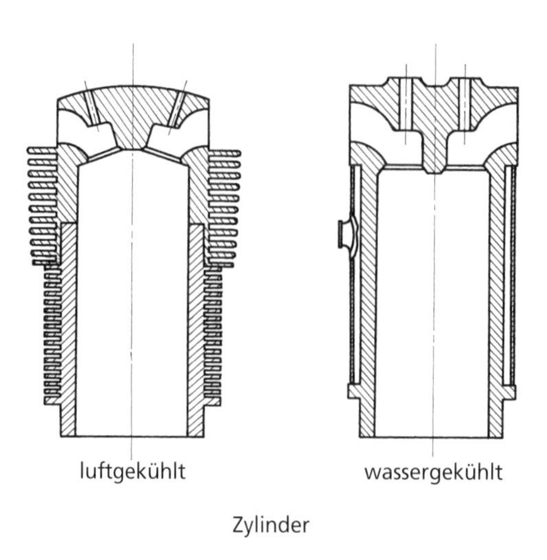

Bild 201: Zylinder mit Luft- und Wasserkühlung

Bild 202: Zylinder eines Sternmotors

c) Der Kurbeltrieb

Kolben, Pleuel und Kurbelwelle bilden den Kurbeltrieb. Der Kolben (**Bild 203**) hat die Aufgabe, den Verbrennungsraum abzudichten und den Verbrennungsdruck über das Pleuel auf die Kurbelwelle zu übertragen. Die Kolben sind aus Leichtmetall hergestellt, da geringes Gewicht kleine Massenkräfte hervorruft. Die Feinabdichtung zwischen Kolben und Zylinder wird durch Kolbenringe bewirkt (**Bild 204**). Bei nitrierten Laufbüchsen werden vielfach verchromte Ringe verwendet. In der sogenannten Ringzone sind z. B. drei Kolbenringe und ein Ölabstreifring angeordnet. Letzterer hat die Aufgabe, das Eindringen von überflüssigem Schmierstoff in den Verbrennungsraum zu verhindern (**Bild 205**).

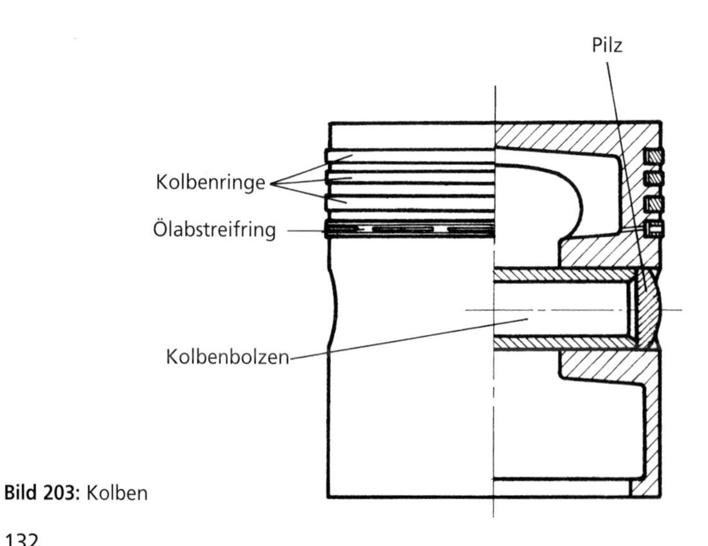

Bild 203: Kolben

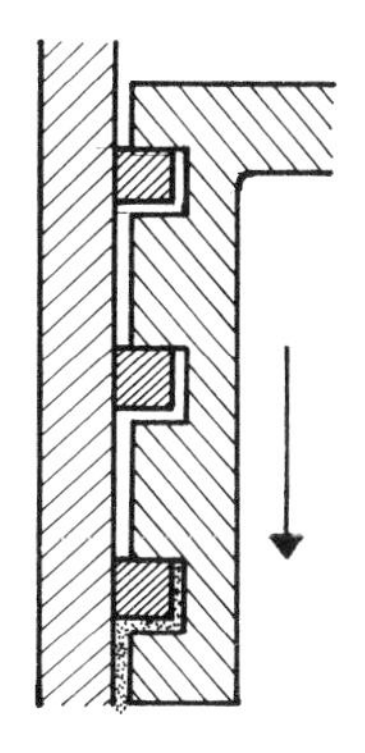
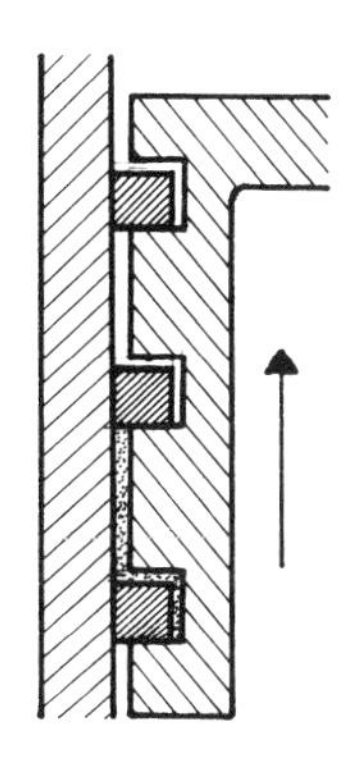

Bild 204: Pumpwirkung abgenutzter Kolbenringe

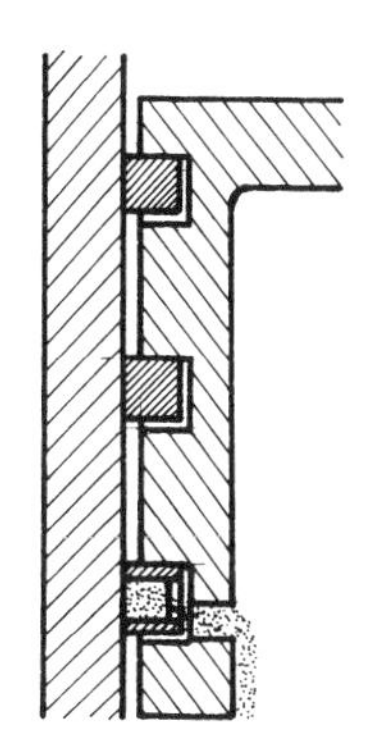

Bild 205: Wirkungsweise des Ölabstreifringes

Autothermikkolben haben eingegossene Invarstahlstreifen. Durch Bimetallwirkung ergibt sich unter Erwärmung nur geringe Ausdehnung bzw. Verformung. Ferner wird durch Unrunddrehen und Einfräsen von Dehnungsschlitzen der Verformung entgegengewirkt. Auch wird durch Sprühöl auf Kühlrippen im Innern des Kolbens ein Wärmestau abgebaut. Der Kolbenbolzen stellt die Verbindung zwischen Kolben und Pleuelstange her; seitlich begrenzt durch Alu-Pilze (**Bild 206**)
Die Pleuelstange aus Vergütungsstahl ist im Gesenk geschmiedet. Der Pleuelschaft hat meist doppel-T-förmigen Querschnitt, der bei geringem Gewicht hohe Festigkeit bietet (**Bild 207**).

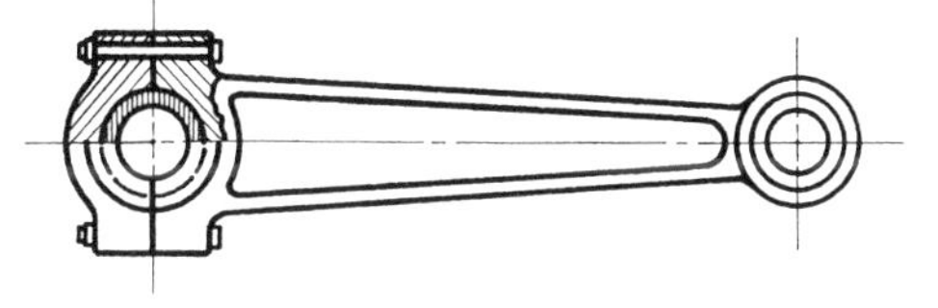

Bild 207: Pleuel

Bild 206:
Innerer Aufbau eines Flugmotorkolbens.
Zu erkennen ist die Lage des Pilzes zur Arretierung des Kolbenbolzens

Beim Sternmotor (**Bild 208**) sind an einen Hauptpleuel (**Bilder 209** bis **211**) sechs oder acht Nebenpleuelstangen angelenkt.
Die Kurbelwelle (**Bild 212**) überträgt die Leistungen der einzelnen Zylinder und gibt sie an die Luftschraube ab. Sie ist in den Kurbelwellenlagern im Kurbelgehäuse gelagert. Kurbelzapfen, Kurbelwange, Lagerzapfen und Gegengewichte sind die einzelnen Teile der Welle.

An den Kurbelzapfen greifen die Pleuelstangen an und beanspruchen die Welle auf Biegung. Sie sind deshalb aus hochfesten Stählen geschmiedet und oberflächengehärtet. Der Sternmotor hat eine kurze Kurbelwelle, ähnlich der eines Einzylindermotors (**Bild 213**). Bei neuzeitlichen Boxer-

Bild 208: 9-Zylinder Sternmotor

Bild 209: Hauptpleuel mit Kolben eines Sternmotors

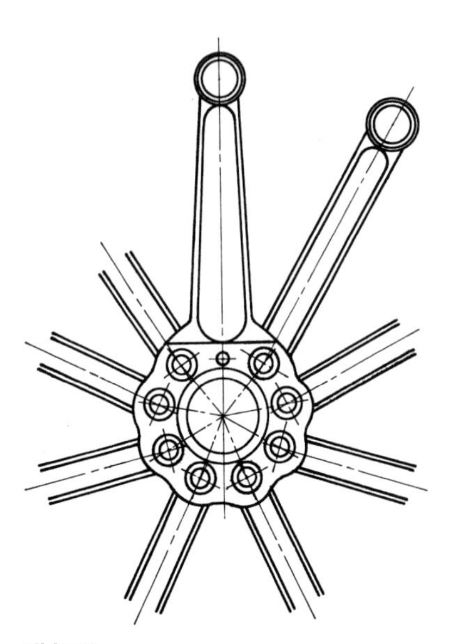

Bild 210:
Haupt- und Nebenpleuel eines Sternmotors

Bild 211:
Kurbelwelle mit Ausgleichgewichten eines 9-Zylinder Sternmotors. Zu erkennen sind Hauptpleuel mit 2 angelenkten Nebenpleuelstangen.

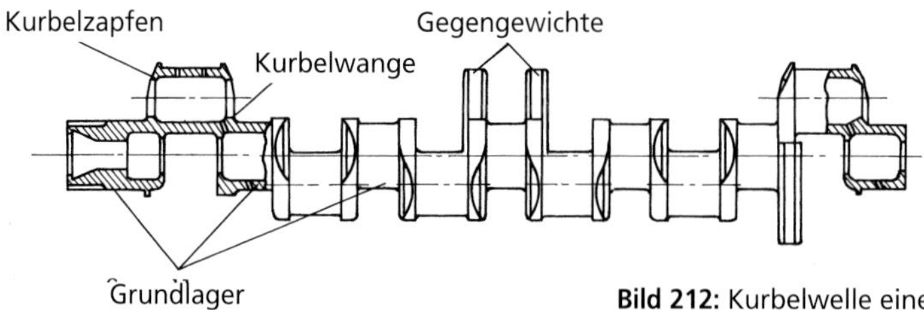

Bild 212: Kurbelwelle eines Reihenmotors

motoren stellt ein System von pendelnden Gegengewichten sicher, dass an der Kurbelwelle keine schädlichen Torsionsschwingungen auftreten können (**Bild 214**).

Das Gehäuse nimmt die Zylinder, den Kurbeltrieb, die Steuerung und die Nebenaggregate auf (**Bild 215**). Als Werkstoffe finden Aluminium- oder Magnesiumlegierungen Verwendung. Das Unterteil des Gehäuses dient als Ölwanne. Hier sind auch Sieb und Ölpumpe eingebaut. Kurbelgehäuse werden wegen eindringender Verbrennungsgase entlüftet.

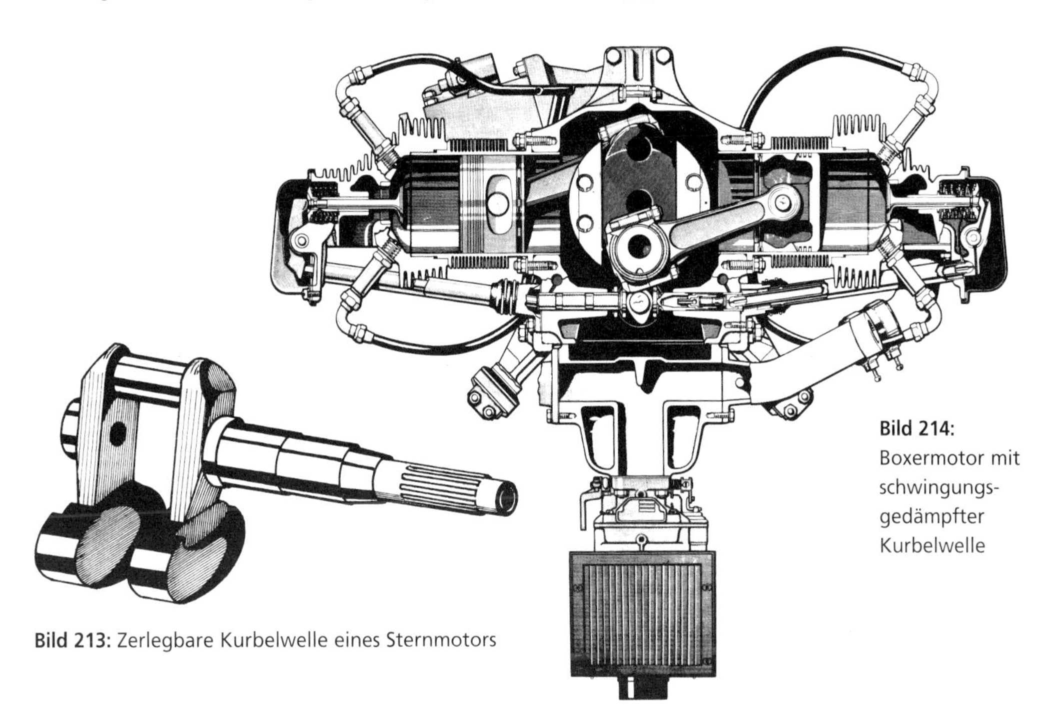

Bild 214: Boxermotor mit schwingungsgedämpfter Kurbelwelle

Bild 213: Zerlegbare Kurbelwelle eines Sternmotors

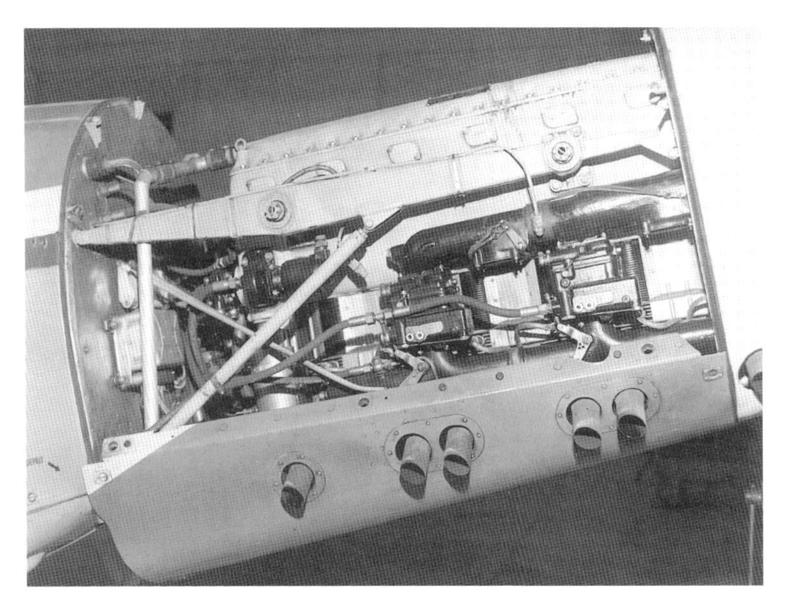

Bild 215: Aufhängung eines luftgekühlten 6-Zylinder Reihenmotors mit hängenden Zylindern

Die Steuerung regelt die Öffnungszeiten der Ventile. Die Auslassventile sind hohl und mit Natrium gefüllt (es schmilzt bei 97° und dient der Kühlung). Sie werden von der Nockenwelle direkt oder aber über hydraulische Stößel (**Bild 216**), Stoß-Stangen und Kipphebel bewegt. Man spricht von »obengesteuerten« Motoren, wenn Ventile und Gaswege über dem oberen Totpunkt liegen. Die Lage der Nockenwelle bleibt dabei unberücksichtigt. In Ruhestellung werden die Ventile durch Federn im Ventilsitz gehalten. Die von der Kurbelwelle angetriebene Nockenwelle macht halb so viele Umdrehungen wie die Kurbelwelle selbst (**Bild 217**). Die Form der Nocken ist ausschlaggebend für die Öffnungszeiten.

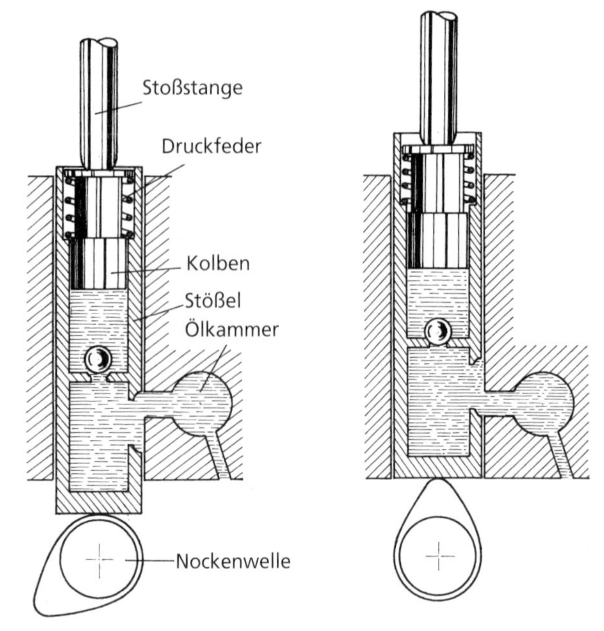

Bild 216: Wirkungsweise eines hydraulischen Stößels

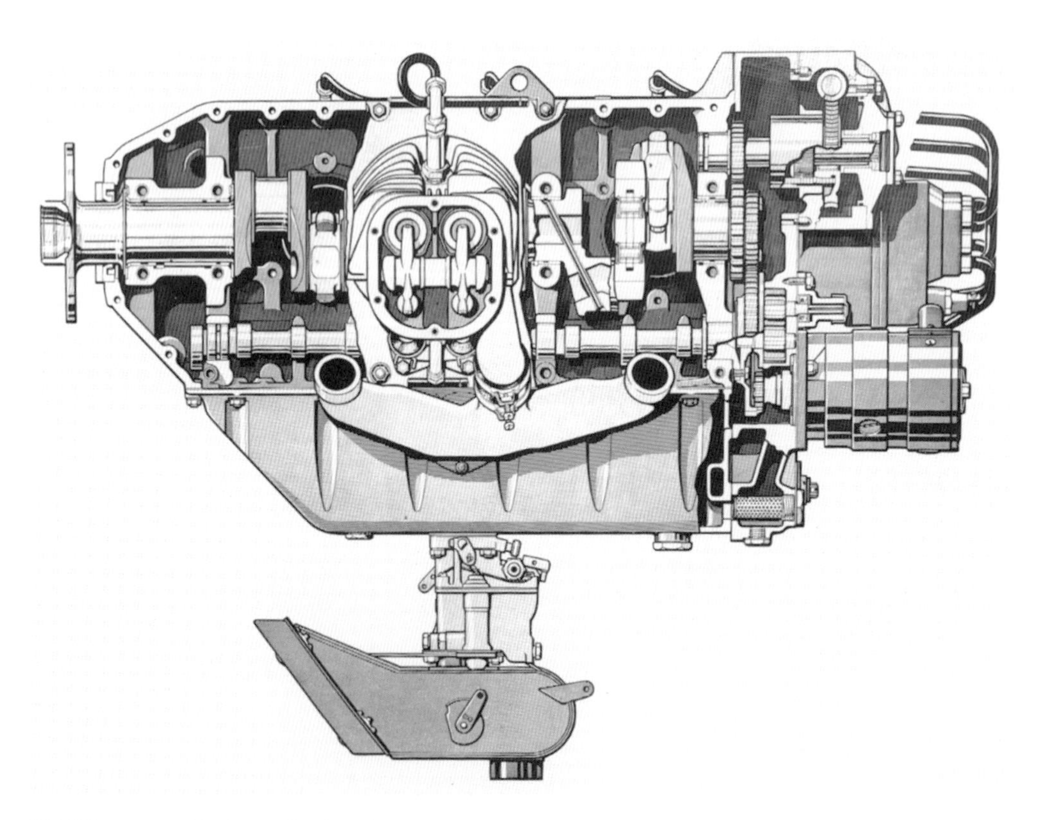

Bild 217: Lage der Nockenwelle eines Boxermotors

Wegen der besonderen Bauart werden beim Sternmotor Nockenscheiben verwendet (**Bild 218**). Beim Drehschiebermotor werden Ein- und Auslassöffnungen durch drehende (oszillierende) Schieber mit Bohrungen freigelegt bzw. geschlossen.

Die vom Motorenhersteller festgelegten Steuerzeiten sind im Steuerdiagramm festgehalten (**Bild 219**).
Die Öffnungszeiten der Ventile stimmen nicht mit den Totpunktstellungen des Kolbens überein. Der Grund liegt darin, dass die volle Gemischmenge nicht schlagartig in den Zylinder eintreten kann, die Abgase nicht ebenso entweichen können und die Verbrennung von der Zündkerze ausgehend, mit einer Geschwindigkeit von ca. v = 25 m/s verläuft. Je höher die Drehzahl, um so größer die Überschneidungen. Der Zündzeitpunkt liegt etwa 25° vor OT.

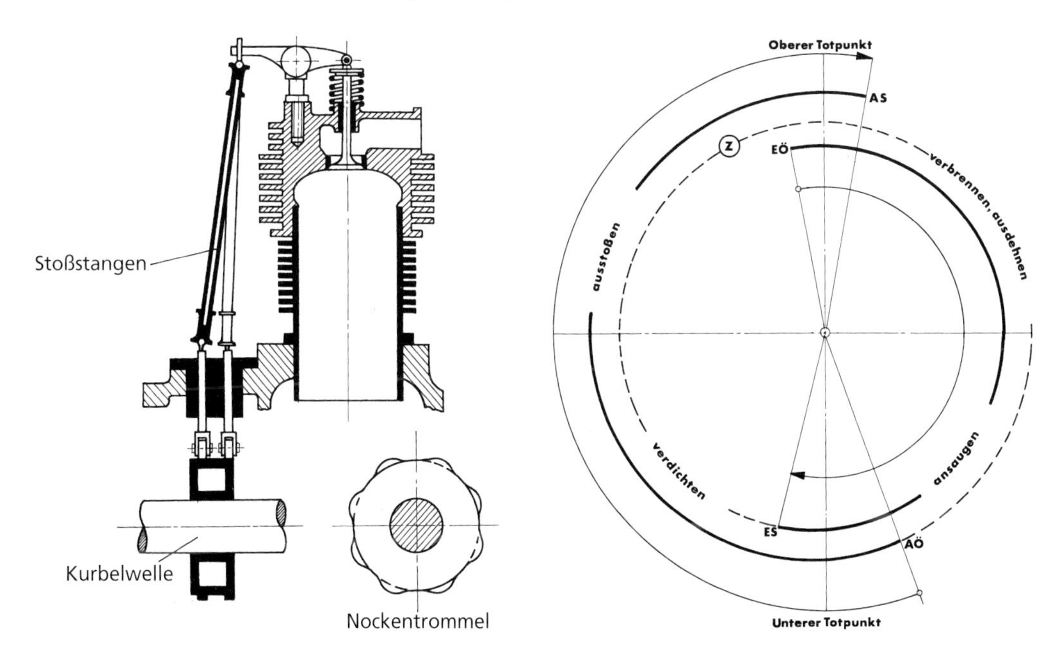

Bild 218: Steuerung eines Sternmotors

Bild 219:
Steuer- oder Ventildiagramm eines Viertaktmotors

Im *p,V*-Diagramm werden die Druck-Volumen-Verhältnisse der einzelnen Takte graphisch dargestellt (**Bild 220**).

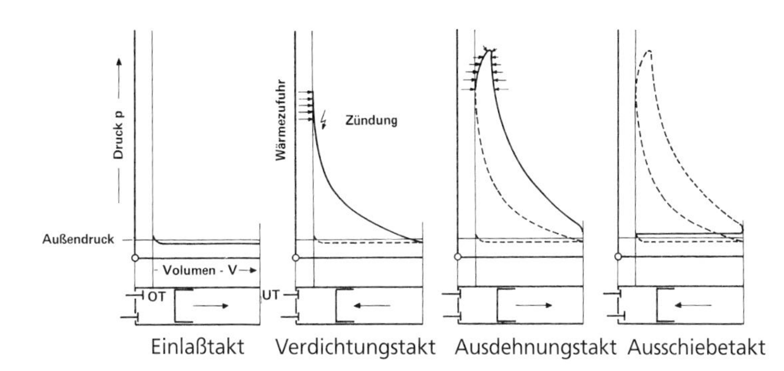

Bild 220:
p,V-Diagramme
der vier Takte

d) Gemischbildungsanlagen

Der Kraftstoff muss zerstäubt und mit Verbrennungsluft im richtigen Verhältnis vermischt werden.

Schwimmvergaser

In der einfachsten Form ähnelt er dem Kraftfahrzeugvergaser, die Kraftstoffzufuhr wird durch Schwimmer geregelt (**Bild 221**). Man unterscheidet zwischen Steig-, Flach- und Fallstromvergasern. Moderne Flugmotoren-Steigstromvergaser haben einen Saugkanal, feste Düsen und eine manuelle Gemischkontrolle. Die Doppelschwimmer gewährleisten eine genaue Kraftstoffbemessung bei extremen Fluglagen.

Die Vergaser bestehen aus zwei Hauptgruppen: Drosselklappengehäuse und Schwimmergehäuse.

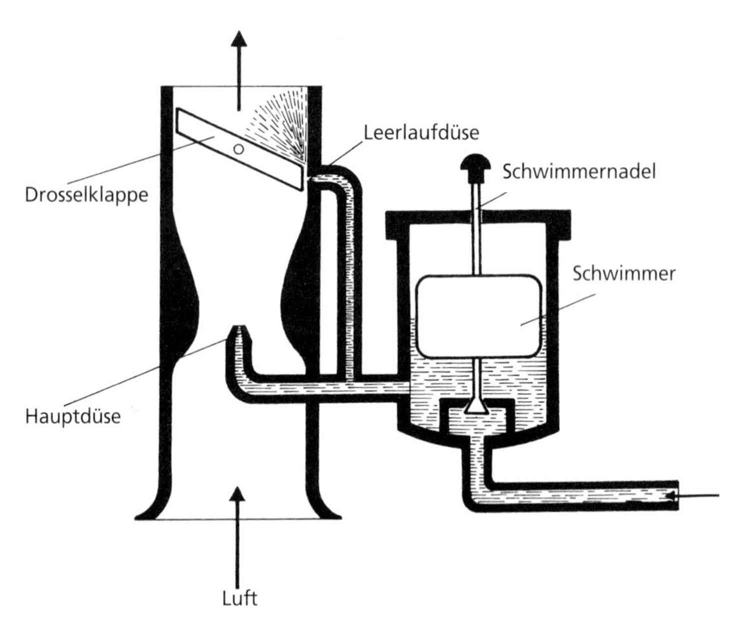

Bild 221: Vergaser

In der Leerlaufstellung, bis etwa 1000 1/min, ist die Drosselklappe nur minimal geöffnet, so dass der Unterdruck hinter ihr sehr groß ist; entsprechend ist der Luftdurchsatz gering. Das hat zur Folge, dass der Hauptdüse wegen der geringen Luftgeschwindigkeit, kein Kraftstoff entnommen wird. Der von der Schwimmerkammer kommende Kraftstoff fließt in den Leerlaufkanal und mischt sich mit der geringen Luftmenge, welche durch den Drosselklappenspalt strömt und das für den Leerlauf erforderliche Gemisch ergibt. Über 1000 1/min tritt durch den zunehmenden Luftdurchsatz die Hauptdüse in Aktion.

Vergaserluft-Vorwärmanlage

Bei bestimmten Luftfeuchtigkeitsverhältnissen kann sich sogar im Sommer Eis im Vergaser bilden. Die Eisbildung wird durch hohe Luftfeuchtigkeit im Ansaugtrichter und durch Entzug von Wärme beim Vernebeln und Verdampfen des Kraftstoffes hervorgerufen. In der Mischkammer kann die Temperatur sogar bis zu 21(C unter die Temperatur der eintretenden Luft absinken und entsprechend bei hoher Luftfeuchtigkeit Eisbildung hervorrufen. Normalerweise beginnt die Eisbildung in der Nähe der Drosselklappe und führt zu Leistungsabfall oder gar zu Triebwerksausfällen.

Dem Piloten macht sich Vergaservereisung durch zwei Anzeichen bemerkbar:

1. Abfall der Motordrehzahl bei Flugzeugen mit starrer Luftschraube
2. Abfall des Ladedruckes bei Flugzeugen mit Verstell-Luftschraube

Einspritzvergaser
Einspritzvergaser unterscheiden sich von Schwimmervergasern durch den Fortfall der Schwimmerkammer. Der Lufttrichter-Unterdruck wird nicht zum Ansaugen des Kraftstoffes aus der Hauptdüse benutzt. Das Kraftstoffsystem von der Förderpumpe bis zur Austrittsdüse ist geschlossen und steht unter einem Druck von ca. 15 psi. Der Lufttrichter dient zur Schaffung von Druckgefällen, zur Regelung der Kraftstoffmenge im Verhältnis zum Luftdurchsatz. Unterdruck am kleinsten Düsendurchmesser und Staudruck im Ringraum zwischen Lufttrichter und Gehäuse steuern über zwei membrangetrennte Kammern die Kraftstoffzufuhr. Ein automatischer Dosenregler sorgt für ständige Gemischregelung, abhängig von Höhe und Temperatur (**Bild 222**).
Da die Austrittsdüse hinter der Drosselklappe angeordnet ist, wird die Möglichkeit der Eisbildung nahezu ausgeschlossen. Bei jeder Fluglage ist das richtige Gemischverhältnis gewährleistet; keinerlei Beeinflussung durch Schwerkrafteffekte. Eine unterdruckgesteuerte Beschleunigungspumpe sorgt für zusätzliche Kraftstoffförderung bei plötzlich geöffneter Drosselklappe.

Bild 222: Gemischreglerdose

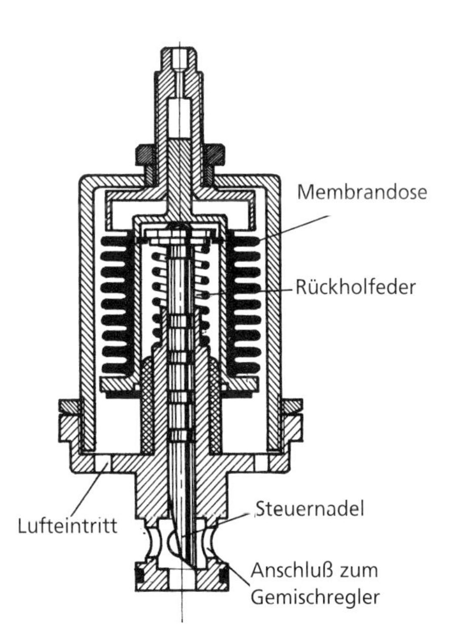

Kraftstoffeinspritzsysteme
Die Benzineinspritzung hat die Aufgabe, hochverdichtete Motoren klopffrei und wirtschaftlich zu betreiben. Hierbei kommt es auf das unter allen Betriebsbedingungen, in allen Höhenlagen richtige Kraftstoff-Luftgemisch an, das in der Praxis zwischen 1 : 10 und 1 : 17 liegt, wobei 1 : 10 ein reiches und 1 : 17 ein armes Gemisch ist. Wird das Verhältnis 1 : 10 unterschritten, so steigt der

Verbrauch an, und die Leistung fällt ab. Umgekehrt ist ein armes Gemisch zunächst wirtschaftlich, die Leistung fällt aber über 1 : 17 rapide ab; außerdem steigt die Zylinderkopf- und Abgastemperatur gefährlich an (Zylinderkopftemperatur max. ca. 225° C, Abgastemperatur max. ca. 900°).

Die höchstzulässige Zylinderkopftemperatur ergibt sich bei einem Kraftstoff-Luftverhältnis von 1 : 15 (chemisch richtiges, stöchiometrisches Verhältnis). Flugmotoren erreichen bei einer Gemischeinstellung von etwa 1 : 12,5 ihre beste Leistung bei hinreichender Wirtschaftlichkeit. Bei den verschiedenen Einspritzsystemen wird, genau dosiert und optimal zerstäubt, nahe der Verbrennungszone eingespritzt.

Man unterscheidet zwischen

kontinuierlicher Einspritzung in die Ansaugleitung bzw. Ladeansaugleitung,
intermittierender Einspritzung direkt vor das Einlassventil und
intermittierender Einspritzung direkt in den Verbrennungsraum.

Bei Flugmotoren werden die beiden ersten Systeme hauptsächlich verwendet, und zwar in Form von Simmonds- und Bendix-Einspritzanlagen. Das Grundprinzip des Bendix RS-Einspritzsystems **(Bild 223)** besteht im Messen des Luftdurchsatzes, der ein Servo-System steuert, welches die Luft-Druckdifferenz in eine Kraftstoff-Druckdifferenz umwandelt. Diese Kraftstoff-Druckdifferenz wirkt auf das Düsensystem des Kraftstoffreglers und ergibt eine dem Luftdurchsatz angemessene Kraftstoffförderung. Eingespritzt wird an einer Stelle vor dem Laderlaufrad oder über ein Verteilerventil zu Einspritzdüsen, die in den Saugrohren vor den Einlassventilen angeordnet sind.
Eine Simmonds-Anlage **(Bild 224)** arbeitet mit einer Mehrfachkolben-Axialpumpe. Eine Taumelscheibe betätigt die Kolben. Der Hubweg wird durch ein unter Öldruck arbeitendes Servosystem reguliert. Ein dosengesteuerter Regler steuert die Anlage abhängig von Luft- und Ladedruck sowie Temperatur.

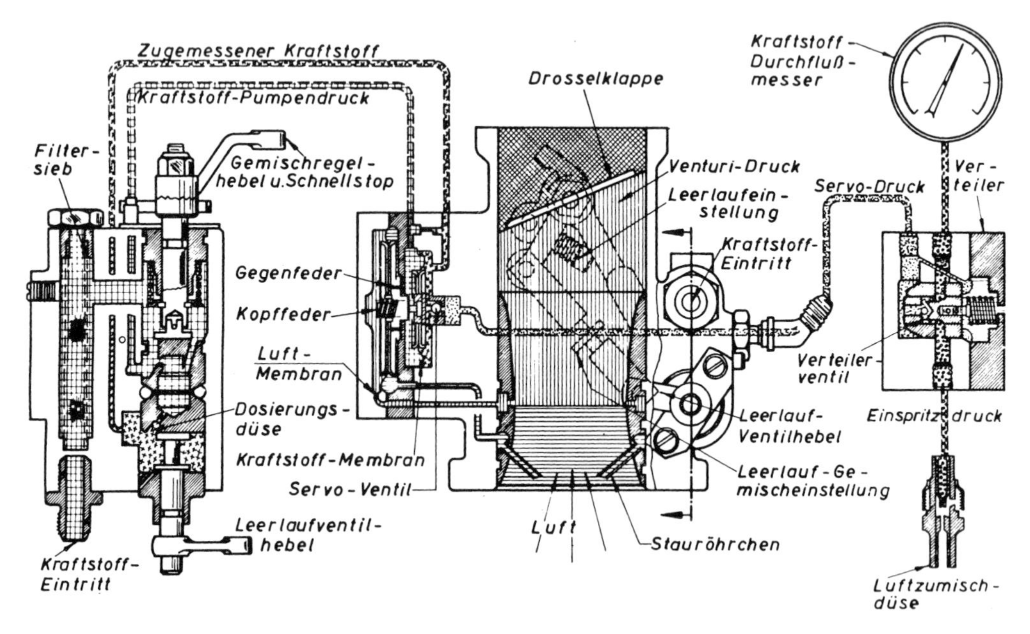

Bild 223: Kraftstoff-Einspritzanlage Bendix (schematisch)

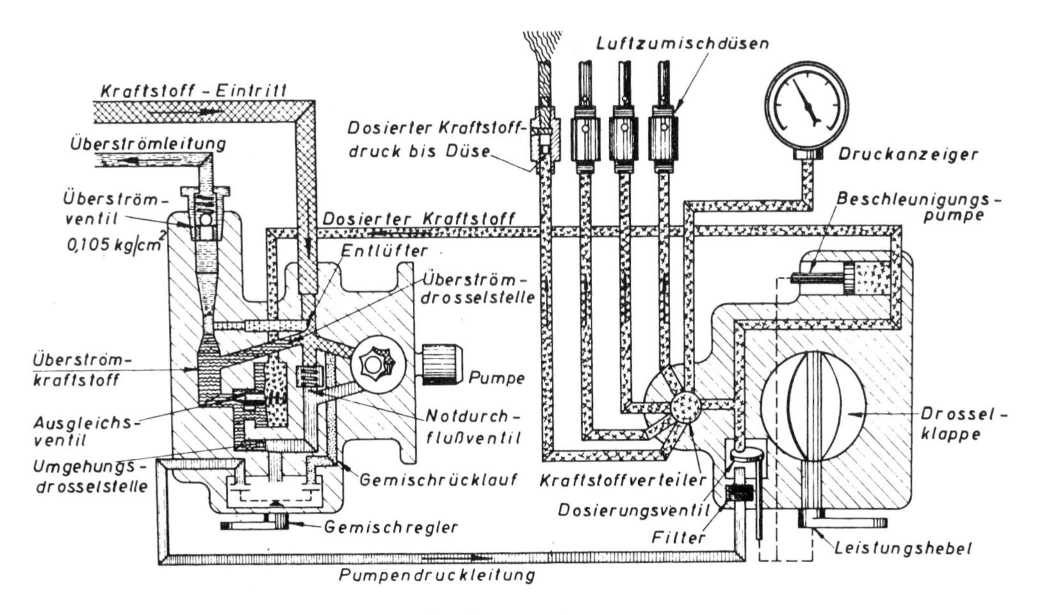

Bild 224: Kraftstoff-Einspritzanlage Simmonds (schematisch)

Bei einer Dauerstrom-Kraftstoffeinspritzanlage wird ständig Kraftstoff durch eine Zahnscheibenpumpe jeder einzelnen Einlassventilkammer zugeführt. Bei Abgasladern wird nur über ein Verteilerventil in die Einlassventilkammern eingespritzt.

e) Zündanlagen

Die Zündung des Gemisches erfolgt durch einen elektrischen Funken an der Zündkerze. Die Spannung wird im Magnetzünder erzeugt. Jeder Zylinder hat zwei Zündkerzen, die aus Sicherheitsgründen von zwei selbstständigen Zündanlagen unabhängig voneinander versorgt werden.

Der Zündmagnet als Wechselstromerzeuger (**Bild 225**) liefert entweder direkt oder über nachgeschaltete Zündspulen »zündfähigen Strom« von 16 000 bis 20 000 Volt. Im ersten Fall spricht man

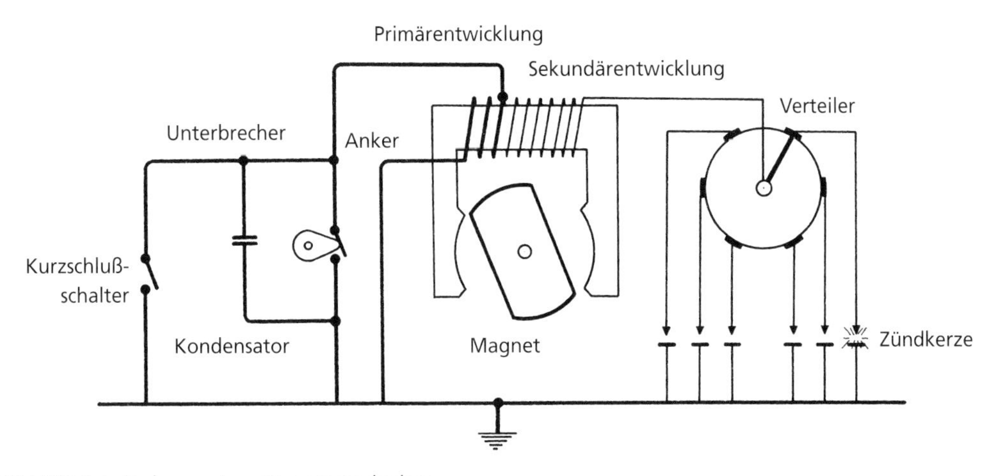

Bild 225: Schaltschema einer Magnetzündanlage

von einer Hochspannungsanlage, im zweiten Fall von einer Niederspannungsanlage. Der genaue Zündzeitpunkt wird vom Unterbrecher gesteuert. Ein Kondensator verhindert kontaktzerstörende Funkenbildung. Der Verteiler bringt den Zündstrom über hochwertig isolierte Zündkabel zur Zündkerze des Zylinders, in dem die Zündung erfolgen soll. Damit auch bei langsamem Durchdrehen ein Zündfunke abgegeben wird, sind kleinere Motoren mit einer Schnappkupplung (am linken Zündmagnet, seltener an beiden) ausgerüstet. Hierdurch wird erreicht, dass die ruckartige Beschleunigung so lange verzögert wird, bis der Kolben fast den oberen Totpunkt erreicht hat. Durch diese Spätzündung wird ein Rückschlagen des Motors vermieden.
Die Anlasshilfe mit Induktionssummer, die sich bei großen Motoren bewährte, wird auch schon für kleinere Flugmotoren verwendet. Hierbei wird statt Einzelfunken ein Band von Funken abgegeben; etwa 200 Zündimpulse pro Sekunde.

Bei der Magnetüberprüfung vor dem Start darf die Drehzahl bei Abschalten eines Magneten, je nach Motor und Luftschraube, bis zu 180 1/min abfallen. Die Drehzahlabfall-Differenz beider Magneten darf max. 50 1/min betragen.

Die Zündkerzen ähneln im Aufbau denen von Kfz-Motoren. Der Kerzenstein besteht aus Sinterkorund und die hochbeanspruchten Elektroden aus Wolfram-Platin-Legierungen (**Bild 226** und **227**).
Neben Zündkerzen in der Massivelektroden-Ausführung (2 und 4) erscheinen mehr und mehr Kerzen mit den zwar teureren aber langlebigeren Feindrahtelektroden aus Platin-Iridium mit besonders günstigem Wärmehaushalt.

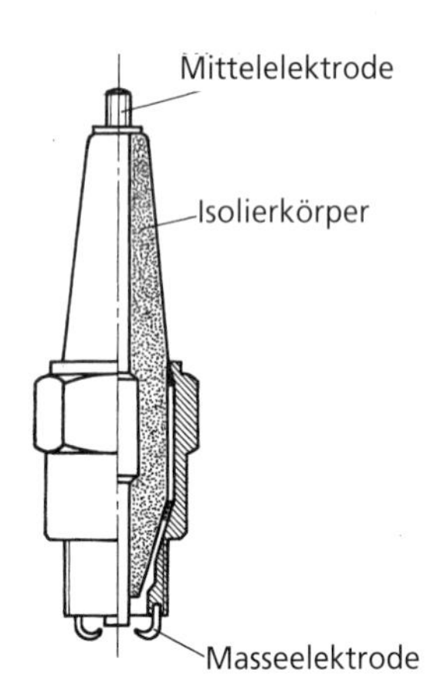

Bild 226: Zündkerze

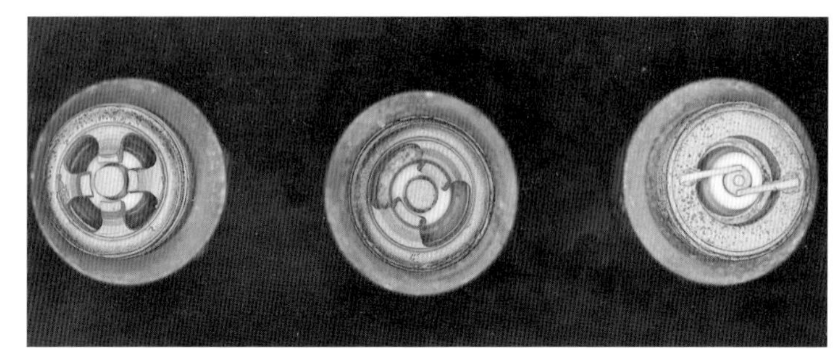

Bild 227: Flugmotoren-Zündkerzen; links die Kerze mit Feindrahtelektroden

f) Anlassvorrichtungen
Motoren müssen durch Fremdenergie in Bewegung gesetzt werden, um zündfähiges Gemisch anzusaugen und zu zünden. Sie werden angelassen durch:

Durchdrehen des Propellers von Hand (veraltet)
Durchdrehen mittels Kurbel
Schwungkraftanlasser
Druckluftanlasser
Elektrische Anlasser

g) Kühlung

Bis zu 2000° C hohe Verbrennungstemperaturen in den Zylindern machen eine Kühlung bestimmter Triebwerksteile durch Luft oder Flüssigkeit erforderlich. Heute sind Flugmotoren (Stern- und Boxermotoren) durchweg luftgekühlt. Die Zylinder und Zylinderköpfe haben Kühlrippen. Leitbleche verbessern die Luftströmung, außerdem wird der Luftwiderstand herabgesetzt.

Bei flüssigkeitsgekühlten Motoren wird Glykol (Siedetemperatur 195° C) als Kühlmittel verwendet.

h) Lader

Hochleistungs-Flugmotoren sind mit einem Lader *(Super Charger)* ausgerüstet. Er hat die Aufgabe, die Motorleistung durch bessere Zylinderfüllung zu steigern. Seine Hauptbestandteile sind Gehäuse mit Leitschaufeln und Laufrad (**Bild 228**).

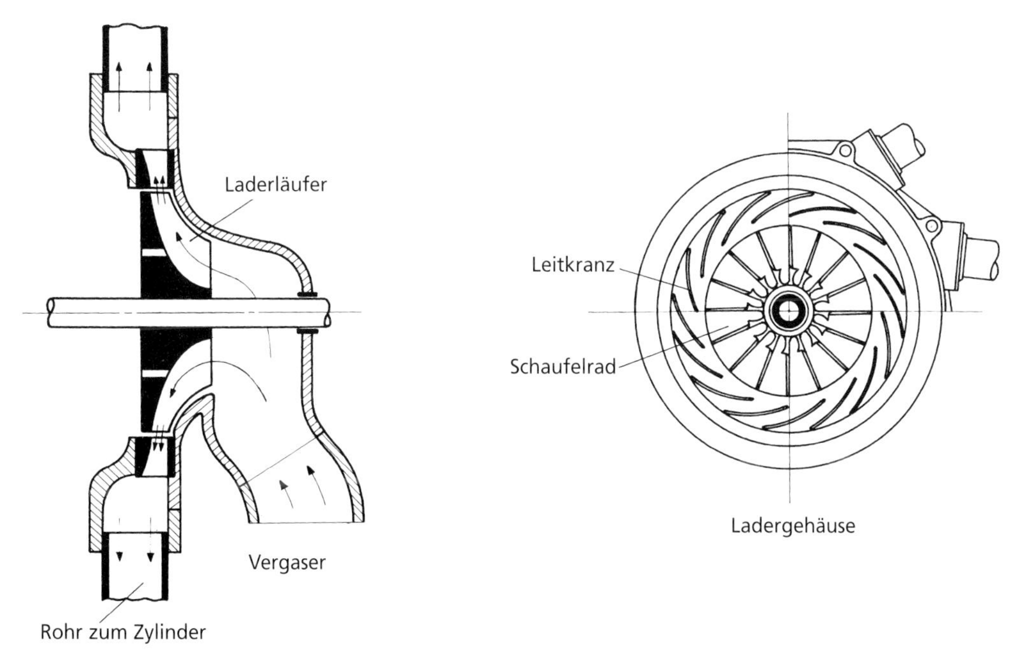

Gemischführung durch den Lader

Bild 228: Lader

Über ein Getriebe arbeitend, sind zwei Drehzahlstufen vorhanden: Boden- und Höhenladerbereich. Beim Sternmotor ist der Lader, ähnlich einer Radialturbine, organisch an das Kurbelgehäuse angebaut (**Bild 229** und **230**).

Heute vielfach verwendete Abgaslader *(Turbo Charger)* werden durch die mit hoher Geschwindigkeit austretenden Abgase angetrieben (**Bild 231**).

i) Getriebe

In größeren Motoren sind eine Reihe von Getrieben eingebaut, wie: Untersetzungsgetriebe für die Luftschraube (**Bild 232** und **233**), Laderschaltgetriebe, Hilfsgeräteantrieb u. a.

j) Schmierung

Für die Betriebssicherheit eines Motors ist ein zuverlässiges Schmierstoffsystem erforderlich. Das Öl hat hierbei folgende Aufgaben:

Bild 229:
Teile eines Sternmotorgehäuses

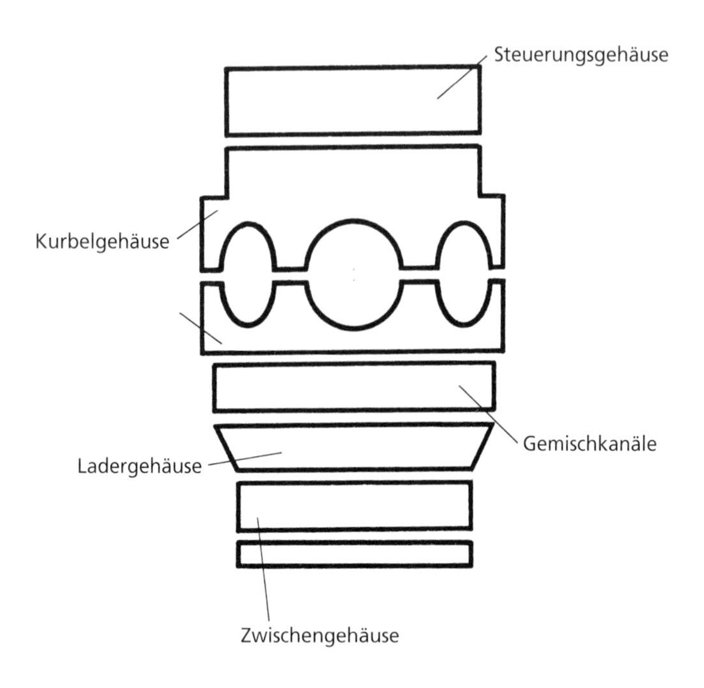

Bild 230:
Sternmotor,
Anordnung der
Laderrohre

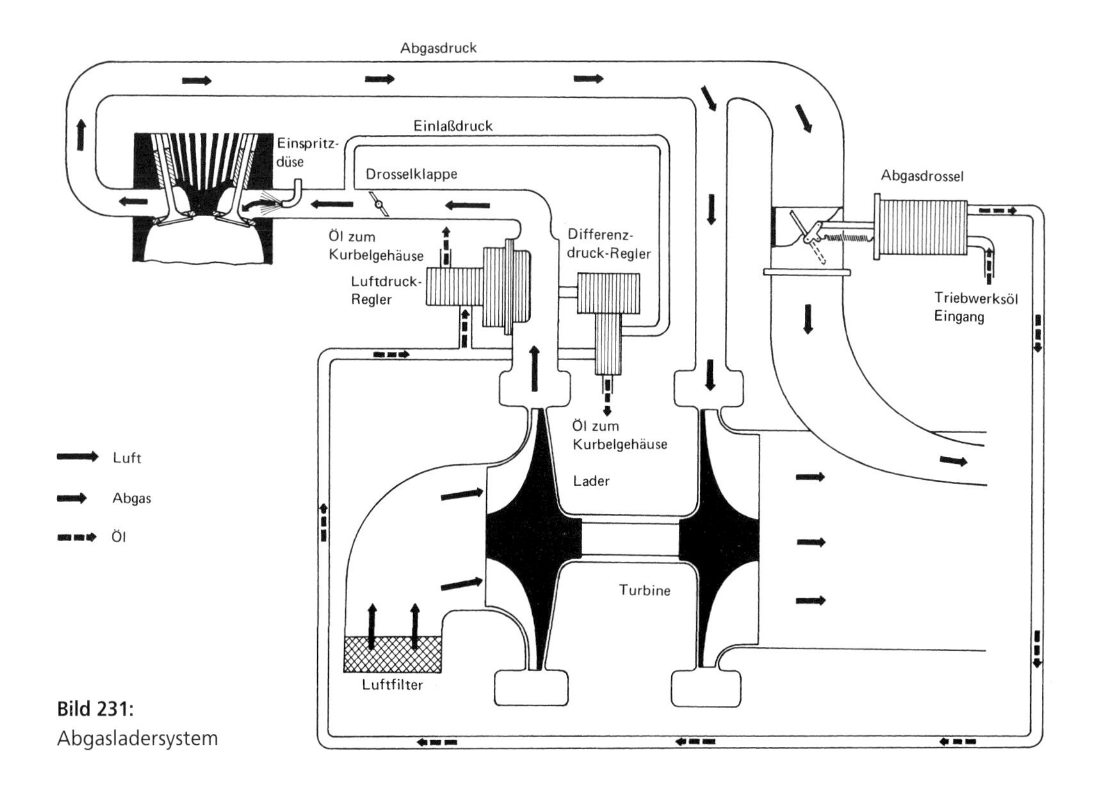

Bild 231:
Abgasladersystem

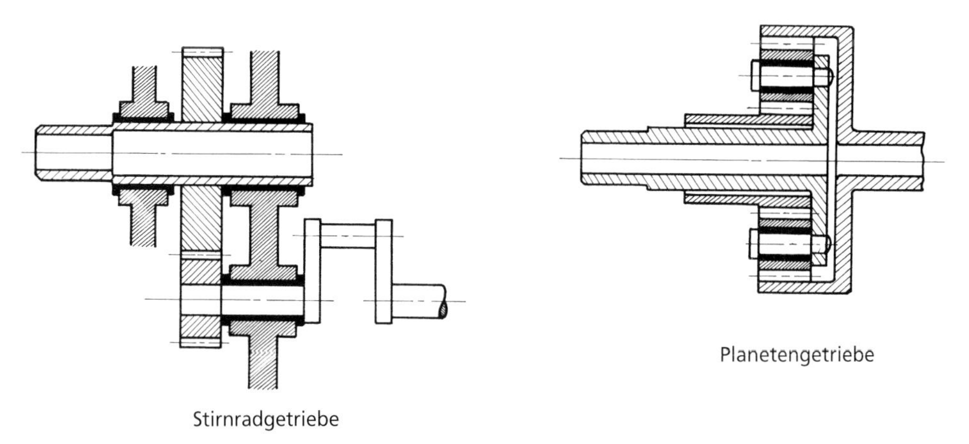

Bild 232: Luftschrauben-Untersetzungsgetriebe

Die Reibung zwischen aufeinander gleitenden Teilen zu vermindern, Wärme abzuleiten und den Spalt zwischen Kolben und Zylinder feinabzudichten. Außerdem hat es reinigende und konservierende Eigenschaften.

Zur Erfüllung dieser Aufgaben werden allgemein die Trocken- und Nasssumpf-Druckumlaufschmierungen verwendet (**Bild 234**). Der Schmierstoff wird durch eine Pumpe den einzelnen

Bild 233: Luftschrauben-Planetengetriebe

Schmierstellen zugeführt. Das Öl wird aus dem Gehäuse durch die Rückförderpumpe abgesaugt. Man unterscheidet den inneren (motorseitigen) und äußeren (zellenseitigen) Schmierstoffkreislauf. Zahnrad- oder Kolbenpumpen fördern das Öl. Der Schmierstoffdruck beträgt 5 bis 7 bar, die Öltemperatur im Kurbelgehäuse 40° C bis 95°.

Beim Kaltstartverfahren wird das Öl mit Kraftstoff vermischt und somit dünnflüssiger. Der Kraftstoff verdampft beim Motorlauf.

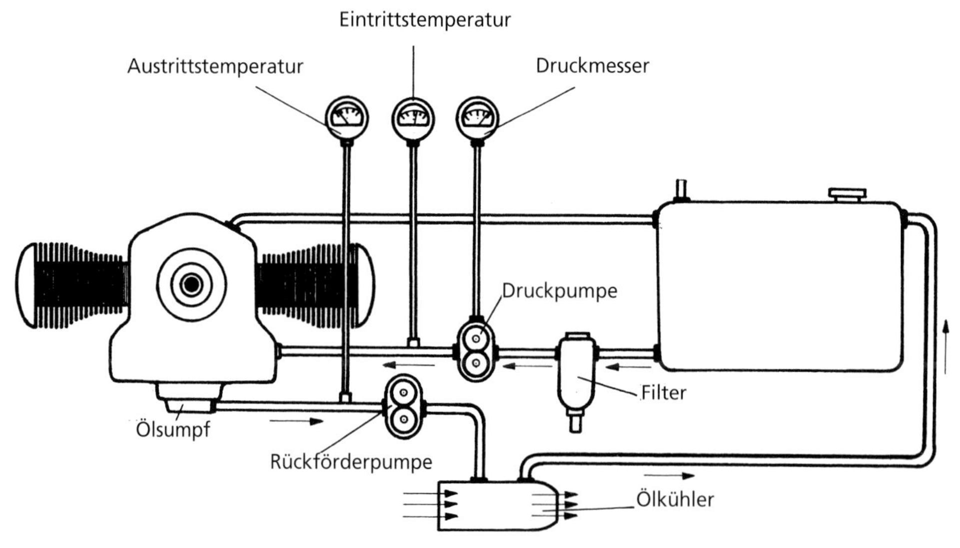

Bild 234: Schmierstoffkreislauf

Bild 235: Verschiedene Kraftstoffpumpen

k) Kraftstoffpumpen (Bild 235)

Der Kraftstoff wird aus den Behältern durch das Brandschott über Filter zum Motor gepumpt (**Bild 236**). Dieses geschieht mittels Kolben-, Membran-, Drehflügel- oder Zahnradpumpen (**Bild 237**).

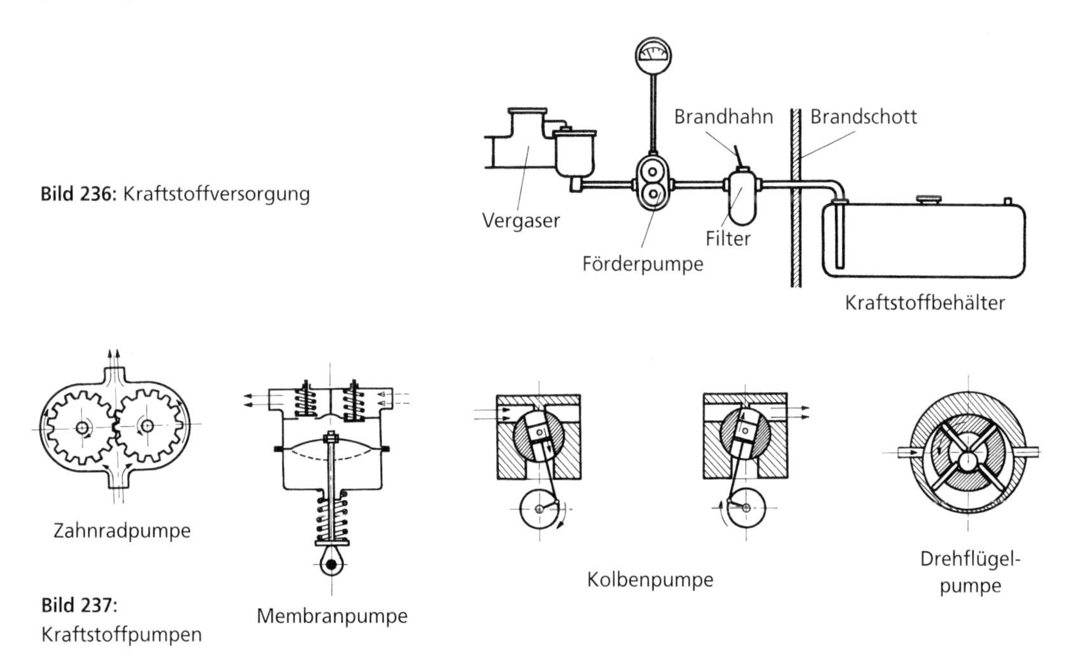

Bild 236: Kraftstoffversorgung

Bild 237: Kraftstoffpumpen

l) Leistungssteigerung

Für kurzzeitige Leistungserhöhungen beim Start wird ein Wasser-Methanol-Gemisch eingespritzt. Hierdurch wird eine sehr intensive Innenkühlung in den Zylindern erreicht. Eine höhere, leistungssteigernde Aufladung ist dadurch möglich.

Bei Abgasturbinen wird die große Abgasenergie ausgenutzt. Ein oder zwei Turbinen geben ihre Leistungen über Getriebe und Freiläufe zusätzlich auf die Kurbelwelle.

m) Zweitaktmotoren

Zweitaktmotoren finden nur in Form kleiner Boxermotoren für den Antrieb von Leichtflugzeugen und Motorseglern Verwendung. Das Zweitaktverfahren wird in **Bild 238** schematisch gezeigt.

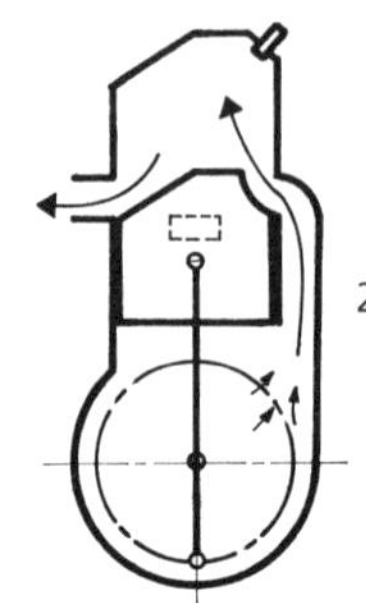

Bild 238: Zweitakt-Verfahren

1. Takt = Füllung
Unter dem sich aufwärts bewegenden Kolben entsteht ein Unterdruck, der nach Öffnen des Einlasskanals Gemisch in das Kurbelgehäuse einströmen lässt. Über den Kolben strömt das Gemisch durch die Überströmkanäle in den Zylinder, die Abgase werden durch den Auslasskanal ausgeschoben. Nach Schließen der Kanäle erfolgt die Verdichtung.

2. Takt = Zündung
Nach der Zündung gibt der sich abwärts bewegende Kolben den Auslassschlitz frei. Unter dem Kolben wird nach Schließen des Einlasskanals das Gemisch vorverdichtet, bis es wieder, nach Öffnen der Überströmkanäle, in den Zylinder strömt.

n) Dieselmotoren

Zweitakt-Diesel-Flugmotoren wurden von der Firma Junkers bis 1945 für eine Reihe von Flugzeugen gebaut. Heute sind diese wegen vieler Nachteile, wie hohes Gewicht, geringe Leistung, nicht mehr gebräuchlich.

o) Wankelmotoren

Wankelmotoren (**Bilder 239 und 240**) werden als Hilfsmotoren für Segelflugzeuge und als Antrieb von Spezial-Flugzeugen verwendet. Der Drehkolbenmotor ist ein Verbrennungsmotor, der in vier Arbeitsphasen arbeitet. Der Kurbeltrieb ist durch einen rotierenden Läufer ersetzt. Der Innenraum des Gehäuses ist eine zweibogige Epitrochoide, in der ein dreieckförmiger Läufer exzentrisch rotiert. An den Kanten sind Dichtleisten eingelassen. Es entstehen drei Räume, die sich bei Drehung des Läufers vergrößern und verkleinern, so dass angesaugt, verdichtet, gezündet und ausgestoßen werden kann.

1. Phase = Einlasskanal frei, Gemisch strömt ein
2. Phase = Das Gemisch wird verdichtet
3. Phase = Das Gemisch wird gezündet
4. Phase = Die Abgase werden ausgeschoben

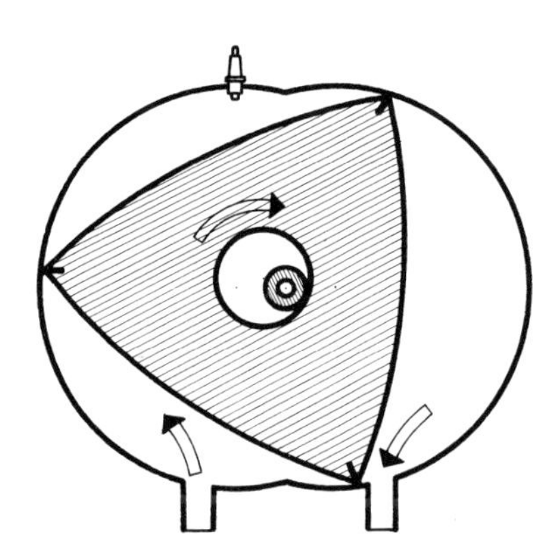

Bild 239: Wankelmotor

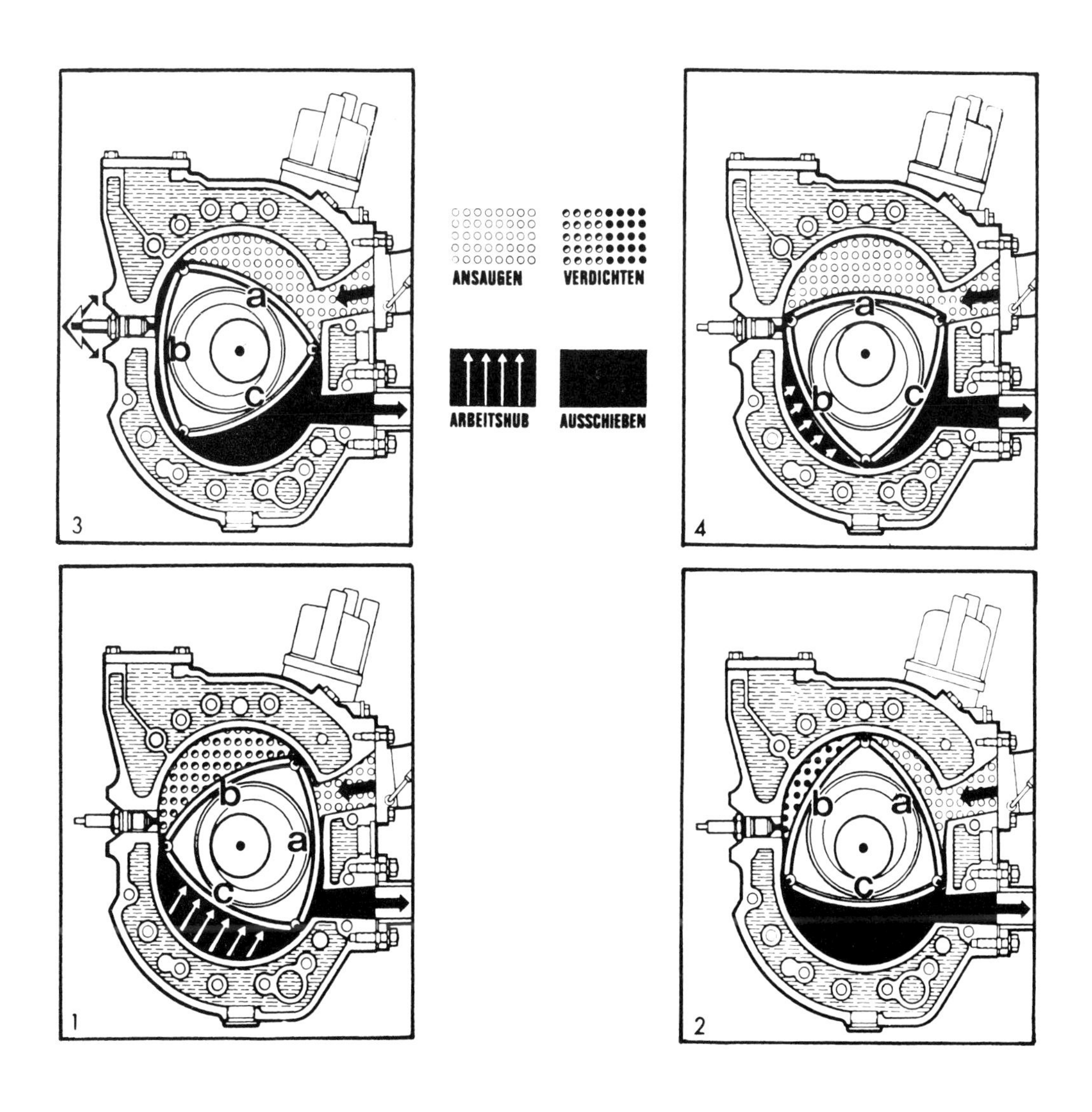

Bild 240: Die Arbeitsphasen eines Wankelmotors

Phase 1: Nachdem über der Kolbenflanke a (Kammer a) der letzte Rest verbrannter Gase ausgeschoben ist, beginnt der Ansaugtakt. Kammer b ist mit Frischgas gefüllt und komprimiert. In c dehnen sich die verbrennenden Gase kräftig aus.

Phase 2: Kammer a saugt weiter an. Kammer b verdichtet. In Kammer c haben die verbrannten Gase ihre volle Wirkung getan. Die Dichtleiste hat die Auslasssteueröffnung freigegeben, und die verbrannten Gase strömen aus.

Phase 3: Kammer a saugt noch immer Benzin-Luft-Gemisch. b hat voll verdichtet. Eine Zündkerze entzündet das komprimierte Benzin-Luft-Gemisch. Kammer c schiebt die verbrannten Gase weiter aus.

Phase 4: Kammer a ist mit Frischgas angefüllt. Der Kompressionstakt setzt ein, sobald die Dichtleiste die Einlassöffnung geschlossen hat. In Kammer b expandieren die verbrennenden Gase und treiben mit dem Kolben die Exzenterwelle in Drehrichtung voran. Kammer c schiebt die verbrannten Gase weiter aus.

p) Motorbezeichnungen

Aus dem Amerikanischen stammen folgende Motor-Kurzbezeichnungen, auf die hier kurz eingegangen werden soll.

T	H	V	1	G	5	0	540	A	1	A	5
1	2	3	4	5	6	7	8	9	10	11	12

1	Turbocharged	=	Abgaslader
2	Horizontal	=	Hubschraubertriebwerk, waagerechter Einbau
3	Vertical	=	Hubschraubertriebwerk, senkrechter Einbau
4	Injection	=	Einspritzmotor
5	Geared	=	Untersetzungsgetriebe
6	Supercharged	=	Lader
7	Opposing zylinder	=	Boxermotor
8	Cubic inch	=	Hubraum in $inch^3$
9	Power section	=	Grundbauform
10	Nose section	=	Luftschraubenausführung (1 u. 3 Verstellpropeller, 2 u. 4 starre Propeller)
11	Accessory section	=	Geräteträger-Bestückung
12	Counterweight application	=	Gegengewichte der Kurbelwelle (hier 5. Ordnung)

3.4.2 Propeller

Die Luftschraube hat die Aufgabe, das Drehmoment des Motors in eine nach vorn gerichtete Schubkraft umzuwandeln (**Bild 241**). Im Profil ähneln die Propellerblätter dem einer Tragfläche (**Bild 242**). Dadurch ist gewährleistet, dass sie sich mit geringmöglichem Widerstand durch die Luft bewegen. Um über den gesamten Blattbereich bei ungleicher Umfangsgeschwindigkeit gleiche Vortriebskraft zu erzeugen, sind die Blätter in sich verdreht, sie sind geschränkt. Die Steigung ist

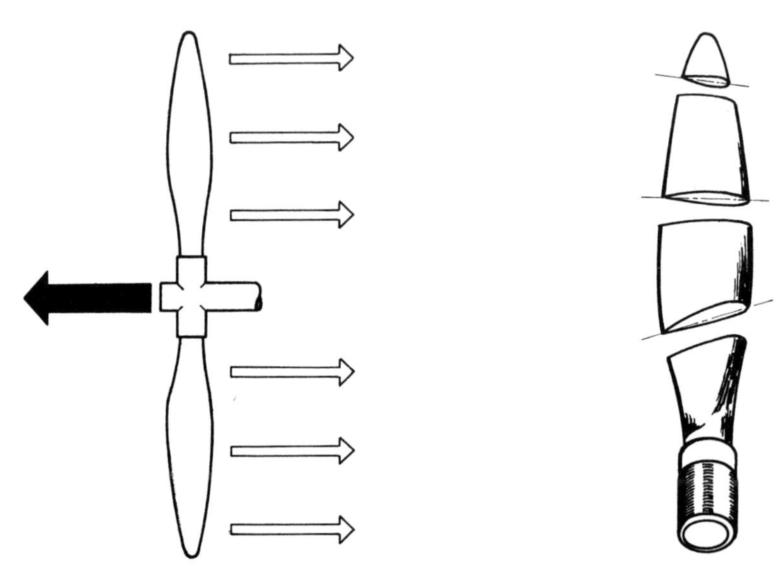

Bild 241:
Vortrieb durch Beschleunigung der Luft nach hinten

Bild 242:
Luftschraubenblatt, Profile und Verwindung

der Weg, den die Propeller in Richtung der Drehachse während einer Umdrehung in fester Materie zurücklegen würden; zu vergleichen mit der Steigung eines Gewindes. Der Steigungswinkel ist der Winkel zwischen Profilsehne und einer Ebene senkrecht zur Propellerachse (**Bild 243**). Die Blätter drücken auf die ursprünglich ruhenden Luftteilchen und geben ihnen eine rückwärts gerichtete Geschwindigkeit. Der Vortrieb entsteht dadurch, dass der Propeller eine in der Zeiteinheit bestimmte Luftmenge nach hinten beschleunigt. Der wirksame Anstellwinkel der Blätter ändert sich mit der Fluggeschwindigkeit; er nimmt mit zunehmender Geschwindigkeit ab (**Bild 244**). Somit liefern starre Blätter nur bei einer bestimmten Geschwindigkeit maximalen Vortrieb. Verstell-

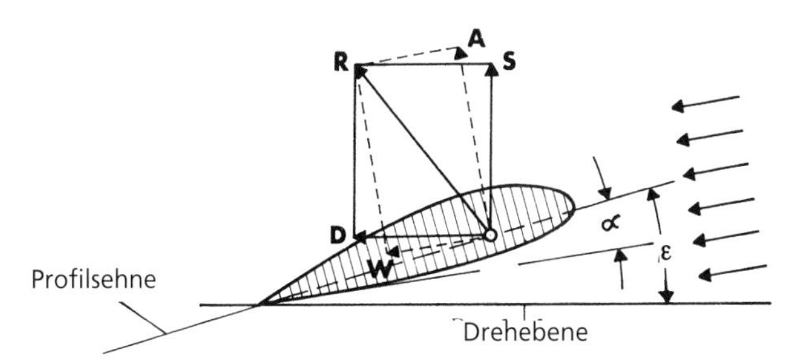

Bild 243: Wirkungsweise einer Luftschraube

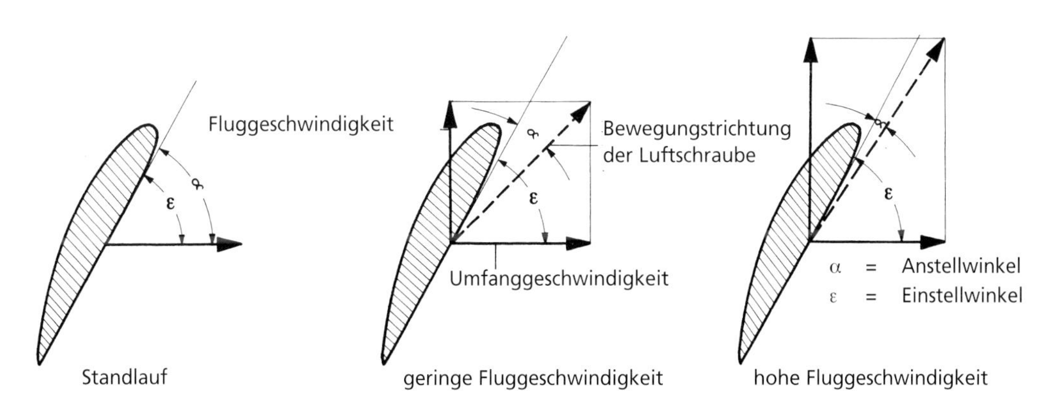

Bild 244: Der Anstellwinkel des Propellers

Propeller (**Bild 245**) ermöglichen bei jeder Fluggeschwindigkeit die volle Motorleistung. Die Blätter sind in der Nabe drehbar gelagert und können während des Fluges vom Flugzeugführer hydraulisch verstellt werden. Ferner gibt es Propeller, die am Boden von Hand eingestellt und solche, die im Fluge automatisch verstellt werden. Die Regelung ist durch Fliehkraft gesteuert. Verwendet man Propellerblätter mit radiusabhängigen Steigungswinkeln, so kann an allen Punkten der gleiche Anstellwinkel realisiert werden (**Bild 246**).

Der vielfach verwendete Mc Cauley »constandspeed« Propeller ist ein einfach wirkender, automatisch betätigter Verstellpropeller. Der Hydraulikdruck, übertragen auf den Steuerkolben, steht dem federkraftunterstützten natürlichen Zentrifugaldrehmoment der drehbaren Blätter gegenüber. Hierdurch wird erreicht, dass die Steigung automatisch drehzahlabhängig verstellt wird (**Bild 245**). Die Regler-Zahnradpumpe (**Bild 247**) bezieht Öl aus dem Schmiersystem des Motors, erhöht den

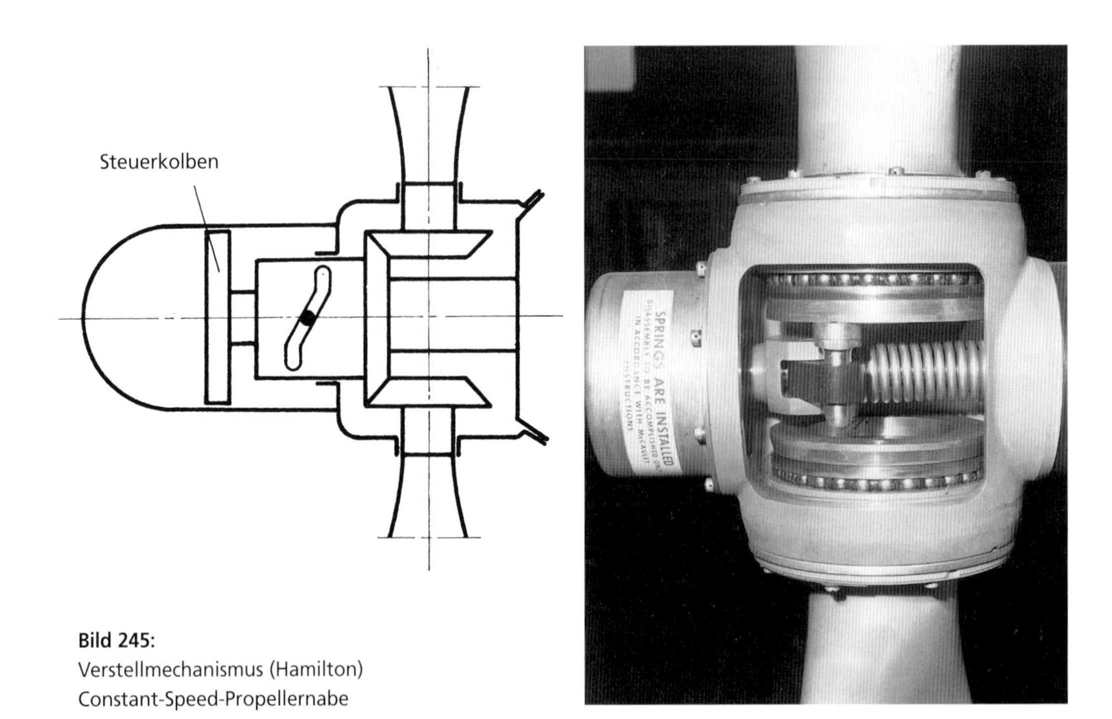

Bild 245:
Verstellmechanismus (Hamilton)
Constant-Speed-Propellernabe

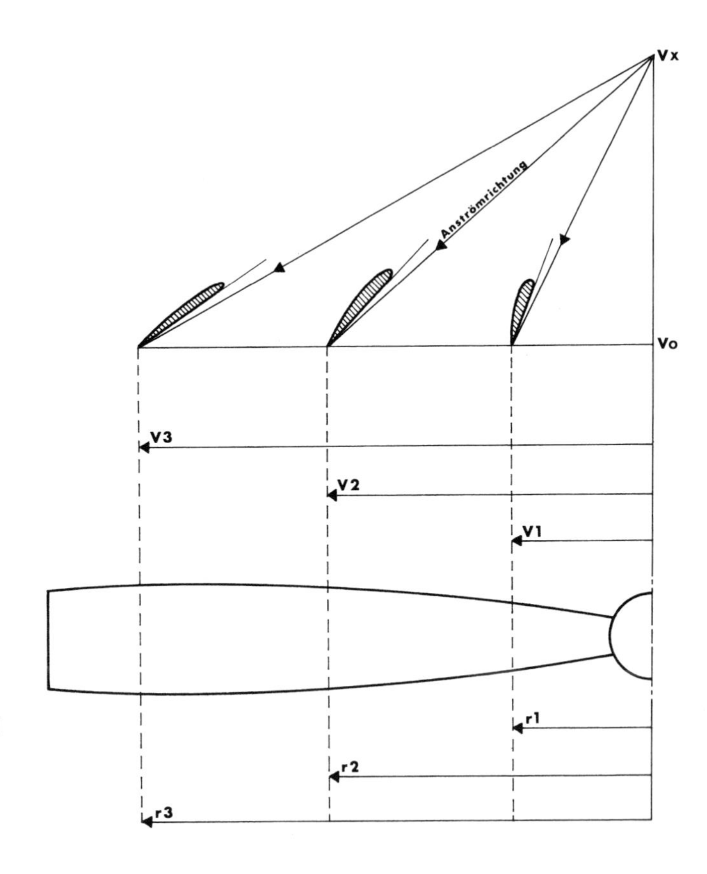

Bild 246:
Radiusabhängige Steigungswinkel am Propellerblatt gewährleisten an allen Punkten gleichen Anstellwinkel

Bild 247:
Regler-Zahnradpumpe

Bild 248:
Regler (Governer) im Schnitt; sichtbar sind Fliehgewichte und Steuerventil-Bohrungen

Druck und leitet es weiter durch die Propeller zur Propellernarbe. Der fliehkraftgesteuerte Regler-Steuerschieber verändert die Steigung der Blätter öldruckabhängig (**Bild 248**).
Im Falle einer Unterbrechung der Ölversorgung werden die Blatter durch die Feder in kleine Steigung gedrückt. Das Fahren der Blätter in Segelstellung ist nicht möglich.
Bei automatischen Verstellpropellern ähnlicher Funktion, z. B. Hartzell, ist diese Stellung der Blätter möglich. Bei Ausfall der Ölversorgung drehen die Blätter automatisch in Richtung große Steigung (Segelstellung). Leichtmetalllegierungen sind der Werkstoff sowohl für starre als auch für Verstellpropeller. Verbiegungen können in einem gewissen Umfang gerichtet werden und Einkerbungen am Rand lassen sich durch Augsrundungen bzw. Verkürzungen beheben.

Seit geraumer Zeit finden Holzpropeller in der sogenannten Hoffmann-Composite-Ausführung zunehmend Verwendung. Holz, mit seinen guten Eigenschaften, bringt geringes Gewicht und Unempfindlichkeit gegen Schwingungen. Ausgangswerkstoff ist Eschenholz. Es wird mit Kunstharzleimen zu einem eng lamellierten Körper verleimt. Ausgerüstet mit Messingkantenschutz und GFK-Überzug verspricht er Formbeständigkeit und lange Lebensdauer. Holzblätter sind gut reparierbar (**Bild 249**).

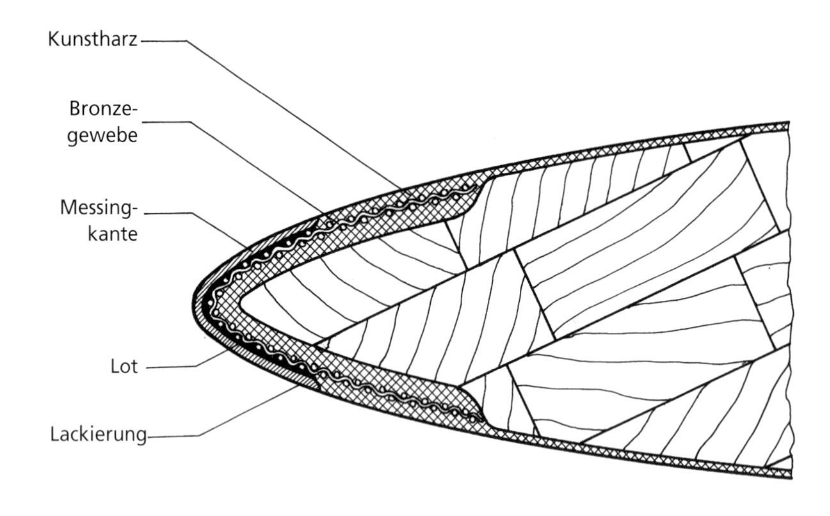

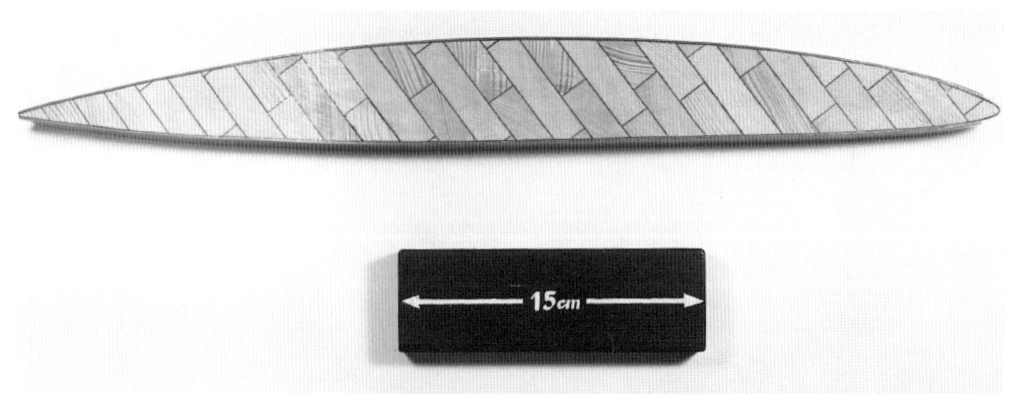

Bild 249: oben Hoffmann-Kantenbeschlag, unten Hoffmann-Holzpropeller für Großflugzeuge

Beim Start drehen Luftschrauben mit kleiner Steigung, um so bei großer Motordrehzahl günstigen Vortrieb zu liefern. Im Reiseflug wird die Drehzahl gedrosselt und die Steigung vergrößert. Bei Segelstellung erhalten die Blätter einen Anstellwinkel senkrecht zur Umlaufrichtung. Bei stehendem Motor bilden sie so den geringsten Luftwiderstand (**Bild 250**).

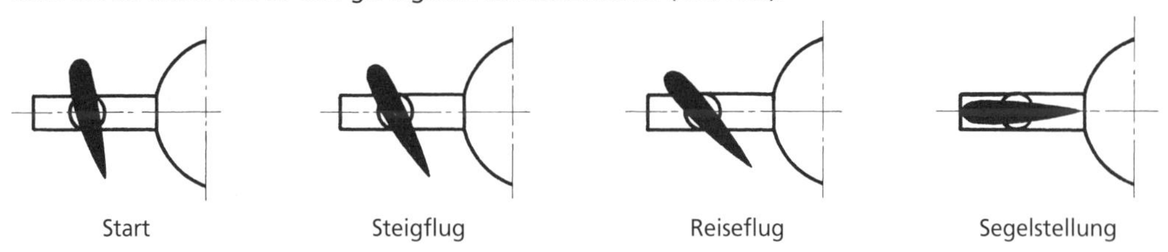

Bild 250: Blattstellungen eines Verstellpropellers

Über die Segelstellung hinaus lassen sich die Blätter bei einer Reihe von Flugzeugen in die sogenannte Bremsstellung drehen. Der Schub wirkt nun entgegengesetzt und bremst das ausrollende Flugzeug.

3.4.3 Strahltriebwerke

Rückblick
Der Rückstoß- oder Reaktionsantrieb dürfte bereits im 13. Jahrhundert in China bei Brandwaffen verwirklicht worden sein. Erst im zweiten Weltkrieg fand aber die Rakete Nutzanwendung als Strahltriebwerk für Flugzeuge. Die aus der Dampfturbine entwickelte Gasturbine wurde ebenfalls erst im zweiten Weltkrieg als Turbinenluftstrahltriebwerk zur Serienreife gebracht.

Turbinenluftstrahltriebwerke (TL) haben heute großvolumige und leistungsstarke Kolbentriebwerke vollständig als Antrieb für Luftfahrzeuge verdrängt.

1232 Chinesische Raketen als Brandwaffen.
1500 Leonardo da Vinci projektiert Warmluft-Flügelrad.
1687 Isaac Newton stellt Energiegesetze auf und entwickelt Dampf-Rückstoßwagen.
1898 Die Gebrüder Armengaud entwickeln und betreiben die erste Gasturbine in Frankreich.
1913 Rene Lorin meldet Staustrahltriebwerk zum Patent an.
1930 Der Engländer Frank Whittle meldet sein Turbinenluftstrahltriebwerk mit Radialverdichter WI mit 3,9 kN Schub zum Patent an.
1937 v. Ohain, Physiker in Göttingen, entwickelt für die Firma Heinkel ein mit Wasserstoff betriebenes Turbinentriebwerk HE SI mit 1,3 kN Schub.
1939 Heinkel-Turbinentriebwerk HE S3 liefert Benzingetrieben 4,5 kN Schub und treibt erfolgreich das erste Turbinenflugzeug der Welt, die HE 178, an.
Prof. Walter entwickelte eine regelbare Flüssigkeitsrakete RI 203, die mit Methanol und Wasserstoffsuperoxid betrieben 5,0 kN Schub liefert. Einbau in das erste Raketenflugzeug der Welt, HE 176.
1942 BMW und Junkers beginnen mit der Erprobung der ersten serienreifen Axial-Turbinenluftstrahltriebwerke 003 und 004. Diese Triebwerke waren für Jahrzehnte richtungsweisend im internationalen TL-Triebwerksbau.
Schmidt konstruiert für die Motorenfirma Argus ein Pulsotriebwerk AS 014 mit 3,35 kN Schub als Antrieb für die Flugbombe FI 103 (VI).

Funktion der Strahltriebwerke
So unterschiedlich die Funktionen von Strahltriebwerken und Kolbentriebwerken auch sind, so gleichartig ist die Form der Entstehung des Vortriebes, des Schubes. Sowohl der vom Kolbentriebwerk angetriebene Propeller als auch Strahltriebwerke beschleunigen in der Zeiteinheit eine bestimmte Luft- bzw. Gasmasse.

Jede Kraft (Aktion) löst eine gleichgroße entgegengesetzte Kraft (Reaktion) aus.

Ein Gasstrahl, der vom Antrieb beschleunigt wird, bewirkt in entgegengesetzter Richtung eine Kraft, die als Schub bezeichnet wird. Entscheidend für die Vortriebskraft ist die beschleunigte Gasmasse und ihre Geschwindigkeit.

Das Produkt aus Masse und Geschwindigkeit wird als Impuls bezeichnet.

Impuls = Masse x Geschwindigkeit

$$I = m \cdot v$$

Die Dimension ist $kg \frac{m}{s}$

Ändert sich der Impluls innerhalb einer bestimmten Zeit, wird eine Kraftwirkung hervorgerufen:

$$\frac{\text{Impuls}}{\text{Zeit}} = \frac{\text{Masse x Geschwindigkeit}}{\text{Zeit}}$$

$$\frac{I}{t} = \frac{m \cdot v}{t} = F$$

$$\frac{v}{t} = a\text{, Beschleunigung}$$

Die zeitliche Änderung des Impulses ist also das Produkt aus Masse und Strömungsgeschwindigkeit. Die pro Sekunde durch das Triebwerk strömende Luftmasse m wird als Luftmassendurchsatz $\dot{m}L$ bezeichnet. Damit lautet die Formel für den Schub in N

$$S = m \cdot v$$
$$S = \dot{m}L \cdot (c - v)$$

S = Schub (N, mkg/S^2)
$\dot{m}L$ = Luftmassendurchsatz (kg/s)
c = Ausströmungsgeschwindigkeit (m/s)
v = Fluggeschwindigkeit

Bei einem Triebwerk im Standlauf (v = 0) und einem Luftmassendurchsatz von 50 kg/s entsteht eine Austrittsgeschwindigkeit von 300 m/s.

Der Schub beträgt somit:

$$\frac{50\ kg \cdot (300 - 0)}{s \qquad s} = \frac{15.000\ kgm}{s^2} = 15000\ N$$

Im täglichen Leben begegnen uns Reaktionsantriebe oder Kräfte beim Rasensprenger, als Spielzeug beim Hero's Ball oder beim Gewehr.
Luftfahrzeugantriebe unterscheiden sich nur durch die Form der Gasbeschleunigung ihrer Triebwerke.

Staustrahltriebwerk
Das Staustrahltriebwerk stellt die funktionell einfachste Form des Luftstrahlantriebs dar, weil es ohne rotierende Teile auskommt (**Bild 251**). Der Aufbau ist entsprechend einfach.

Ein durchgehender, rohrähnlicher Körper zeigt einen divergenten (sich verengenden) und einen konvergenten (sich erweiternden) Ausgangsquerschnitt. Durch eine vor dem Anlassen notwendige Vorwärtsbewegung des Triebwerkes wird Luft in die Einlassöffnung gedrückt und erhält im Verbrennungsraum eine Kraftstoffeinspritzung. Der nach einer Initialzündung entstehende Verbrennungsdruck kann nur nach hinten entweichen, solange der vorne wirkende Staudruck größer ist.

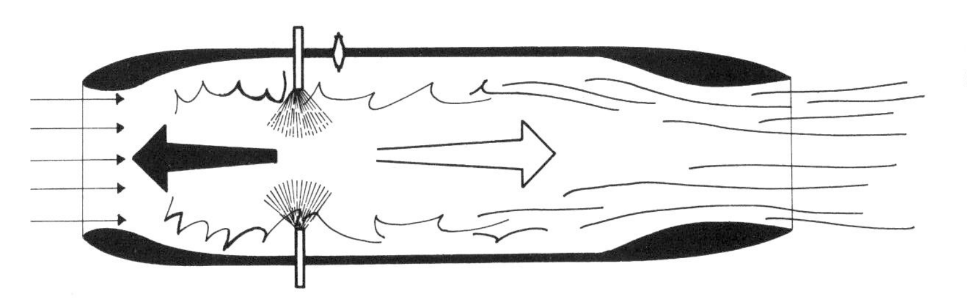

Bild 251:
Staustrahltriebwerk

Wegen der hohen Gasgeschwindigkeit im Brennkammer-Abschnitt, zwischen 90 und 150 m/s, müssen Flammenhalter für eine kontinuierliche Verbrennung sorgen.
Zur Erzeugung notwendiger Staudrücke sind Fluggeschwindigkeiten, je nach Form und Ausführung, zwischen 300 und 500 km/h erforderlich. Deshalb eignen sich diese Triebwerke nicht für den Startantrieb von Flugzeugen; sie können immer erst nach Erreichen der jeweiligen Geschwindigkeit nachgeschaltet werden. Die Anwendungsbeispiele sind demzufolge begrenzt: Marschtriebwerke von Flugkörpern und Rotorblattspitzen-Antrieb von Hubschraubern.

Pulsationsstrahltriebwerk
Im Aufbau zeigt es einen dem Staustrahltriebwerk ähnlichen Querschnitt. Auch hier sind keine rotierenden Teile erforderlich. Eine zusätzliche Ventilwand lässt aber nur einseitig einströmende Gasbewegungen zu. Eine Vielzahl von Federblättern aus Federstahl, einer Mundharmonika ähnlich, lässt durch den Unterdruck nach der Verbrennung hervorgerufen, Luft in die Brennkammer strömen. Nach Kraftstoffeinspritzung und Initialzündung schließt der Verbrennungsdruck die Federventile, und Abgase verlassen mit hoher Geschwindigkeit das Schubrohr. Der in der Brennkammer hierdurch entstehende Unterdruck lässt erneut Luft nachfließen, und es kommt wieder zu einem Verbrennungsablauf. Die pulsierende, intermittierende Verbrennung läuft selbsttätig, ohne Fremdzündung, mit einer Frequenz zwischen 50 und 300 Zündungen pro Sekunde ab. Die Nutzanwendung ist heute allerdings begrenzt auf Versuchsflugkörper (**Bild 252**).

Bild 252:
Pulsationsstrahltriebwerk
(Schmidt-Argus-Rohr)

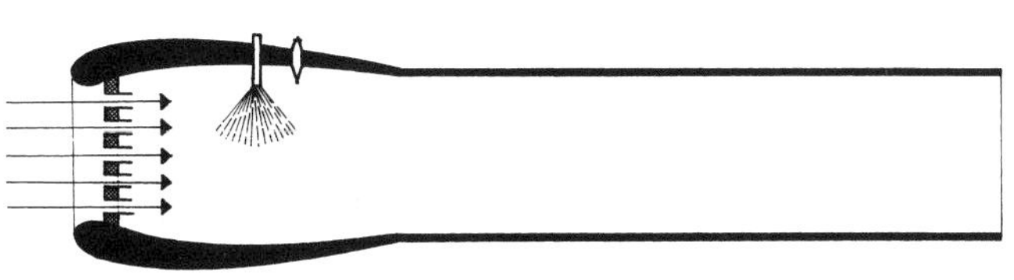

1. Takt = Ansaugen

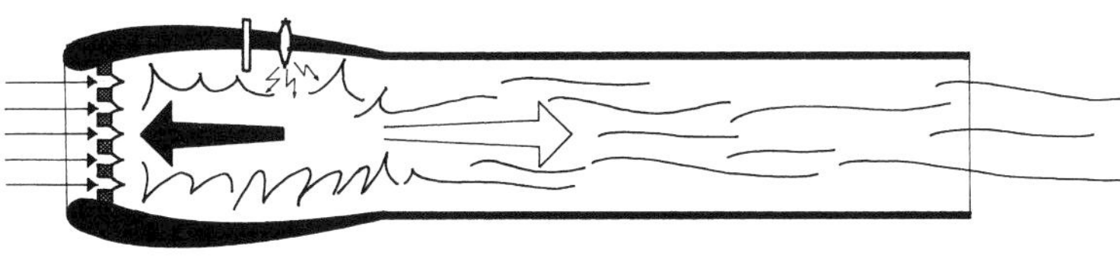

2. Takt = Zünden

Raketentriebwerk

Raketentriebwerke erzeugen Schub durch die Verbrennung von flüssigen oder festen Brennstoffen unter gleichzeitiger Zuführung von Sauerstoff. Sie sind somit vom atmosphärischen Sauerstoff unabhängig.

Feste Treibstoffe sind eine Mischung aus brennbaren und sauerstoffhaltigen Chemikalien. Da reiner Sauerstoff nur gasförmig vorhanden ist, werden hier Sauerstoffträger (Oxidatoren = feste Stoffe, die Sauerstoff enthalten und leicht freigeben) verwendet. Je nachdem, ob Oxidator und Brennstoff in einer Substanz enthalten sind oder in mehreren die vermischt werden müssen, unterscheidet man:

Homogene Treibstoffe (Oxidator und Brennstoff in einer Substanz)
Beispiel: Nitroglyzerin und Nitrozellulose

Komposit-Treibstoffe (Oxidator und Brennstoff werden gemischt)
Beispiel: Ammonium-Perchlorat und Aluminium-Pulver

Derartige Treibsätze werden elektrisch gezündet. Beim Abbrand (über 2000°) entsteht ein Raumbedarf der 500 bis 1000 mal so groß ist wie der des festen Treibstoffes.

Der Treibstoff kann senkrecht zu seiner Oberfläche abbrennen (Stirnbrenner) mit Geschwindigkeiten zwischen einigen cm/s und einigen m/s. Da die Stirnfläche im allgemeinen klein ist, wird nur wenig Verbrennungsgas erzeugt, der Schub ist relativ gering (Feuerwerksrakete). Um höhere Schubleistungen zu erzielen, müssen andere Oberflächenformen verwendet werden.

Der Rohr-Innenbrenner brennt über seine gesamte Länge von innen nach außen ab. Hierbei vergrößert sich ständig die brennende Oberfläche und der Schub nimmt zu (progressiver Abbrand). Dieser Nachteil kann beim Stern-Innenbrenner weitestgehend ausgeschaltet werden, da die brennende Oberfläche nahezu konstant bleibt (**Bild 253**).

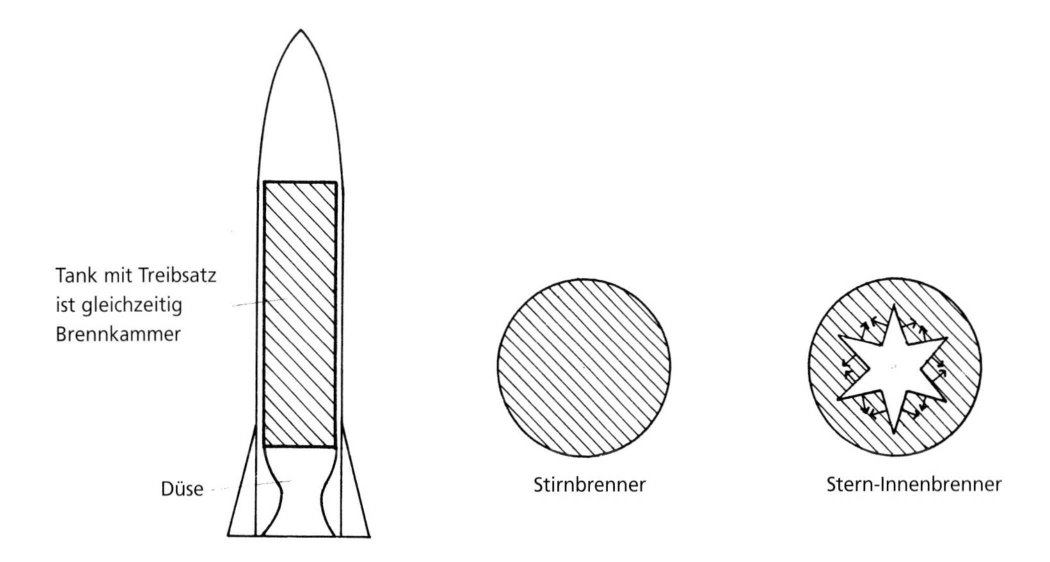

Bild 253: Schematische Darstellung einer Feststoffrakete mit Brennerformen

Flüssige Treibstoffe werden in Tanks, von der Brennkammer getrennt mitgeführt und müssen über aufwendige Rohrleitungs- und Fördersysteme zu den Einspritzdüsen transportiert werden (**Bild 254**). Mögliche Treibstoffe, die wiederum aus einem Oxidator und einem Brennstoff bestehen, sind: Flüssiger Sauerstoff und Benzin (Kerosin), Salpetersäure und Benzin, Wasserstoffsuperoxid und Petroleum. Der Vorteil der Flüssigkeitsrakete liegt in ihrer Regelbarkeit (**Bild 255**).

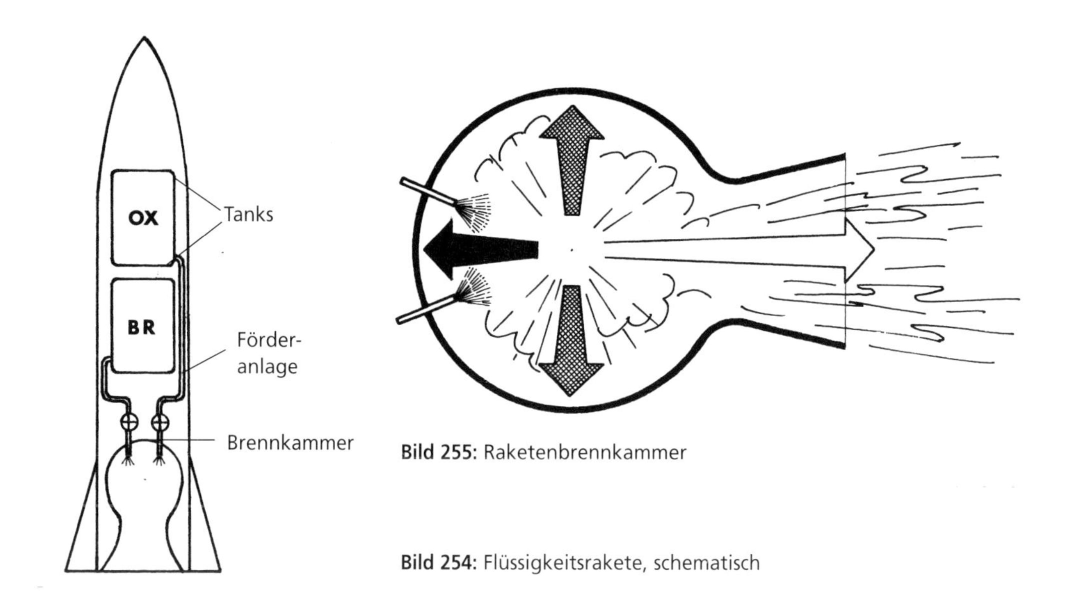

Bild 255: Raketenbrennkammer

Bild 254: Flüssigkeitsrakete, schematisch

Turbinenluftstrahltriebwerk (Gasturbine); der Grundaufbau einer Gasturbine ist einfach. Ein Verdichter transportiert die Luftmassen zu Brennkammern, in denen verdichtete Luft mit Kraftstoff vermischt und verbrannt wird. Die Energiezufuhr erfolgt durch Wärme. Anschließend entzieht die Turbine dem Gasstrahl Energie dadurch, dass kinetische Energie strömender Gase in mechanische Energie einer Drehbewegung umgewandelt wird. Sie treibt den Verdichter an, bei der Propellerturbine und beim Turbomotor über ein Getriebe zusätzlich eine Antriebswelle (**Bild 256**).

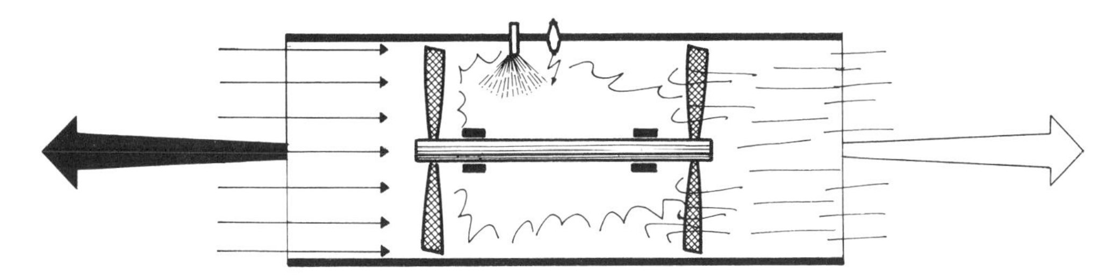

Bild 256: Prinzip einer Gasturbine

Einteilung der Triebwerke

Durch Unterschiede in der Nutzung der Abgasenergie (direkt durch Schub oder indirekt durch Nutzung der Wellenleistung), in der Art der Verdichtung (radial, axial), in der Anzahl der Wellen (Ein-, Zwei-, Dreiwellen) und schließlich in der Aufteilung des Luftstromes (Ein-, Zweikreis).

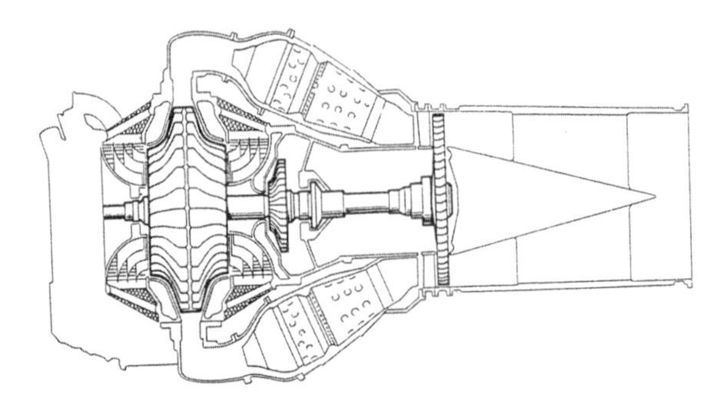

Bild 257: Direkter Strahlantrieb, zweiflutiger Radialverdichter, eine Welle, Einkreisluftstrom

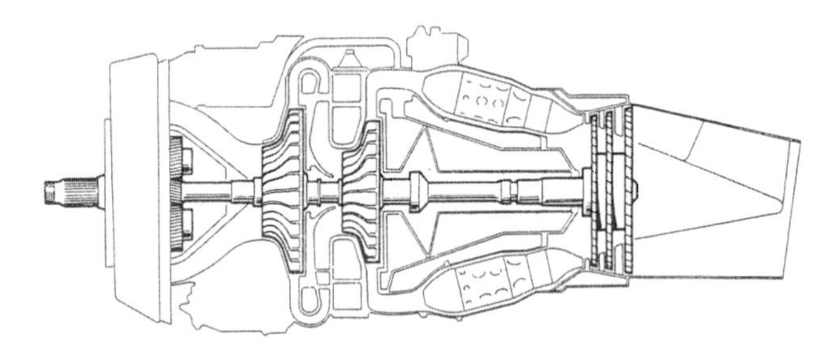

Bild 258: Indirekt wirkend, zwei einflutige Radialverdichter, eine Welle, Einkreisluftstrom

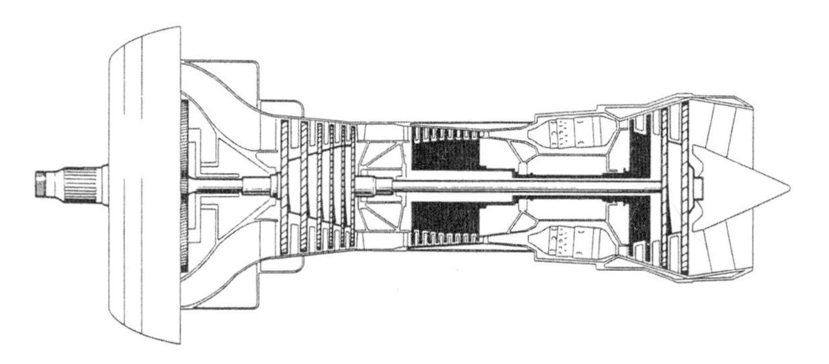

Bild 259: Indirekt wirkend, zwei Axialverdichter, eine Welle, Einkreisluftstrom

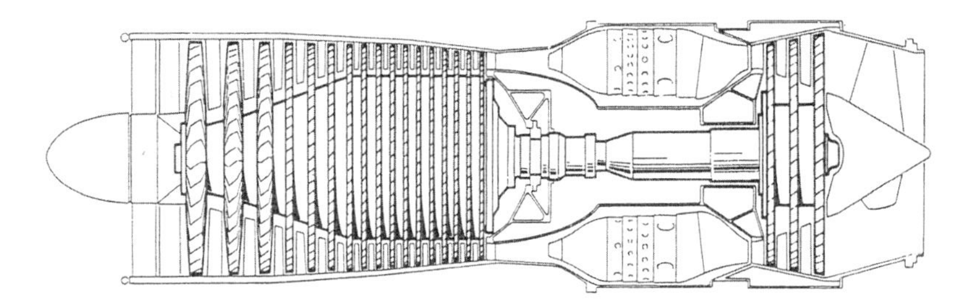

Bild 260: Direkt wirkend, ein Axialverdichter, eine Welle, Einkreisluftstrom

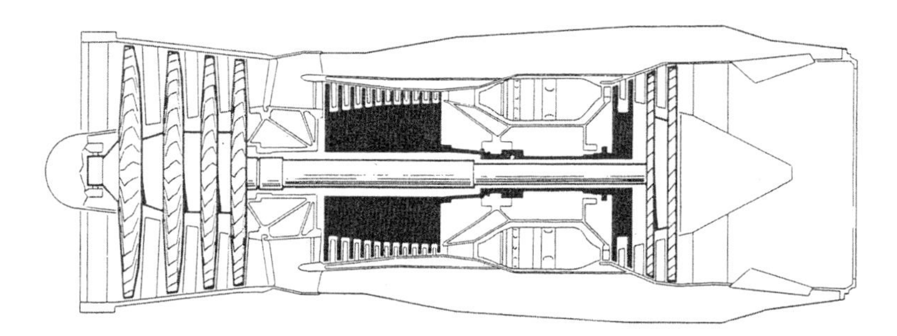

Bild 261: Direkt wirkend, zwei Axialverdichter, zwei Wellen, Zweikreisluftstrom, niedriges Nebenstromverhältnis

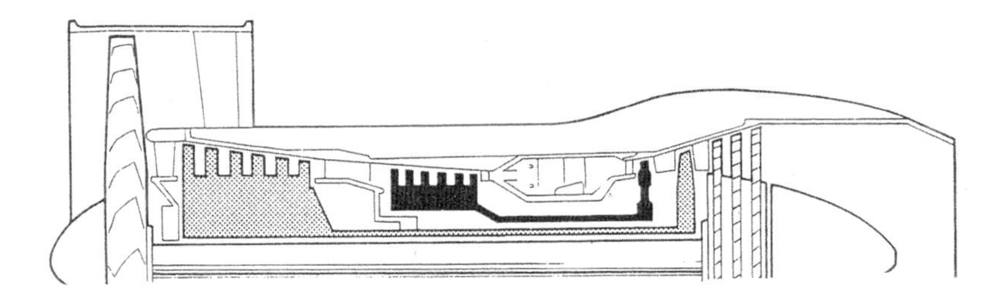

Bild 262: Direkt wirkend, zwei Axialverdichter, ein Fan, drei Wellen, Zweikreisluftstrom, hohes Nebenstromverhältnis

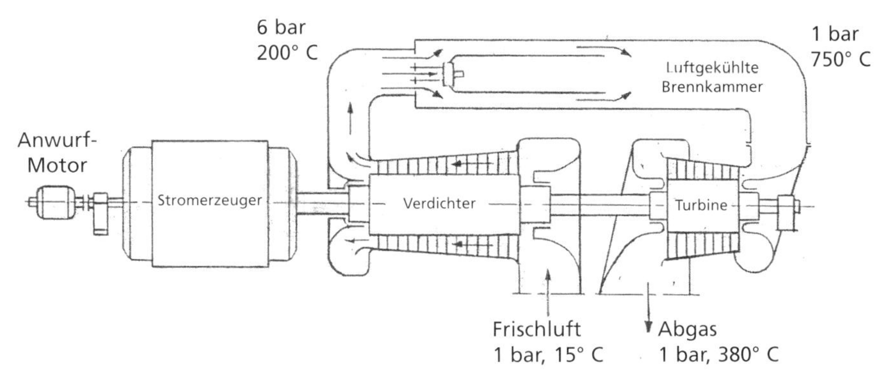

Bild 263: Die stationäre Gasturbine als Vorläufer für die Entwicklung von Turbinen-Luftstrahltriebwerken (TL) für den Antrieb von Luftfahrzeugen

Funktion und Anwendung

1) *Turbinenluftstrahltriebwerk (TL)*, bekannt auch als Düsentriebwerk, Turbojet.
Die Energie des Abgasstrahles wird hierbei direkt als Antriebsquelle genutzt. Die gesamte, von der ersten Verdichterstufe erfaßte Luftmenge durchläuft alle Stationen des Triebwerks. Es eignet sich für Geschwindigkeiten zwischen 750 bis 1100 km/h.

2) *Zweikreis-Turbinenluftstrahltriebwerk (ZTL).*
Bekannt auch als Nebenstromtriebwerk, Bypass Turbojet, und mit hohem Nebenstromverhältnis auch als Bläsertriebwerk, Frontfan Turbo-Jet. hier wird dem Gasstrahl mehr Energie entzogen als zum Antrieb des Verdichters notwendig ist. Die gewonnene Leistung wird zum Antrieb eines Niederdruckverdichters verwendet, der einen Nebenluftstrom konzentrisch in einer äußeren Ummantelung beschleunigt. Die Folge: Hohe Schubleistung durch großen Luftdurchsatz bei reduzierter Abgasgeschwindigkeit.

Man unterscheidet Zweikreistriebwerke mit geringem Nebenstromverhältnis und solche mit hohem Nebenstromverhältnis. Triebwerke mit geringem Nebenstromverhältnis z. B. 1 : 1, werden auch in Verbindung mit einem Nachbrenner für leistungsstarke Überschallflugzeuge verwendet. Triebwerke mit hohem Nebenstromverhältnis werden in Zwei- oder Dreiwellenausführung gebaut. Hierbei wird der erste einstufige Verdichter (auch als Fan bezeichnet) extreme Durchmesser, bis zu 2,5 m, einnehmen. Die hohe Leistung dieser Triebwerke ergibt sich aus dem großen Gesamtluftdurchsatz bis zu 800 kg/s. Der Anteil der kalten Fanluft am Gesamtschub kann bis zu 85 % betragen. Fanantriebe gehören zum Standardantrieb von Verkehrsflugzeugen für hohe Unterschallgeschwindigkeit.

3) *Propeller-Turbinenluftstrahltriebwerke (PTL)*
Wie beim ZTL wird hier dem Gasstrahl viel Energie entzogen, um über ein Getriebe eine Propellerwelle anzutreiben. Der Propeller erteilt einer großen Luftmasse eine mäßige Beschleunigung. Der triebwerksinterne Gasstrom bringt nur noch geringe Restschubleistungen. Für Geschwindigkeiten zwischen 500 und 750 km/h geeignet.
Im Flugbereichen, in denen ein TL-Triebwerk noch unwirtschaftlich arbeitet, werden PTL-Triebwerke eingesetzt. Da der Propeller hierbei über 80 % des Schubes liefert, wirken sich Schubveränderungen unter dem Einfluß der Außenluft weniger stark aus. Die großen Antriebsleistungen entsprechender Propeller lassen sich durch Kolbentriebwerke nicht mehr erzielen.

4) *Turbomotor (TM)*
Bekannt auch als Wellenleistungsturbine oder Turboschaftengine.
Der Propellerturbine artverwandt, wird bei dieser Bauform die Gasstromenergie an eine Turbine abgegeben, die eine stark drehzahlreduzierte Welle antreibt. Turbomotoren werden zum Antrieb von Hubschraubern und Fahrzeugen verwendet.

Bild 264: Die Gasturbine ist nach der Zweiwellenbauart konzipiert. Sie besteht aus vier Hauptkomponenten: dem Gaserzeuger mit Verdichterrad und Verdichterturbine, einem Wärmetauscher, der Brennkammer und der Arbeitsturbine mit Unterstützungs-Getriebe. In verschiedenene Testläufen wurden Temperaturen bis zu 1250° C bei Drehzahlen von 60 000 min^{-1} erreicht. Als Nutzleistung werden 94 kW angestrebt, als Drehzahl der Abtriebswelle nennt man 6500 min^{-1}.

Bauteile und Funktion

Die Gasturbine ist eine typische Wärmekraftmaschine, die Luft als Masse (Energieträger) zum Antrieb eines Turbinenrades und zur Schuberzeugung benötigt. Die Luft muss also während des Durchlaufes entsprechend beschleunigt werden. Dies erfolgt durch Druckanstieg und Energiezufuhr infolge Wärme.

Lufteinlauf (Ansaugrohr, Ansaugschacht)

Der Lufteinlauf muss die erforderlichen Luftmassen dem anschließenden Triebwerk zuführen. Die Strömungsverhältnisse müssen sowohl beim Standlauf als auch im Fluge den Erfordernissen der Triebwerksfunktionen angepasst werden.

Je nach Geschwindigkeitsbereich unterscheidet man zwischen Unter- und Überschalleinläufen. Bestandteil der meisten zivilen und militärischen Transportflugzeuge ist der Unterschalleinlauf. Typisches Merkmal derartiger Eintrittsöffnungen ist die mehr oder weniger abgerundete Eintrittskante (**Bild 264**).

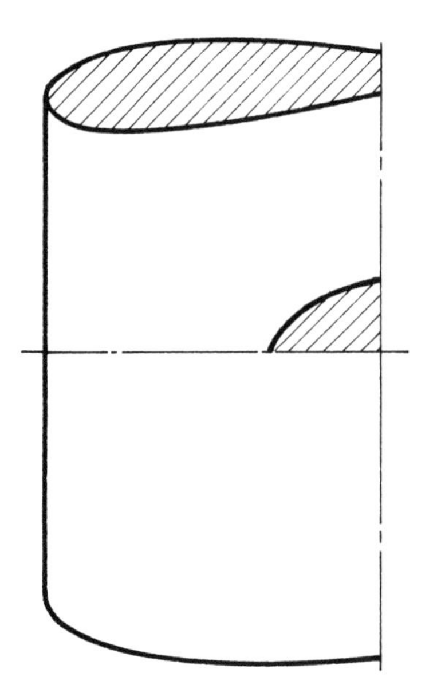

Bild 264:
Unterschall-Einlauf

Bei Standläufen mit hoher Leistung zeigen sich die Grenzen dieser, für den Reiseflug mit relativ hoher Geschwindigkeit ausgelegten Bauform. Selbst bei ruhender Umgebungsluft saugt das Triebwerk Luft aus Bereichen hinter der Einlaufebene an. Durch die starke Umlenkung an der Einlaufringverkleidung kann es zu Strömungsabrissen und somit zu Luftdurchsatzstörungen kommen. Besonders deutlich treten derartige Störungen bei Seitenwind auf. Hierbei kann es örtlich zu extrem hohen Strömungsgeschwindigkeiten und zu Ablösungen kommen, die den Verdichter überlasten. Aus diesem Grunde werden Mindest- Rollgeschwindigkeiten festgelegt. Unterhalb dieser Werte darf Vollleistung nicht gefahren werden.

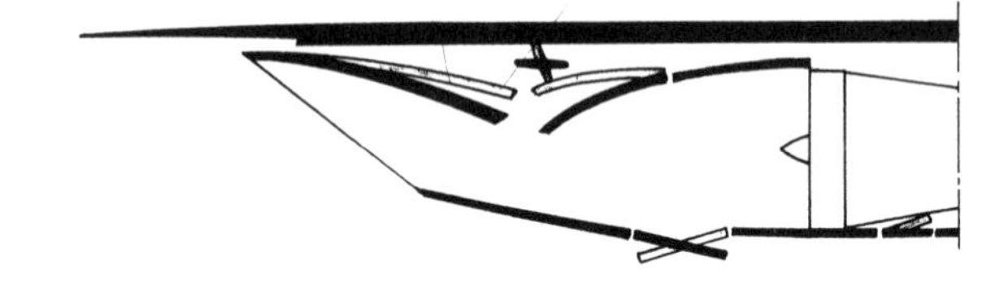

Bild 265:
Überschall-Einlauf mit verstellbaren Leitklappen, die beim Start soweit geöffnet werden, dass genügend Luft einströmen kann.

Weit aufwendiger dagegen sind Überschalleinläufe (**Bild 265**). Bei Hochleistungsflugzeugen, wie modernen Jagdflugzeugen, treten sie derart in Erscheinung, dass sie die äußere Form der Flugzeugzelle erheblich beeinflussen. Da heute alle Triebwerke beim Eintritt in den Verdichter Unterschallströmung (zwischen M 0,4 und M 0,7) verlangen, besteht die Aufgabe darin, sie sich aus der relativen Fluggeschwindigkeiten zu reduzieren. Hierbei werden oft die geschwindigkeitsbe beeinflussenden Gerad- und Schrägstöße (=Schockwellen) ausgenutzt (**Bild 266**). Auch querschnittsbeeinflussende Klappensysteme werden besonders bei großen Flugzeugen dem Triebwerk vorgeschaltet. Auch müssen Grenzschichtablösungen und große Anstellwinkelbereiche bei Start und Landung berücksichtigt werden.

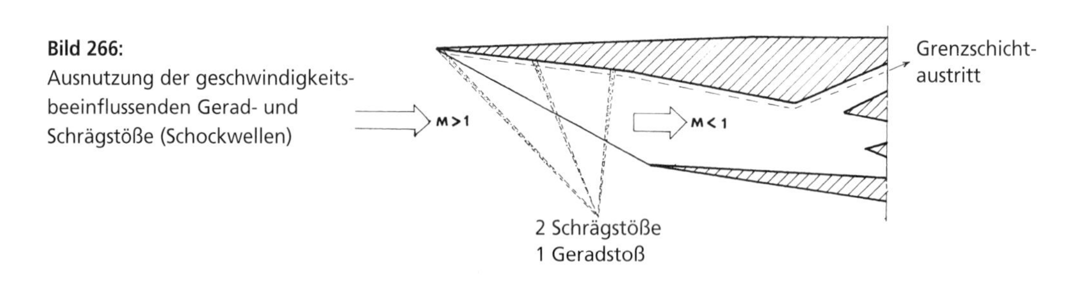

Bild 266:
Ausnutzung der geschwindigkeitsbeeinflussenden Gerad- und Schrägstöße (Schockwellen)

Verdichter

Verdichter von Gasturbinen sind Teil eines thermodynamischen Kreisprozesses. Die Verdichtung der Luft erfolgt im Rahmen eines kontinuierlichen Vorganges. Hierbei nehmen Druck p, Temperatur t und Dichte der Luft zu, das Volumen V nimmt ab. Der von der Turbine angetriebene Rotor führt der durchströmenden Luft Energie zu. Die kinetische Energie am Austritt wird im Statorberich in statische Energie umgewandelt. Die gesamte Druckzunahme verteilt sich anteilig auf Rotor und Stator, beim Radialverdichter annähernd je zur Hälfte.

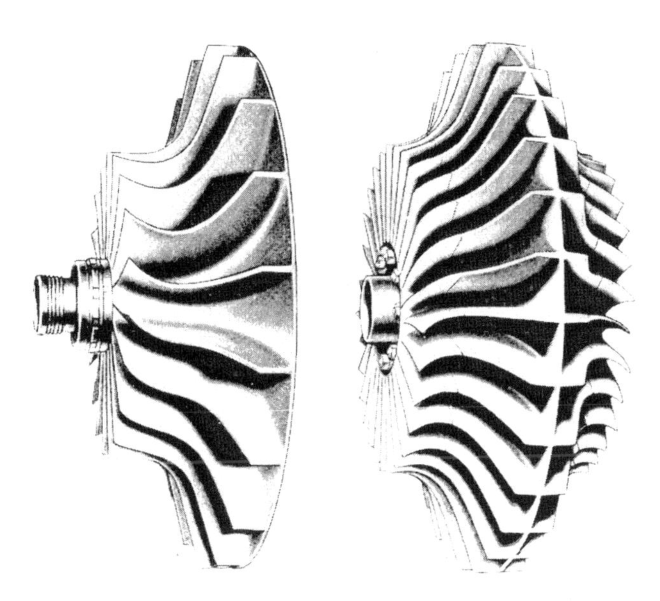

Bild 267: Radialverdichterrotor, ein- und zweistufig

Radialverdichter

Der typische Radialverdichter besteht aus:

- dem Rotor
- dem Stator und Diffisor
- dem Austrittssammler oder der Austrittsspirale.

Seine Vorteile sind einfache Bauweise, Störungsresistenz, einfache Fertigung.
Die Nachteile liegen im begrenzten Durchsatz, in der meist nur einstufigen Ausführung und in der großen Stirnfläche.

Bei hohen Drehzahlen (20.000 bis 50.000 ^{2}/min) wird die Luft im Zentrum angesaugt und durch die Fliehkraft nach außen beschleunigt. Die Gesamtleistung hängt von der Umfangsgeschwindigkeit ab, die Werte bis über 350 m/s erreichen kann. Hierbei können Strömungsgeschwindigkeiten bis in den Schallbereich entstehen.
Der für die Leistung auch wichtige Diffusorbereich besteht aus einer Vielzahl tangential angeordneter Leitbleche (**Abb. 269**). Zur Umsetzung kinetischer Energie in Druckenergie bilden sie divergente Führungen. Der Abstand zum Rotor muß eine bestimmte Größe haben, damit nicht durch rückwirkende Stauimpulse ungleichmäßige Förderleistungen und Schwingungn entstehen.

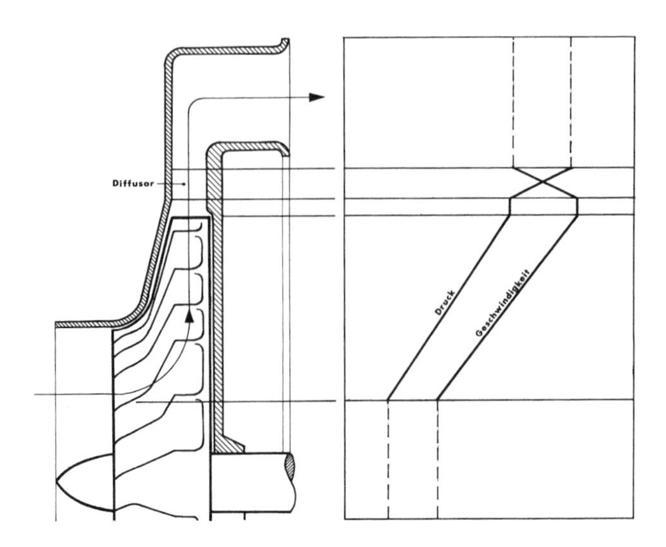

Bild 269: A: Wirkungsweise eines Radialverdichters

Bild 269: B: Luftströmung im Radialverdichter

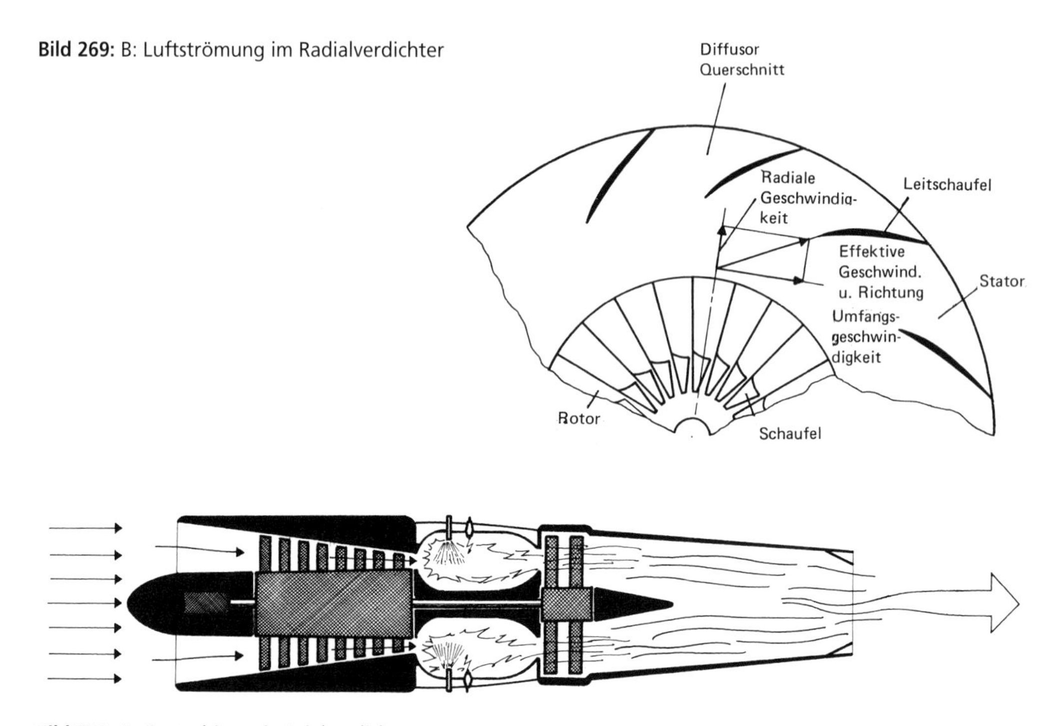

Bild 270: A: Gasturbine mit Axialverdichter

Die besten Eigenschaften hat der einflutige (einseitige) Verdichter mit vorneliegender, ungeteilter Luftzuführung. Insbesondere bei hohen Geschwindigkeiten bringt so der Staudruck optimale Luftversorgung. Der Durchmesser eines Radialverdichters ergibt sich aus der erforderlichen Umfangsgeschwindigkeit. Der günstigste Wirkungsgrad liegt bei Verdichtungsverhältnissen bis zu 1:6. Verdichterrad und Schaufeln bilden normalerweise eine Einheit und werden aus Aluminium-

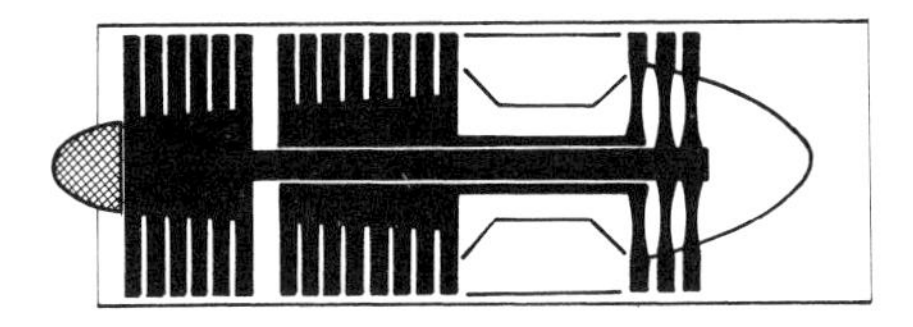

Turbinen-Luftstrahltriebwerk
mit Nieder- und Hochdruckverdichter

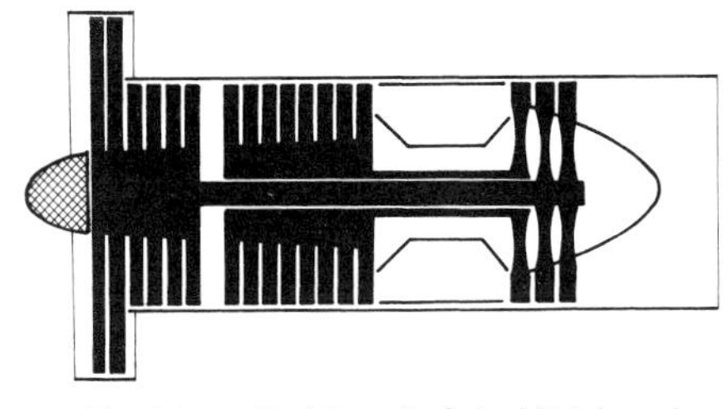

Zweistrom-Turbinen-Luftstrahltriebwerk
(Fan-Triebwerk)

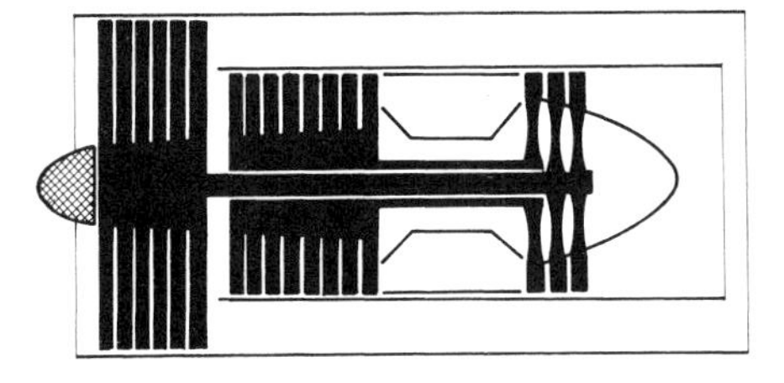

Zweistrom-Turbinen-Luftstrahltriebwerk
(Ducted-Fan-Triebwerk)

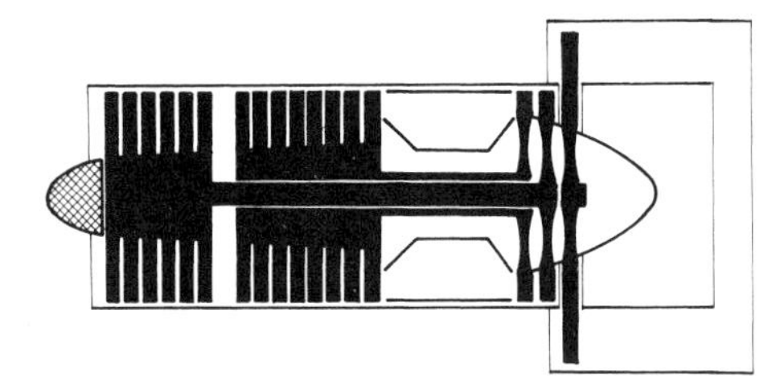

Zweistrom-Turbinen-Luftstrahltriebwerk
(Aft-Fan-Triebwerk)

Bild 270: B: Turbinen-Luftstrahltriebwerke mit Axialverdichter

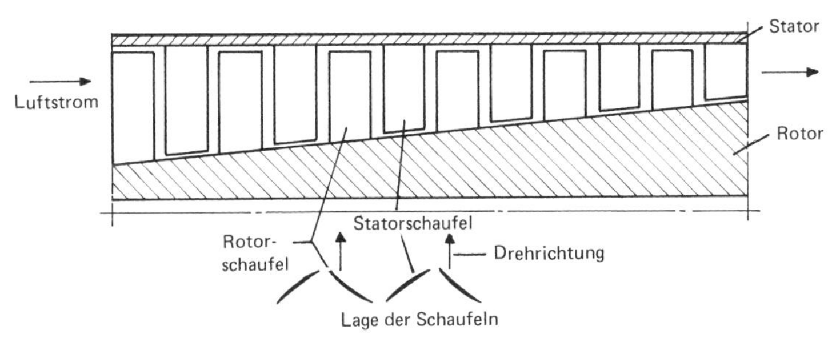

Bild 271: 6-stufiger Axialverdichter

legierungen gegossen oder im Gesenk geschmiedet. Die einzelnen, meist geraden, nur im inneren Bereich geschwungenen Schaufeln sind radial angeordnet. Sie ermöglichen so eine gute Umleitung von der axialen zur radialen Strömung. Aus fertigungstechnischen Gründen kann der innere Schaufelbereich auch gesondert hergestellt werden. Diese Vorleitschaufeln werden durch Erosion stark beansprucht. Stahl- oder Titanlegierungen verlängern die Lebensdauer.

Axialverdichter (Bild 270)

Bei schubstarken TL-Triebwerken werden heute ausnahmslos Axialverdichter verwendet, da nur sie bei hohen Verdichtungsleistungen einen günstigen Wirkungsgrad haben. Ein Verdichter (Kompressor) besteht aus einem mehrstufigen Rotor und einem Stator mit ebensovielen Stufen (**Bild 271**).

Eine einzelne Stufe besteht aus einer großen Anzahl gleichmäßig auf den Umfang verteilter Schaufeln (**Bild 272**).
Feststehende oder automatisch verstellbare Vorleitschaufeln gewährleisten einen optimalen Strömungswinkel (Anstellwinkel) auf die erste Verdichterstufe. Außerdem beeinflussen sie die Einströmgeschwindigkeit. Sie gehören nicht zum Verdichter.

Der durch die örtliche Schaufellänge gegebene Förderquerschnitt nimmt von der Eingangsseite zur Ausgangsseite hin ab; es entsteht ein konischer Ringkanal. Hierdurch wird erreicht, dass bei Druckzunahme die Geschwindigkeit annähernd konstant bleibt. Der Rotor wird über eine Welle durch die Turbine angetrieben und fördert, einem vielflügeligen Propeller ähnlich, Luft über die angrenzende Statorstufe zur nächsten Rotorstufe (**Bild 273**).
Zwischen den einzelnen Rotorschaufeln besteht ein Diffusor-Querschnitt zur Druckerhöhung. Die Statorschaufeln bilden ebenfalls druckerhöhende, divergente Querschnitte. Darüber hinaus haben sie die Aufgabe, die Luft auf einen günstigen Eintrittswinkel (Anstellwinkel) zur nächsten Rotorstufe umzulenken.

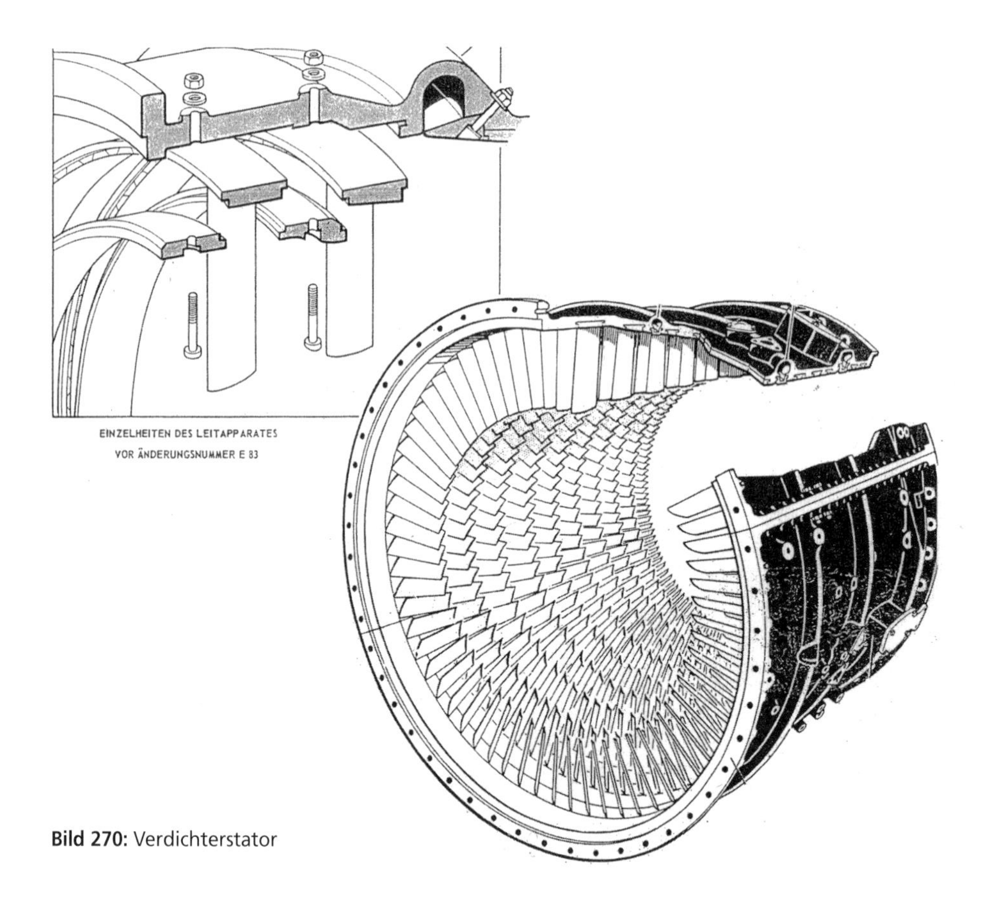

Bild 270: Verdichterstator

Die einzelne Verdichterstufe vermag auf Grund ihres Wirkungsgrades nur eine Druckerhöhung bzw. -verdichtung von ca. 1:1,3 bis 1:1,5 zu erzielen. Hierbei werden Luftgeschwindigkeiten von M 0,9 erreicht. Hohe Drucksteigerungen lassen sich beim Axialverdichter also nur durch entsprechend viele Stufen (Rotor und Stator) erreichen (**Bild 275**).

Bild 272:
Verdichterläufer,
zehnstufig

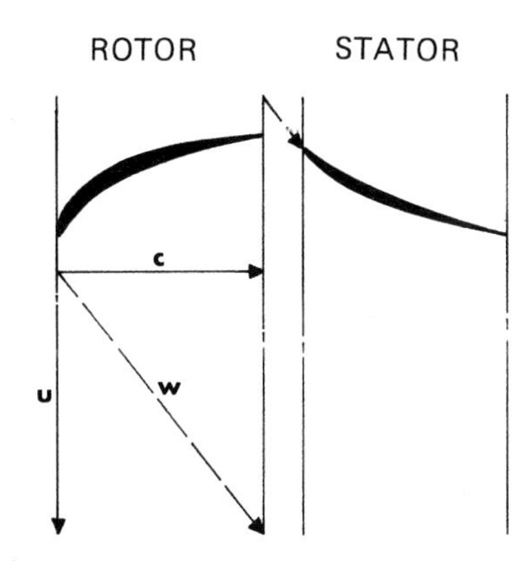

Bild 273: Zerlegung der Absolutgeschwindigkeit c in eine Umfanggeschwindigkeit u und in eine Relativgeschwindigkeit w, deren Richtung mit der Sehne der Statorschaufel übereinstimmt

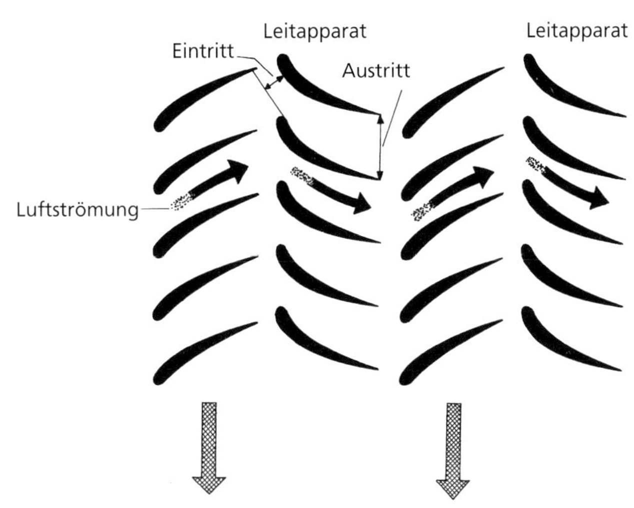

Bild 274: Luftströmung im Verdichter

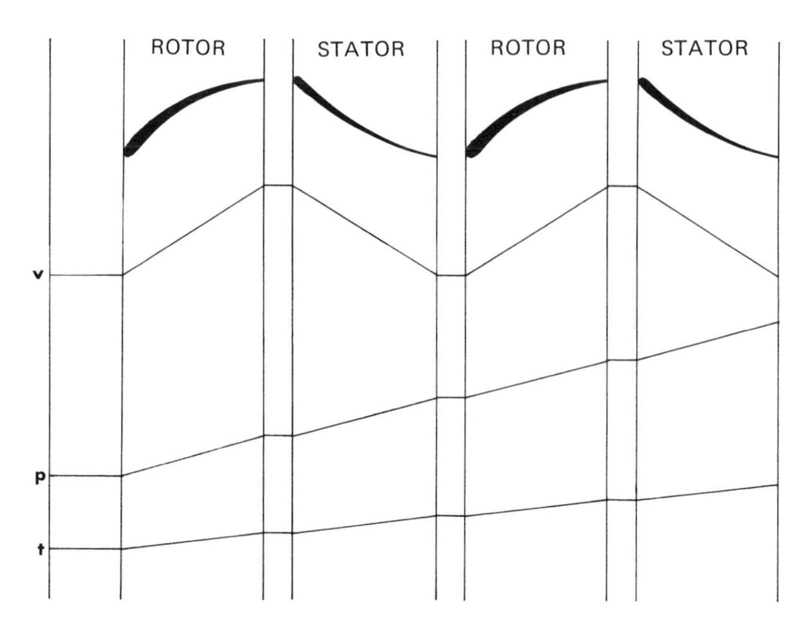

Bild 275: Verlauf von Druck (p), Temperatur (t) und Geschwindigkeit (v) im Axialverdichter

Aufbau

Der Rotor kann aus einer Trommel oder mehreren einzelnen Scheiben bestehen. Am äußeren Umfang sind Aufnahmen für die Schaufeln vorhanden. Die Befestigung der Schaufeln selbst, kann recht unterschiedlich sein. Besondere Fußformen (wie z.B. »Tannenbaum«) machen seitliches Einschieben erforderlich. Halterungen dieser Art bedürfen lediglich einer Sicherung. Radial eingesteckte Schaufeln werden durch entsprechend dimensionierte Bolzen gehalten. In allen Fällen ist reichlich Spiel vorhanden, damit im Betrieb vom Fuß ausgehende thermische und mechanische Belastungen nicht zu Spannungen führen (**Bild 276**).

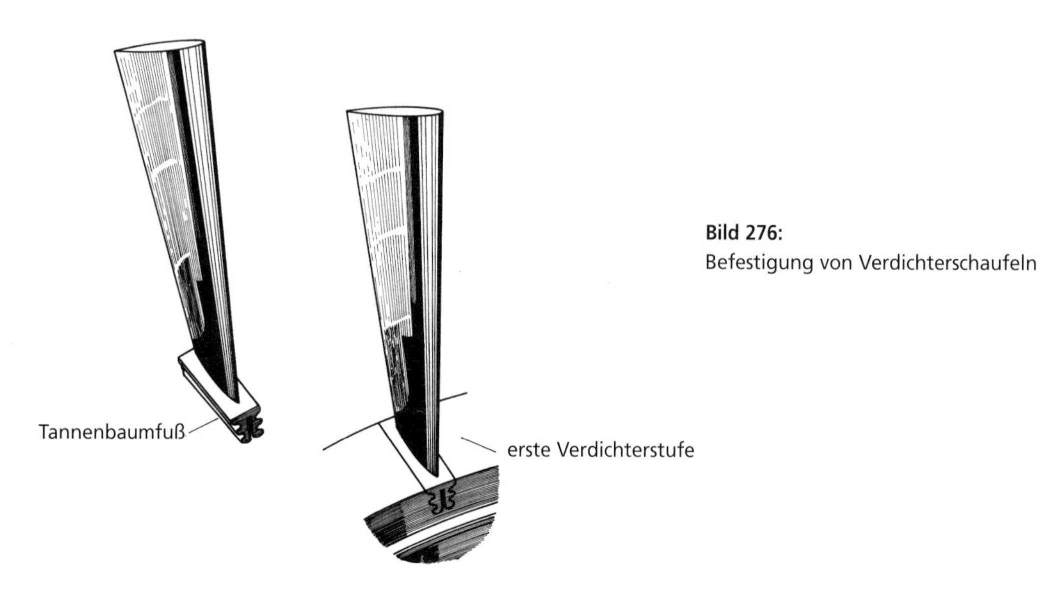

Bild 276:
Befestigung von Verdichterschaufeln

Die Schaufeln haben einen aerodynamisch günstigen Querschnitt und sind in sich so verdreht oder geschränkt, dass sie über die gesamte Länge eine gleichmäßige axiale Förderleistung bringen.

Die Statorschaufeln haben einen ähnlichen Querschnitt. Zur Vermeidung von Schwingungen werden sie bei großen Längen auch an den Spitzen gestützt.

Bei Hochleistungsverdichtern kann die Temperatur allein durch die Kompression derart ansteigen, dass die letzten Schaufelreihen gekühlt werden müssen.

Die Verdichterschaufeln werden aus Aluminiumlegierungen, Titan oder Stahl, je anch thermischer belastung auch aus Gussteilen oder im Gesenk geschniedeten Rohlingen gefertigt. Seit einiger Zeit besteht sogar die Möglichkeit, für die ersten Stufen Kunststoffe zu verwenden.

Die teilbaren Gehäuseteile bestehen aus Aluminium- oder Magnesiumlegierungen im vorderen sowie aus Stahl im hinteren Bereich.

Bei Triebwerken mit Nieder- und Hochdruckverdichter sind Verdichterablassventile (bleed valve) erforderlich, weil im unteren Drehzahlbereich überschüssige Fördermengen des Niederdruckverdichters entweder direkt nach außen oder bei ZTL-Triebwerken, in den Mantel(neben)strom abgeblasen werden. Bei vielstufigen Einwellentriebwerken werden aus ähnlichen Gründen mehrere Statorstufen automatisch verstellt. Verdichterablassventile werden mechanisch, hydraulisch oder pneumatisch gesteuert.

Betriebsverhalten

Bezogen auf den gesamten Arbeitsbereich unter den unterschiedlichsten atmosphärischen Bedingungen muss das Eigenverhalten aller Stufen sorgfältig aufeinander abgestimmt werden. Nur so lässt sich ein günstiger Gesamtwirkungsgrad erzielen. Der kontinuierliche Luftdurchfluss kann durch gestörte Verbrennungsabläufe oder durch zu große Förderleistungen mit verminderter Strömungsgeschwindigkeit negativ beeinflusst werden. Es kommt dann zu Strömungsabrissen, zum »Stall« an einer oder mehreren Stufen oder zum gesamten Funktionsausfall, zum »Surge« (**Bild 277**).

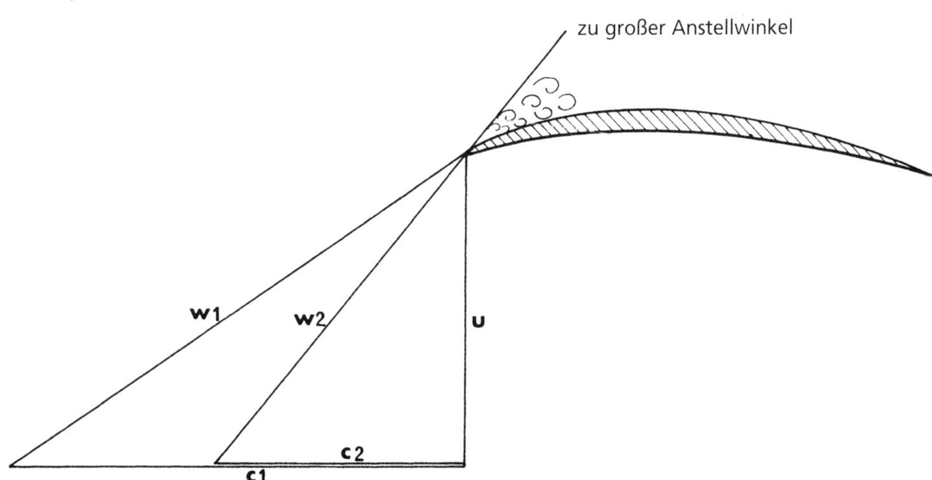

Bild 277: Strömungsabriss an einer Rotorschaufel durch Verringerung der Geschwindigkeit c

Derart gestörte Abläufe machen sich beim »Stall« durch Ansteigen der Abgastemperatur, Vibrationen und Geräuschänderungen bemerkbar. Schläge unterschiedlicher Stärke in Verbindung mit weiterem Ansteigen der Temperatur weisen auf sogenanntes Pumpen, »Surge«, hin.

Verdichter Kenngrößen

1 Wirkungsgrad
2 Verdichtungsgrad
3 Durchatz

Der Wirkungsgrad gibt an, wieviel mechanische Energie in Druckenergie ungewandelt wird (80 - 90 %).

Der Verdichtungsgrad ergibt sich aus dem Gesamtdruck am Ausgang P 3 und dem Druck am Eingang P 2 des Verdichters.

Werte für neuzeitliche ZTL Hochleistungstriebwerke:

Wirkungsgrad	90 %
Verdichtungssgrad	30 : 1
Durchsatz	850 kg/s

Kennlinien

Verdichterprüfstände ermöglichen durch Veränderung des Austrittsquerschnittes eine Regulierung der Luftmenge.

Bei konstanter Drehzahl werden

- der Gesamtdruck am Eintritt P 2
- der Gesamtdruck am Austritt P 3
- der Durchsatz der angesaugten Luft
  und der Wirkungsgrad gemessen.

Die Meßreihe beginnt mit der größten Austrittsfläche. Durch stufenloses Verkleinern geht der Durchsatz bei gleichzeitigem Ansteigen des Druckverhältnisses zurück. Die Meßprozedur wird bei steigenden Drehzahlen wiederholt.

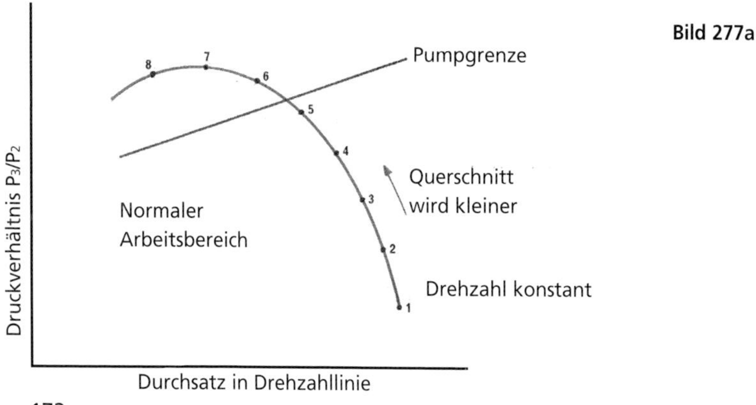

Bild 277a

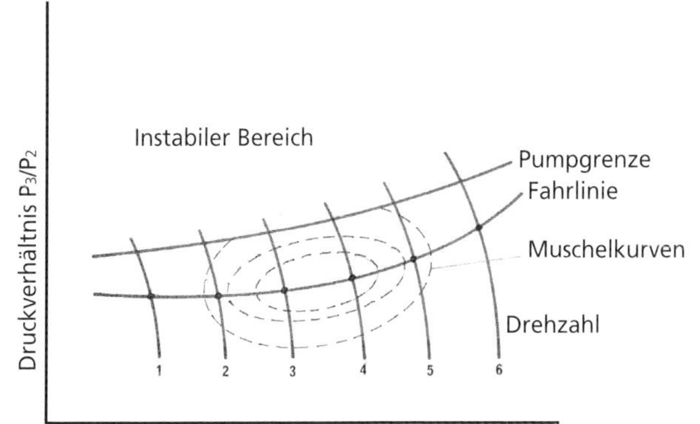

Bild 277b: Hierbei entstehen einzelne Kurven (1-6). Durch Verbindung der Punkte, bei denen das Pumpen gerade noch vermieden wird, ergibt sich die Grenzlinie. Punkte mit gleichem Wirkungsgrad ergeben sogenannte Muschelkurven. Der Wirkungsgrad ist auf der inneren Kurve am größten.

Brennkammer

In den Brennkammern (**Abb. 278**) wird unter großer Luftzufuhr Kraftstoff verbrannt und durch Wärme dem Gasstrom Energie zugeführt. Sie sind gleichzeitig Mischkammern warmer und kalter Luftmengen, die in einem gleichmäßigen Strom in die Turbine geleitet werden.

Brennkammern gewährleisten Gleichdruckverbrennung auf engstem Raum.

Die Verdichterluft tritt mit einer Geschwindigkeit von etwa 150 m/s in die Brennkammern ein und führt zu einem gesamt Kratftstoff-Luftverhältnis zwischen 1 : 45 und 1 : 130.

Zur chemisch richtigen, stöchiometrischen Verbrennung gehört ein Verhältnis von 1 : 14,7.

Der extreme Luftüberschuss erklärt sich aus der notwendigen Luftmasse zur Schuberzeugung.

Da die hohe Einströmgeschwindigkeit für einen kontinuierlichen Verbrennungsablauf zu hoch ist, muss im Brennbereich die kinetische Energie durch Diffusor und Leitbleche so umgewandelt werden, dass eine der Flammenfrontgeschwindigkeit von etwa 25 m/s entsprechende Strömungsgeschwindigkeit bleibt. Von der gesamten, mit 100 % anzusetzenden Luftmenge, die in die Brennkammern strömt, wird nur ein Anteil von ca. 25 % für die Verbrennung benötigt (Primärluft).

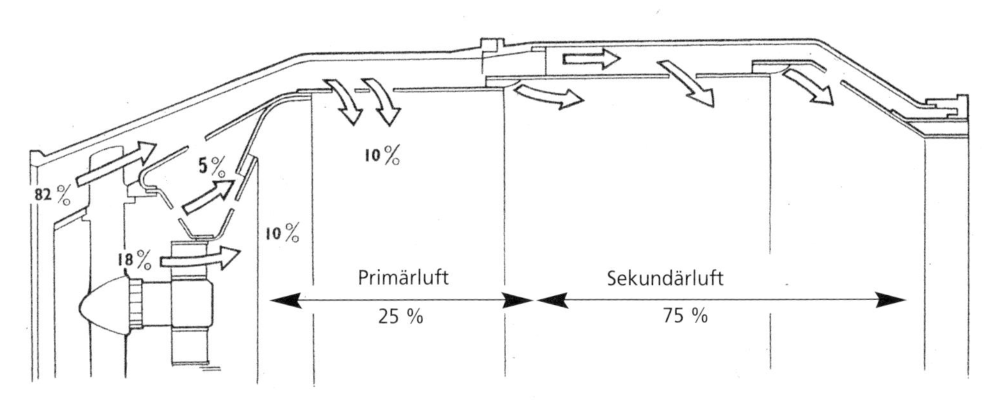

Bild 278: Aufteilung des Luftstromes in der Brennkammer

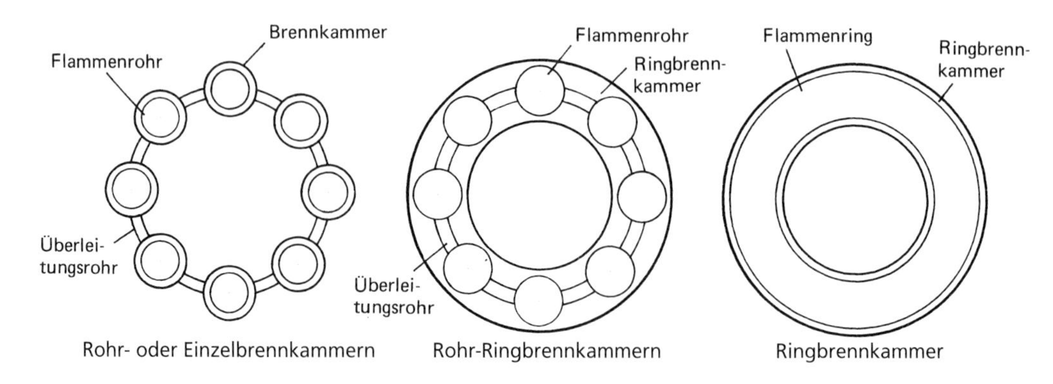

Bild 278a: Brennkammern

Die Temperatur im Flammenkern beträgt bis zu 2000° C in den Brennkammern; ein viel zu hoher Wert für die heute verwendeten Werkstoffe der Brennkammern und Turbinenschaufeln. Hieraus wird ersichtlich, dass es zu einer entsprechenden Mischtemperatur, zu einer Abschirmung des Flammenkerns kommen muss. Sie liegt derzeit zwischen 700° C und 1300° C. Diese Temperatur bestimmt den thermischen Wirkungsgrad. Aus diesem Grunde bemüht man sich, immer neue Legierungen und Werkstoffe zu entwickeln, die schließlich die zugeführte Energie von 2000° C voll ausnützen können. Davon ist man jedoch noch weit entfernt.

Um eine geringe Stirnfläche zu erzielen, müssen die Brennkammern auf engstem Raum rund um die Mittelachse angeordnet werden. Die Entwicklung führte von der Rohr- oder Einzelbrennkammer über Rohr-Ringbrennkammer zur Ringbrennkammer. Nur diese lässt Umlenkungen des Gasstromes bei günstigem Wirkungsgrad zu (**Abb. 278a**).

Die Grundfunktion einer einzelnen Rohrbrennkammer entspricht in vollem Umfang der eines Staustrahltriebwerkes (**Abb. 251**).

Bei älteren, auch kleineren Triebwerken sind die Brennkammern aus hochwarmfesten Blechen ausgeführt. Neuere Brennkammern werden aus geschmiedeten Ringen verschweißt. Auch werden zunehmend mit Schindeln ausgekleidete Brennkammern entwickelt. Diese können bei Beschädigungen ausgewechselt werden.

Kenngrößen von Brennkammern

Wirkungsgrad

$$\frac{\text{zugeführte Wärme}}{\text{im Kraftstoff enthaltene Wärme}}$$

zwischen 90 und 98 %

Druckverlustbeiwert

$$\frac{\text{Brennkammer Austritt P 4}}{\text{Brennkammer Eintritt P 3}}$$

Werte liegen zwischen 93 und 97 %

Turbine

Die Aufgabe aller Turbinen besteht darin, mindestens eine Verdichtereinheit anzutreiben. Zusätzlich müssen Anbaugeräte angetrieben werden.

Bei Propellerturbinen und Turbomotoren hingegen wird ein Großteil der mechanischen Energie zum Antrieb von Wellen verwendet.

Der Grundaufbau einer Turbine gleicht dem eines Verdichters. Während diese mechanische Energie in Druckenergie umwandeln, besteht die Aufgabe von Turbinen darin, Strömungsenergie in mechanische Energie zu ändern.

Diese kann eine Größe von mehr als 35.000 kW erreichen. Hierbei kann der Anteil einer einzelnen Schaufel bis zu 175 kW betragen. Die thermischen und mechanischen Belastungen sind demzufolge sehr hoch. So können die Gastemperaturen Eingangswerte zwischen 700° C und 1200° C bei Geschwindigkeiten bis zu 700 m/s erreichen. Durch entsprechend hohe Drehzahlen ergeb sich an den Schaufelspitzen Umfangsgeschwindigkeiten von bis zu 450 m/s. Um die erforderliche Wellenleistung zu erzielen, sind meistens mehr als eine Turbinenstufe erforderlich. (**Abb. 281**).

Jede Stufe besteht aus einer Stator- und einer Rotoreinheit. Die aus den Brennkammern strömenden Gase passieren immer zuerst eine Statorstufe (Turbinendüse). Die einzelnen Schaufeln bilden konvergente Querschnitte und leiten den Gasstrahl unter günstigem Winkel auf die Rotorstufe.

Bild 281: 2-stufiger Turbinenläufer mit teilweiser Schaufelbestückung

Die Leitschaufeln bewirken also insgesamt ein Absinken des Gasdruckes und der temperatur bei gleichzeitigem Ansteigen der Geschwindigkeit (**Bild 281a**). Die Bewegung der Turbinenschaufeln entsteht durch Energieumwandlungen, die teils Impuls-, teils Reaktionskräfte hervorrufen. Das heißt, dass die einzelnen Schaufeln sowohl durch den direkten Staudruck als auch durch die Reaktions-kräfte des sich ausdehnenden Gases angetrieben werden können (**Bild 282**).

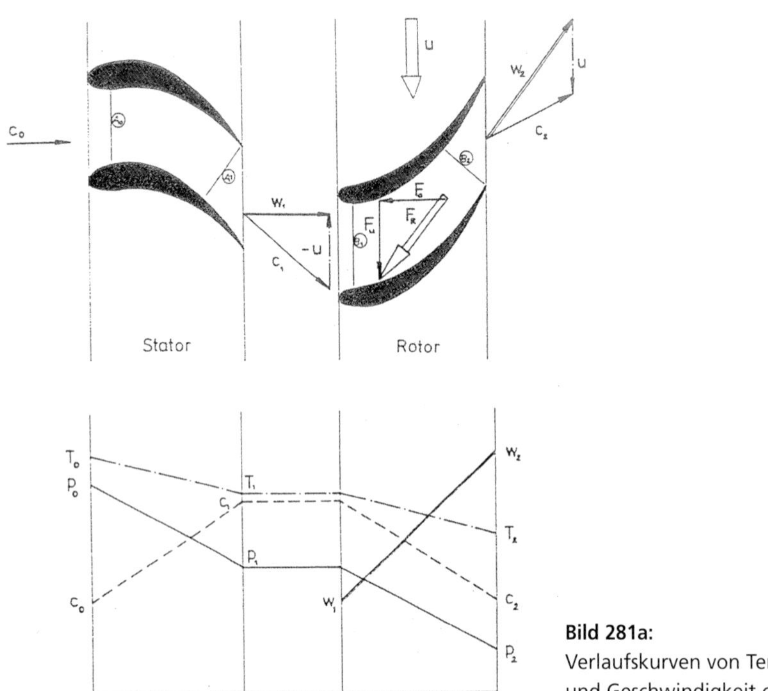

Bild 281a:
Verlaufskurven von Temperatur T, Druck p und Geschwindigkeit c in der Turbine

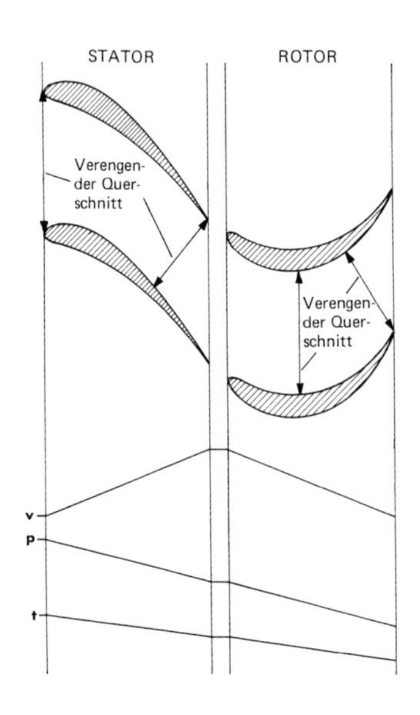

Bild 282:
Zustandsänderung der Gase in der Turbine

Die reine Impulsturbine (Gleichdruckturbine, impulse turbine) arbeitet im Prinzip wie ein Wasserrad. Die Entspannung der Gase erfolgt hier nur im Stattorbereich, wo sie eine hohe Geschwindigkeit erhalten. Die Drehbewegung entsteht durch den Impuls des Staudruckes. Der gleichbleibende Querschnitt zwischen den Schaufeln bewirkt lediglich Umlenkung bei gleichem Druck.
Bei der Reaktionsturbine (reaction turbine) wird die Gasentspannung auf Stator und Rotor verteilt. Das hat zur Folge, dass auch zwischen den ebenfalls konvergenten Schaufelkanälen des Rotors Reaktionskräfte ähnlich wie an einer Tragfläche entstehen und diesen in Drehbewegung setzen (**Abb. 283**).

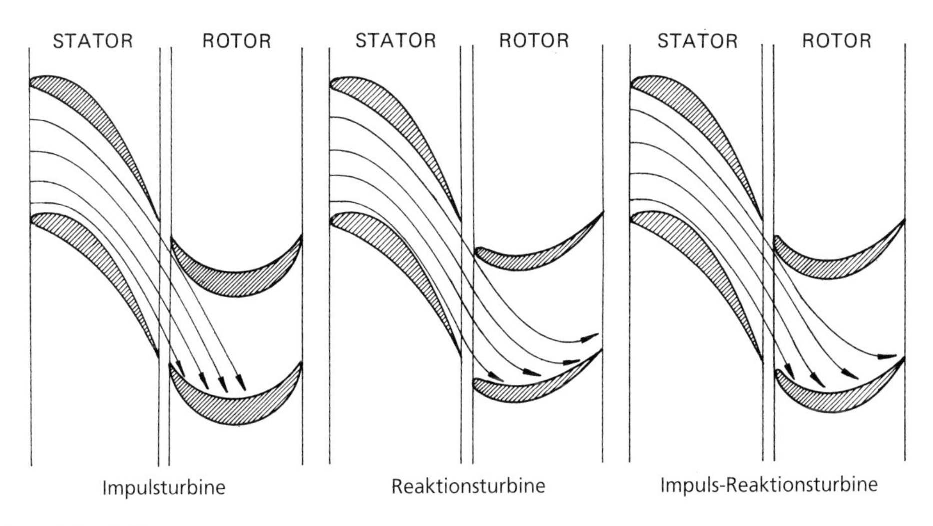

Bild 283: Schaufelformen

Für den Normalfall haben sich Schaufelformen als günstig erwiesen, die je zur Hälfte Impuls- und Reaktionskräften ausgesetzt sind.

Die einzelnen Rotorschaufeln (**Bild 283**) haben ein mehr oder weniger stark gewölbtes Profil. Sie sind in sich stark verdreht; ihr Schränkungs- oder Steigungswinkel nimmt nach außen zu und erreicht an der Blattspitze seinen größten Wert. Hierdurch wird erreicht, dass die Leistung über die gesamte Längc unter Berücksichtigung der örtlichen Umfangsgeschwindigkeiten und Druckverhältnisse annähernd gleich bleibt. Der Wirkungsgrad einer guten Turbine liegt bei über 90 %.

Extrem hohe Leistungen heutiger Triebwerke wurden möglich durch die Verwendung sogenannter thermisch hochbeanspruchter Triebwerksbereiche, insbesondere der Turbine. So einfach die Kühlung feststehender Teile (Statorschaufeln) ausgeführt werden kann, so aufwendig wird die Luftzufuhr bei drehenden Teilen (Rotorschaufeln) (**Bild 283a u. 283b**).

Durch die Hohlwelle des Rotors gelangt Verdichterluft über Schaufelfußkanäle zu den Schaufeln, wo sie aus einer großen Anzahl feinster Bohrungen ausströmt und die einzelne Schaufel durch einen Kühlluftfilm vor Überwärmung schützt (**Bild 284**).

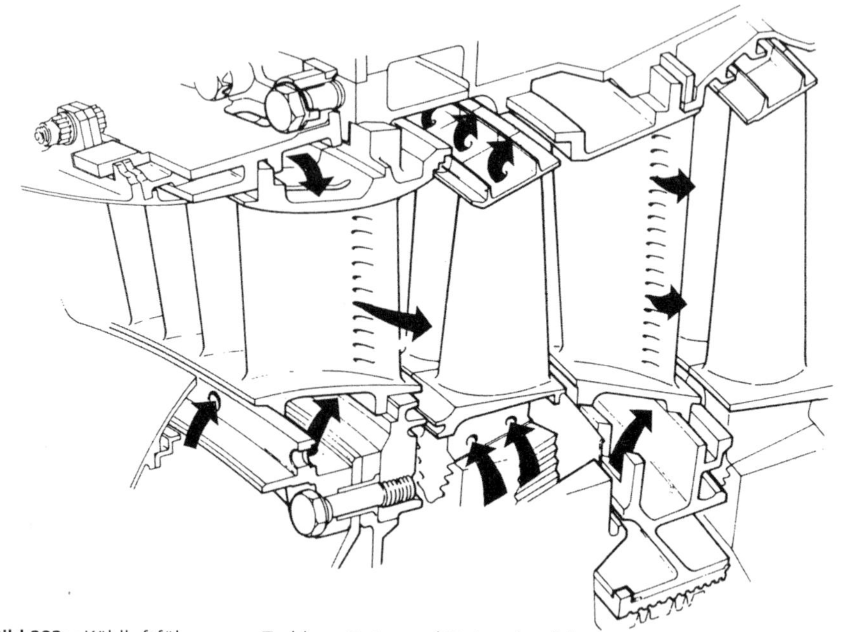

Bild 283a: Kühlluftführung an Turbinen-Rotor und Statorschaufeln

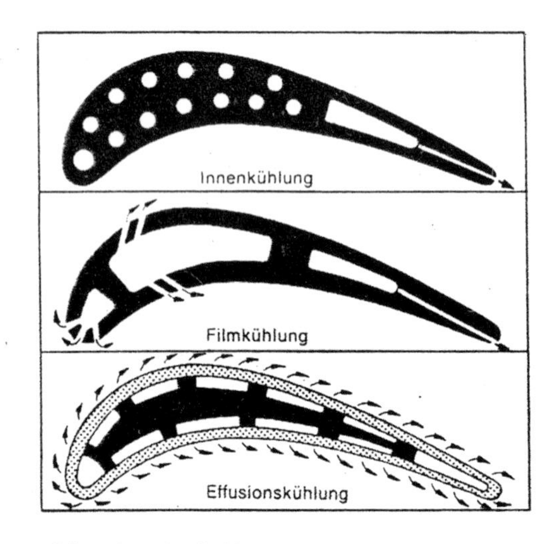

Bild 283b: Luftgekühlte Turbinenrotorschaufeln

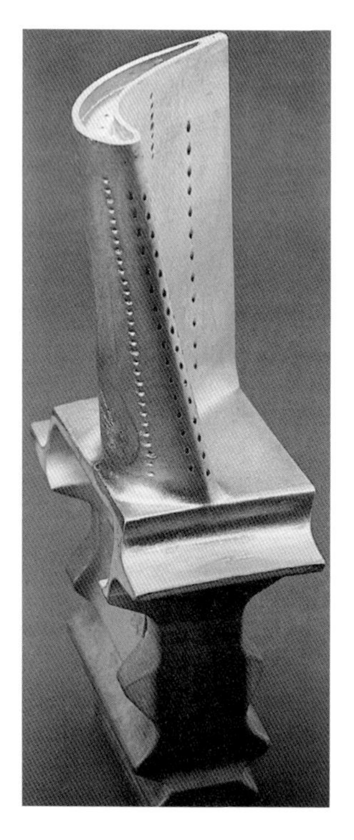

Bild 284: Rotorschaufel mit Kühlluftbohrungen

Werkstoffe

Die im Betrieb meist rotglühenden Schaufeln werden durch Fliehkräfte und aerodynamische Gesamtbelastungen (Biegebelastung, Schwingungen) hoch beansprucht. Bei einem Gewicht von ca. 60 g ergeben sich, unter Zugrundelegung durchschnittlicher Drehzahlen, Fliehkräfte bis zu 20 kN. Da außerdem Korrosionsbeständigkeit und Ermüdungsfreiheit bei Dauerschwingungen gefordert werden, kommen nur hochwertige Legierungen, wie Nickel-Molybdän in Frage.

Von der Bauweise her sind Radialturbinen möglich (wie beim Turboladen). Im Triebwerkbau werden aber wegen des hohen Durchsatzes ausschließlich Axialturbinen verwendet.

Kraftstoffsystem

Bei Luftfahrzeugen unterscheidet man zwischen dem zellenseitigen, primären Kraftstoffsystem und dem zum Triebwerk gehörenden sekundären System.

Kraftstoffpumpen

Mit niederem Druck arbeitende Förderpumpen bewegen den Kraftstoff aus den Tanks zu den Triebwerken. Sie arbeiten nach dem Prinzip des Radialverdichters und sind auch als Tauchpumpen ausgeführt. Bei Arbeitsdrücken von 3 - 7 bar bringen sie große Förderleistungen.

Für das triebwerkseitige Sytem werden meist Kolbenpumpen mit Taumelscheiben verwendet. Die Förderleistung ist abhängig von der Triebwerksdrehzahl und vom Kolbenhub. Die Förderdrücke liegen zwischen 60 und 80 bar (**Bild 284a**).
Wegen ihrer Unempfindlichkeit gegenüber Partikel und Verschmutzung bei geringem Gewicht, finden auch Zahnradpumpen Anwendung (**Bild 284b**).

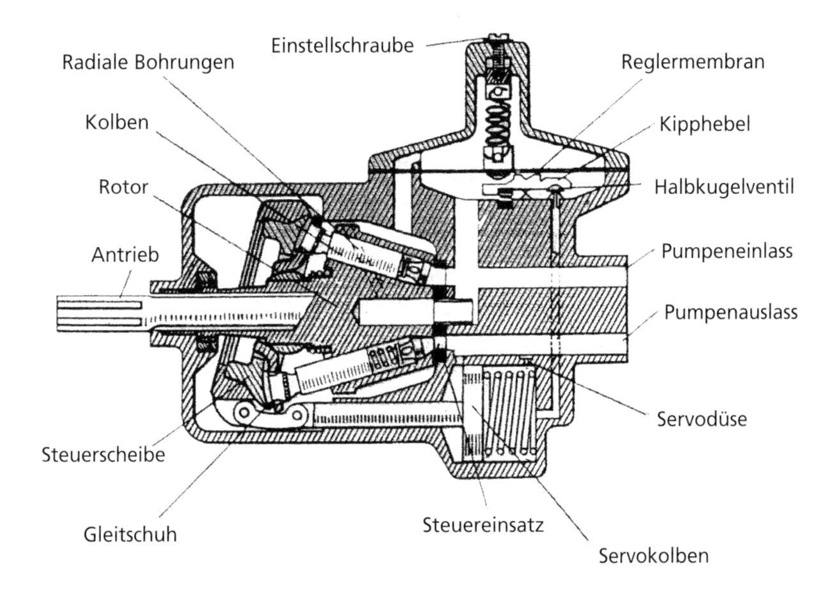

Bild 284a: LUCAS-Kraftstoffpumpe mit hydraulischem Überdrehzahlregler

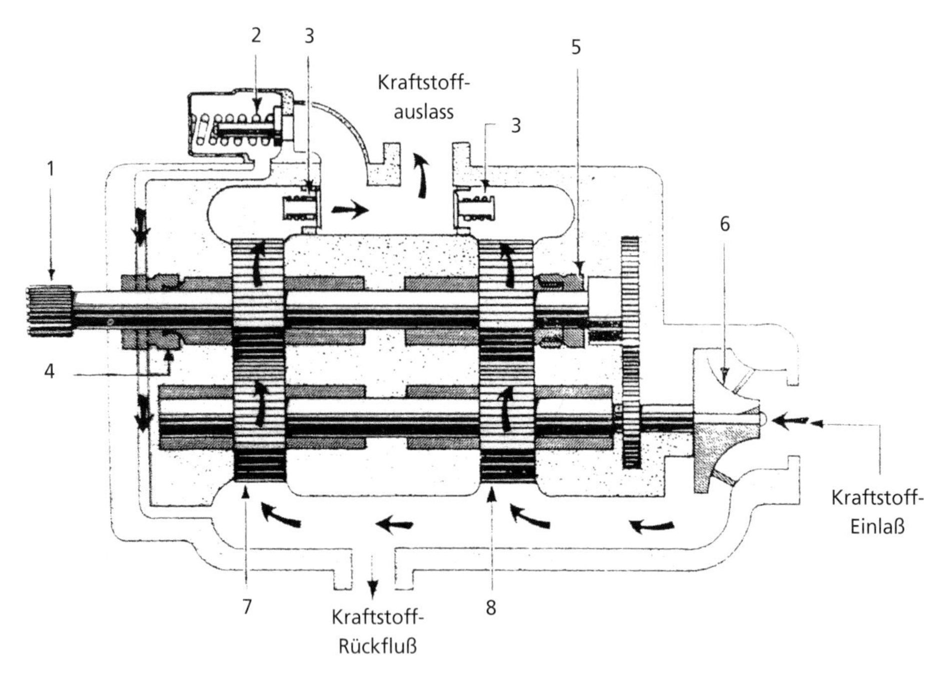

Bild 284b: PESCO-Hauptkraftstoffpumpe

Die Leistungsregelung des Triebwerkes erfolgt durch Änderung der eingespritzten Kraftstoffmenge. Bei Leistungssteigerung wird durch Druckerhöhung mehr Kraftstoff eingespritzt.
Das führt zum Anstieg der Gastemperatur und bewirkt eine Beschleunigung der Gasströmung. Mit der sich daraus ergebenden Drehzahlerhöhung steigen Massendurchsatz und Schub. Diese Vorgänge werden in starkem Maße durch die Einflüsse atmosphärischer Veränderungen beeinträchtigt. Diese Aufgaben übernimmt der Kraftstoffregler, die den vom Piloten gewählten Betriebszustand konstant halten. Der Regler erhält hierfür eine Reihe von Signalen:

- Luftdruck, Luftdichte und Lufttemperatur im Einlauf
- Verdichterein- und austrittdruck
- Brennkammerdruck
- Turbinenein- und austrittdruck
- Drehzahlen aller Rotoren

Hierfür werden differenzdruckgesteuerte Membranen oder kolbenbewegte Kegelventile verwendet. Als Druckmedium wird der Kraftstoff selbst verwendet (Servokraftstoff).
Zum Abstellen des Triebwerkes wird ein Absperrventil verwendet, welches die Kraftstoffzufuhr am Regler absperrt. Gleichzeitig werden die Leitungen zu den Brennern durch Öffnen einer Ablassleitung entleert und drucklos gemacht. Damit es nicht durch nachtropfenden Kraftstoff zu Verpuffungen kommt, muss nachlaufender Kraftstoff aus der Ringleitung nach außen ablaufen.

Brenner (Einspritzdüse)
Die letzte Station in der gesamten Kraftstoffanlage sind die Brenner, die den Treibstoff fein zerstäubt in die Brennkammern einspritzen. Da der Kraftstoffdurchsatz bei voller Leistung bis zu hundertmal so groß sein kann wie im Leerlauf, müssen besondere Düsenanordnungen gewählt werden.

Damit eine einwandfreie Zerstäubung entstehen kann, muss immer ein Mindestdruck vorhanden sein. Wird nur eine Düse verwendet, ist nur ein kleiner Durchflussbereich möglich. Durch Anordnung einer Wirbelkammer mit tangentialem Kraftstoffeintritt vor der Austrittsöffnung kann der Mindestarbeitsdruck verringert werden (**Bild 284c**).

Durch Zuschaltung einer zweiten, ringförmigen Austrittsöffnung, die durch ein Ventil bei einem bestimmten Druck freigegeben wird, lässt sich der wirksame Arbeitsbereich wesentlich erweitern. Derartige Duplexbrenner werden heute in alle größeren Triebwerke eingebaut (**Bild 284d**).

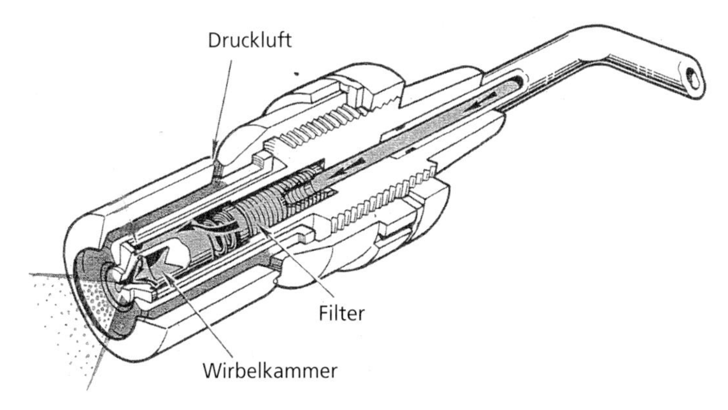

Bild 284c: Simplexbrenner

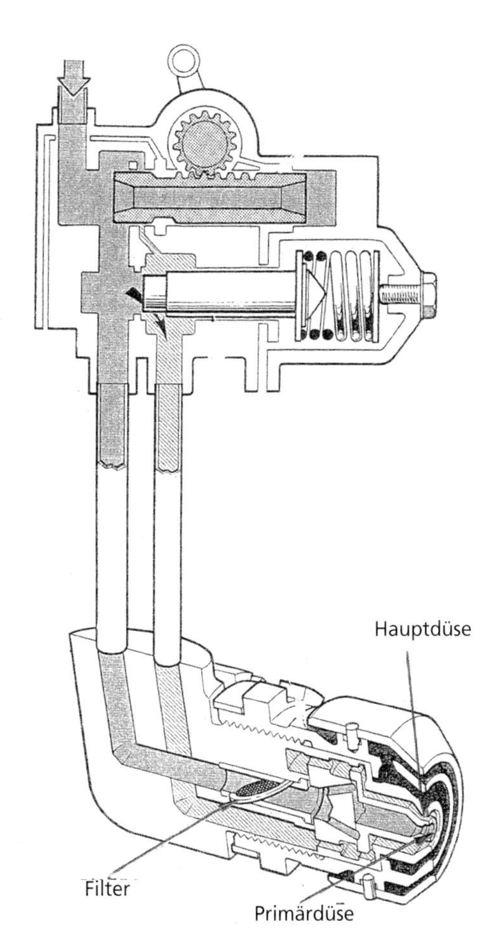

Bild 284d: Duplexbrenner

Wasser- und Methanoleinspritzung

Die Startleistung von TL-Triebwerken ist abhängig von der Außentemperatur und dem Luftdruck. An warmen Tagen und auf höher gelegenen Plätzen verringert sich die Startleistung. Dieser Nachteil kann durch Einspritzen von Wasser und Methanol kompensiert werden. Es entsteht ein Kühleffekt, der den Luftdurchsatz erhöht. Im allgemeinen wird dieses Verfahren ab einer Temperatur von 15° C eingesetzt; man spricht vom „nassen" Startschub.

Die Einspritzung erfolgt im Regelfall bei TL-Triebwerken vor den Brennkammern und bei PTL-Triebwerken im Verdichter. Die Anlage besteht aus Wassertank, Steuerung, Regelung und Systemüberwachung.

Das mit einem Druck von 35 - 40 bar geförderte Wasser (Methanol) wird über ein Absperrventil geleitet, das direkt oder indirekt vom Leistungshebel gesteuert wird. Der Wasserregler bemißt den Wasserdurchsatz: 1 kg Wasser auf 30 kg Luft.

So benötigt ein zweimotoriges Flugzeug für 2,5 min „nasse" Startleistung bei 50 kg/s Luftdurchsatz 500 kg Wasser.

Die bei PTL-Triebwerken verwendeten Wasser-Methanol-Gemische bestehen zu 49,5 % aus Wasser, 49,5 % Methanol und 1 % Korrosionsschutzöl. Wegen Gefahr von thermischen Schocks darf bei Standläufen die Anlage nicht kurzzeitig hintereinander mehrmals ein- und ausgeschaltet werden.

Lagerung und Schmierung

Bei der Lagerung der rotierenden Teile von Turbinentriebwerken muss so verfahren werden, dass einmal das Gewicht und zum anderen axiale Kräfte aufgenommen werden können. Außerdem muss die Wärmeausdehnung berücksichtigt werden.

Auf den Axialverdichter wirkt eine Reaktionskraft, die ihn nach vorne bewegen will. Der Turbinenrotor wird entgegengesetzt und mit geringerer Kraft belastet. Die nach vorn gerichtete Differenzkraft muss von Kugellagern aufgenommen werden. Aus diesem Grunde werden in der Mitte des Rotorsystems, wo sich die Längenausdehnung am geringsten auswirkt, Rillenkugellager angebracht. In den äußeren Bereichen mit großer Längenausdehnung übernehmen Rollenlager mit hoher radialer Belastbarkeit die Aufgaben (**Bild 285**).

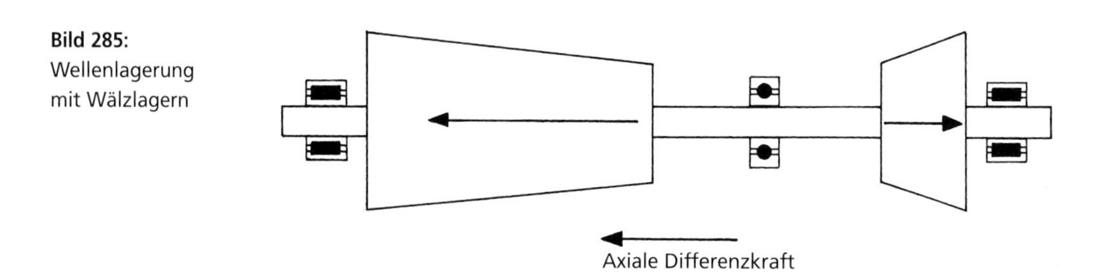

Bild 285: Wellenlagerung mit Wälzlagern

Lagerabdichtung

Für die Abdichtung von Lagern werden hauptsächlich Labyrinth- oder Graphitring-Abdichtungen verwendet. Die Besonderheiten der Labyrinthdichtungen bestehen darin, dass sie ohne jegliche mechanische Verbindung zwischen drehenden Teilen, selbst bei hohen Temperaturen, eine nahezu vollkommene Abdichtung gewährleisten. Hieraus ergibt sich eine praktisch unbegrenzte Lebensdauer. Auf beiden Seiten des Lagers sind hierbei Öllabyrinthe angeordnet, und es stellen in einem gewissen Abstand daneben, Luftlabyrinthe die äußere Begrenzung dar. Das zur Schmierung

erforderliche Drucköl wird in den Raum zwischen Lager und Öllabyrinth gepumpt und als Ölschaum wieder abgeleitet. Den Räumen zwischen Öl- und Luftlabyrinth wird Sperrluft zugeführt, die stets unter einem höheren Druck steht als das Öl in Lagernähe. Ein Druckgefälle verhindert also ein Abfließen des Öls aus dem Lagerbereich (**Bild 286**).
Ähnlich arbeiten Graphitringdichtungen. Auch hierbei wird der Bewegungsraum des Schmieröles durch ein Druckgefälle begrenzt, allerdings nicht ohne mechanische Berührung der Welle eines Graphitringes.

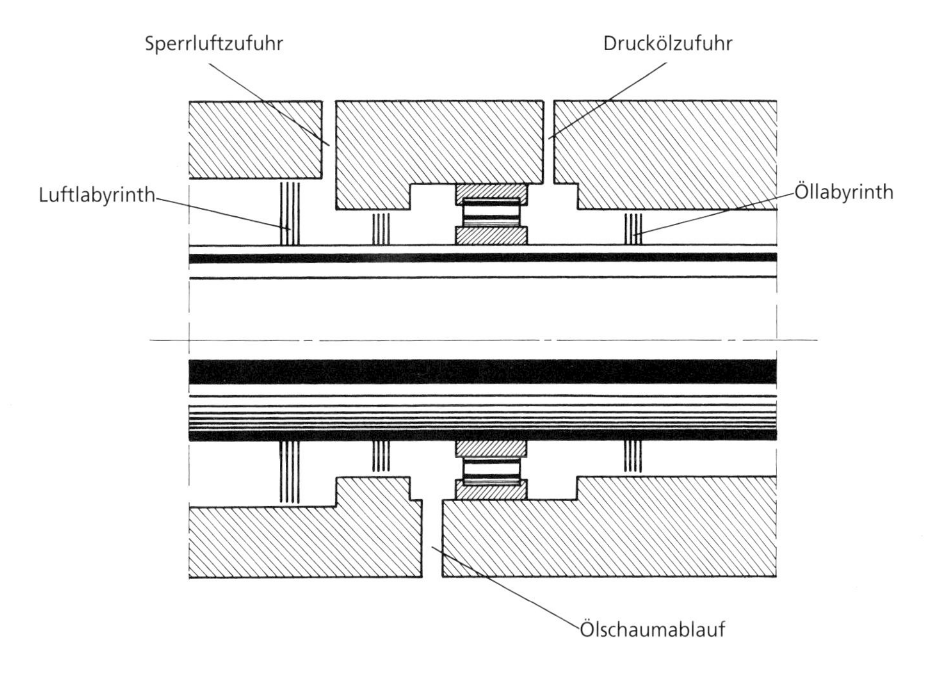

Bild 286: Labyrinthdichtung

Schmierung

Im Gegensatz zum Kolbentriebwerk gibt es keine schmiertechnischen Probleme, da hier im Verbrennungsbereich keine Schmierstellen vorhanden sind und deshalb kein Öl in den Verbrennungsraum geraten kann. Aus diesem Grunde liegen die Ölverbräuche auch niedriger als ein Viertel der Ölmenge vergleichbarer Kolbentriebwerke. Die meisten Turbinentriebwerke sind mit einem Druckumlaufschmiersystem ausgerüstet, bei dem die in einem Ölbehälter vorhandene Ölmenge ständig zirkuliert (**Bild 287**).

Eine Ausnahme ist das sogenannte Verlust- oder Verbrauchssystem, bei dem das Öl laufend nach erfolgter Schmierung abgelassen wird. Aus einem Tank wird das Öl über Filter durch ein Leitungssystem zu den Lagern gepumpt. Große Gewichte der rotierenden Teile machen mitunter die Verwendung von sogenannten Öldrucklagern erforderlich. Hierbei wird Öl zwischen Lager und Lagersitz gedrückt.
Der Ölfilm lässt minimale Bewegungen zu und nimmt Schwingungen und Vibrationen auf.

Durch die ständige Sperrluftzufuhr in den Labyrinthdichtungen wird das Ölvolumen so groß, dass mehrere Pumpen für die Rückführung verwendet werden müssen.

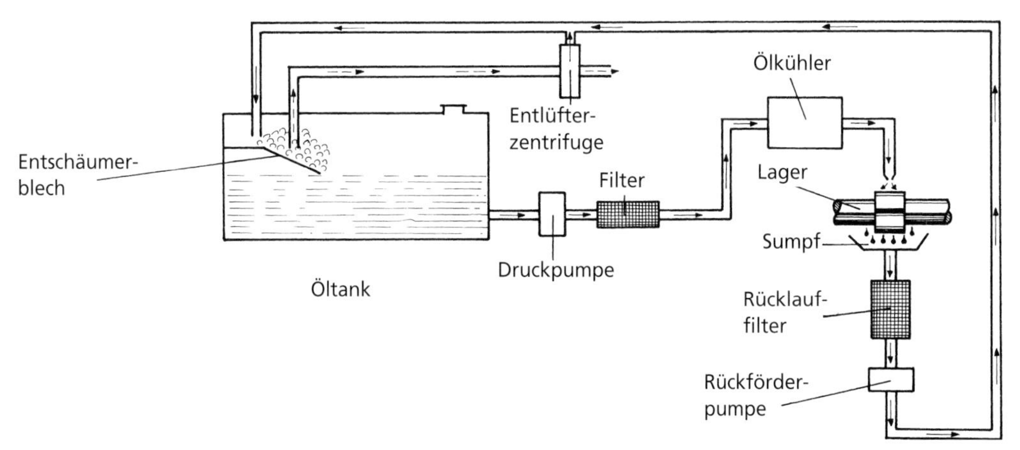

Bild 287: Trockensumpf-Druckumlaufschmierung

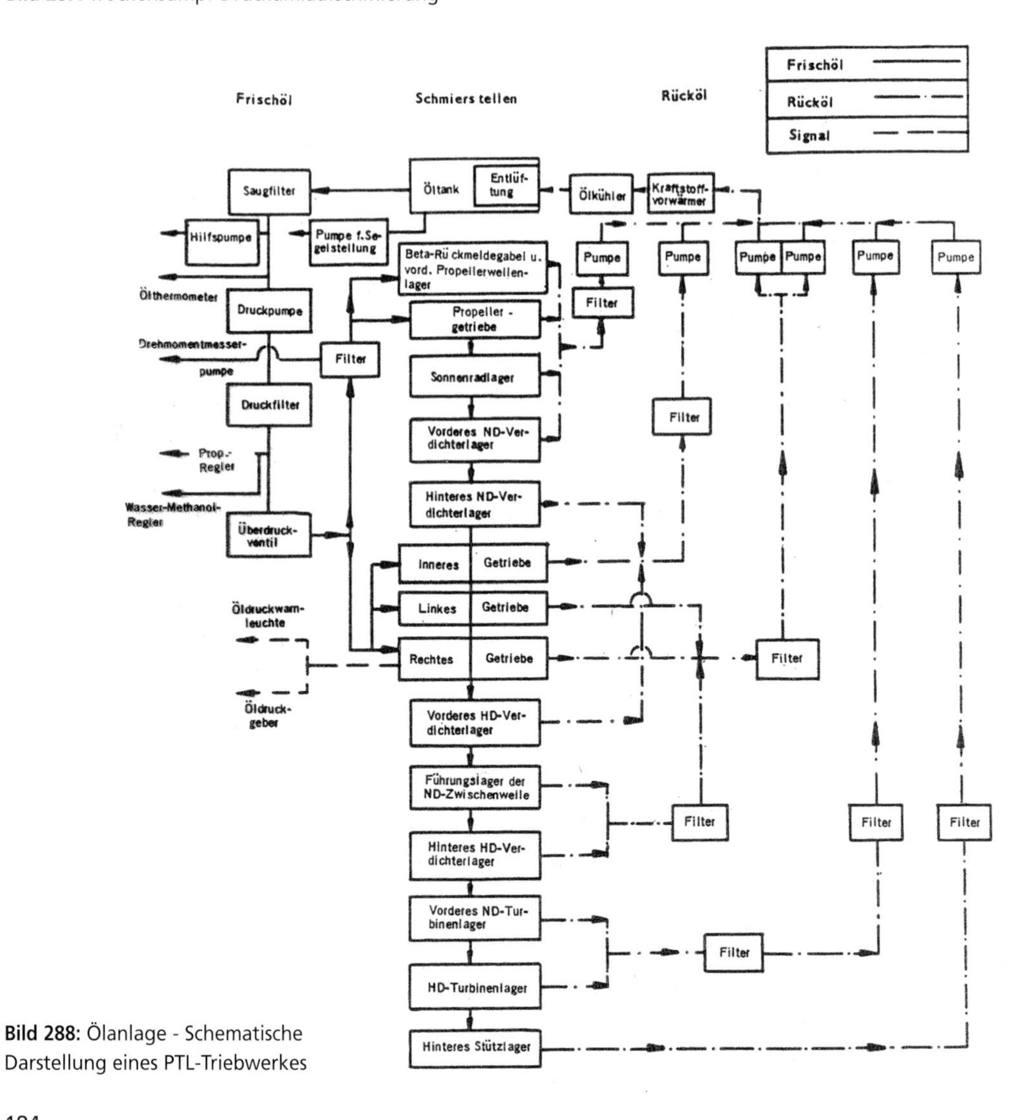

Bild 288: Ölanlage - Schematische Darstellung eines PTL-Triebwerkes

Die eingeschlossene Luftmenge wird dem Ölschaum in einer Entlüfterzentrifuge entzogen. Rotierende Schaufeln schleudern das schwerere Öl nach außen und die Luft entweicht über eine Hohlwelle ebenfalls nach außen. Einfachere Anlagen kommen mit einem Entschäumerblech im Tank aus.

Durch Lagerreibung entstehende Wärme wird vom Öl aufgenommen und abgeleitet. Zu diesem Zweck verwendete Ölkühler werden entweder im Druckkreislauf oder im Rückführungskreislauf installiert. Oft werden Ölkühler auch dazu verwendet, den Kraftstoff zu erwärmen. PTL-Triebwerke sind vielfach mit Luft-Öl-Kühlern ausgestattet. Da diese im Luftstrom liegen müssen, sind sie für extrem hohe Geschwindigkeiten nicht geeignet.

Zahlreiche Magnetstopfen und Späne-Warnanzeiger sorgen für das rechtzeitige Erkennen beginnender Verschleißerscheinungen oder anderer Störungen.

Öltanks sind am Triebwerk angeordnet und formal dessen Kontur angepasst oder aber getrennt untergebracht. Der Ölstand wird durch ein Schauglas oder einen Messstab kontrolliert.

Besondere Druckfilter sorgen für eine einwandfreie Ölbeschaffenheit. Gruppen von Zahnradpumpen, oft mit gemeinsamen Wellen, werden durch Triebwerksgetriebe angetrieben.

Die verwendeten Schmieröle sind von geringer Viskosität und synthetischen Ursprungs. Die Auswahl wird bestimmt durch Lagerbelastung und Betriebstemperatur.

Da Turbinentriebwerke als schmiertechnisch wenig aufwendig und anspruchslos gelten, können sogar normale Starts bis zu Temperaturen von -40° C durchgeführt werden. Bei Turbomotoren und PTL-Triebwerken muss die Viskosität der Getriebe- und der Propellerverstellungsöle etwas höher sein.

Start und Zündung
Beim Anlassen wird der Gashebel in Bodenleerlaufstellung gebracht und der Anlasser eingeschaltet. Der weitere Ablauf wird vom Regler gesteuert und erfolgt automatisch.
Nach Erreichen von 5 - 8 % der Leerlaufdrehzahl wird die Zündung eingeschaltet. Krafstoff wird erst eingespritzt, wenn die zur Gemischbildung notwendige Mindestluftmenge durch die Brennkammern strömt. Die Zündung wird durch die Abgastemperatur erkennbar. Wenn das Triebwerksdrehmoment das Anlasser-Drehmoment erreicht, wird dieser abgeschaltet. (Selbstlaufdrehzahl)
Als Anlasser werden verwendet:
- Elektrische Anlasser
- Pneumatische Anlasser
- Kartuschenanlasser
- Turbinenstarter

Zündung
Hochspannungszündanlagen, die aus zwei voneinander unabhängig arbeitenden Systemen bestehen, werden ausschließlich für alle Arten von Turbinentriebwerken verwendet. Gezündet wird jeweils eine Kerze an zwei verschiedenen Positionen. Jedes System wird durch die bordeigene Niedervoltanlage (meist 28 V) gespeist. In Besonderheit auch 115 V Wechselstrom (AC). Das Zündgerät (Zündspule) wandelt den Strom in eine Spannung von über 2000 V bei 500 bis 1500 A

um. Alle 1 bis 2 Sekunden wird ein Stromstoß zur Anlasszündkerze geleitet. Möglich sind auch Anlagen mit variabler Energie. Dieses kann beim Wiederanlassen in großen Höhen oder beim Anlassen unter schlechten Wetterbedingungen nützlich sein.
Die verwendeten Zündkerzen zeigen einen besonderen Aufbau. Mittelelektrode und Körper sind durch einen Halbleiterring verbunden. Hierdurch wird erreicht, dass die Kerze unter allen Bedingungen sicher arbeitet. Man unterscheidet Kerzen mit einem Kugellichtbogen und Kerzen mit länglichem Lichtbogen.

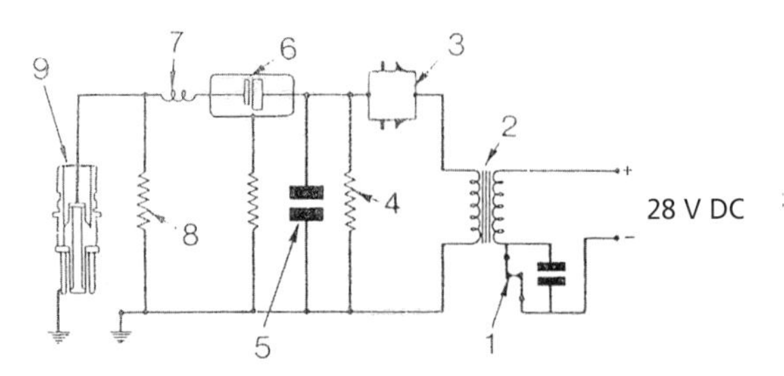

1 Zerhacker
2 Umformerspule
3 Gleichrichter
4 Entladungswiderstand
5 Kondensator
6 Entladungszaun
7 Verstärkerspule
8 Sicherheitswiderstand
9 Anlasskerze

Bild 289: Hochspannungs-Anlasszündgerät (schematisch)

Anlassstörungen

Nasser Anlassvorgang (wet start)

In den Brennkammern kommt es nicht zur Zündung, Kraftstoff entweicht der Schubdüse. Störung in der Zündung, zu geringer Krafstoffdruck, schadhafte Brenner können die Ursache sein. Vor dem nächsten Start ist ein Freiblaslauf erforderlich.

Hängender Anlassvorgang (hung start)

Es kommt zum Aufflammen, Abgastemperatur und Drehzahl fallen vor Erreichen des stabilen Leerlaufs wieder ab.

Ursachen: Zu früh abschaltender Anlasser, vorzeitig abschaltende Zündung, Anlasser beschleunigen unzureichend.

Heißer Anlassvorgang (hot start)

Die Abgastemperatur erreicht zu hohe Werte, der Start muss sofort abgebrochen werden.

Ursachen: Zu reiches Kraftstoff-Luftgemisch nach nassem Start.

Langsamer Anlassvorgang (slow start)

Zu träge Beschleunigung beim Anlassen. Vielfältige Ursachen.

Anlass-Luftabriss (Start stall)

Starker Seitenwind, Windböen oder Rückenwind kann im Bereich des Verdichters Strömungsabriss hervorrufen.

Feuerwarn- und Löschanlagen

Feuerwarnanlagen sind für den sicheren Betrieb von Turbinentriebwerken überaus wichtig. Sie sollen übermäßige Erwärmung oder Brände im Führerraum anzeigen. An besonders gefährdeten Bereichen, wie Abdichtungen, Leitungsverschlüssen und dergleichen, wird ein Feuerwarndraht um das Triebwerk herumgeführt. Dieser Draht besteht aus einem Metallrohr, in dessen Mitte ein Draht konzentrisch angeordnet ist. Beide Elemente sind durch einen Halbleiter getrennt. Wird nun der Draht an einer Stelle erwärmt, nimmt die Leitfähigkeit des Halbleiters zu. Hierdurch wird die Feuerwarnung ausgelöst und ein optisches oder akustisches Signal ausgelöst. Bimetallelemente mit einem Ansprechwert von 30°–40° C und Rotlichtsensoren werden ebenfalls für diese Aufgaben ausgewählt.

Feuerlöschanlagen
Sollten während des Fluges örtlich auftretende Brände entstehen, müssen diese direkt am Triebwerk gelöscht werden können. Das Löschmittel, häufig Freon, wird in besonderen Behältern in ausreichenden Mengen mitgeführt.

Das Abschießen einer Feuerlöschflasche erfolgt durch einen Schalter im Cockpit und wird durch eine Lampe überwacht. Bei einer Feuerwarnung erfolgt eine Leistungssteuerung in den Leerlaufbereich. Der Feuerschalter schließt das Kraftstoffventil vom Tank zum Triebwerk. Die Feuerlöschanlage wird dann durch den Feuerlöschschalter ausgelöst. Für die Brandbekämpfung am Boden sind Öffnungen oder eindrückbare Klappen vorhanden.

Triebwerkenteisung
Weil Turbinentriebwerke empfindlich auf Vereisung am Lufteintritt reagieren, muss eine wirksame Enteisungsanlage installiert werden. Wird der Einlassquerschnitt durch Eisansatz reduziert, kommt es zu erheblichen Störungen. Darüber hinaus kann der Verdichter durch sich ablösende Eisstücke beschädigt werden, unter Umständen kann es zu einem Verbrennungsstop kommen.

Warmluftenteisung durch Verdichterluft
Die Warmluft wird über Leitungen und Kanäle in die gefährdeten, doppelwandigen Bereiche geleitet, von wo sie über Schlitze abgekühlt nach außen strömt. Die ersten Verdichterstufen können miteinbezogen werden.

Da bei Propellerturbinen die Enteisung der Propellerblätter elektrisch erfolgt (chemische Substanzen würden vom Triebwerk aufgenommen werden) wird diese Methode auch für den Ansaugring verwendet, in der Form, dass eine Heizdrahtschicht außen auf die vorderen Ringbereiche geklebt wird.

Triebwerksüberwachung
Zur Überwachung und Messung bestimmter Größen von Gasturbinen gehören im wesentlichen Drehzahl-, Druck- und Temperaturanzeigen.
Für die Kontrolle von Kraftstoff und Schmierstoff sind Vorrats-, Druck- und Temperaturanzeigen vorgesehen.

Die Anzeigen des Kraftstoffdurchlasses in 1b/h oder kg/h geeicht, lassen den Verbrauch erkennen.
Wichtiges Instrument zur Überwachung von Gasturbinen ist die Messung der Abgastemperatur (EGT).
Störungen im Zusammenspiel aller Funktionen führen zu spontanen Temperaturveränderungen.
Beim Überschreiten oberer Grenzwerte müssen Triebwerke sofort abgestellt werden.

Betriebsverhalten

Ein Kreisprozess eines Strahltriebwerkes

Ein Prozess, bei dem nach einer Reihe von Zustandsänderungen wieder der Ausgangszustand erreicht wird, heißt Kreisprozess. Fast alle Wärmekraftmaschinen führen solche Kreisprozesse durch. Eine anschauliche Darstellung des Kreisprozesses eines Strahltriebwerkes kann mit dem p-v-Diagramm (Druck-Volumen) durchgeführt werden. In diesem Diagramm sind der Druck und das spezifische Volumen (d.h. das Volumen das 1 kg einnimmt) dargestellt.

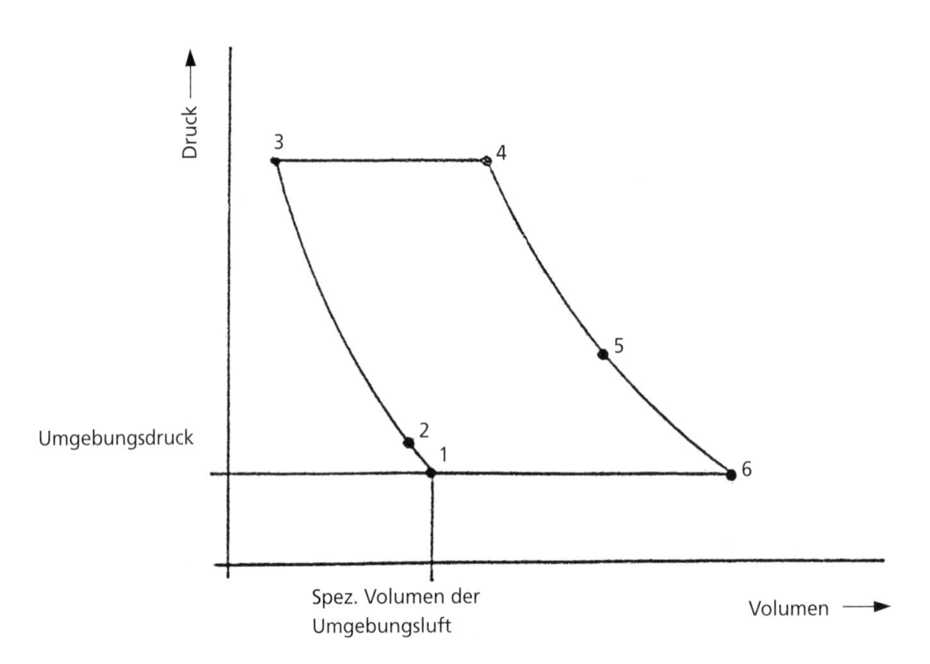

Bild 290a: Idealer Kreisprozess eines Strahltriebwerkes im Flugzustand.

Einfluss von Temperatur und Luftdruck

Bei sinkenden Temperaturen steigt die Luftdichte und damit auch die dem Triebwerk zugeführte Luftmasse. Bei gleicher Drehzahl erhöht sich deshalb der Schub. Durch die größere Dichte steigt der Leistungsbedarf des Verdichters. Die Drehzahl muss durch erhöhte Kraftstoffzufuhr konstant gehalten werden.

Bei steigender Temperatur sind die Verhältnisse genau umgekehrt. Der hierbei auftretende Schubverlust kann über 20 % betragen. Im Gegensatz zum reziproken Verhalten des Schubes bei sinkenden oder steigenden Temperaturen, steigt oder sinkt der Schub proportional zum Steigen oder Sinken des Luftdruckes.

Steigender Luftdruck erhöht die zugeführte Luftmasse wegen größerer Dichte und damit auch den Schub.

Bei gleicher Geschwindigkeit ist der spezifische Kraftstoffverbrauch in der Höhe geringer, weil der Verdichter weniger Leistung aufnimmt. Ab 11 km bleibt mit der Lufttemperatur von - 56,5° C auch der Kraftstoffverbrauch konstant.

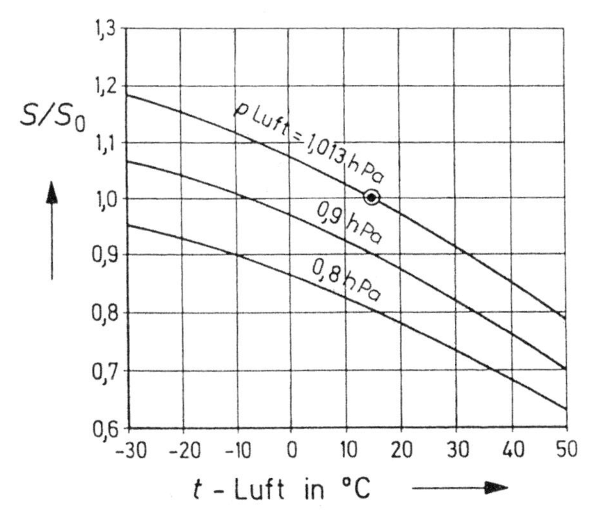

Bild 290b: Einfluss von Druck und Temperatur auf den Startschub in Meereshöhe.

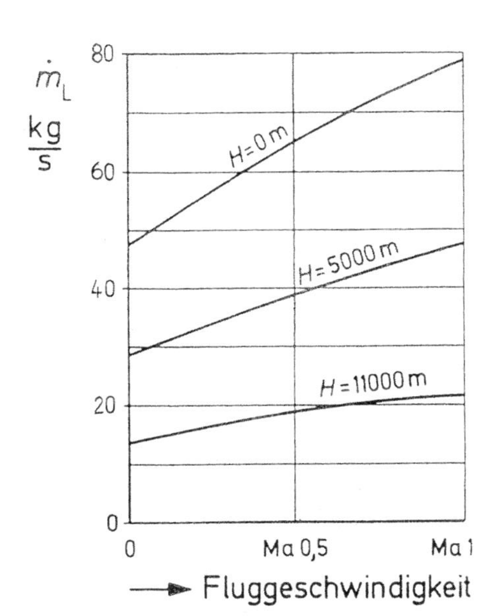

Bild 290c: Luftdurchsatz für verschiedene Fluggeschwingigkeiten und Flughöhen

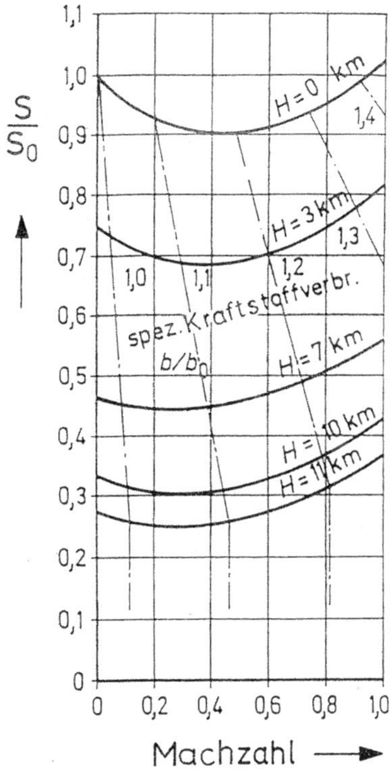

Bild 290d: Kennfeld eines Strahltriebwerkes

Den spezifischen Kraftstoffverbrauch erhält man aus dem stündlichen Kraftstoffverbrauch $\dot{m}_K$ dividiert durch den Schub:

$$b = \frac{\dot{m}_K}{t} = \frac{kg/h}{N}$$

$\dot{m}_K$ = Kraftstoffverbrauch in kg/h
s = Schub in N

Steigende Außentemperaturen und sinkende Luftdrücke verändern über den mit der Dichte abnehmenden Luftdurchsatz den Startschub. Eine Änderung der Außentemperatur um 50° C kann zu einem Schubverlust von 30 % führen.

Eine Veränderung der Startstrecke oder eine Verringerung der Nutzlast sind die Folge.

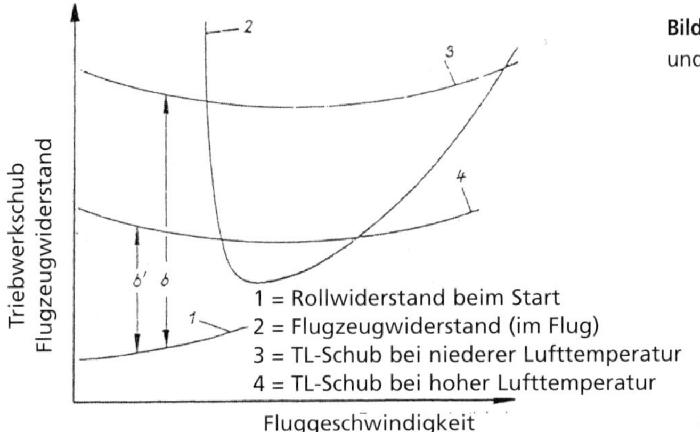

Bild 290e: Bodenschub bei niedriger und hoher Lufttemperatur

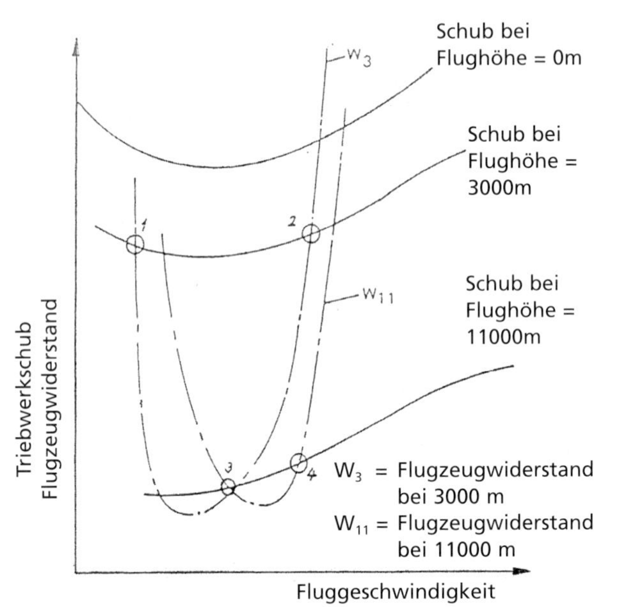

Bild 290f: Schub in Abhängigkeit von der Flughöhe

Erhöhung der Startleitung

Folgende Möglichkeiten können angewendet werden:

a) Wassereinspritzung in den Verdichter, die zur Verdunstungskühlung mit daraus folgender geringeren Leistungaufnahme des Verdichters, dann zur Schuberhöhung führt.

b) Wasser-Methanol-Einspritzung in die Brennkammer führt zu einer Leistungszunahme der Turbine durch Zusatzdampf.

c) Nachverbrennung im Nachbrenner

d) Starthilfsraketen

Wirkungsgrad
Der Wirkungsgrad, die Differenz zwischen zugeführter Energie und Nutzarbeit, ergibt sich bei Turbinenluftstrahltriebwerken im wesentlichen aus folgenden Teilbereichen:

a) *Thermischer Wirkungsgrad*
Er ergibt sich aus dem Verhältnis der in Arbeit umgewandelten Wärmemenge zur zugeführten Wärme. Verbesserung durch Erhöhung der Turbineneintrittstemperatur möglich.

b) *Vortriebswirkungsgrad*
Der Schub- oder Vortriebswirkungsgrad ergibt sich aus dem Verhälnis der Fluggeschwindigkeit zur Ausströmgeschwindigkeit.

Er steigt mit der Annäherung der Fluggeschwindigkeit an die Ausströmgeschwindigkeit und ist im Standlauf gleich Null.

c) *Mechanischer Wirkungsgrad*
Er ergibt sich aus den Reibungsverlusten aller drehenden Teile und aus den Reibungsverlusten der Luft- und Gasströmungen in Verdichter und Turbine.

Nur geringe Verbesserungsmöglichkeiten sind möglich.

Der Gesamtwirkungsgrad ist das Produkt der Einzelwirkungsgrade. n = 30 %

Flugleistungsbegriffe
Startleistung
Die Startleistung ist die Höchstleistung, die das Triebwerk zum Erreichen kurzer Startwege kurzfristig abgeben kann.
Ihre Anwendung ist auf wenige Minuten begrenzt, da höhere Turbineneintrittstemperaturen die Lebensdauer verkürzen und die Wirtschaftlichkeit beeinträchtigen.

Steigleistung
Die Beibehaltung der Steigleistung wäre die theoretisch beste Lösung. Damit aber das Triebwerk nicht überlastet, die Lärmbelastung herabgesetzt und die Wirtschaftlichkeit verbessert wird, muß die Steigleistung reduziert werden.
Sie liegt unter der Startleistung, jedoch über der Reiseleistung.

Bestes Steigen ergibt sich aus dem Zusammenspiel des widerstandsabhängigen günstigsten Anstellwinkels und der Triebwerkleistung.

Mit zunehmender Höhe verändern sich Widerstand und Schub.

Maximale Dauerleistung
Die maximale Dauerleistung stellt die vom Triebwerk zeitlich unbegrenzt gelieferte Höchstleistung dar.

3.5 KRAFT- UND SCHMIERSTOFFE

3.5.1 Kraftstoffe

Verarbeitung des Erdöls
Aus dem Grundprodukt Erdöl wird Benzin durch drei mögliche Verfahren gewonnen:

1. Destillieren:
Hierbei wird das Erdöl erhitzt und der Öldampf schlägt sich in den einzelnen Temperaturzonen des Destillationsturmes als Benzin, Petroleum oder Gasöl nieder.

(Trennen) Der Benzinanteil beträgt hierbei nur etwa 20%. Der Hauptanteil besteht aus Petroleum und Gasöl.

Aus dem Erdölrückstand wird im Unterdruckverfahren Motor,- Getriebe- und Heizöl gewonnen.

2. Cracken:
Bei diesem Vorgang werden die schwer siedenden Bestandteile des Erdöls mit Hilfe eines Katalysators in leicht siedende umgewandelt.

(Umwandeln) Sie werden dann genau wie beim Destillationsverfahren weiterverarbeitet. Der Benzinanteil beträgt hierbei ca. 40%.

3. Hydrieren:
Beim Hydrieren werden aus Erdölrückständen oder Kohle unter Zuführung von wasserstoffreichen Gasen leicht siedende Kohlenwasserstoffe aufgebaut. Entstehende Dämpfe werden zu Benzin destilliert.

Bei diesem Verfahren beträgt die Benzinausbeute etwa 90% bei guter Qualität. Die Herstellung ist kostspielig, da die Anlage mit sehr hohen Temperaturen und Drücken arbeitet.

Paraffin
Kohlenwasserstoffverbindung. Eine wachsähnliche leicht blättrige, geruchs-und geschmackslose Masse; in Benzin leicht löslich.

Sie wird durch Destillation aus Erdöl (Braunkohlenteer) gewonnen. Schmilzt bei 52–70° C. (Weich-P bei etwa 30° C) zum Wachsen von Garnen, Dichten usw.

Turbinenkraftstoffe
1. Turbinenpetroleum oder Kerosin (JET A-1, JP 5)
2. Turbinen~Mischkraftstoffe (JET 5, JP 4)

Kerosin ist ein besonders gereinigtes und ausdestilliertes Petroleum. 87% C und 13% H Gewicht.

Mischkraftstoffe bestehen aus 65 % Benzin und 35 % Kerosin.

JP 5 (HIGH-FLASH-POINT) wegen des hohen Flammpunktes für Flugzeugträgerbetrieb, farblos.

JET A-1 zeigt im Glas gegen das Licht opalisierenden Schimmer.

Schwefelgehalt 0,2 bis 0,4 % (Flugbenzin 0,05 %), Wassergehalt unter 0,003 % Volumen.

Der Flammpunkt ist die Temperatur, bei der die Dämpfe einer brennbaren Flüssigkeit, beim Annähern einer Flamme, erstmals aufflammen.

	Jet A	JET Al	JET B	JP 5	100LL
Kraftstoffart	Kerosin ATK	Kerosin ATK	Misch-Kr. ATG	Kerosin ATK	Benzin
NATO	F30	F34/F35	F40/F45	F44	F18
Farbe	farblos, oP.	farblos, oP.	farblos	farblos, oP,	blau
Flammpunkt	38° C	38° C	-20° C	65° C	-25°C
Gefrierpunkt	-40° C	-50° C	-60° C	-46° C	-60° C
Dichte	0,78 +	0,78 +	0,75 +	0,79 +	0,72
Siedebereich	160-250° C	169-250° C	50-250° C	190-260° C	75-170° C

Mögliche Zusätze: Oxydationsverhinderer, Vereisungszusatz, Antistatikzusatz, Antikorrosionszusatz, thermische Stabilisatoren, Schlammpilzverhinderer.

Flugbenzin

Flugmotoren werden mit speziellem Flugbenzin betrieben. Sie sind chemisch gesehen Kohlenwasserstoffverbindungen mit einer Reihe von Zusätzen. Sie enthalten etwa

84 % Kohlenstoff, C
15 % Wasserstoff, H
0,05 % Schwefel, S

Der Rest besteht aus Zusätzen und Wasser. Die Kohlenwasserstoffverbindungen setzen sich zusammen aus:

50 % Paraffine
30 % Naphtene (Leichtbenzine)
20 % Aromate (Benzol)

Als Zusätze kommen Farbstoffe und Bleitetraäthyl hinzu.

Bleitetraäthyl, das in Mengen von 0,05 %+ den Kraftstoffen beigegeben wird, dient in Form feinstpulverisierten Bleis als Wärmespeicher und trägt dazu bei, dass die Gastemperatur vor der Flammenfront unter der Selbstenzündungstemperatur bleibt.
Da Blei sehr giftig ist, sind beim Umgang mit Flugbenzin entsprechende Vorsichtsmaßnahmen einzuhalten.
Die Oktanzahl gibt Auskunft über die Klopffestigkeit eines Kraftstoffes.
Unter Klopfen versteht man die unkontrollierte, schlagartige Verbrennung des Gemisches kurz nach dem Zundpunkt. Hierdurch kann der Verbrennungsablauf bis auf die 10-fache Geschwindigkeit (300 m/s) ansteigen.

Ein ähnlicher Vorgang ist die Selbstentzündung, die durch glimmende Ölkohle, überhitzte Kerzenelektroden oder glühenden Orat an Auslassventilen hervorgerufen werden kann.

Beide Erscheinungen können zu schweren Motorschäden führen.
Die Oktanzahl wird durch einen Vergleichskraftstoff im Prüfmotor mit verstellbarer Kompression ermittelt.

Dieser Vergleichskraftstoff besteht aus klopffestem Oktan und dem klopffreudigen Heptan. Das Mischungsverhältnis bezieht sich auf die Oktanzahl 100 (OZ 100 = 100 % Oktan), d.h. ein Kraftstoff mit der Oktanzahl 95 hat eine Klopffestigkeit wie der Vergleichskraftstoff, bestehend aus 95 Teilen Oktan und 5 Teilen Heptan.

Da Flugmotoren mit extremer Leistung selbst mit Kraftstoffen der Oktanzahl 100 nicht mehr auskamen, wurden sie stärker verbleit und durch Leistungszahlen (FUEL GRADE) eingestuft.

Die Leistungszahlenangabe erfolgte in zwei Zahlen, z.B. 115/145. Dieser Kraftstoff beitzt im Reiseflug bei armem Gemisch die Leistungszahl 115 und bei Startleistung und reichem Gemisch die Leistungszahl 145 (siehe Tabelle Seite 187).

Die höhere Oktanzahl bei reichem Gemisch ist auf eine intensive Innenkühlung durch den größeren Kraftstoffanteil zurückzuführen.
Nach einer Faustformel 1/3 x (Fuel Grade - 100) lässt sich ermitteln, dass der Kraftstoff 115/145 um 5 % bzw. 15 % höher zu belasten ist als OZ 100.

Am Typenschild eines Motors ist die niedrigste Oktan- bwz. Leistungszahl angegeben, mit der der Motor noch zuverlässig betrieben werden kann.

Es darf auf keinen Fall ein Kraftstoff mit einer niedrigeren Oktan- oder Leistungszähl als angegeben verwendet werden.
Trotz gleicher Oktanzahlen dürfen Automobilkraftstoffe nicht verwendet werden, da sie eine andere chemische Zusammensetzung aufweisen.

Oktanzahlangaben
nach R OZ (RESEARCH)
nach MOZ (MOTOR) Methode

Ein Kraftstoff verbrennt immer klopffrei, wenn OZ größer ist als der OZ-Bedarf des Motors.

Cetanzahl (Zündwilligkeit)
Die Cetanzahl gibt an, wieviel Volumenprozent Cetan sich in einem Gemisch mit Methylnaphtalin befinden.
Inhibitoren (chemische Zusätze) zur Verhinderung von Vergummung, durch Gum (Harz führt zur Fadenbildung) im Kraftstoff.
Eigenschaften des Flugbenzins:

- geringe Dampfblasenbildung
- hohe Klopffestigkeit
- größtmöglicher Reinheitsgrad
- geringer Wassergehalt (max. 0,003 Volumen%)
- gute Lagerbarkeit

Wasserkontrolle
Wegen möglicher Eisbildung ist eine Wasserkontrolle erforderlich.
Bei der Kontrolle wird mit einer Vorrichtung 5 cm^3 Kraftstoff angesogen. Chemikalien zeigen eine Verfärbung von gelb nach grün.

GEFAHREN	FLAMMPUNKT	KRAFTSTOFFART
A1	unter 21° C	100 LL/ JET B
A2	21° C bis 55° C	JET A 1
A3	über 55° C	JP 5

3.5.2 Schmierstoffe

Aufgaben:

- schmieren
- kühlen
- reinigen
- abdichten
- dämpfen
- Korrosionsschutz

Chemische Zusammensetzung von mineralischem Oel

89 %	C
7 %	H
4 %	0 und Zusätze

Die Störanfälligkeit moderner Flugmotoren ist gering. Dieses ist auf drei Dinge zurückzuführen:

1. Verbesserte Materiallegierungen
2. Verbesserte Oberflächenbearbeitung
3. Verminderung von Reibung und Verschleiß durch spezielle Öle.

Einteilung der Schmierstoffe

Flüssige Schmierstoffe (Öle): tierische, pflanzliche, mineralische und synthetische Öle
Schmierfette: Salbenartige, plastisch verformbare Stoffe
Pastöse Anteigungen: Mischungen aus Ölen und Fetten (für Dauerschmierung im Mischreibungsbereich)
Festschmierstoffe: feste Stoffe in Pulver oder Schuppenform
gleitfähige Kunststoffe: Festschmierstoffe in Kunststoffen
Trockenschmierfilme: feste Schmierstoffe in lackartigen Trägern
Gasförmige Schmierstoffe: Luft zur Schmierung kleiner schnelllaufender Wellen

Schmiertechnische Bezeichnungen

Viskosität : Die Zähigkeit eines Stoffes. Es ist der innere Widerstand gegen das Fließen. Ein Maß für die innere Reibung einer Flüssigkeit

Stockpunkt: Der Stockpunkt ist die Temperatur eines Öles, bei welcher dieses zu erstarren beginnt. Vorher beginnt am Trübungspunkt die Bildung von Paraffinkristallen (CLOUD POINT).

Fließvermögen: Temperatur in °C, bei welcher in einem U-Rohr von 6 mm lichter Weite bei einem Überdruck von 100 mm WS eine Steiggeschwindigkeit von 10 mm/min erreicht wird.

Flammpunkt: Er wird erreicht, wenn in einem offenen Tiegel bei darübergeführter Flamme eine Entflammung angesammelter Dämpfe entsteht. Das Öl brennt dabei nicht weiter.

Brennpunkt: liegt bei 30 - 40 °C über dem Flammpunkt.

Flugmotoröle
Die Bezeichnung von Flugmotorenölen erfolgt nach der Viskositätseigenschaft.

Hersteller	Sorte	Verwendung
ESSO / SHELL	57	leichte Motoren
o.a.	65	leichte Motoren
	80	Motoren bis 1000 PS
	100	Hochleistungsmotoren
	W1OO	Hochleistungsmotoren (Winter)
	120	Hochleistungsmotoren (Sommer)

Für Flugmotorenöle gibt es keine SAE-Angaben. Sie liegen im Bereich SAE 40 bis SAE 60. Die Bezeichnung erfolgt in sogenannten Öl-Graden (OIL GRADES).

120 bedeutet, dass diese Ölsorte eine Viskosität von 120 SSU (Saybolt-Sekunden) bei 210°F besitzt. Das entspricht etwa 3,5° E bei 100° C.

Die Viskosität, oder die kinematische Zähflüssigkeit eines Öls, kann in folgenden Einheiten angegeben werden:

Grad-Engler °E		(D)
Saybolt-Sekunden- Universal. SSU		(USA)
Centistoke CST		(GB)
Redwood-Sekunden	R3	(GB)

Die °E und SSU-Viskositätsangaben beruhen auf Durchlaufmessungen durch geeichte Auslauftrichter bei bestimmten Temperaturen. Die °E-Messung beruht dabei auf die Auslaufzeit der gleichen Menge Wasser.

Grad-Engler (°E) =
Auslaufzeit von 200 ml Öl bei Messtemperatur
Auslaufzeit von 200 ml Wasser von 20°C
Saybolt-Sekunden (SSU) =
Auslaufzeit von 60 ml Öl bei Messtemperatur bei 130° F oder 210° F.

In der Praxis wird das Mischen verschiedener Ölsorten und Fabrikate nicht gestattet. Ausnahmen können vom Hersteller zugelassen sein.

Die wichtigsten Eigenschaften sind:

Viskosität bei 50° C	12	bis	14° E
Stockpunkt	-15	bis	-25° C
Flammpunkt	240	bis	290° C
Dichte	0,88	bis	0,92
Oil Grade	57	bis	120

Der Ölverbrauch liegt bei Hochleistungsmotoren bei 5 bis 7g/PS h. Der Ölverbrauch setzt sich aus folgenden Ölverlusten zusammen:

an Kolbenringen
Ventilschäften
Kurbelgehäuse-Belüftung
Laderwellenabdichtung
Abgasturbinen
Hilfsgeräteantrieben

Außerdem wird die Höhe des Ölverbrauches bestimmt durch:
Drehzahl
Zylinderkopftemperatur
Schmierölsorte
Beschaffenheit des Motors.

Neue und grundüberholte Motoren sollen während der ersten 50 Betriebsstunden mit unlegiertem Öl betrieben werden, damit sich der Einlaufvorgang nicht durch reibungsverhindernde Additive unnötig in die Länge zieht.

Flugmotoren, die bereits mit unlegiertem Öl über mehrere hundert Betriebsstunden betrieben wurden, sollten nicht mehr auf legiertes Öl umgestellt werden, da die schmutzlösende Wirkung der Zusätze zu Ablösung im Schmiersystem führen kann.

Legierte und unlegierte Öle dürfen auf keinen Fall vermischt werden (durch Nachfüllen!).
Automobil-Öle haben einen anderen Aufbau und sind daher für Flugmotoren nicht geeignet.
Der Viskositätsindex gibt Auskunft über die Viskosität bei verschiedenen Temperaturbelastungen.

Turbinenschmierstoffe
Wegen der besonderen Belastungen aus Drehzahl und Temperaturen reichen die Eigenschaften mineralischer Schmierstoffe bei TL-Triebwerken nicht mehr aus.

Es werden daher ausschließlich synthetische Schmierstoffe verwendet.
Es handelt sich um Öle auf Ester-Basis, d.h. um chemische Verbindungen von Säuren und Alkohlen, die aus petrochemischen Produkten gewonnen werden.

Mineralische und synthetische Öle dürfen grundsätzlich nicht gemischt werden! (Ölpudding)

Selbst synthetische Öle untereinander dürfen nicht gemischt werden. Synthetische Öle sind stark farbauflösend und aggressiv.

Dichtungen und überhaupt alle Teile, die mit Öl in Berührung kommen können, müssen als synthet.-ölfest gekennzeichnet sein.

In der Verkehrsluftfahrt wird Öl alle 300 bis 500 Std. gewechselt.

Der Ölverbrauch bei TL-Triebwerken ist gering: 0,25 bis 0,5 l/h

Die Viskosität von TL-Ölen wird in CST angegeben. Hierbei wird eine Zeitdurchlaufmessung durch eine kalibrierte Kapillare bei bestimmter Temperatur durchgeführt.

Viskosität:
Die Viskosität ist die grundlegende physikalische Eigenschaft von Schmierölen, aus der sich die Tragfähigkeit des Ölfilms im Lager bei flüssiger Reibung ergibt. Sie nimmt mit steigender Temperatur ab und mit fallender Temperatur zu (V-T-Verhalten). Daher muss bei jedem Viskositätswert die Temperatur, auf die er sich bezieht, angegeben werden. Im Handel wird die Viskosität dünnflüssiger Öle auf 20° C, die Viskosität mittelflüssiger Öle auf 50° C und die Viskosität dickflüssiger Öle auf 100°C bezogen. Die so definierten Werte werden als Nennviskositäten bezeichnet.

Im physikalischen Sinn ist die Viskosität der Widerstand, den benachbarte Schichten einer Flüssigkeit ihrer gegenseitigen Verschiebung entgegensetzen. Bei der Berechnung der Lagerreibung benutzt man die dynamische Viskosität. Sie wird in Centipoise (cP) ausgedrückt. Im Gegensatz dazu wird mit einem Viskosimeter die kinematische Viskosität gemessen. Die Einheit der kinematischen Viskosität ist Centistoke (cST).

Für die Umrechnung gilt: $\eta = \gamma \cdot \rho$ wobei ρ die Dichte ist.

In der Schmiertechnik werden häufig auch folgende Einheiten der kinematischen Viskosität benutzt: Engler (E), Redwood-Sekunden (RI) und Saybolt-Universal-Sekunden (SU).

Viskositätsindex:
Durch den Viskositätsindex (VI) wird das Viskositäts-Temperaturverhalten zahlenmäßig zum Ausdruck gebracht, unabhängig von der Höhe der Viskosität.

Ein hoher Viskositätsindex (z.B. 90) bedeutet, dass sich die Viskosität mit zunehmender Temperatur nur wenig ändert, wohingegen ein niedriger VI-Wert (z.B. 10) bedeutet, dass sich die Viskosität mit zunehmender Temperatur stark ändert.

V-T-Verhalten:
Mit dem Ausdruck V-T-Verhalten bezeichnet man bei Schmierölen die Änderung der Viskosität V mit der Temperatur T (Viskosität, Betriebsviskosität). Man spricht von günstigem V-T-Verhalten, wenn das Öl seine Viskosität mit der Temperatur nicht stark ändert. Viskositätsindex.

Wassergehalt:
Enthält ein Schmieröl Wasser, so wird der Schmierfilm durch Wassertropfen unterbrochen und dadurch die Schmierfähigkeit vermindert. Wasser im Öl beschleunigt im übrigen die Alterung und führt zu Korrosion.
Verhalten von Dichtungen: Gegen Mineralöle und Schmierfette verhalten sich Dichtungsmaterialien sehr unterschiedlich. In manchen Fällen quellen, schrumpfen, verspröden die Dichtungen oder lösen sich sogar auf. Dabei spielen die Betriebstemperatur und die Zusammensetzung des Schmierstoffes eine erhebliche Rolle. Über die Beständigkeit von Dichtungen geben die Hersteller und die Mineralölfirmen Auskunft.

Flammpunkt: Der Flammpunkt ist die niedrigste Temparatur, bei der sich unter vorgeschriebenen Prüfbedingungen so viel Öldampf entwickelt, dass das Öl-Luft-Gemisch erstmals an einer Zündflamme aufflammt. Der Flammpunkt gehört zu den Kenndaten des Öls, hat aber für seine Beurteilung kaum Bedeutung.

Kenndaten: Unter den Kenndaten eines Schmieröls versteht man im allgemeinen den Flammpunkt, die Dichte, die Nennviskosität, den Stockpunkt und Angaben über Zusätze.

Lebensdauer von Schmierfetten/Schmierölen: Die Schmierfähigkeit jedes Fettes nimmt im Laufe der Zeit ab durch Alterung, durch mechanische Beanspruchung und die dabei eintretende Zerstörung des Seifengerüstes sowie durch Aufnahme von Wasser.

Mischbarkeit von Ölen: Öle verschiedener Sorten oder verschiedener Hersteller sollten nicht bedenkenlos gemischt werden. Eine Ausnahme bilden Motorenöle; sie dürfen fast immer miteinander gemischt werden.

Werden Frischöle mit Gebrauchtölen gemischt, so kann sich Schlamm absetzen. In allen Fällen, in denen Schlammbildung berichtet werden empfiehlt es sich, Proben in einem Becherglas zu mischen.

Stockpunkt: Der Stockpunkt eines Schmieröls ist die Temperatur, bei der das Öl – wenn es unter festgelgten Bedingungen abgekühlt wird – zu fließen aufhört. Das Kälteverhalten der Öle unmittelbar oberhalb des Stockpunktes kann schon ungünstig sein und muss daher durch eine Viskositätsmessung bestimmt werden.

3.6 AUSRÜSTUNG

Zur Ausrüstung eines Luftfahrzeuges gehören Anlagen, Geräte und Instrumente.
Die Ausrüstung wird aufgeteilt in 3 Hauptgruppen:

Ausrüstung A: Für die Funktion bzw. für den Flugbetrieb eines Luftfahrzeuges.
Ausrüstung B: Für Rettung und Sicherheit.
Ausrüstung C: Für den speziellen Verwendungszweck eines Luftfahrzeuges.

3.6.1 Ausrüstung A (Geräte für die Funktion des Luftfahrzeuges)

Hierzu gehören alle Instrumente zur Überwachung und Kontrolle von Funktionen im Luftfahrzeug, sowie Instrumente zur Überwachung der Fluglage und der Navigation. Die Instrumente werden nach ihrem Verwendungsbereich in vier Gruppen aufgeteilt:

A Flugwerküberwachungsinstrumente
B Triebwerküberwachungsinstrumente
C Flugüberwachungsinstrumente
D Navigationsinstrumente

Sie sind für den Flugzeugführer übersichtlich im Instrumentenbrett angeordnet (**Bild 291** und **292**).

A Flugwerküberwachungsinstrumente

Bei diesen Instrumenten handelt es sich hauptsächlich um Stellungsanzeiger bzw. Kontrollleuchten für Fahrwerk, Landeklappen, Stör- und Bremsklappen, Trimmung und dergleichen.

Bild 291:
Instrumentenbrett
eines Jagdflugzeuges

Bild 292:
Instrumentenbrett
eines Segelflugzeuges

a) Stellungsanzeiger

Mechanische Stellungsanzeiger

Diese sind häufig nur als Zeiger- und Skalenkennzeichnungen an Bedienungshandgriffen oder Handrädern angebracht. Für einfache Fernübertragungen können Seilzüge verwendet werden.

Elektrische Stellungsanzeiger

Neben bereits erwähnten Kontrollleuchten gibt es akustische Warnsignale. Für die Fahrwerksanzeige finden Stellungsanzeiger (**Bild 293**) Verwendung, die durch zwei Elektromagnete die je-

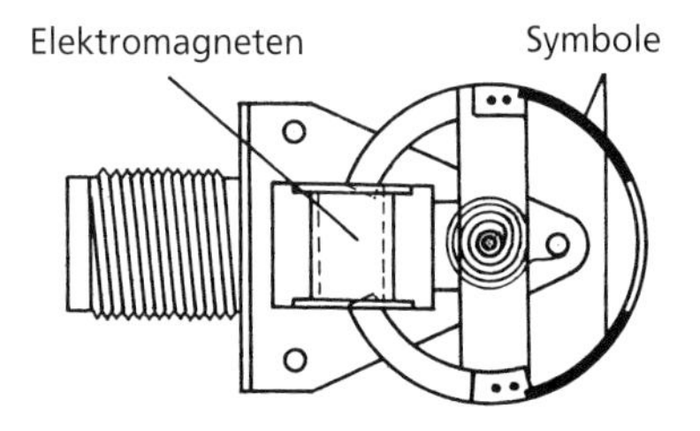

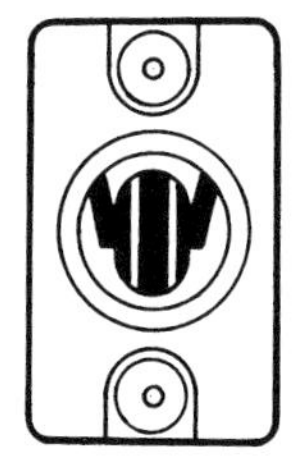

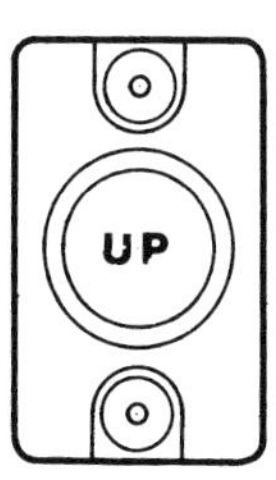

Bild 293: Fahrwerk-Stellungsanzeiger

weilige Stellung des Fahrwerkes durch Symbole oder Wörter anzeigen; im ausgeschalteten Zustand des Bordnetzes erscheint ein schräg gestreiftes Feld. Die Stellung der Landeklappen kann entweder direkt in Grad angezeigt werden oder ein Klappensymbol zeigt anschaulich die Position. In diesem Falle trägt der Zeiger das Symbol (**Bild 294**).

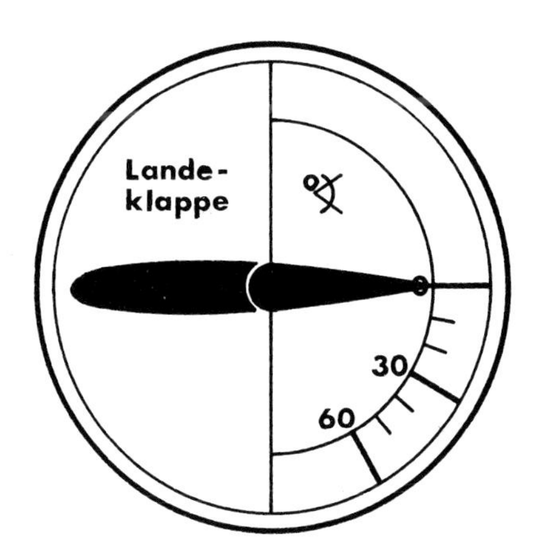

Bild 294: Landeklappen-Stellungsanzeiger

Bild 295: Beschleunigungsmesser

Die elektrische Übertragung erfolgt entweder über Potentiometer oder sie erfolgt über Fernübertragungssysteme wie z. B. Autosyn.

b) Beschleunigungsmesser

Bei schnellfliegenden Flugzeugen treten bei Richtungsänderungen Kräfte auf, die die Zellenstruktur erheblich beanspruchen können. Durch die Beobachtung des Beschleunigungsmessers (**Bild 295**) kann der Flugzeugführer sein Flugzeug so manövrieren, dass die vom Hersteller festgelegten Belastungshöchstwerte nicht überschritten werden. Die Skala des Instrumentes ist in g-Einheiten geeicht (g = Erdbeschleunigung in m/s^2). Die Funktion beruht auf dem Beharrungsvermögen von zwei federgehaltenen Schwinggewichten, die ihre Bewegung auf Drehwellen und Zeiger übertragen. Das Gerät zeigt sowohl positive als auch negative Beschleunigungen von -5 bis +12 g an.

B Triebwerküberwachungsinstrumente

Das einwandfreie Arbeiten und der Betriebszustand eines Motors oder TL-Triebwerkes wird von Überwachungsinstrumenten angezeigt. Beim Kolbenmotor müssen Drehzahl, Ladedruck, Motor- und Schmierstofftemperatur sowie Kraftstoffmengen überwacht werden. Bei Strahltriebwerken kommen Abgasthermometer, Schubmesser u. ä. hinzu.

a) Drehzahlmesser

Bei einmotorigen Flugzeugen mit kurzen Übertragungswegen zwischen Motor und Instrumentenbrett werden häufig **Fliehpendel-Drehzahlmesser (Bild 296)** verwendet. Eine vom Motor angetriebene, möglichst geradlinig verlegte biegsame Welle treibt hierbei den Drehzahlmesser an. Die Welle besteht aus einem gegliederten Metallschlauch, in dem sich eine Gliederkette dreht. Im Instrument werden zwei oder vier gelenkig gelagerte Gewichte (Fliehpendel) angetrieben. Bei Drehung der Antriebswelle haben diese das Bestreben, sich auf Grund der entstehenden Fliehkraft nach außen zu bewegen. Je höher die Drehzahl, um so höher wird der Mitnehmerring angehoben.

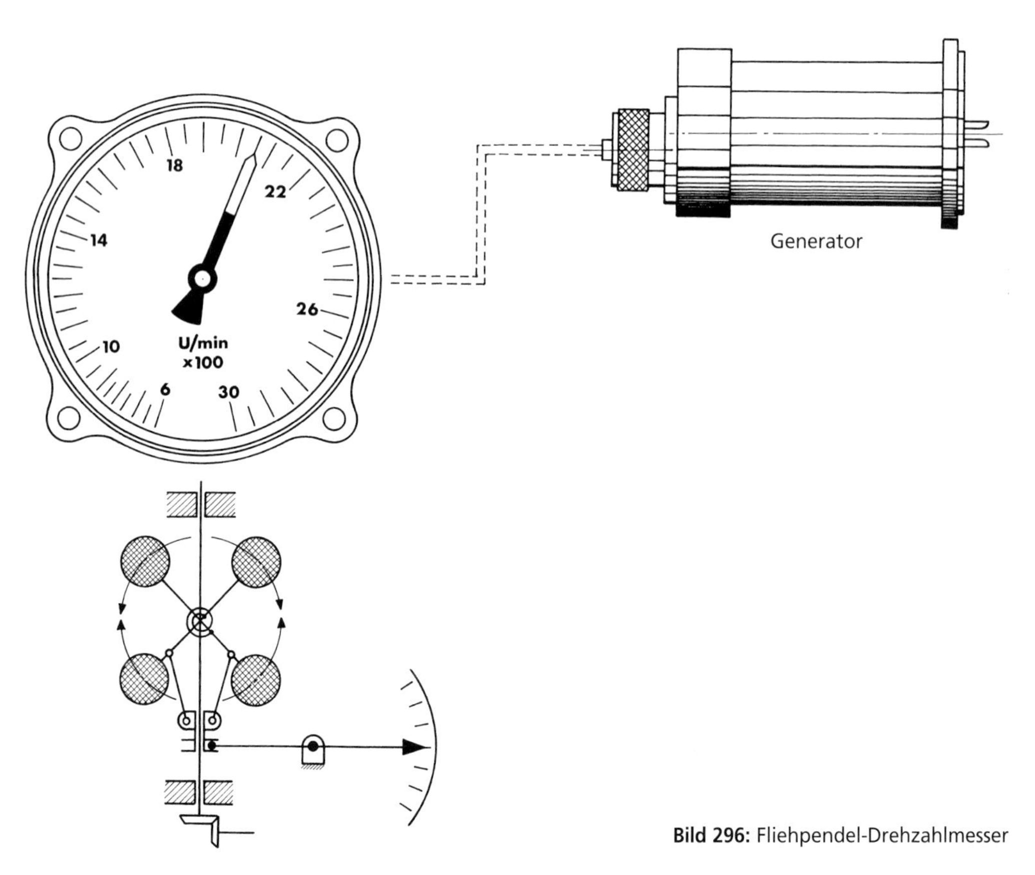

Bild 296: Fliehpendel-Drehzahlmesser

Durch die Übertragung der Bewegung dieses Mitnehmerringes auf ein Zeigerwerk, ergibt sich eine unmittelbare Drehzahlanzeige. Die Anzeige der Fliehpendel-Drehzahlmesser in 1/min richtet sich nach dem Bereich der Motordrehzahlen. Ein Zeigerumlauf kann z. B. zwischen 400 und 2500 oder zwischen 600 und 3000 Umdrehungen pro Minute liegen.

Wirbelstromdrehzahlmesser (Bild 297) werden ebenfalls durch eine biegsame Welle angetrieben. Die Wirkungsweise hingegen beruht auf elektromagnetischer Grundlage. In einem permanenten Ringmagneten ist ein ebenfalls ringförmiger Weicheisenkern konzentrisch angebracht. In den Luftspalt ragt eine drehbare Trommel aus Leichtmetall; sie wird durch eine Rückholfeder in Null-Lage gehalten. Werden Magnet und Weicheisenkern angetrieben, so entstehen Wirbelströme, die die Trommel gegen die Kraft der Rückholfeder verdrehen. Mit zunehmender Drehzahl wächst die drehende Kraft und damit der Ausschlag von Trommel und Zeiger. Da schon bei geringen Drehzahlen eine Drehkraft entsteht, ist eine sofortige Ablesemöglichkeit der Anzeige vorhanden. Die Anzeigegenauigkeit ist über den gesamten Messbereich gleichmäßig.

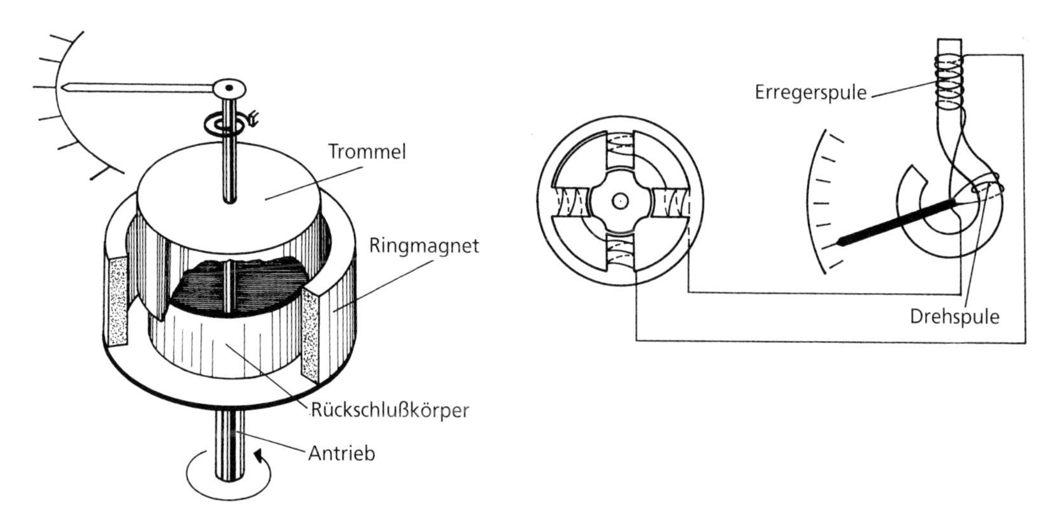

Bild 297: Wirbelstrom-Drehzahlmesser

Bild 298: Wechselstrom-Drehzahlmesser

Die Funktion eines **Wechselstrom-Drehzahlmessers (Bild 298)** beruht darauf, dass die Spannung eines angetriebenen Generators von einem Spannungsmesser mit entsprechender Drehzahlskala angezeigt wird. Da die Spannung des Gebers drehzahlabhängig ist, ist hierdurch eine exakte Drehzahlanzeige möglich.

Durch Drehung eines Magnetläufers wird in den Statorspulen ein Wechselstrom erzeugt. Im Instrument wird der vom Geber gelieferte Wechselstrom über die Erregerspule eines Weicheisenkerns zu einer mit dem Zeiger verbundenen Drehspule geleitet. Mit steigender Drehzahl bzw. Spannung erhält der Zeiger einen Ausschlag durch die erregten Magnetfelder.

Neben der absoluten Drehzahlanzeige werden bei Strahltriebwerken häufig Instrumente verwendet, die die jeweilige Drehzahl in Prozent zur Höchstdrehzahl anzeigen; die Anzeige umfasst den Bereich von 0 bis 110 % (**Bild 299**).

Bild 299: Drehzahlmesser, links Angabe in Prozent, rechts für Hubschrauber mit zwei Turbinen. Zeiger 1 und 2 für Turbinendrehzahl und Zeiger R für Rotordrehzahl

b) Druckmesser

Der Druck ist die markanteste Größe zur Kennzeichnung des Zustandes von Gasen oder Flüssigkeiten. Die Maßeinheit für den Druck ist 1 bar = 1 N/cm^2 (früher 1 at = 1 kp/cm^2) oder psi *(pounds per square inch).*

Der **Ladedruckmesser (Bild 300)** zeigt den vom Ladergebläse gelieferten Druck zur Versorgung des Motors an. Da bei Ladermotoren Luftschraubenstellung, Drehzahl und Flughöhe einen bestimmten Ladedruck erfordern, ist eine ständige Überwachung notwendig, zumal Überschreitungen zu Beschädigungen führen können. Im luftdichten Gerätegehäuse sind zwei Dosensysteme angeord-

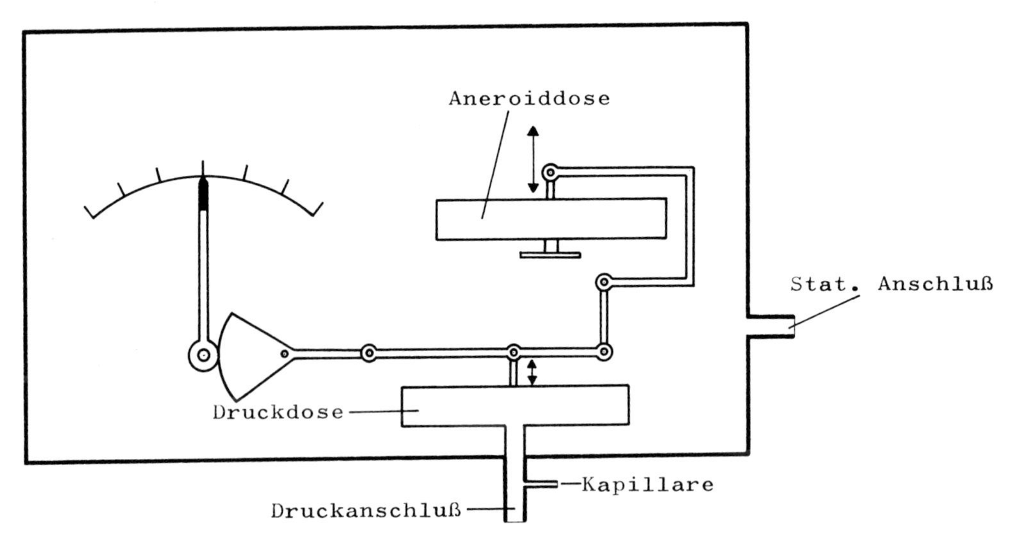

Bild 300: Ladedruckmesser

zu Bild 300

net. Die Aneroiddose stellt sich auf den statischen Druck ein. Die zweite, offene Dose nimmt den Ladedruck direkt auf. Sie ist durch eine in der Zuleitung liegende Kapillare vor Zerstörung durch Rückschlagen des Motors geschützt. Bei Motoren ohne Lader wird der Ladedruck (Manifold-pressure) im Vergaser gemessen. Mit zunehmender Ansauggeschwindigkeit fällt der Luft- bzw. Ladedruck.

Beim **Federrohr-Druckmesser** (Bourdonrohr, **Bild 301**) handelt es sich um eine Röhrenfeder mit meist flachrundem Querschnitt aus federelastischem Werkstoff, wie z. B. Tombak, die sich unter Druck streckt und über ein Übertragungssystem einen Zeiger bewegt. Diese Druckmesser werden für die Anzeige von Kraftstoff, Schmierstoff und Hydrau1ikflüssigkeiten verwendet. Häufig werden Druckmittler mit neutraler Flüssigkeit eingesetzt. So werden bei Brüchen von Messleitungen Verluste und die damit verbundene Brandgefahr ausgeschaltet.

Beim **elektrischen Druckmesser** wird der Druck in eine Druckdose geleitet und mechanisch auf ein Potentiometer übertragen. Der Abgriff bewirkt eine Widerstandsänderung und eine Anzeige in einem nachgeschalteten Kreuzspulinstrument.

Frequenz-Druckmesser arbeiten nach dem Autosyn- oder Magnesyn-Fernübertragungssystem. Der Flüssigkeitsdruck wird über eine Membrandose in eine lineare Bewegung und diese in eine Drehbewegung übersetzt und auf einen Geber übertragen.
In beiden Fällen arbeitet ein Synchro als Drehwinkelgeber, der einen von der Stellung des Rotors zum Stator abhängigen elektrischen Wert weitergibt. Der Drehwinkelempfänger ist ebenfalls ein Synchro, dessen Rotor durch die elektrische Information des Gebers die gleiche Stellung einnimmt wie der Geber-Rotor.

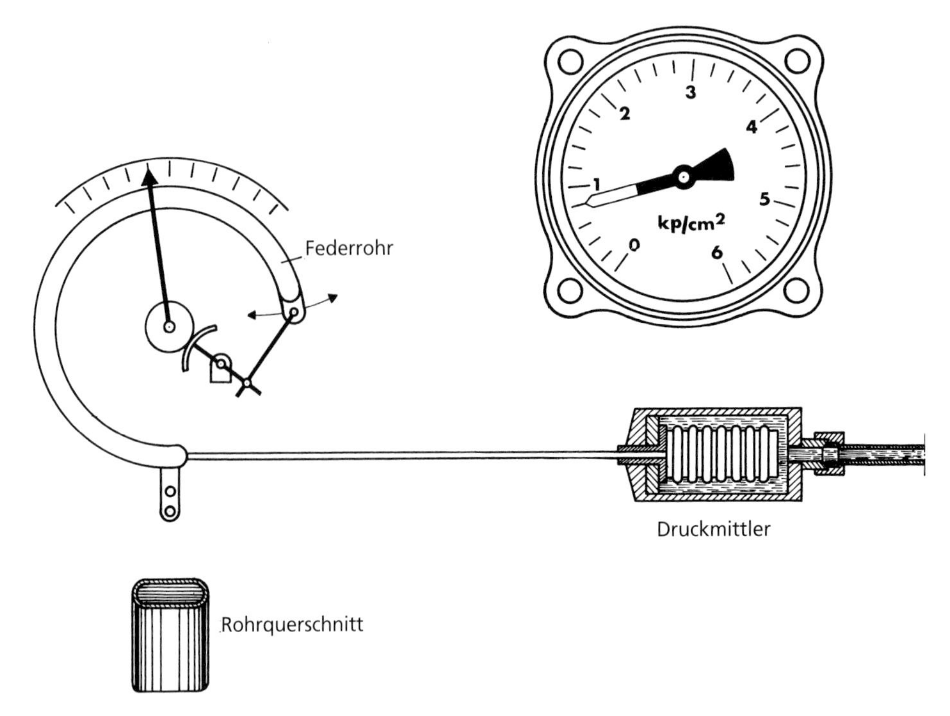

Bild 301: Federrohr-Druckmesser

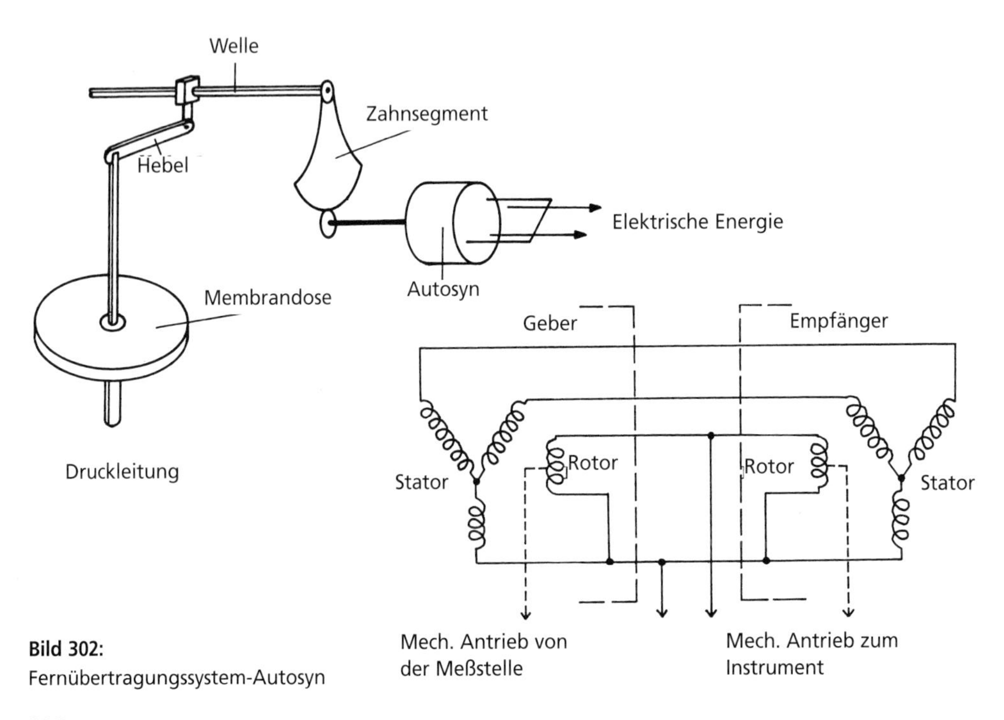

Bild 302:
Fernübertragungssystem-Autosyn

Verschiedene Schaltungen unterscheiden sich im wesentlichen dadurch, dass in Geber oder Empfänger Rotoren mit Drahtwicklungen (Autosyn, **Bild 308**) oder als Dauermagnet ausgebildete Rotoren (Magnesyn, **Bild 309**) verwendet werden. Die Statoren bestehen aus drei Wicklungen, die eine räumliche Phasenverschiebung von 120° aufweisen.

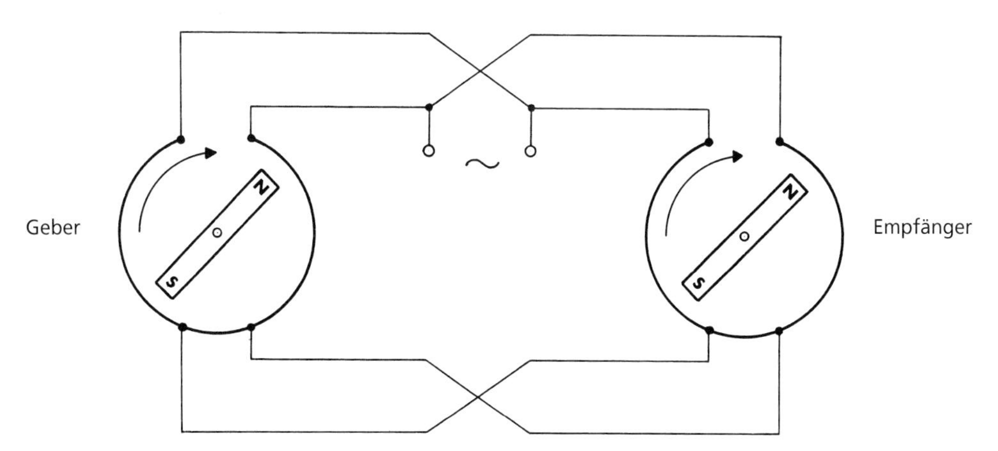

Bild 303: Fernübertragungssystem-Magnesyn

In der Praxis wird hauptsächlich das genauer arbeitende aber aufwendigere Autosyn-System verwendet.

c) Temperaturmesser

Beim **Bimetall-Thermometer** sind zwei Metalle mit unterschiedlichen Ausdehnungskoeffizienten (z B. Invar mit Tombak oder Kupfer) aufeinander gewalzt. Der bei Normaltemperatur gerade Bimetallstreifen biegt sich bei Erwärmung und bewegt über ein Übertragungssystem einen Zeiger.

Flüssigkeitsthermometer entsprechen in ihrer Funktion den im Haushalt gebräuchlichen Quecksilberthermometern. In Luftfahrzeugen werden aber vornehmlich Ausführungen verwendet, die statt Quecksilber eine Alkoholfüllung haben, um bei Brüchen die Gefährlichkeit des Quecksilbers auszuschalten.

Beim **Dampfdruckthermometer (Bild 310)** befindet sich in einem Wärmefühler aus Kupfer eine leicht siedende Flüssigkeit, wie Äthyläther oder Methylchlorid, die schon bei niedrigen Temperaturen in einen gasförmigen Zustand übergeht. Bei Temperaturerhöhung entsteht ein Dampfdruck, der über eine Rohrleitung einem Bourdonrohr zugeleitet wird. Der Nachteil dieser Temperaturmessung besteht darin,

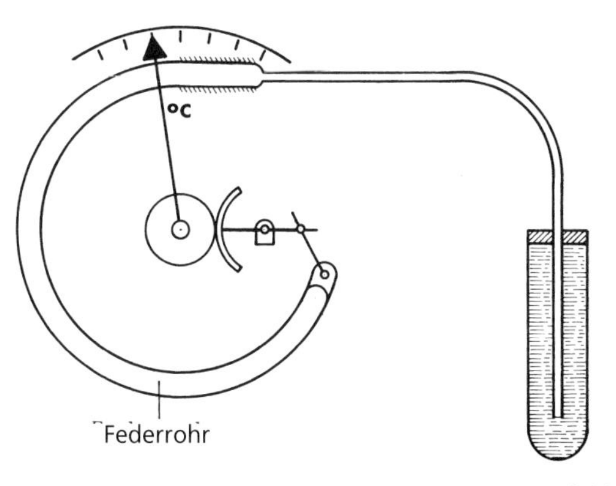

Bild 304: Dampfdruckthermometer

dass das Messergebnis als Differenz zwischen statischem Druck und Dampfdruck angezeigt wird; mit zunehmender Höhe ergeben sich Anzeigefehler. Der Messbereich liegt zwischen 10° C und +120° C.

Flüssigkeitsdruck-Thermometer arbeiten ähnlich wie das Dampfdruckthermometer. Im Fühler befindet sich eine größere Menge von Alkohol, der sich unter Wärmewirkung ausdehnt und ein Federrohr beeinflusst.

Elektrische Thermometer (Bild 305) besitzen Wärmefühler, die einen elektrischen Widerstand enthalten, welcher seinen Wert unter Temperatureinwirkung verändert. Die Anzeige erfolgt mittels einer Brückenschaltung in einem Drehspulinstrument. Die elektrische Messung hat den Vorteil, dass durch Umschalten mit einem Instrument mehrere Messstellen überwacht werden können.

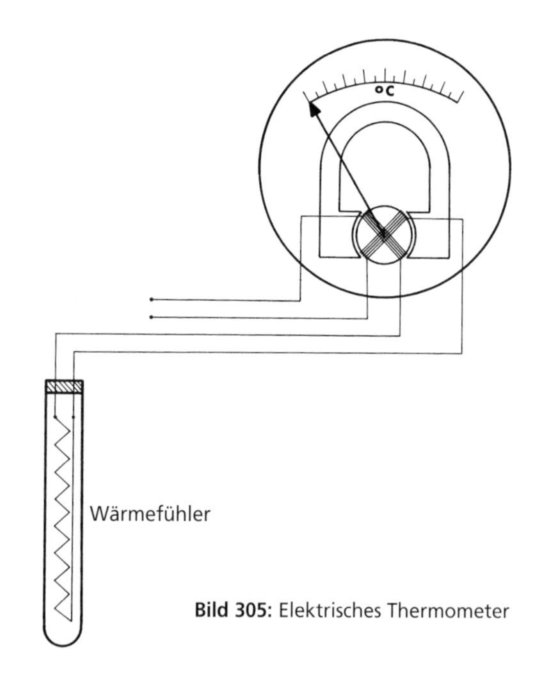

Bild 305: Elektrisches Thermometer

Thermo-Elemente (Bild 306) sind zwei miteinander verschweißte Leiter aus verschiedenen Metallen, wie Chromel und Alumel, die bei Erwärmung der Verbundstelle eine Spannung von 0,004 Volt je 100° C liefern. Die Anzeige erfolgt mit einem in Grad C geeichten Millivoltmeter.

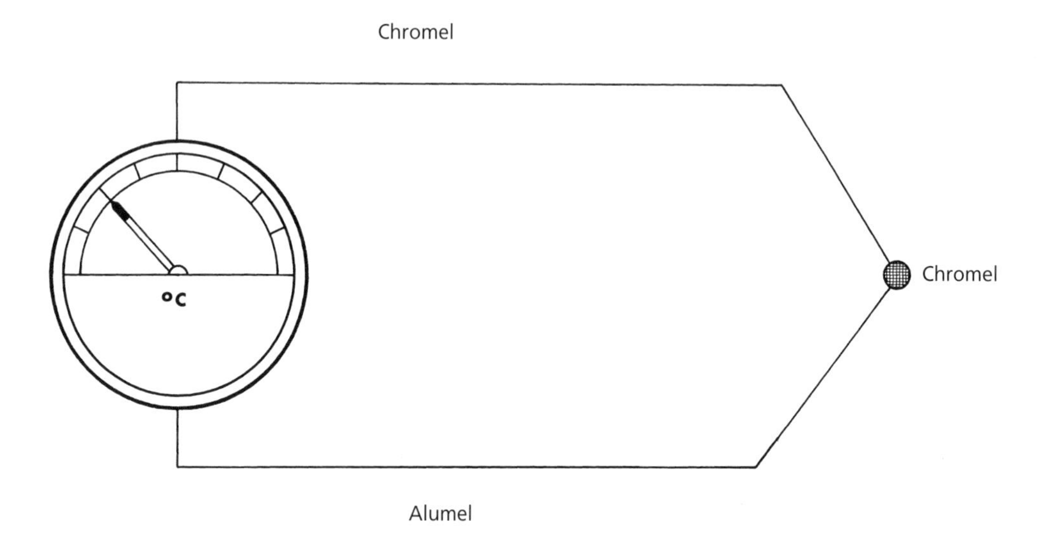

Bild 306: Thermoelement

Abgastemperatur-Anzeigegeräte (**Bild 307**) zeigen die Temperatur im Abgasrohr von Strahltriebwerken mit Hilfe von Thermoelementen an.

Bild 307: Abgastemperatur-Anzeigegerät

Bild 308: Kraftstoff Vorratsmesser

d) Vorratsmesser (Bild 314)

Aus Sicherheitsgründen ist die laufende Überwachung des Kraftstoffvorrates einzelner Behälter sowie der Gesamtanlage erforderlich. Darüber hinaus wird hierdurch die vorschriftsmäßige Betankung kontrolliert. Heute finden überwiegend Schwimmer- Vorratsmesser (**Bild 309**), meist mit elektrischer Übertragung, Anwendung.

Bild 309: Einfache Kraftstoffmengenmessung durch Schwimmer und Welle mit Zeiger

Die einfachste Form des Schwimmer-Vorratsmessers ist der Stabschwimmer-Vorratsmesser. Hierbei wird ein in einer Führung laufender Korkschwimmer mit einem Messstab ausgerüstet, der in ein Messglas hineinragt. Beim Drallschwimmer-Vorratsmesser wird mittels einer durch den Schwimmer laufenden Drallstange, ein mit ihr verbundener Zeiger direkt bewegt. Beide Methoden gelten heute als veraltet und sind nur noch vereinzelt anzutreffen.

Bild 310 zeigt einen Schwimmer-Vorratsmesser mit elektrischer Übertragung. Das Messorgan ist ein als Hohlkörper ausgebildeter Schwimmer, der in einem Zylinder durch eine Spiralnut geführt wird. Die bei Vertikalbewegungen entstehende Drehbewegung wird über eine Vierkantstange und

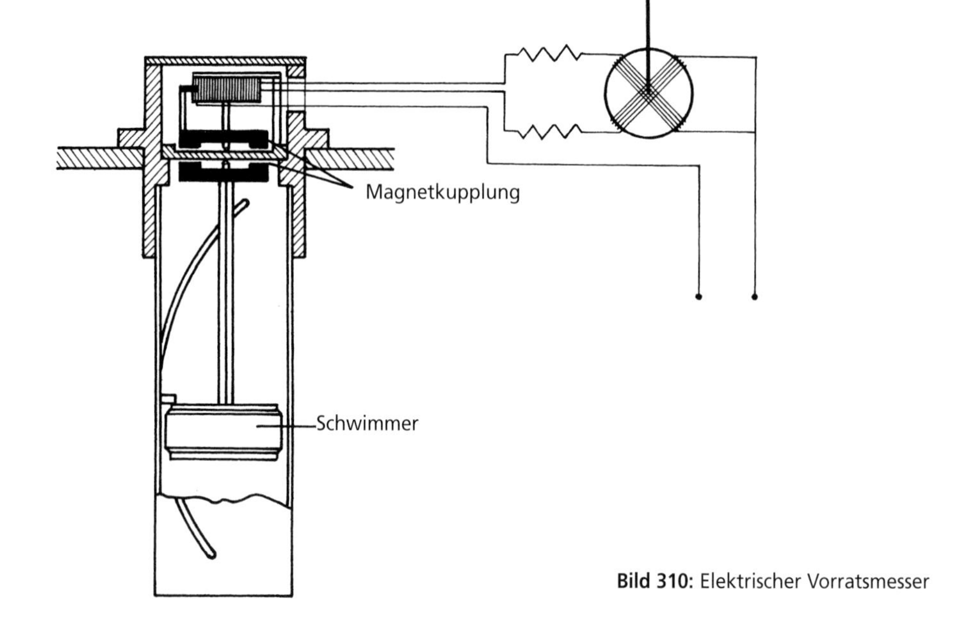

Bild 310: Elektrischer Vorratsmesser

eine Magnetkupplung auf ein Potentiometer übertragen. Der veränderliche Widerstand wird einem Kreuzspulmessinstrument zugeleitet. Das Messinstrument kann auf mehrere Behälter umgeschaltet werden. Eine andere Form der Kraftstoffspiegelkontrolle ist in **Bild 317** zu sehen. Die Drehbewegung der Potentiometer-Abgreifer wird hier über ein Hebelwerk bewirkt (**Bild 318**).

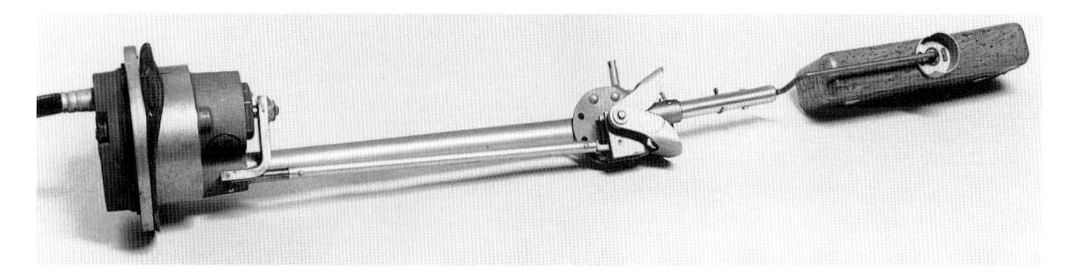

Bild 311: Kraftstoffmengen-Geber

Bild 312: Geber-Potentiometer

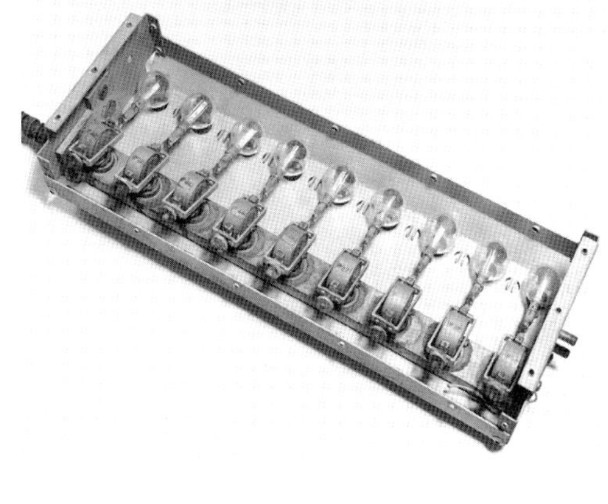

Bild 313: Liquidensidometer

Das Liquidensidometer (**Bild 313**) ist im Haupttank angeordnet und misst die spezifische Dichte des Kraftstoffes mit Hilfe einer Anzahl von Aräometer-Schwimmern unterschiedlichen Gewichtes. Jeder Schwimmer schaltet beim Sinken oder Steigen einen Widerstand ein oder aus. Hierdurch ergibt sich die Möglichkeit einer exakten Anzeige des Kraftstoffgewichtes durch Multiplikation temperaturabhängigen Volumens mit dem spezifischen Gewicht.
Eine weitere einfache Anzeigemöglichkeit ist in **Bild 314** zu sehen.

Bild 314: Direkte Kraftstoffvorratsanzeige beim Kabinen-Hochdecker; Höhe des Kraftstoffspiegels wird im Schauglas sichtbar

e) Kraftstoffverbrauchsmesser (Bild 315)

Zur laufenden Kontrolle des Kraftstoffverbrauches wird dieser dem Flugzeugführer durch Verbrauchsmesser angezeigt. Bei den heute üblichen Geräten wird in einer leicht exzentrischen Messkammer ein federgehaltener Metallflügel durch den Kraftstoffstrom bewegt. Der Flügel bewegt sich um so weiter, je mehr Kraftstoff durchfließt. Hierbei wird mittels Heber autosyn übertragen. Eine andere Übertragungsmöglichkeit zeigt **Bild 316.** Hier wird eine Stauscheibe bewegt, die mit einem Schwimmer verbunden ist. Dieser gleicht durch seinen Auftrieb das Gewicht der beweglichen Teile aus. Schwimmer und Stauscheibe werden durch eine Feder in Ruhelage gehalten. An dem Schwimmer ist der Abgriff eines Potentiometers angebracht.

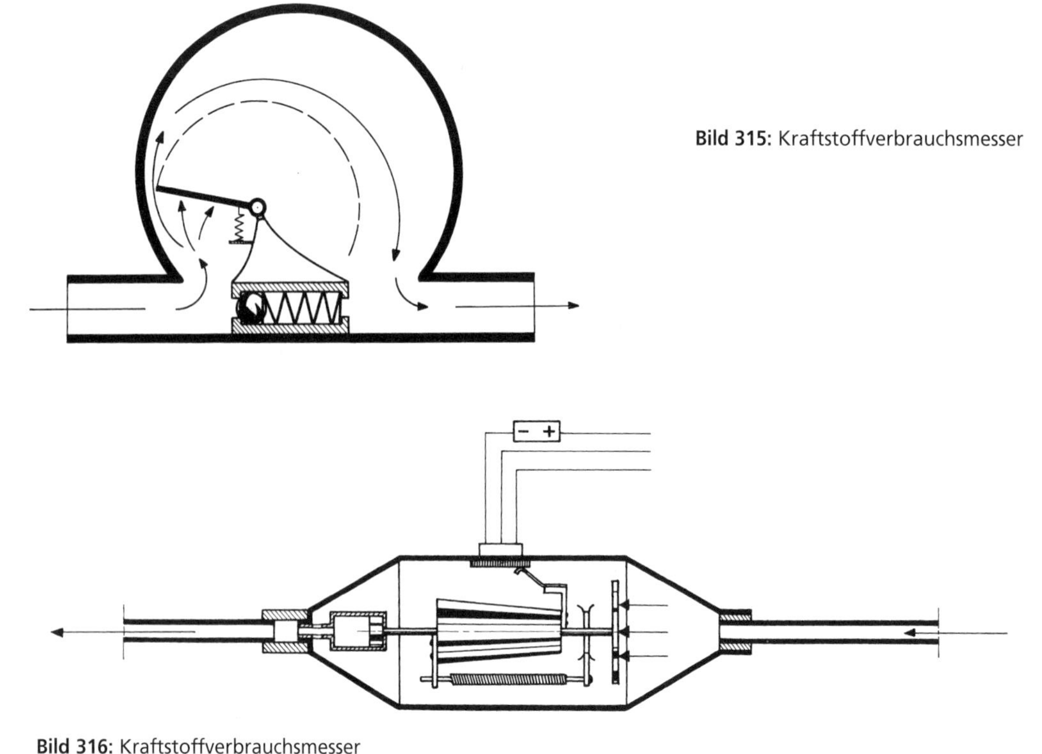

Bild 315: Kraftstoffverbrauchsmesser

Bild 316: Kraftstoffverbrauchsmesser

f) Schubmesser

Bei Strahltriebwerken hängt der Wirkungsgrad vom Verdichterdurchsatz und von der Geschwindigkeit des Flugzeuges ab. Das Anzeigeinstrument zeigt die Differenz zwischen Verdichtereinlassdruck und Auslassdruck an. Dies ist ein Maßstab für die Schubleistung. Die Funktion des Instrumentes entspricht der des Ladedruckmessers.

C Flugüberwachungsinstrumente

a) Höhenmesser

Der barometrische Höhenmesser (**Bild 317**) ist für die Höhenanzeige über Grund (bezogen auf Meereshöhe) unter normalen Temperatur- ,und Druckeinwirkungen bestimmt. Die Messung erfolgt dadurch, dass die Größe des Luftdruckes einer entsprechenden Höhe in Metern oder Fuß angezeigt wird.

Der Luftdruck kann gemessen werden in bar (N/cm^2) oder in mm Quecksilbersäule (mm Hg). Folgende Beziehung besteht zueinander:

750 mm Hg = 1000 mbar = 1 bar

Bild 317: Höhenmesser
Zählwerk-Zeiger-Höhenmesser; Messbereich bis 50.000 ft
Computergesteuerter Digital-Höhenmesser; Messb. bis 50.000 ft
Dreizeiger-Höhenmesser

Funktion
Der statische Luftdruck wird an einer wirbelfreien Stelle der Rumpfaußenseite abgenommen und über eine Rohrleitung in das luftdichte Gerätegehäuse geleitet. Hier wirkt der Druck auf eine oder mehrere fast luftleere Membrandosen (Aneroiddosen). Bei mit zunehmender Höhe fallendem Druck dehnt sich die Membrandose aus, und diese Bewegung wird über Hebelgestänge, Zahnsegment und Räder auf einen oder mehrere konzentrisch angeordnete Zeiger übertragen (**Bild 318**). Die Anzeige bezieht sich immer auf eine bestimmte Stelle am Boden, auf dessen

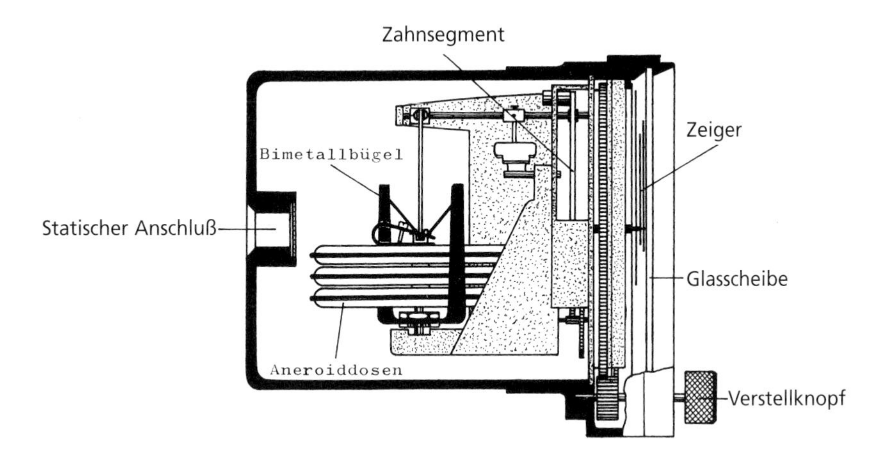

Bild 318: Innenansicht eines Höhenmessers
Servopneumatischer Höhenmesser; Aneroiddosengerät mit elektrischer Übertragung

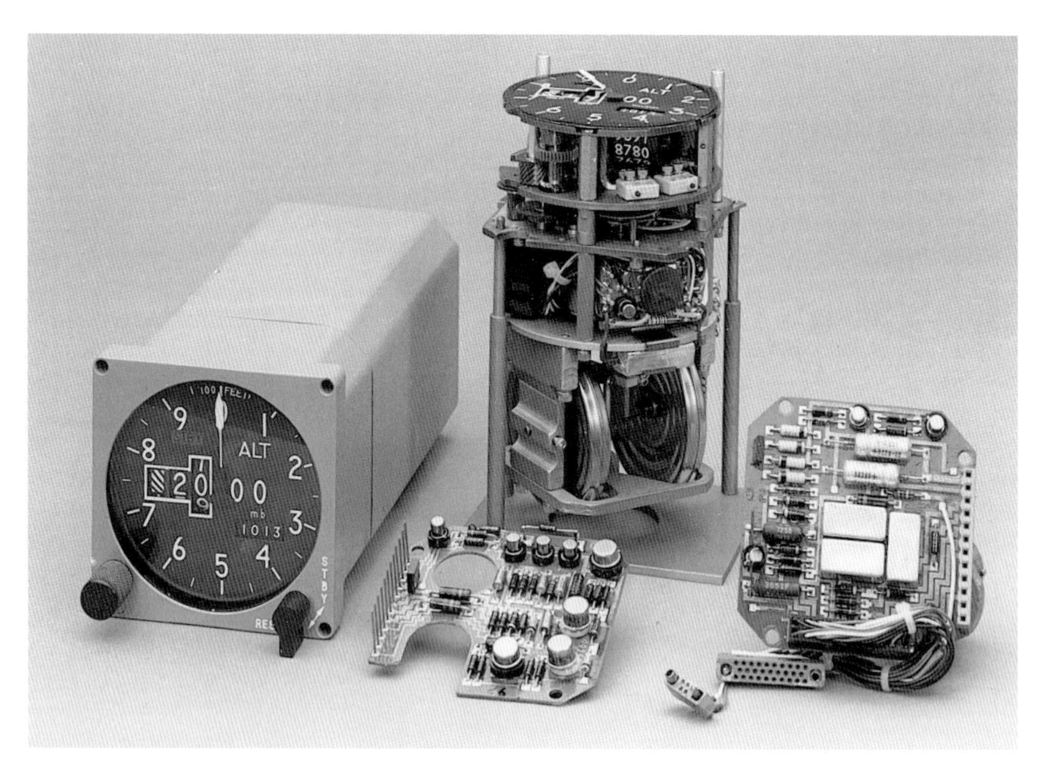

Bild 318a: Höhenmesser, Computer gesteuert

Luftdruck der Höhenmesser mittels Rändelknopf nach einer besonderen Skala eingestellt wird (**Bild 319**). Hierbei wird das gesamte System mit den Zeigern gegenüber der feststehenden Skala verdreht. Das Gerät zeigt also generell nur die Höhe über dem Meeresspiegel, die absolute Höhe, nicht aber die Höhe über Grund, die relative Höhe, an.

Anzeigefehler und Eichung (Bild 320)

Hysterese nennt man die Eigenschaft von Membrandosen, bei zunehmendem Druck einen anderen Wert als bei abnehmendem Druck, aufgrund des unterschiedlichen Membranhubes, zu liefern.

Bei gleichem Druck X ergibt sich also eine Hubdifferenz zwischen Druck X aus Richtung Druckabfall und Druck X aus Richtung Druckaufbau. Die elastische Nachwirkung tritt bei längerem, gleichbleibendem Druck in Erscheinung. Die vom Druck befreite Membrandose geht erst nach einer bestimmten Zeit in ihre Ausgangsform zurück. Durch Vergrößerung der Membrandosen, Verwendung bestimmter Formen und Legierungen, exakte Verarbeitung, können diese Eigenschaften weitestgehend kompensiert werden.

Bild 319: Höhenmesser mit Millibar-Skala

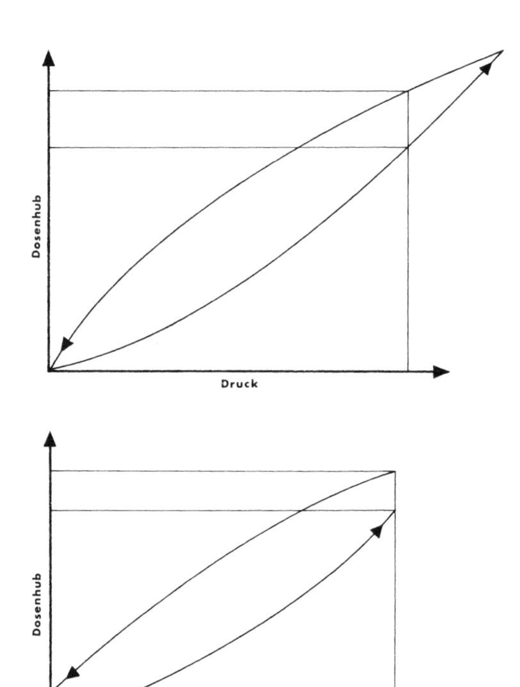

Elastische Nachwirkung

Bild 320: Hysterese und Elastische Nachwirkung

Temperatureinwirkungen werden durch einen Bimetallbügel kompensiert. Bei zunehmender Temperatur will die Dose sich entsprechend ausdehnen. In etwa gleichem Maße wird sie über zwei Stahlstifte durch die Biegekraft des Bimetallbügels zurückgedrückt.
Bei Eichung geht man von der durch die ICAO festgelegten Normalatmosphäre aus; sie hat folgende Werte

Luftdruck in Meereshöhe 1013 mbar
Temperatur in Meereshöhe 15° C
Luftdichte in Meereshöhe 1,225 kg/m^3
Temperaturabfall/100 m Höhe 0,65° C

Das in **Bild 317** rechts gezeigte Gerät ist ein Fein-Grob-Höhenmesser. Drei konzentrisch angeordnete Zeiger zeigen in Fuß auf einer gemeinsamen Skala die Höhe an. Der große Zeiger, welcher von Ziffer zu Ziffer 100 Fuß zeigt, macht von Höhe 0 bis zur Maximalhöhe von 50.000 ft 50 Umdrehungen. Der mittlere Zeiger, der 1000 Fuß anzeigt, macht 5 Umdrehungen und der dritte, schmale Zeiger zeigt 10.000 ft an und macht 0,5 Umdrehungen. Mit diesem Zeiger verbunden ist eine Lochscheibe, die durch ein Fenster bis zu 16.000 ft eine schraffierte Fläche sichtbar werden lässt. Die barometrische Skala zeigt den Luftdruck in Zoll-Quecksilber an zwischen 28,1 und 31,0.

b) Kabinendruckmesser

Das Kabinendruckanzeigegerät (**Bild 321**) arbeitet wie ein Höhenmesser und zeigt die Kabinendruckhöhe an.

Bild 321: Druckmesser für Kabinen- und Außendruck (links), Kabinendruckmesser (rechts)

c) Steig- und Sinkgeschwindigkeitsmesser (Variometer)
Das Variometer (**Bild 322**) wird in Luftfahrzeugen verwendet, um die vertikale Komponente der Fluggeschwindigkeit in Metern pro Sekunde oder in Fuß pro Minute anzuzeigen. Die Funktion beruht, wie beim Höhenmesser, auf der Messung atmosphärischer Druckunterschiede. Die Vertikalbewegungen werden durch einen Zeiger als »Steigen« (rechtsdrehend) oder »Sinken« (linksdrehend) angezeigt. Der Unterschied zum Höhenmesser besteht darin, dass die Luft in der Dose über ein Kapillarrohr mit der Luft im Gehäuse in Verbindung steht. Das hat zur Folge, dass nach erfolgter Höhenänderung ein Druckausgleich stattfindet; der Zeiger geht auf die waagerechte Stellung »0« zurück. Gemessen wird die Höhenänderung in der Zeiteinheit.

Bild 322: Variometer mit Ausgleichsgefäß (links), Feinvariometer ft/min (rechts)

Funktion
In einem luftdichten Gehäuse (**Bild 323**) ist eine Membrandose von hoher Empfindlichkeit angeordnet. Der Dosenhub wird über Hebelgestänge, Zahnsegment und Räder auf eine Scheibe übertragen Da der Anzeigewert in der Zeiteinheit für den gleichen Höhenunterschied immer gleich sein soll, müssen Temperaturausgleichsvorrichtungen vorhanden sein. Neben der Möglichkeit, Bimetallstangen zu verwenden, werden heute vorwiegend Kombinationen aus Invarventilen und Kohle-Alkoholkammern eingebaut. Das Ventil besteht aus einem Leichtmetallgehäuse, in dem ein aus Invar (Legierung aus ca. 35 % Nickel und ca. 64 % Stahl von geringer Wärmeausdehnung) bestehender Zylinder angeordnet ist. Im Gehäusedeckel befindet sich die Kapillare unmittelbar über dem Invar-Zylinder.
Durch diese Anordnung wird erreicht, dass der durch Temperatureinwirkung veränderliche Kapillardurchmesser, durch den sich ebenfalls verändernden Abstand zwischen Kapillare und Invar-Zylinder, funktionell kompensiert wird. Da sich mit zunehmender Höhe nicht nur Luftdruck und Temperatur sondern auch die Luftdichte ändert, wird der Zeitfaktor der Kapillare beeinflusst. Um diesen Fehler zu kompensieren, ist der Kapillare ein poröser Tonstein parallel geschaltet. Bei

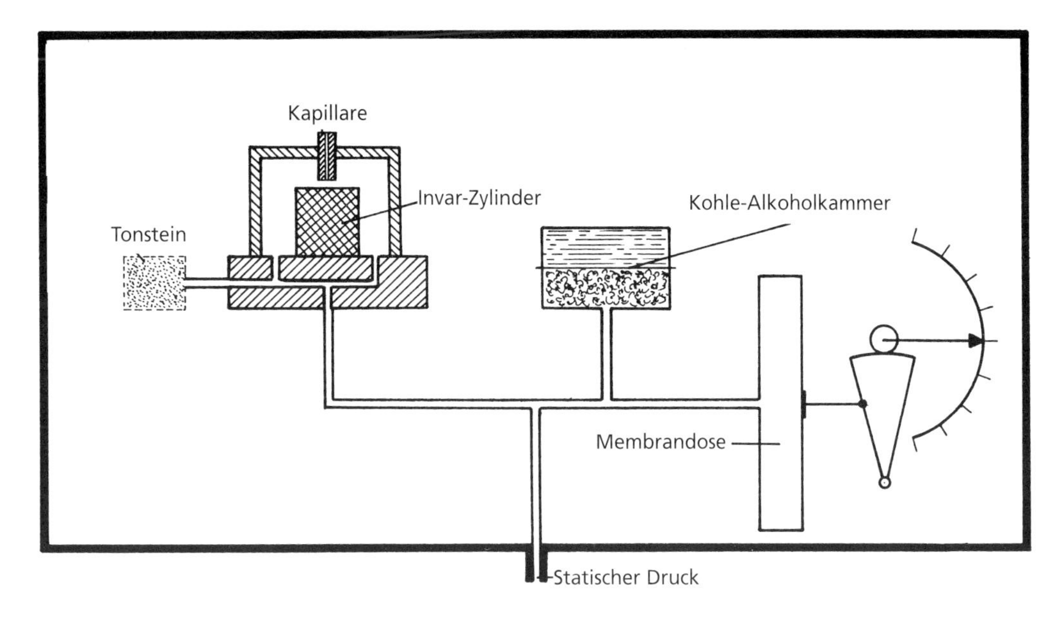

Bild 323: Prinzip eines kompensierten Variometers

Verringerung der Luftdichte entsteht an den vielen Öffnungen des porösen Materials erhöhte Wirbelbildung, die dem Luftdurchsatz als erhöhter Widerstand entgegensteht. Der Zeitfaktor wird größer, wohingegen er sich in der Kapillare durch verminderte Reibung verkleinert.

Die Kohle-Alkoholkammer ist durch eine Membrane in zwei Räume geteilt, der eine mit Kohle, der andere mit Alkohol gefüllt. Der mit Kohle gefüllte Raum ist mit der Leitung zur Membrandose verbunden. Bei abnehmender Temperatur verkleinert sich das Volumen des Alkohols, wodurch der Raum mit Kohle vergrößert wird. Die Kohle absorbiert mehr Luft und beeinflusst somit den Druck in der Membrandose.

Insbesondere bei Segelflugzeugen verwendet man vielfach Variometer, bei denen die Membrandose mit einem Ausgleichsgefäß (Thermosflasche) verbunden ist (**Bild 324**). Dadurch wird erreicht, dass bei Druckänderung eine wesentlich größere Luftmenge durch die Kapillare strömen muss. Die Anzeige des Gerätes wird dadurch empfindlicher.

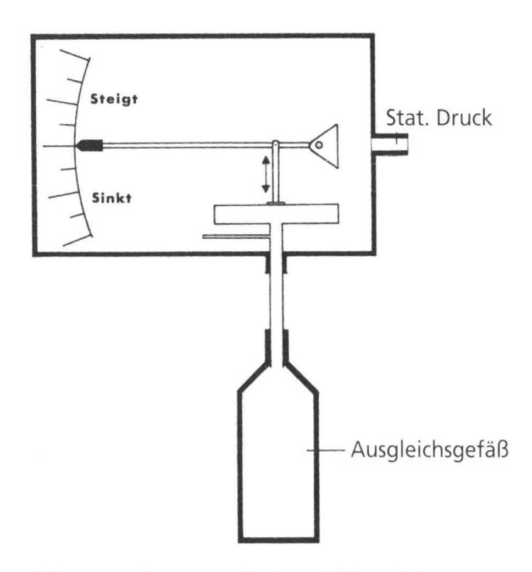

Bild 324: Variometer mit Ausgleichsgefäß

Das in den **Bildern 322** und **326** gezeigte Gerät ist ein Variometer von großer Anzeigegenauigkeit. Der Zeiger bewegt sich in einem jeweiligen Bereich von ca. 180° und zeigt Steigen oder Sinken in einer Geschwindigkeit von 0 bis 6 000 ft/min (ca. 30,5 m/s) an. Der Mechanismus beruht auf einer überaus empfindlichen Membrandose und einem Übertragungssystem von großer Bewegungsmultiplikation. Eine zweite, vertikal angeordnete Membrandose ist mit der statischen Druckleitung ver-

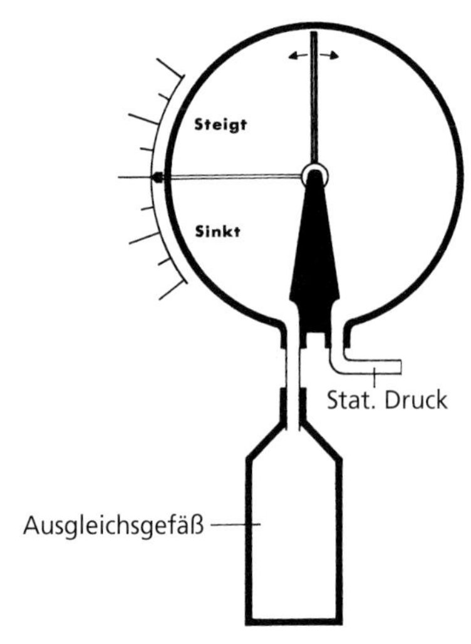

Bild 325: Stauscheibenvariometer mit Ausgleichsgefäß

bunden und verhindert über ein Ventil Beschädigungen durch Überbelastung der Anzeige-Membrandose. Das gesamte System ist von einem isolierten Gehäuse innerhalb des Hauptgehäuses luftdicht abgeschlossen. Der statische Druck wird der Membrandose über eine Rohrleitung von der Stirnseite des Gerätes her zugeleitet. Der Druckausgleich zwischen dem in das Hauptgehäuse geleiteten statischen Druck und dem luftdichten Raum geschieht über ein ebenfalls an der Stirnseite angeordnetes Kapillarrohr. Der Antrieb des Zeigers erfolgt über eine Magnetkupplung.

Beim Stauscheiben-Variometer (**Bild 325**) dreht sich eine durch eine Feder gehaltene Scheibe in einer zylindrischen Kammer. Die Drehbewegung wird durch die Druckdifferenz zwischen dem statischen Druck auf der einen und dem Druck im Messsystem auf der anderen Seite bewegt. Der Druckausgleich erfolgt durch den Spalt zwischen Scheibe und Gehäuse. Stauscheiben-Variometer werden auch mit zusätzlichen Ausgleichsgefäßen verwendet.

Bild 326: Innenansicht eines Feinvariometers

Ein verzögerungsfrei arbeitendes Variometer ist schematisch in **Bild 327** dargestellt.

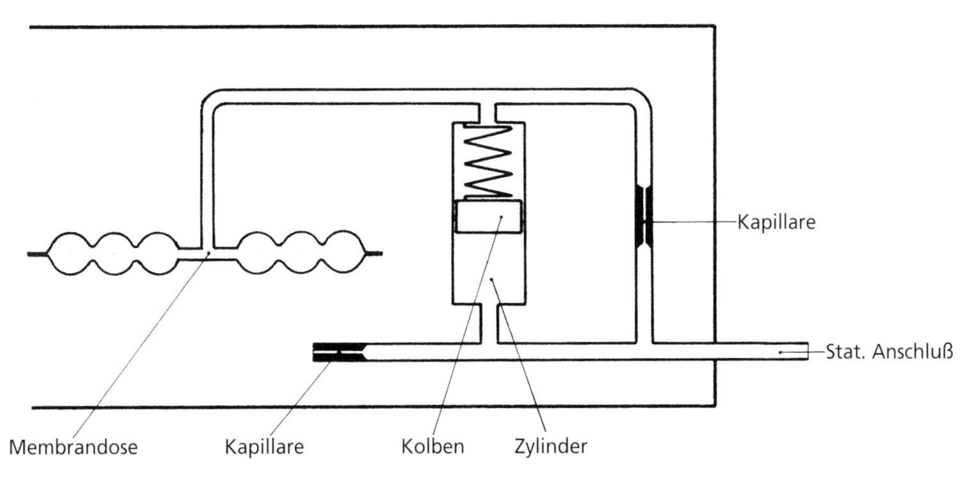

Verzögerungsfreies Variometer

Bild 327: Dosengerät

d) Fahrtmesser

Der Fahrtmesser (**Bild 328**) zeigt die Geschwindigkeit eines Luftfahrzeuges zur umgebenden Luft aufgrund einer Druckmessung an. Das Staurohr (Pitotrohr) liefert den sich aus dem Staudruck und dem statischen Druck zusammensetzenden Gesamtdruck. Dieser wird einer vom statischen Druck

Bild 328: Fahrtmesser mit beschleunigungsbezogener Fahrtvoranzeige zwischen 1 und 5 Sekunden (links), Sicherheits-Höchstfahrtmesser (rechts)

umgebenen Membrandose zugeleitet. Vom Gerät angezeigt wird also der Druckunterschied zwischen Gesamtdruck und statischem Druck. Da auch dieses Instrument nach der Normalatmosphäre geeicht ist, zeigt es also nur genau bei Flugbedingungen an, die der Normalatmosphäre entsprechen. Mit zunehmender Höhe wird die Anzeige durch die abnehmende Luftdichte verfälscht; die angezeigten Werte werden also zu klein sein. Eine Korrektur lässt sich mit Hilfe von Diagrammen oder Tabellen (**Bild 329**) durchführen. Bei modernen Instrumenten wird diese Korrektur automatisch durchgeführt. Eine zusätzliche Rolle spielt bei sehr hohen Fluggeschwindigkeiten die Kompressibilität. Das Machmeter gleicht diesen Einfluss aus.

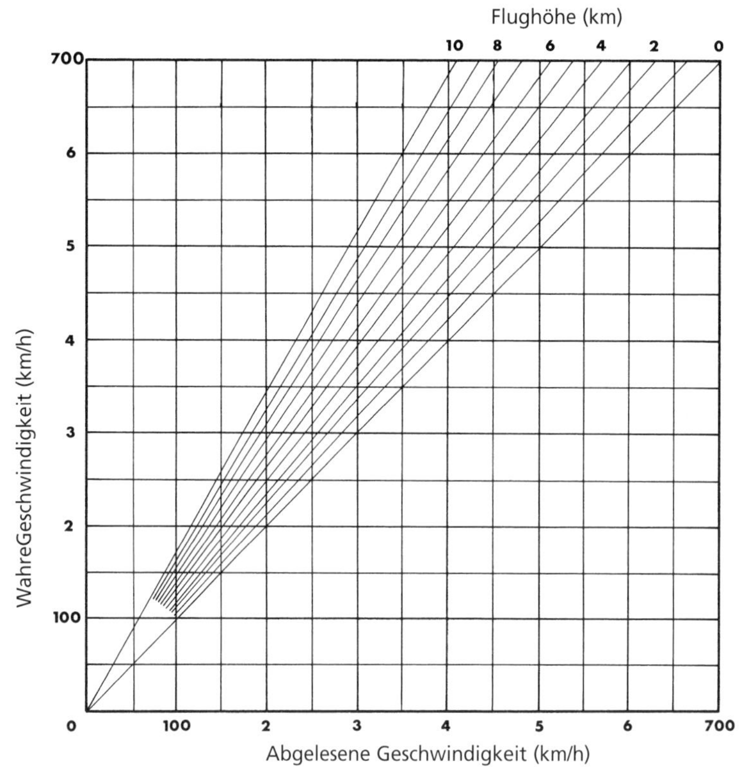

Bild 329: Diagramm zur Korrektur der Fahrtmesseranzeige

Funktion

Das Staurohr (**Bild 330** und **331**) als Druckgeber besteht aus einem Zylinder mit einer vorn liegenden Öffnung. In dem sich anschließenden Raum entsteht der Gesamtdruck, der in die Membrandose geleitet wird. Das Instrument hat ein luftdichtes Gehause mit einer Membrandose mit hoher Messgenauigkeit. Der Dosenhub wird, wie bei anderen Dosengeräten, auf einen Zeiger übertra-

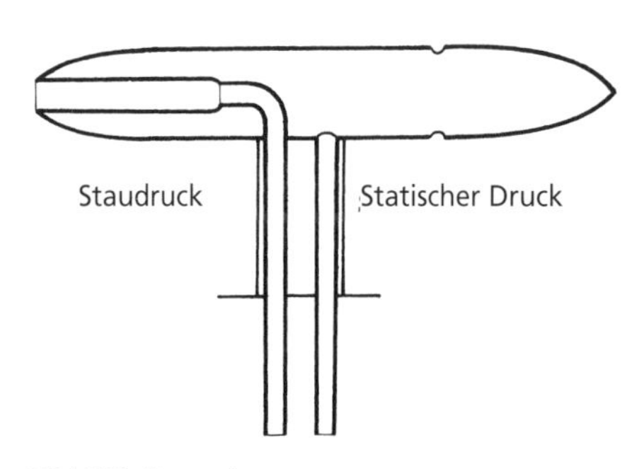

Bild 330: Staurohr

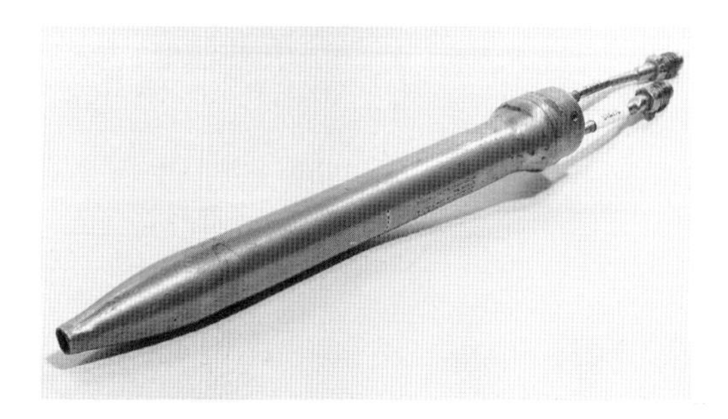

Bild 331: Staudüse, elektrisch beheizt

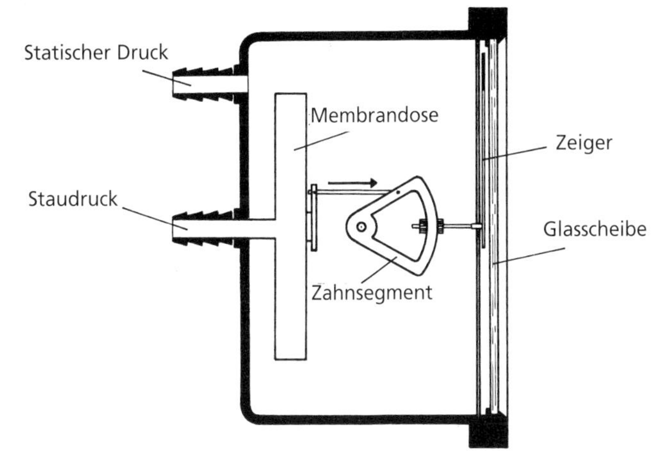

Bild 332: Innenansicht eines Fahrtmessers

gen (**Bild 332**). In das Gehäuseinnere wird der statische Druck geleitet; angezeigt wird somit der Differenzdruck. Temperatureinwirkungen werden weitestgehend durch eine Bimetallstange kompensiert.
Kompensierte Fahrtmesser (**Bild 333**) zeigen die tatsächliche Fahrt an, da sie automatisch Höhen- und Temperatureinflüsse kompensieren. Drei Membrandosen beeinflussen die Anzeige:

Membrandose für Staudruck
Membrandose für Temperaturfühler
Membrandose (Aneroiddose) für statischen Druck

Bild 333: Prinzip eines kompensierten Fahrtmessers

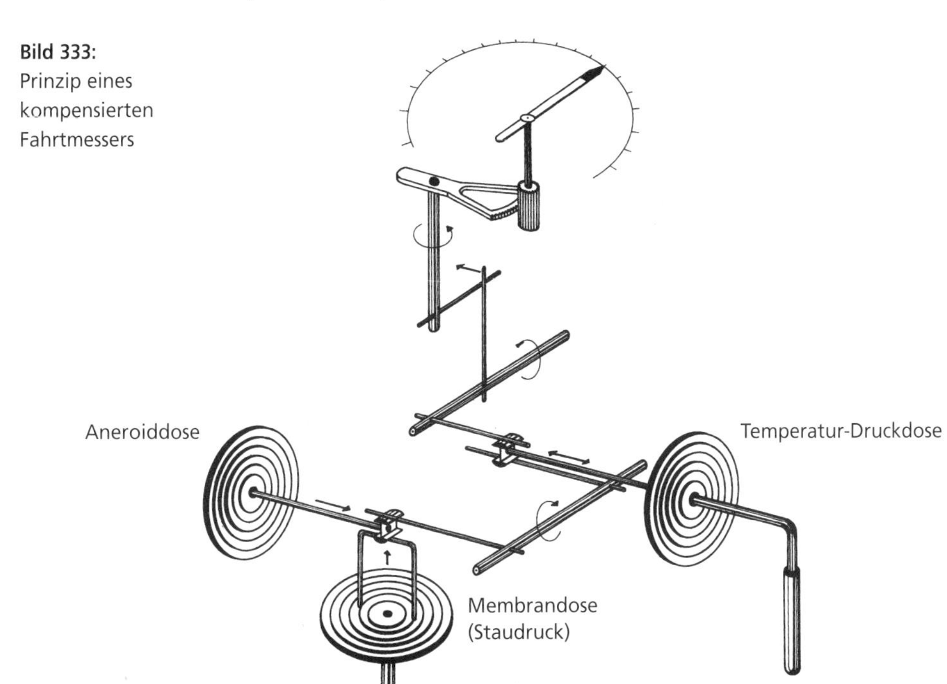

Alle drei Dosen wirken gemeinsam über ein Hebelsystem auf die Antriebswelle des Zeigers. Der Temperaturfühler ist an der Außenseite des Luftfahrzeuges angebracht. Er enthält eine Alkohol- oder Ätherpatrone, die den Dampfdruck zur Membrandose weiterleitet.
Der Fahrtenmesser mit zulässiger Höchstgeschwindigkeitsanzeige (**Bild 328**) hat zwei Zeiger. Der kleine Zeiger zeigt die jeweilige Geschwindigkeit in 100 Knoten an, und der andere, gestreifte Zeiger zeigt die in der jeweiligen Höhe erlaubte Maximalgeschwindigkeit an. Der Winkel zwischen beiden Zeigern gibt dem Flugzeugführer den noch zur Verfügung stehenden Geschwindigkeitsbereich an. Die Funktion beruht im wesentlichen auf einer normalen Fahrtmesseranzeige und einem zweiten, durch eine Aneroiddose gesteuerten Mechanismus, der auf den zweiten Zeiger einwirkt. Dieser zeigt auf der Skala für jede Flughöhe die höchstzulässige Geschwindigkeit an. Das in Bild 334 und **334** gezeigte Gerät hat neben den beiden Zeigern eine zusätzliche Anzeigetrommel zur exakten Anzeige von Zwischenwerten. Der gesamte Messbereich liegt zwischen 0 und 650 Knoten, die Machzahleinteilung zwischen 0,6 und 1 Mach.

Bild 334: Innenansicht eines Fahrtmessers

Das **Machmeter (Bild 335)** zeigt in einem Dezimalbruch an, wie sich die Fluggeschwindigkeit in der jeweiligen Flughöhe zur Schallgeschwindigkeit, Mach 1, verhält.

Da die Schallgeschwindigkeit insbesondere von Temperatur und Luftdruck abhängig ist, nimmt sie mit zunehmender Höhe ständig ab.

Funktion (Bild 336 und 337)
Das Instrument hat eine Membrandose zur Messung der Geschwindigkeit, abhängig vom Staudruck und eine Aneroiddose für die Messung der Flughöhe. Beide

Bild 335: Machmeter

Dosenhübe werden durch ein Übertragungssystem auf einen Zeiger übertragen. Eine Festmarke für die jeweilige Höchstmachzahl wird vom Hersteller für jeden Flugzeugtyp festgelegt.

Bild 336: Prinzip eines Machmeters

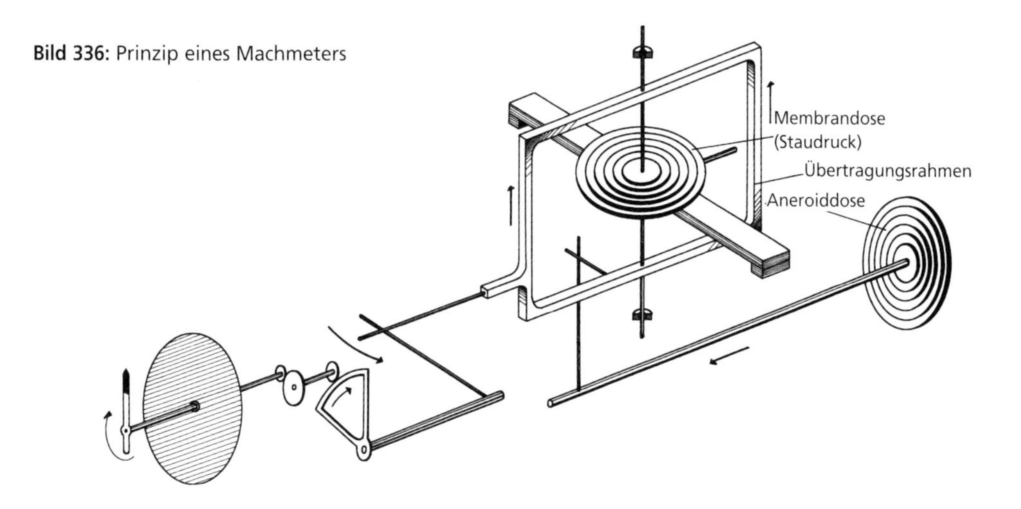

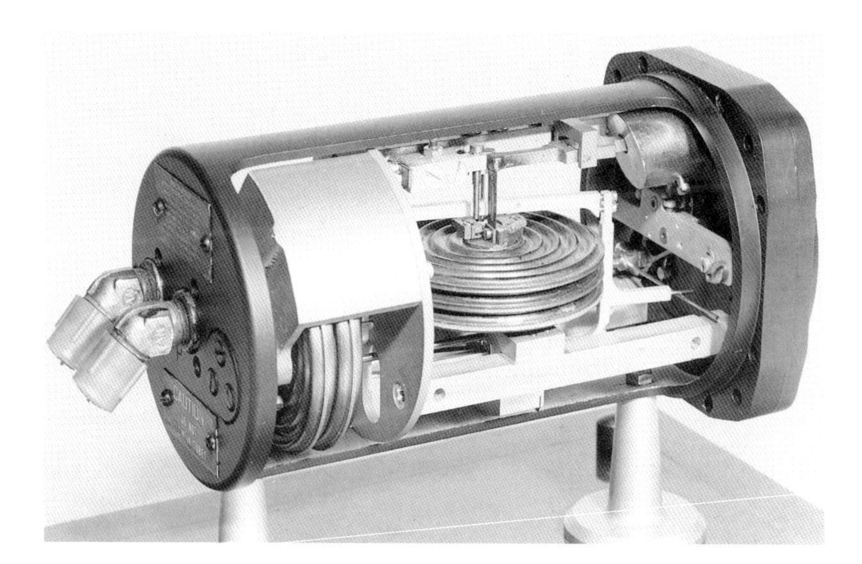

Bild 337: Innenansicht eines Machmeters

Unterdruckfahrtmesser (Bild 338)

Noch vereinzelt anzutreffen sind Unterdruckfahrtmesser. Der durch eine Messdüse (Venturirohr, **Bild 339** und **340**) strömende Fahrtwind, ruft an der engsten Stelle bei erhöhter Durchflussgeschwindigkeit eine Druckabnahme hervor; je höher die Fluggeschwindigkeit, um so größer die Druckabnahme. Gemessen wird in einem speziellen Anzeigegerät durch eine Membrandose die Differenz zwischen Unterdruck und statischem Druck.

Dosengeräte werden an die gemeinsame statische Druckleitung angeschlossen (**Bild 341**).

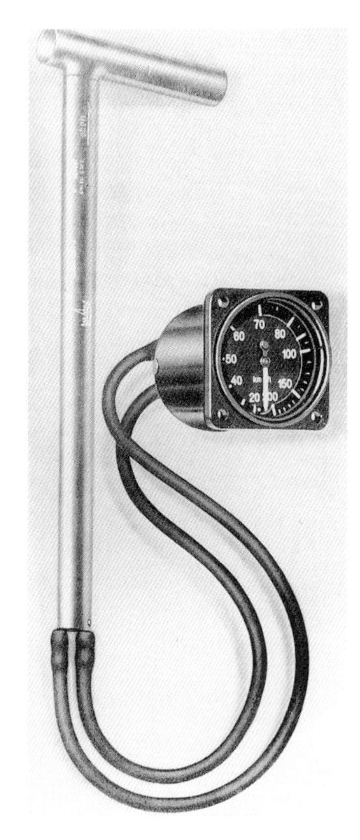

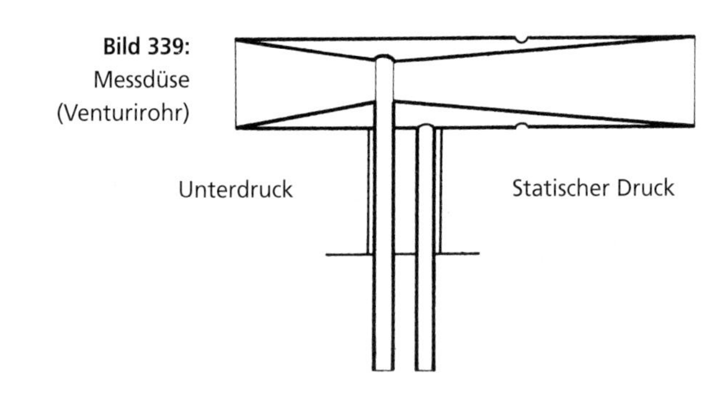

Bild 339: Messdüse (Venturirohr)

Bild 338: Unterdruckfahrtmesser mit Messdüse

Bild 340: Venturirohr am Segelflugzeug

Bild 341: Schaltschema der Doseninstrumente

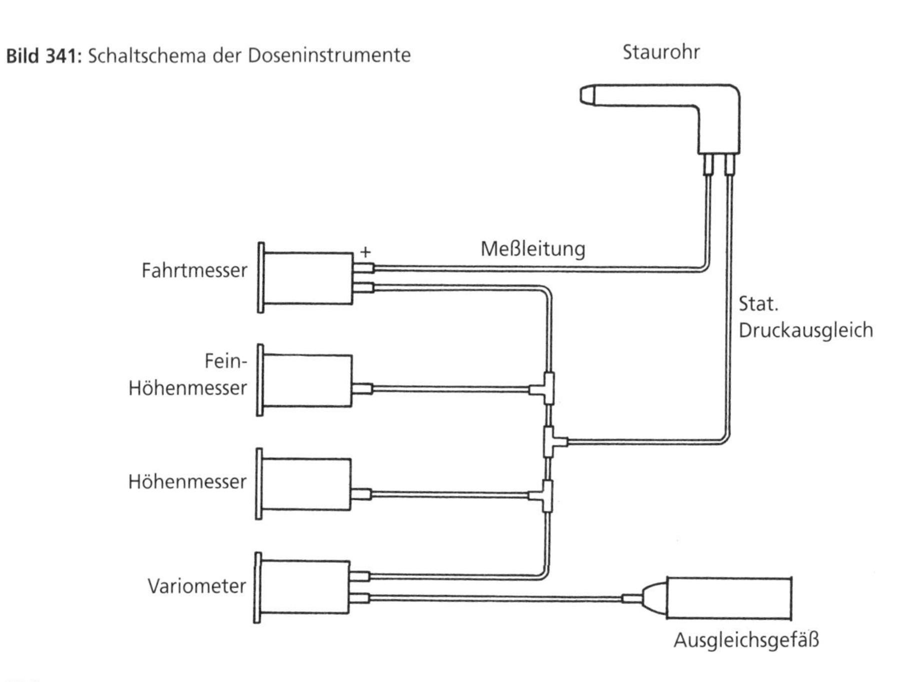

e) Kreiselgeräte

Kreiselgeräte sind für den reinen Instrumentenflug unentbehrlich. Zu ihnen gehören Wendezeiger, Kreiselhorizont und Kurskreisel. Alle drei Geräte enthalten als wesentlichstes Bauelement den Kreisel (**Bild 342**).

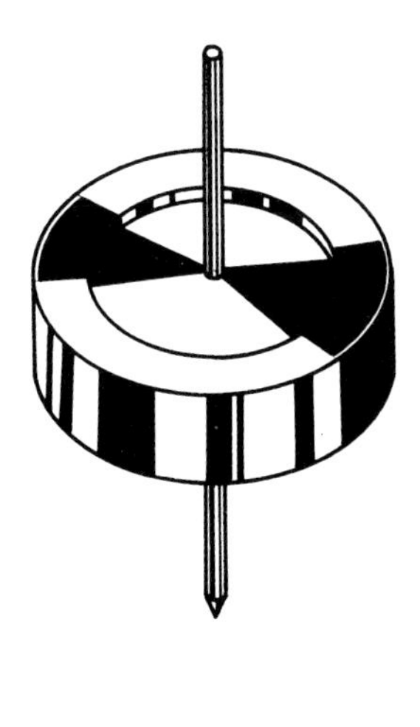

Bild 342: Kreisel

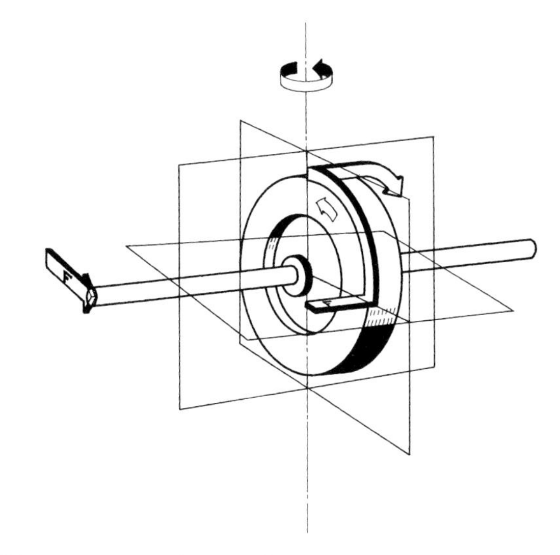

Bild 343: Präzession des Kreisels

Unter Kreisel versteht man einen um eine Achse angeordneten Körper, bei dem die Hauptmasse möglichst weit vom Drehmittelpunkt entfernt angeordnet ist. Zwei wichtige Eigenschaften des Kreisels sind es, die ihn für die Verwendung in Instrumenten auszeichnen. Wird er in schnelle Umdrehung versetzt, so bleibt er auf seiner Achsenspitze stehen; die Massenträgheit hält den Kreisel in dieser Lage. Er wird um so stabiler, je schneller er sich dreht.

Erstes Kreiselgesetz: *Der Kreisel will die einmal seiner Drehachse gegebene Lage beibehalten.*

Zweites Kreiselgesetz: *Parallelverschiebungen der Kreiselachse haben keinen Einfluß auf seine Lage und Drehzahl.*

Diese Eigenschaft wird im Kreiselhorizont bei Kurskreisel und bei kreiselgesteuerten Trägheitsnavigationsplattformen ausgenutzt. Wirkt dagegen eine Kraft auf einen drehenden Kreisel, die seine Achse kippen will, so folgt der Kreisel nicht der Richtung dieser Kraft, sondern führt eine Bewegung senkrecht zu der Ebene aus, die durch die Drehachse und die einwirkende Kraft bestimmt wird. Hierbei beschreibt die Achse einen Kegel, wenn Kraft und Kraftrichtung gleich bleiben.

Drittes Kreiselgesetz: *Versucht eine Kraft die Achse des Kreisels aus ihrer Richtung zu bringen, so weicht diese 90° zur Kraftrichtung aus.*

Diese Erscheinung wird als Präzession bezeichnet (der Kreisel präzediert, er kippt **Bild 343**). Sie wird beim Wendezeiger ausgenutzt.

Freiheitsgrade

Ein Freiheitsgrad:	Der Kreisel kann sich nur um seine Achse drehen (**Bild 344**).
Zwei Freiheitsgrade:	Der Kreisel kann sich um seine Drehachse sowie um eine zweite, senkrecht zu ihr gelagerte Achse drehen (**Bild 345**)
Drei Freiheitsgrade:	Der Kreise ist um seine Drehachse sowie um zwei weitere Achsen drehbar; er ist kardanisch aufgehängt und kann somit jede Lage im Raum einnehmen (**Bild 346** und **347**).

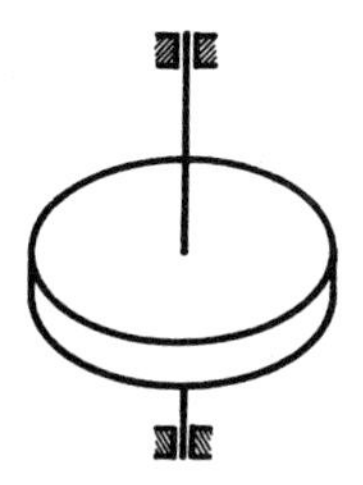

Bild 344:
Kreisel mit einem Freiheitsgrad

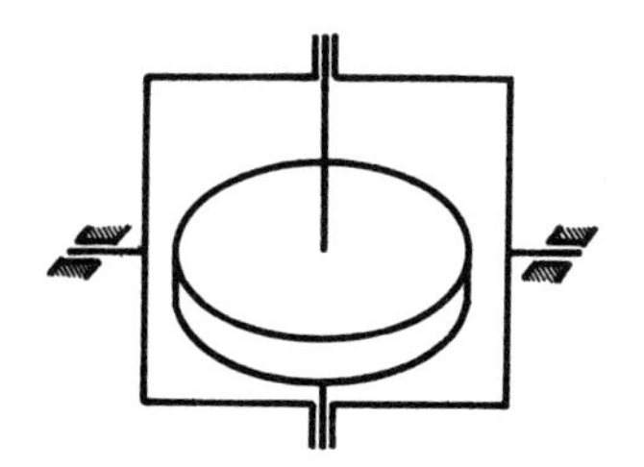

Bild 345:
Kreisel mit zwei Freiheitsgraden

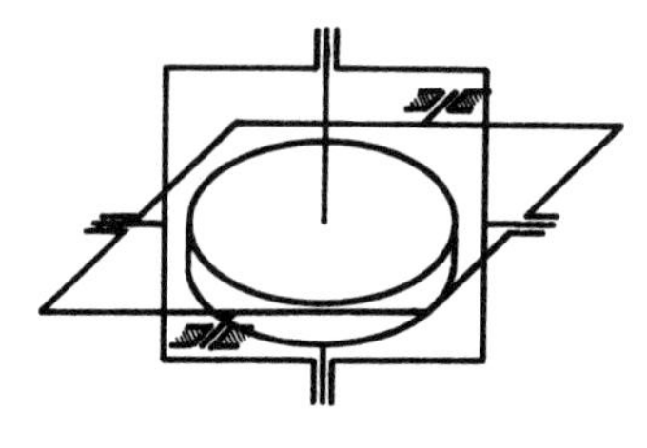

Bild 346:
Kreisel mit drei Freiheitsgraden

Bild 347: Innenansicht eines Wendezeigers

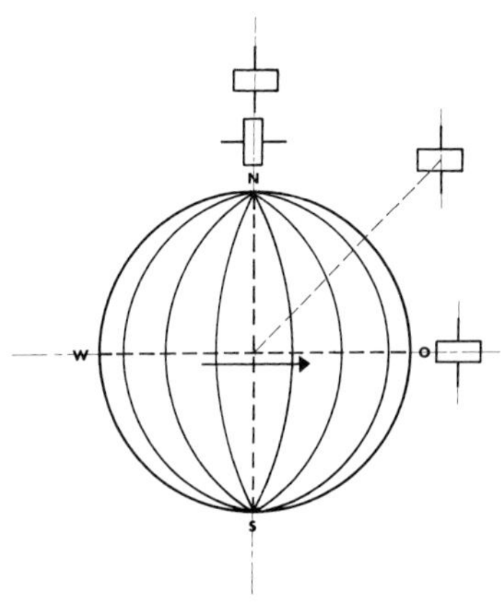

Bild 348:
Scheinbares Kippen und scheinbares Wandern des Kreisels

Auswirkungen der Erdrotation auf die Lage des Kreisels zur Erdoberfläche (Bild 348)

Scheinbares Wandern (scheinbare Drift, **Bild 349**)
Durch die Drehung der Erde um die Erdachse N-S ist eine scheinbare Drehung der Kreiselachse gegenüber der Erde wahrnehmbar, da der kardanisch aufgehängte Kreisel seine Lage im Raum beibehält. Über dem Nordpol wird die Drehung der Erde eine scheinbare Drehung des Kreisels um 360(in 24 Stunden verursachen. Da die Erde sich in 24 Stunden einmal um sich selbst dreht, erscheint ein stündliches Wandern von 15°/h.

Diese Erscheinung nimmt zum Äquator hin ab und ist genau über diesem aufgehoben. Bezogen auf Breitengrade beträgt das scheinbare Wandern 15° Sinus des Breitengrades.

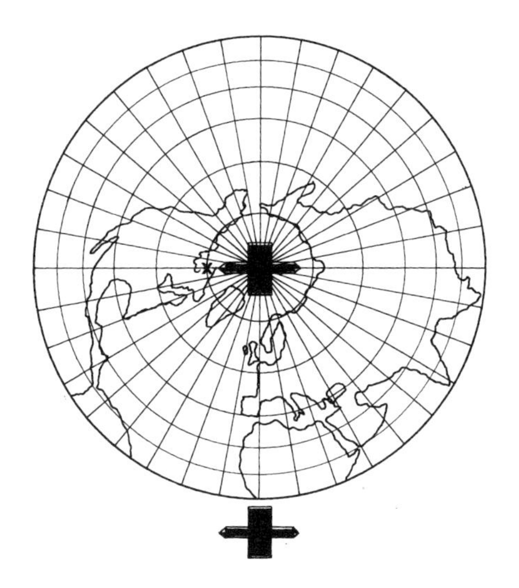

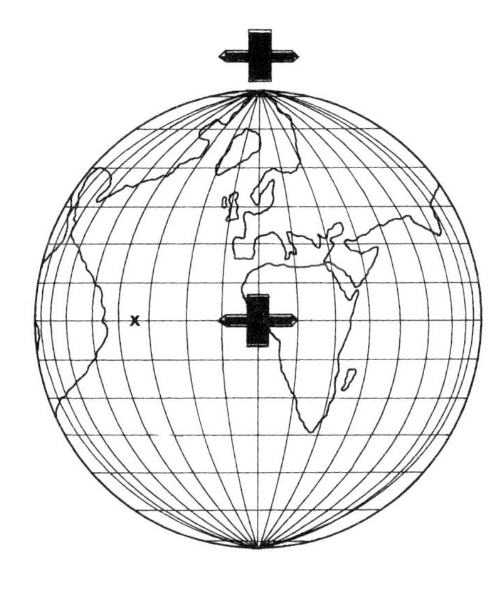

Bild 349: Scheinbares Wandern des Kurskreisels

Scheinbares Kippen

Die Bewegung der raumstabilen Kreiselachse gegenüber der Erdoberfläche wird scheinbares Kippen genannt. Diese Erscheinung ist darauf zurückzuführen, dass die kardanisch aufgehängte Kreiselachse nur über den Polen zum Erdmittelpunkt zeigt.

Eine Förderdüse zum Antrieb pneumatischer Kreiselgeräte zeigt **Bild 350.**

Bild 350: Förderdüse zum Antrieb pneumatischer Kreiselgeräte

f) Wendezeiger

Der Wendezeiger (**Bild 351**) zeigt die Richtung und Größe der Drehgeschwindigkeit eines Luftfahrzeuges um seine Hochachse an. Zur notwendigen Feststellung der Querlage im Kurvenflug enthält der Wendezeiger einen Querneigungsmesser (**Bild 352**).

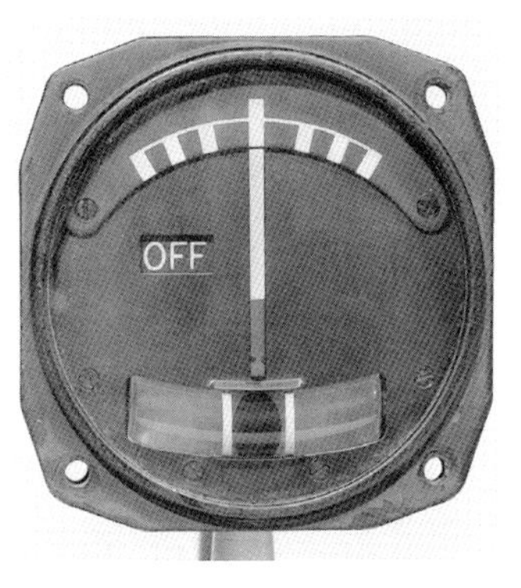

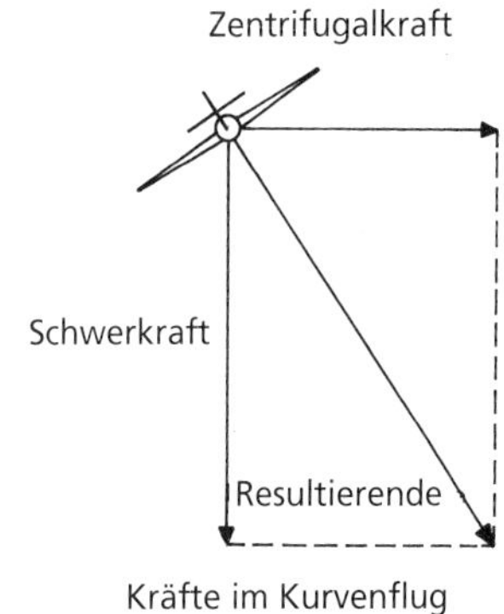

Kräfte im Kurvenflug

Bild 351: Drehscheibenwendezeiger mit Pendel-Querneigungsmesser (links), Wendezeiger mit Libelle (Mitte), Kräfte im Kurvenflug (rechts)

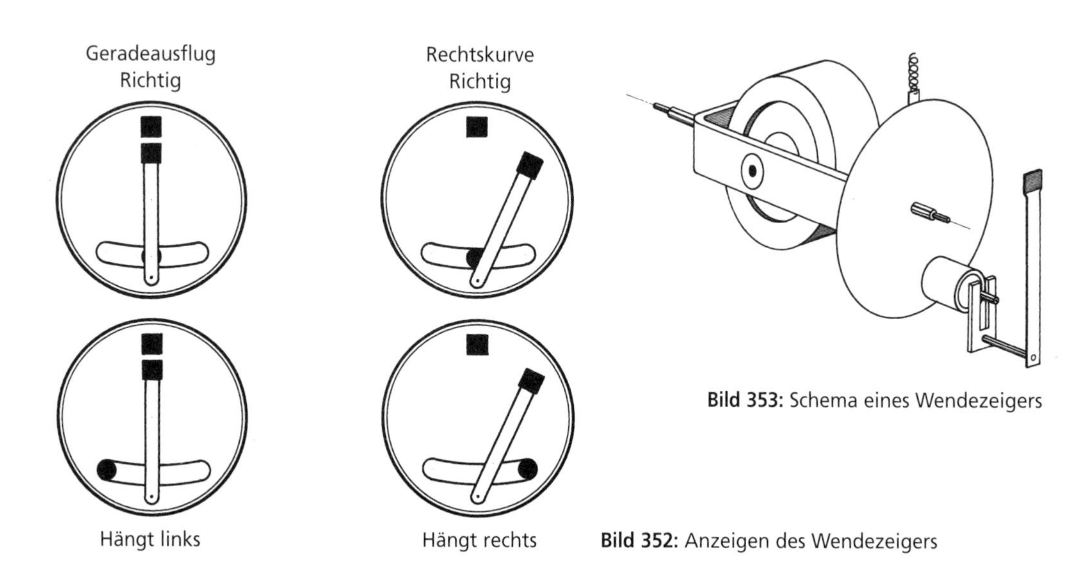

Bild 353: Schema eines Wendezeigers

Bild 352: Anzeigen des Wendezeigers

Funktion (Bild 353)

Ein mit 1 1/2 Freiheitsgraden ausgerüsteter Kreisel dreht sich um seine waagerecht gelagerte Achse. Bei Drehung des Flugzeuges um die Hochachse, präzediert der Kreisel entsprechend der Drehgeschwindigkeit des Luftfahrzeuges. Durch eine Hebelübertragung wird die Drehrichtung der Rahmenachse umgekehrt, so dass der Zeigerausschlag mit dem Drehsinn des Luftfahrzeuges übereinstimmt. Eine Rückholfeder holt den Kreisel wieder in seine Null-Lage zurück. Beim elektrischen Wendezeiger ist der Außenläufer eines Asynchronmotors als Kreisel mit großer Schwungmasse ausgebildet. Seine Drehzahl beträgt ca. 22.000 Umdrehungen pro Minute. Pneumatisch angetriebene Wendezeiger werden an eine Sogpumpe oder Förderdüse angeschlossen. Die durch eine Düse nachströmende Luft trifft auf die Schaufeln des Kreisels und bringt ihn auf hohe Drehzahlen.

g) Querneigungsmesser

Der Querneigungsmesser besteht aus einer Libelle, in der sich eine Metallkugel flüssigkeitsgedämpft bewegt. In der Normalfluglage liegt die Kugel, auf Grund der Schwerkraft, in der Mitte der Libelle. Bei einer richtig geflogenen Kurve muss die Kugel durch die Wirkung des Scheinlotes (Resultierende aus Fliehkraft und Schwerkraft parallel zur Hochachse) ebenfalls die Mittellage einnehmen. Hängt ein Luftfahrzeug links oder rechts oder wird eine Kurve zu schräg oder zu flach geflogen, so wandert die Kugel entsprechend aus.

Der Kreiselhorizont (Künstlicher Horizont, **Bild 354**) zeigt dem Flugzeugführer beim Instrumentenflug die Lage des Luftfahrzeugs zum Horizont an (**Bild 355**).

Bild 354: Kreiselhorizont

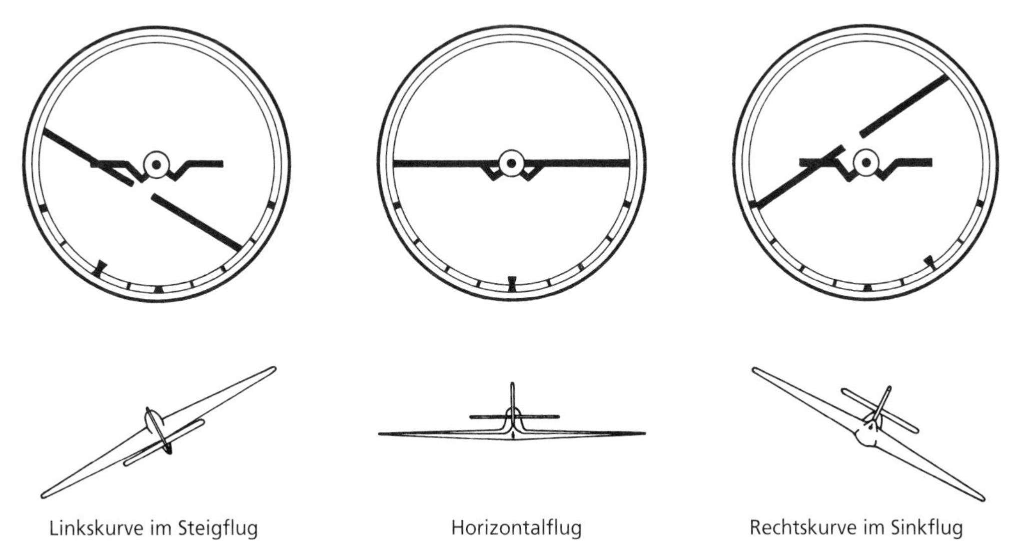

Bild 355: Anzeigen des Kreiselhorizontes

Funktion (Bild 356 und 357)

Ein kardanisch aufgehängter Kreisel bewegt über den inneren Kardanrahmen einen waagerechten Zeiger, der den Horizont darstellt. Der Horizontbalken bewegt sich vor einer als Himmel bezeichneten , mit dem äußeren Kardanrahmen verbundenen Scheibe. Hinter der Glasscheibe des Gerätes ist ein feststehendes, oder zum Parallaxenausgleich verstellbares Flugzeugsymbol angeordnet. Das mit dem Luftfahrzeug fest verbundene Gehäuse dreht sich mit dem Symbol um den kreiselgesteuerten Horizontbalken, der in seiner Lage dem natürlichen Horizont entspricht.

Das schon erwähnte scheinbare Kippen wird durch Metallkugeln kompensiert. Diese laufen in einem sich drehenden Zylinder, der Schwerkraft folgend, in außenherum liegende Kammern. Das Gewicht der Kugeln am Umfang bewirkt eine Präzession bzw. ein Aufrichten des Kreisels. Kreiselhorizonte können, wie Wendezeiger, auch pneumatisch angetrieben werden (**Bild 350**).

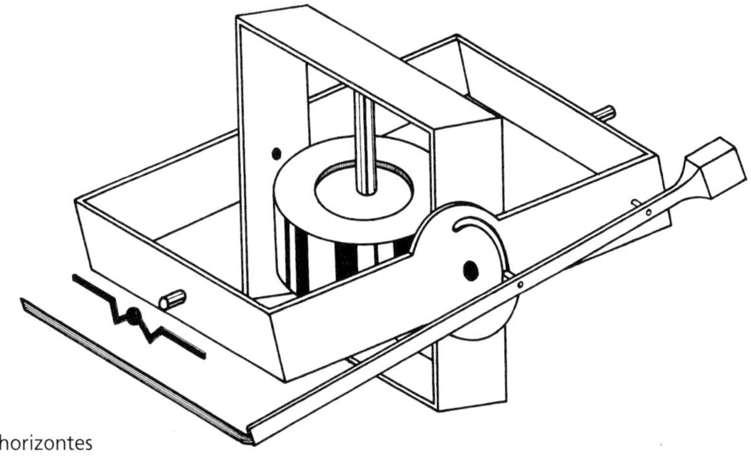

Bild 356:
Wirkungsweise des Kreiselhorizontes

Bild 357: Kreiselhorizont

h) Anstellwinkel-Anzeigegerät (Bild 358)

Insbesondere beim Langsamflug ist es für den Flugzeugführer wichtig zu wissen, ob der erhöhte Anstellwinkel (Winkel zwischen Anblasrichtung und Profilsehne) noch im strömungsgünstigen Bereich Auftrieb liefert. Die Anzeige erfolgt über einen an der Rumpfseite angeordneten Geber, der eine einer Windfahne ähnliche Fläche besitzt. Die Drehachse des Gebers liegt parallel zur Querachse des Flugzeuges. Die Skala des Instrumentes enthält einen Markierungsbereich für den möglichen Anstellbereich. Die elektrische Übertragung erfolgt autosyn. Ähnliche Geräte zeigen entsprechend den Gierwinkel eines Flugzeuges an (Drehung um die Hochachse). Akustische Warnanlagen sind mit einfachen Winkelgebern an einer Tragfläche ausgerüstet (**Bild 359**).

Bild 358: Anstellwinkel-Geber

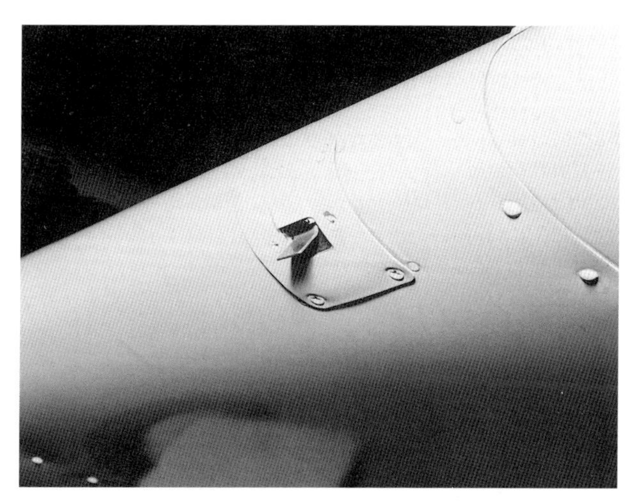

Bild 359: Geber einer akustischen Überzieh-Warnanlage

D Navigationsinstrumente

a) Magnetkompass (Nahkompass)

Aufbau

In einem flüssigkeitsgefüllten Behälter ist die Kompassrose als edelsteingelagerter Schwimmer drehhar angeordnet. Die Kompassrose enthält meist zwei magnetisierte Stahlnadeln. Eine Membrandose ermöglicht der zur Dämpfung eingefüllten Alkohol- oder Petroleummenge einen Volumenausgleich.

Fehlanzeigen können durch Magnetstäbchen kompensiert werden. Diese werden in Bohrungen eingeführt, die im Kompassgehäuse für diesen Zweck vorhanden sind.

Die magnetischen Kräfte

Bestimmte Eisenerze haben die Eigenschaft, Eisen anzuziehen. Diese Eigenschaft wird als natürlicher Magnetismus bezeichnet. Aus Stahl hergestellt werden künstliche Magnete in Stab- oder Hufeisenform. Ein Magnet konzentriert seine Kräfte an zwei als Pole bezeichnete Stellen. Sie liegen in etwa 1/12 der Körperlänge von den Enden entfernt. Dazwischen liegt die fast unmagnetische neutrale Zone. Die Gerade zwischen Nordpol und Südpol heißt magnetische Achse. Durch Kontakt eines Magneten mit einem Stück Weicheisen, wird dieses durch Induktion zunächst selbst zu einem Magneten. Dem Nordpol gegenüber entsteht ein Südpol und dem Südpol gegenüber ein Nordpol; daraus entsteht die Anziehungskraft. Hieraus ergibt sich folgendes Gesetz: Ungleichnamige Pole ziehen sich an und gleichnamige Pole stoßen sich ab. Der Pol einer Magnetnadel, die sich im Kraftlinienfeld der Erde befindet und nach Norden zeigt, hat entgegengesetzte Polarität und wird als nordsuchender Pol bezeichnet. Der Wirkungskreis um einen Magneten herum wird als magnetisches Feld bezeichnet. Dieses kann durch Eisenfeilspäne sichtbar gemacht werden.

Erdmagnetismus

Die Erde ist von einem Magnetfeld umgehen. Es verhält sich wie das Feld eines starken Stabmagneten im Erdzentrum, der die Erde an den magnetischen Polen schneidet. Da die magnetischen Pole nicht mit den geographischen Polen der Erde zusammenfallen, verläuft die Magnetachse in einem Winkel von ca. 12 Grad zur Erdachse. Den Winkel zwischen geographischem und magnetischem Nordpol bezeichnet man als Deklination oder Ortsmissweisung. Er ist nicht konstant, sondern verändert sich örtlich und zeitlich.

Für Mitteleuropa beträgt die jährliche Abnahme ca. 0,07 Grad. In Deutschland beträgt der Deklinationswinkel z. Z. etwa 3 Grad. (Die magnetischen Pole der Erde verändern ständig ihre Lage, sie wandern sehr langsam. Messungen haben ergeben, dass der N-Pol innerhalb von 5 Jahren sich 110 km nach Nordwesten bewegt hat. Im Laufe von Jahrmillionen sind die Pole weit gewandert. Der magnetische Nordpol hat schon in Korea und in der Mitte des Atlantischen Ozeans gelegen. Es gilt sogar als wahrscheinlich, dass das Magnetfeld der Erde in der Vergangenheit mehrfach die Pole geändert hat; N- und S-Pol waren vertauscht.) Der Wert der Missweisungen muss bei allen navigatorischen Berechnungen zu Grunde gelegt werden. In einigen Fliegerkarten sind die jährlichen Veränderungen vermerkt. Sind diese Angaben nicht vorhanden, so muss eine Isogone-Karte hinzugezogen werden. Auf dieser Karte sind alle Orte gleicher Deklination durch Linien verbunden. Die veränderliche Null Grad Isogone bezeichnet man als Agone. Östlich der Agone tragen die Isogonen das Vorzeichen plus (+) und westlich davon das Vorzeichen minus (-). Das hat zur Folge, dass die Kompassnadel westlich der Agone nach links, östlich nach rechts von der geographischen

Nord-Süd-Richtung abweicht. In der Praxis muss deshalb alle 100 bis 200 km die neue Missweisung gebraucht werden.

Die magnetischen Kraftlinien verlaufen geneigt zur Erdoberfläche. Am magnetischen Äquator liegen sie parallel. Entsprechend neigt sich die Kompassnadel bei Annäherung an die magnetischen Pole zunehmend, und sie steht schließlich senkrecht über ihnen. Der Neigungswinkel ist unter dem Begriff Inklination bekannt. Orte gleicher Inklination werden durch Isokline (Linien) verbunden.

Der magnetische Nordpol der Erde liegt auf einem Punkt 76° nördlicher Breite und ca. 102° westlicher Länge, ca. 1000 km vom geographischen Nordpol entfernt. Der magnetische Südpol liegt ca. 3700 km südlich von Melbourne in Australien.

Deviation und Kompensieren

Alle Stahlteile im Flugzeug, wie Triebwerk, Fahrwerk und die elektrische Ausrüstung beeinflussen die Kompassrose; sie wird in einem bestimmten Winkel von der missweisenden Nord-Südachse abgelenkt. Diese als Deviation bezeichnete Fehlanzeige wird aufgeteilt in rechte, positive Plus-Deviation und in linke, negative Minus-Deviation. Beim Kompensieren muss die Art der Deviation zunächst festgestellt werden. Störende Einflüsse werden als Störpole bezeichnet und nach ihrer Lage zum Kompass in Längs- und Querpole, bezogen auf die Flugzeug-Längs- und Querachse aufgeteilt. Das horizontale bordmagnetische Feld h und das horizontale erdmagnetische Feld H vereinigen sich nach dem Kräfteparallelogramm zu einer Resultierenden H'. Der Winkel zwischen H und H' ist die Ablenkung oder Deviation δ (**Bild 360**). Die Ablenkung kann hervorgerufen werden durch mechanische Fehler. Wenn z. B. der gehäusefeste Steuerstrich nicht in Richtung der Flugzeuglängsachse ausgerichtet ist, entsteht eine konstante Ablenkung. Dieser Fehler heißt Einbaufehler und wird mit A bezeichnet.

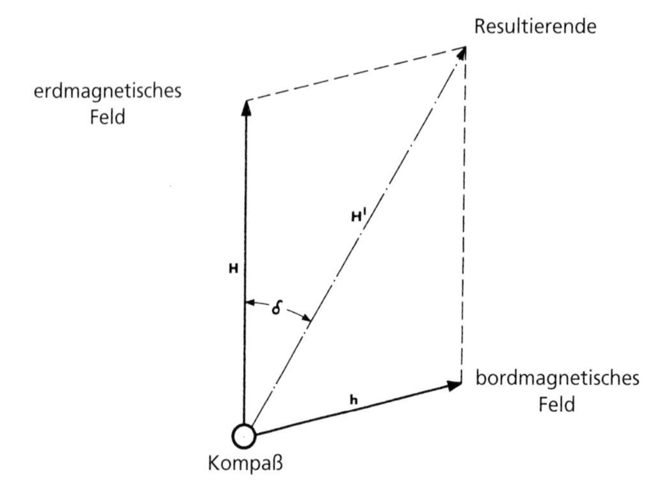

Bild 360: Das horizontale erdmagnetische Feld H und das horizontale bordmagnetische Feld h vereinigen sich zur Resultierenden H'. Der Winkel zwischen H und H' ist die Ablenkung oder Deviation ∂.

Durch einen festen Störpol, der in Längsrichtung des Flugzeuges vor oder hinter dem Kompass liegt = B-Fehler (**Bild 361**).

Durch einen festen Störpol, der in Querrichtung des Flugzeuges rechts oder links vom Kompass liegt = C-Fehler (**Bild 362**).

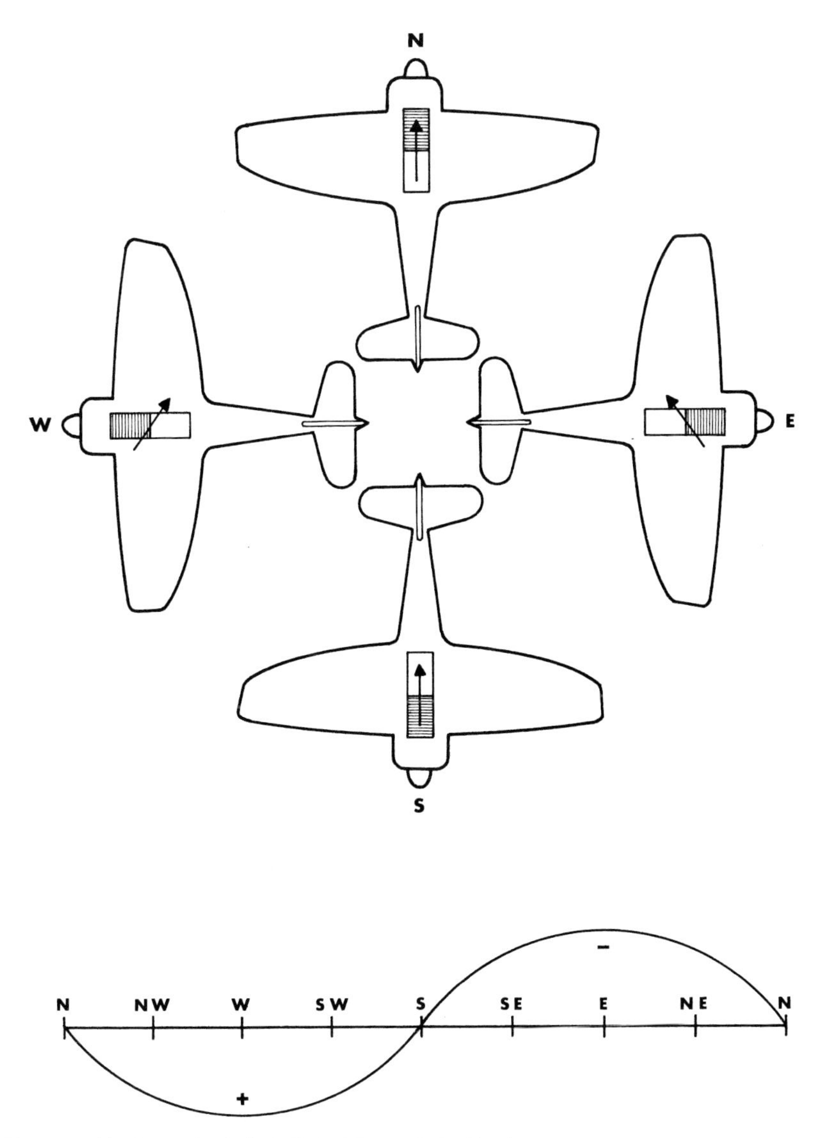

Bild 361: Kompassablenkung durch feste Pole, Längspol: ∂ = B x sin z

Wenn der Kompasskurs mit Z bezeichnet wird, beträgt die Gesamtablenkung:

$$\delta = A + B \cdot \sin Z + C \cdot \cos Z$$

Die Kompensierung selbst geschieht durch kleine Magnetnadeln, die in Längs-und Querbohrungen des Kompassgehäuses geschoben werden. Hier gilt die Regel, dass Längspole durch Längsmagnete und Querpole durch Quermagnete kompensiert werden.
Beim Kompensieren werden mittels Peilkompass und Peilscheibe (**Bild 363**) auf den vier Hauptkursen 0°, 90°, 180° und 270° die Anzeigen des zu kompensierenden Kompasses abgelesen

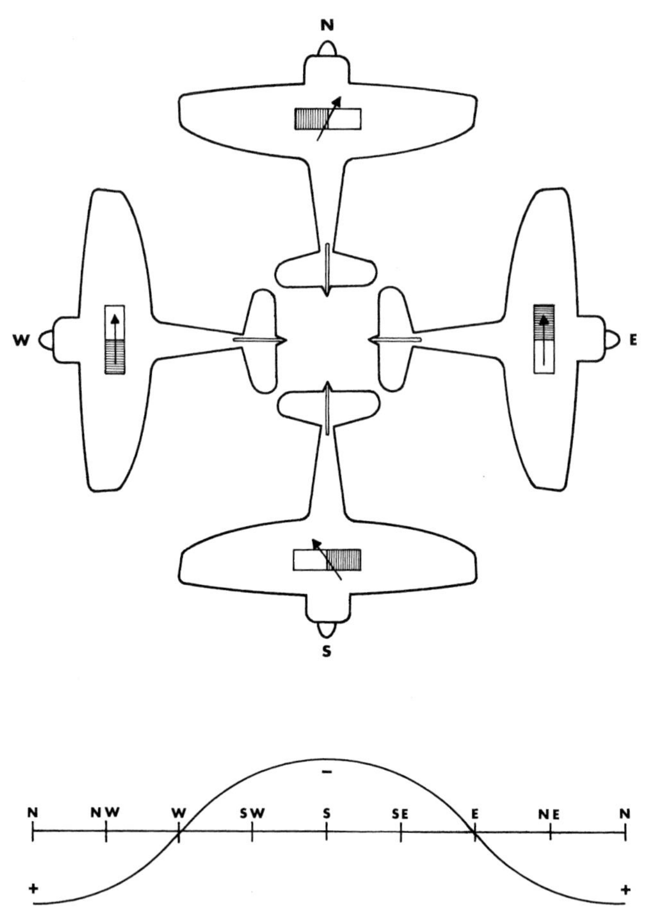

Bild 362: Kompassablenkung durch feste Pole; Querpol: ∂ = C x cos z. Gesamtablenkung durch Längs- und Querpol: ∂ = B x sin z + C x cos z

und die Ablenkung nach der Gleichung = missweisender Kurs minus Kompasskurs berechnet und in eine Tabelle eingetragen.

Die einzelnen Beiwerte werden wie folgt bestimmt:

$$\text{Beiwert A} = \frac{\delta\,N + \delta\,S + \delta\,E + \delta\,W}{4}$$

$$\text{Beiwert B} = \frac{\delta\,E - \delta\,W}{2}$$

$$\text{Beiwert C} = \frac{\delta\,N - \delta\,S}{2}$$

Andere Einflüsse

Eine exakte Kompassanzeige ist nur beim Geradeausflug ohne Beschleunigung und Schräglage gegeben. Bei Beschleunigungen, Kurven-, Steig- und Sinkflügen treten Abweichungen auf. Dieses ist

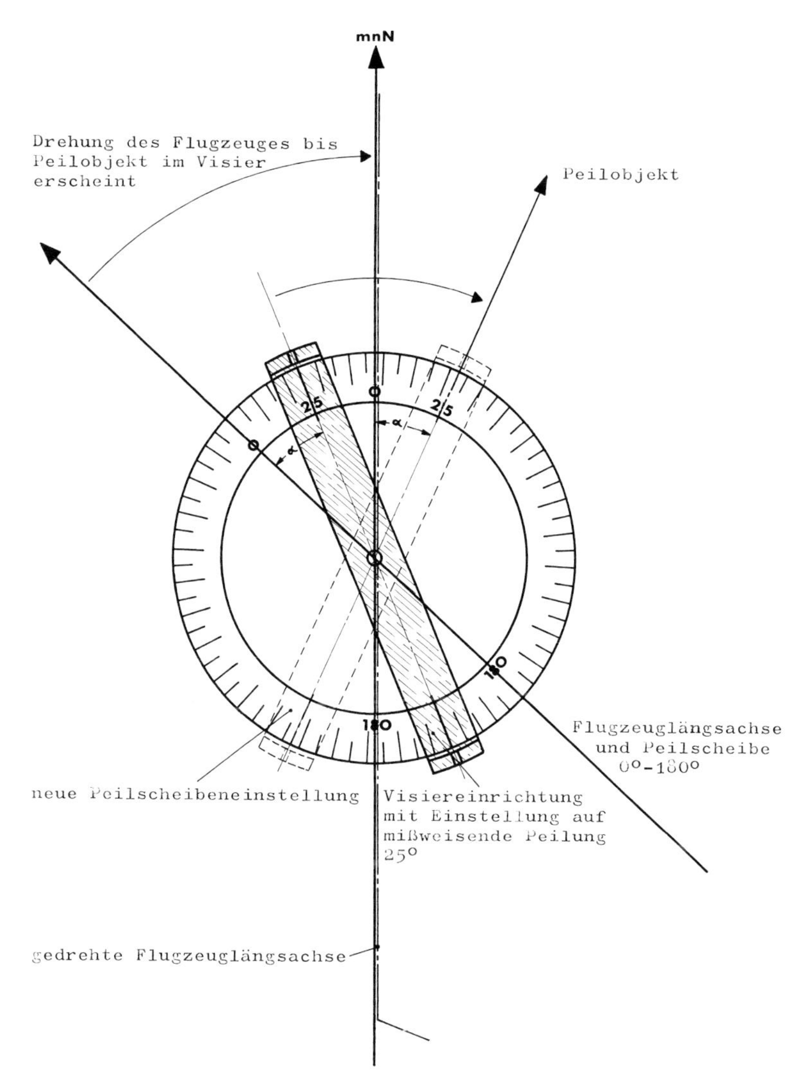

Bild 363: Anwendung der Peilscheibe

darauf zurückzuführen, dass die Kompassrose bei Kurvenflügen senkrecht zum Scheinlot des Flugzeuges liegt und ebenso bei Drehungen um die Querachse Neigungen erfährt. Die Magnete erhalten eine andere Lage zu den Kräften des Erdmagnetismus und erfahren die Neigungsablenkung. Abdrehen, Voreilen oder Zurückbleiben der Kompassrose sind die Folge. Beschleunigungen wirken sich um so negativer aus, je größer der Winkel zwischen Beschleunigungsrichtung und Kompassnadel ist.

Führerkompass (Hilfskompass-Standbykompass, Bild 364)

Das Magnetsystem mit der Rose ist mit seiner Drehachsenspitze auf einem Halbedelstein gelagert. Das Kompassgehäuse ist zur Dämpfung mit einer farblosen Flüssigkeit (Alkohol oder Petroleum) gefüllt. Eine Membrandose bewirkt bei Temperaturschwankungen einen Volumenausgleich (**Bild 365**).

Bild 364: Führerkompass

Bild 366: Skala eines Kurskreisels

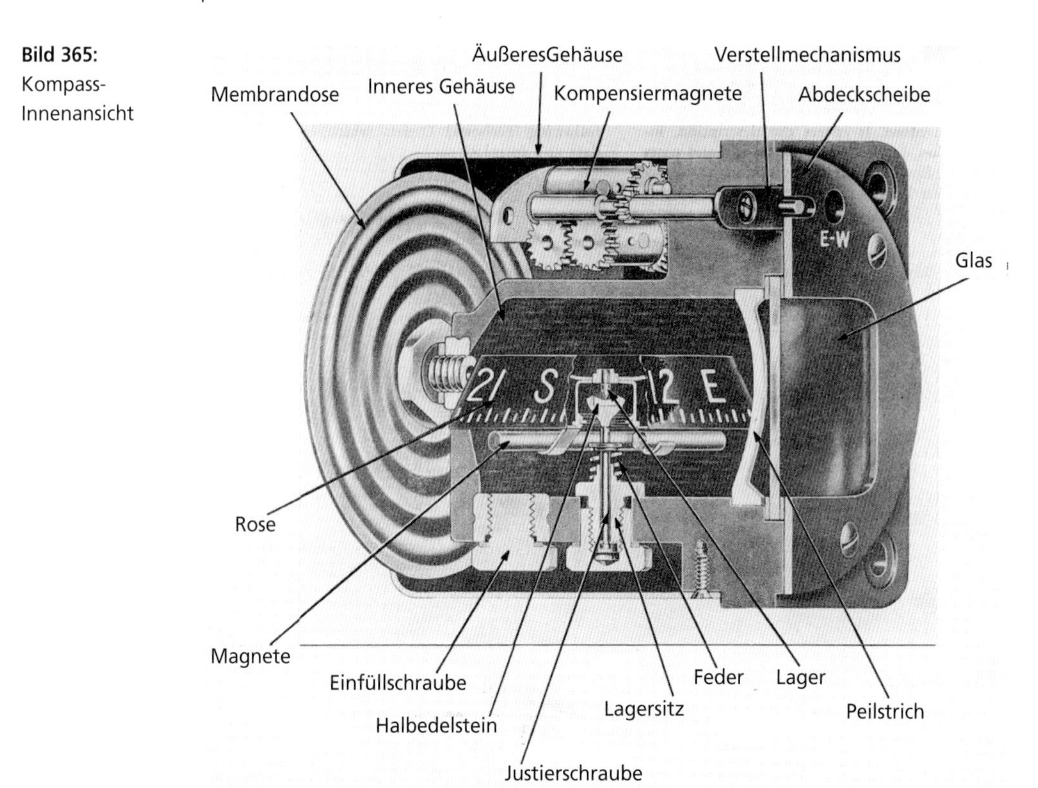

Bild 365: Kompass-Innenansicht

b) Kurskreisel

Der Kurskreisel (**Bild 366**) besteht aus einem kardanisch aufgehängten Kreisel, dessen Achse parallel zur Erdoberfläche liegt. Da der Kurskreisel keine Richtwirkung hat, muss er ständig nach einem Magnetkompass auf den Kurs durch einen Drehknopf nachgestellt werden. Alle anderen Nachteile, wie Weglaufen nach Kurvenflügen, Schwingungsempfindlichkeit und Lageempfindlichkeit, weist er dagegen nicht auf (**Bild 367 und 368**).

Bild 367:
Kreiseleinheiten aus verschiedenen Kurskreisel-Anlagen

Bild 368:
Kurskreiselanlage für Hubschrauber

Fernkompass

Da in das Instrumentenbrett eingebaute Kompasse meist nicht hinreichend genau kompensiert werden können, werden Geber- oder Mutterkompasse an einer magnetisch günstigen Stelle im Rumpf installiert. Der Kompasskurs wird auf elektrischem Wege auf ein Anzeigegerät im Instrumentenbrett übertragen.

Kompasskreisel (Gyrosinkompass, Bild 369 und 370)

Das Kompasssystem besteht aus einem elektrisch angetriebenen Kurskreisel (**Bild 371**) und einem Messgerät, das die Richtung des jeweiligen erdmagnetischen Feldes nach dem Prinzip eines Magnetverstärkers anzeigt. Der Kurskreisel dient sowohl als Geber, als auch als Anzeigegerät. Er unterscheidet sich vom einfachen Kurskreisel dadurch, dass er eine Synchronisierungsvorrichtung hat.

Bild 369:
Kompasskreisel-Anzeigegerät

Bild 370:
Kompassanzeiger
(RMI = radio magnetic indicator)

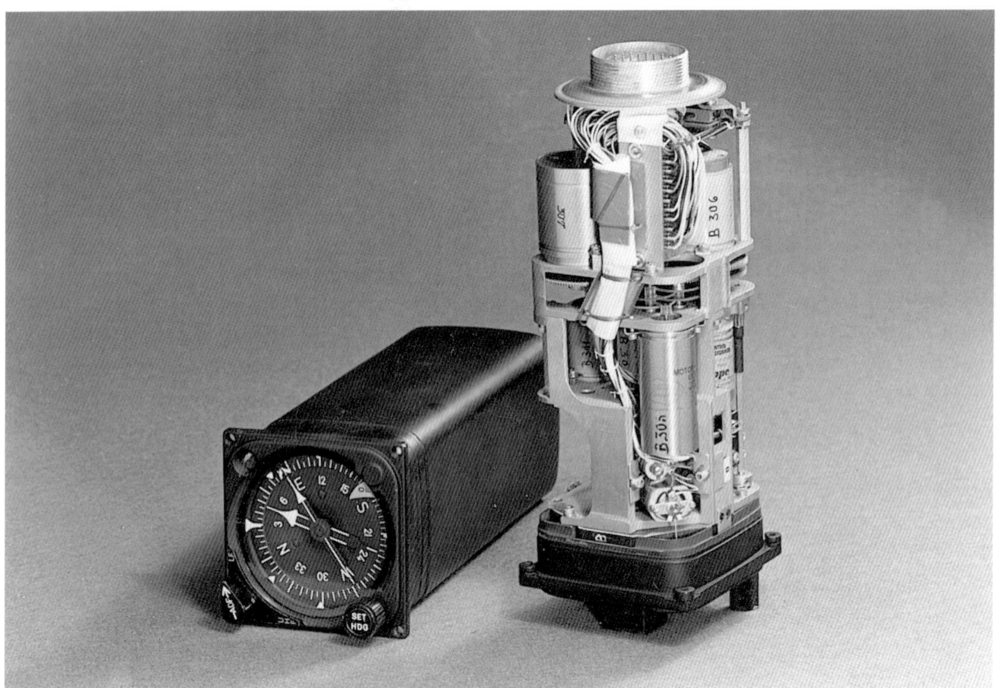

Diese Vorrichtung gibt bei Nichtübereinstimmung der von der Magnetfeldsonde gemessenen Richtung des magnetischen Feldes der Erde mit der Kurskreiselanzeige, über einen Verstärker elektrische Impulse an einen Drehmomentgeber. Darüber hinaus gestattet eine Autosyn-Fernübertragung die Schaltung auf andere zusätzliche Anzeigegeräte.

c) Flugregler

Um die bei Langstreckenflügen ermüdende Tätigkeit des monotonen Steuerns von Luftfahrzeugen zu automatisieren, werden Flugregler (Autopilot oder Kurs-Steuerung) eingebaut. Dieser, als Regelung bezeichnete Vorgang, erfordert eine elektronische Anlage. Ein Regler muss die Regelgröße, in diesem Falle den Kurs, erfassen, messen und mit einem Sollwert vergleichen. Im Falle

Bild 371:
Kompasskreisel

einer Abweichung wird ein Eingriff in die Regelstrecke vorgenommen. Regler (Kursregler, Höhenregler, Querlagenregler) geben Impulse an Stellmotoren weiter, die ihrerseits Ruder mechanisch bewegen. Die Eingangswerte für den Kurs kommen vom Kompasskreisel und die Werte für Höhen- und Querruder kommen vom Kreiselhorizont. Bei kleineren Flugzeugen wird die Kurssteuerung häufig nur durch die Querruder vorgenommen.

d) Funkgeräte

Der Radiokompass ist eine Kombination aus Funkpeil-Kompass und Funkempfänger. In Verbindung mit einer Hilfsantenne kann die Anlage auch als Funkempfänger geschaltet werden. Wirken Hilfs- und Peilantenne gemeinsam auf den Empfänger, arbeitet die Anlage als Radiokompass. So geschaltet wird das Gerät für Zielanflüge verwendet; es muss in diesem Falle Null Grad anzeigen. Allgemein verwendet, zeigt der Radiokompass die relative Flugrichtung im Verhältnis zum Standort des Senders an.

3.6.2 Ausrüstung B (Geräte für Rettung und Sicherheit)

Anschnallgurte

Die Anschnallgurte in Luftfahrzeugen haben lebenswichtige Aufgaben, insbesondere bei Notlandungen oder Brüchen. In Flugzeugen, die für den Kunstflug zugelassen sind sowie in Segelflugzeugen, müssen die Anschnallgurte aus Bauch-und Schultergurten bestehen. Sie unterliegen der jährlichen Nachprüfung und haben eine allgemeine Lebensdauer von ca. 5 Jahren.

Schleudersitze

Schnellfliegende Militär-Flugzeuge, insbesondere Jagdflugzeuge, sind mit Schleudersitzen ausgerüstet. Heute werden vornehmlich vollautomatische Sitze der Firma Martin Baker verwendet.

Der Rettungsvorgang läuft wie folgt ab:

1. Durch Herunterziehen eines Gesichtschutzes wird der Sitz ausgelöst
2. Die Beine werden automatisch durch Rückholgurte fixiert.
3. Gleich nach dem Abschuss werden zwei kleinere Stabilisierungsschirme ausgestoßen.
4. Oberhalb einer bestimmten Sicherheitshöhe gibt eine barometrische Auslösung die Anschnallgurte des Sitzes frei. Die Stabilisierungsschirme werden vom Sitz gelöst und ziehen den Rettungsschirm heraus; der Sitz fällt vom Piloten weg.
   Unterhalb der Sicherheitshöhe läuft das Rettungssystem sofort und ohne Verzögerung ab. Die Dauer vom Abschuss bis zum Öffnen des Rettungsschirmes beträgt ca. 3,5 Sekunden. Zum Schleudersitz gehört eine vollständige Seenotrettungs- und Überlebensausrüstung.

Sauerstoffgeräte

In Luftfahrzeugen, die ständig Flughöhen von über 10 000 ft erreichen, müssen zugelassene Atemanlagen installiert werden. Eine solche Anlage besteht aus folgenden Geräten:

Sauerstoffflasche, Hochdruckleitung, Automatischer Höhenatmer, Druckmesser, Durchflussanzeiger, Atemmaske und Fernventil.

Einbau und Einbauort müssen den Bestimmungen entsprechen. Wegen der Alterung sind Gummiteile, Dichtungen und Membrane bei Nachprüfungen einer genauen Kontrolle zu unterziehen.

Feuerlöscher

Nach den gültigen ICAO-Bestimmungen müssen brandgefährdete Bereiche und Triebwerksanlagen mit Feuerlöschern ausgerüstet werden. Kabinenlöscher arbeiten mit Kohlendioxyd oder Trockenlöschpulver.

3.6.3 Ausrüstung C (Geräte für speziellen Verwendungszweck des Luftfahrzeuges)

Hierunter fallen alle für einen speziellen Verwendungszweck eines Luftfahrzeuges eingebauten Einrichtungen. Bei Passagierflugzeugen gehören hierzu:

Passagiersitze und Gepäckablagen, Bordküchen und Toilettenanlagen.

Bei Militärflugzeugen fallen Waffeneinbauten, Fotoausrüstungen oder Vorrichtungen zur Absetzung von Fallschirmspringern unter diese Rubrik.

Stichwortverzeichnis

Nomenklatur

a	–	Acceleration [ft/s^2], [m/s^2],
BDC	–	Bottom Dead Center
BHP	–	Brake Horse Power
BMEP	–	Break Mean Effectiv Pressure
BPP	–	Best Power Point
CA	–	Critical Altitude
CCM	–	Chemical Correct Mixture
CV	–	Caloric Value [Joule/kg]
D	–	Delivery Value
DOC	–	Direct Operating Costs
EGT	–	Exhaust Gas Temperature
F	–	Force [Lbs_f], [N]
FF	–	fuel flow [Gal/h], [l/h], [kg/h]
FHP	–	Friction Horse Power
g	–	Gravitational constant, $g = 9{,}81$ m/s^2
i	–	Speed ratio
IHP	–	Indicated Horse Power
IMEP	–	Indicated Mean Effective Pressure
k	–	Number of revolution [-]
m	–	Mass [lbs], [kg]
$\dot{m}$	–	Mass flow [lbs/s], [kg/s]
MAP	–	Manifold Air Pressure
MCP	–	Maximum Continuous Power
METO	–	Maximum Except Takeoff Power
MP	–	Manifold Pressure
n	–	Shaft speed [1/min]
P	–	Power [BHP], [KW]
p	–	Pressure [N/m^2], [Pa], [lbs/inch], [inch · Hg]
RPM	–	Revolution Per Minute
s	–	Distance [ft], [m]
SHP	–	Shaft Horse Power
T	–	Temperature [°C], [°F], [K]; Torque [ft · lbs], [Nm]
t	–	Time [s], [min]
TDC	–	Top Dead Center
TSC	–	Turbo Supercharged Engine

Luftfahrt

Frank Littek
Luftfracht
Kein Transportmittel ist heute schneller, zuverlässiger und präziser als die Luftfracht. Dieses Buch befasst sich mit der Geschichte, der Organisation, der Technik und den Flugzeugen dieses Bereichs der Luftfahrt.
176 Seiten, 160 Bilder, davon 144 in Farbe, 5 Zeichnungen
Bestell-Nr. 02581 **€ 24,90**

Jochen K. Beeck
Im Zeichen des Kranichs
Vor 80 Jahren wurde die »Deutsche Luft Hansa Aktiengesellschaft« gegründet. In acht Jahrzehnten waren zahlreiche Flugzeugtypen für die Linie mit dem Kranich im Einsatz. Die Vielfalt dieser Flugzeuge von der Ju 52 über die FW200, die Boeing 737 bis hin zu den modernen Airbus-Mustern von heute zeigt dieser Titel.
288 Seiten, 424 Bilder, davon 244 in Farbe
Bestell-Nr. 02668 **€ 29,90**

Klaus Hünecke
Die Technik des modernen Verkehrsflugzeuges
Neue Entwicklungen finden mittlerweile hauptsächlich beim Material sowie im Cockpit – statt. Diese überarbeitete Neuauflage gibt einen zusammenhängenden Überblick über die Technik eines Passagierflugzeugs.
206 Seiten, 62 Bilder, 114 Zeichnungen
Bestell-Nr. 02896 **€ 24,90**

Peter Bachmann
Flugsicherung in Deutschland
Tausende von Flugzeugen sind täglich unterwegs. Diesen Verkehr gilt es sicher zu leiten. Dieses Buch beschreibt die Flugsicherung in Deutschland und die Verfahren, mit denen der Luftverkehr gesteuert wird und zeigt die Berufsbilder in der Flugsicherung.
224 Seiten, 121 Bilder
Bestell-Nr. 02521 **€ 29,90**

Paul E. Eden
Moderne Verkehrsflugzeuge
Dieses Buch erläutert die heute eingesetzten Verkehrsflugzeuge – von Businessjets bis zu den großen Airlinern wie dem neuen Airbus A380. Mit einer ungeheuren Fülle von Fotos, Hintergrundinformationen, farbigen Dreiseitenansichten und Zeichnungen.
192 Seiten, 613 Bilder, davon 557 in Farbe
Bestell-Nr. 30545 **€ 29,90**

IHR VERLAG FÜR LUFTFAHRT-BÜCHER

Postfach 10 37 43 · 70032 Stuttgart
Tel. (07 11) 2108065 · Fax (07 11) 2108070
www.paul-pietsch-verlage.de

Motor buch Verlag

Stand Januar 2009
Änderungen in Preis und Lieferfähigkeit vorbehalten